中国科学院大学研究生教材系列

高等光学概论

史祎诗 编著

科学出版社

北京

内 容 简 介

本书是一本全面介绍光学原理和应用的教材，其特色在于以相位贯穿全书，结合科研前沿内容，包括数字全息、叠层成像和光学加密等新兴光学技术，旨在为高等教育阶段的学生和专业人士提供深入了解光学领域的基础知识和关键概念。

在本书中，我们将以相位为核心概念，系统地讨论光的传播、衍射、干涉和偏振等各个方面，并强调相位在光学中的重要性和应用。本书的特点之一是注重理论与实践的结合，并提供了丰富的应用案例，帮助读者将理论知识与实际问题联系起来。此外，它还包含了实验室实践指导和计算机模拟的内容，以帮助读者巩固和应用所学的光学概念。

图书在版编目(CIP)数据

高等光学概论/史祎诗编著. —北京：科学出版社，2023.12
中国科学院大学研究生教材系列
ISBN 978-7-03-077725-6

I. 高… II. ①史… III. ①光学-研究生-教材 IV. ①O43

中国国家版本馆 CIP 数据核字 (2023) 第 249194 号

责任编辑：刘凤娟 杨 探／责任校对：彭珍珍
责任印制：张 伟／封面设计：无极书装

科 学 出 版 社 出版
北京东黄城根北街 16 号
邮政编码：100717
http://www.sciencep.com

北京中石油彩色印刷有限责任公司 印刷
科学出版社发行 各地新华书店经销
*
2023 年 12 月第 一 版 开本：720 × 1000 1/16
2023 年 12 月第一次印刷 印张：24 1/2
字数：480 000
定价：168.00 元
(如有印装质量问题，我社负责调换)

前　言

　　光学是一门令人着迷的科学，它探索了光的本质和光与物质之间的相互作用。作为一门古老而又不断发展的学科，光学在我们日常生活中扮演着重要的角色，同时也在许多科学和技术领域发挥着关键作用。

　　本书的编写旨在为那些对光学感兴趣并渴望深入了解光学的读者准备。本书与其他类似教材的不同之处在于，将相位作为贯穿始终的核心概念，并结合了一些最新的科研前沿内容，如数字全息、叠层成像和光学加密。我们相信这些特色内容将为您提供更全面和深入的光学学习体验。

　　本书将引导您逐步学习光学的基本原理、数学表达和关键概念，从而帮助您建立起对光学的坚实基础。我们将以直观和易懂的方式解释复杂的光学现象，并提供实际应用案例来帮助您将理论知识与实际问题联系起来。本书共有十章。第1章"相位：又一新的'维度'"中，我们将带您深入了解相位在光学中的重要性，并介绍相位的概念和相关理论。相位作为一种新的"维度"，对光的传播和干涉起着关键作用。第2章"空间频率"将引导您了解光学中的频域分析方法。我们将介绍傅里叶变换的概念，讨论光学系统中的空间频率，以及它们对成像和衍射现象的影响。第3章"透过率函数"将深入探讨透过率函数在光学中的作用。我们将介绍透过率函数的定义和性质，并讨论它们在衍射和成像过程中的重要性。第4章"衍射模型"中，我们将介绍衍射现象的数学模型和计算方法。您将学习到常见的衍射模型，如菲涅耳和菲涅耳-基尔霍夫衍射模型，并了解它们的应用。第5章"干涉模型"将带您进一步探索干涉现象的原理和计算方法。我们将介绍干涉模型的理论基础，包括迈克耳孙干涉和马赫-曾德尔干涉等，以及它们在光学测量和干涉成像中的应用。第6章"透镜的变换作用"将引导您了解透镜的基本原理和变换作用。我们将讨论透镜的光学性质，包括焦距、成像和畸变等，以及它们对光学系统的设计和应用的影响。第7章"衍射视角下的光学成像"中，我们将探讨衍射视角下的光学成像原理。第8章"$4f$系统"将介绍$4f$光学系统的原理和特点。我们将讨论傅里叶平面和共轭平面的作用，以及$4f$系统在滤波、空间转换和图像处理中的应用。第9章"衍射的逆问题"将引导您深入了解衍射问题的逆问题。我们将介绍逆问题的数学表示和求解方法，以及它们在光学成像和重建中的应用。最后，第10章"叠层成像"中，我们将带您探索叠层成像技术的原理和应用。您将了解到叠层成像的概念、算法和实验方法，并了解它在高分辨率成像和光学加密领域的应用。通过这十章的串联，我们将为您构建一个全面而连贯的光学学习框架。希望本书能够帮助您深入理解光学领域的核心概念和最新进展，并激发您在光学研究和应用中的创新思维。

此外，在本书中我们还强调理论与实践的结合。因此，本书将介绍实验室实践指导和计算机模拟的内容，以帮助您巩固所学的知识并培养解决实际问题的能力。我们相信通过动手实践和模拟，您将更好地理解光学的概念和原理。

本书的顺利出版，得到了中国科学院大学教材出版中心的资助与大力支持，感谢田晨晨老师一路悉心帮助！在本书的编写过程中，我的研究生们也做出了巨大贡献。在此，我由衷感谢我的学生高怡雯、闫旭彤、焦岸青、米沼锞、张薪宇、朱雨丝、申晓双、吴承哲、刘睿泽等，他们在本书的创作过程中付出了极大的心血。他们不仅是杰出的学生，还是出色的合作者。他们为本书的每一个章节都贡献了宝贵的时间，并花费了很大精力，不仅完善了内容，还绘制了生动的插图，撰写了清晰的数学公式，实现了重要的实验和代码，同时还致力于最终的校对工作，确保了本书的准确性和完整性。再次由衷感谢他们的辛勤努力和无私奉献，愿他们未来的道路充满成功和成就。

我还要特别感谢中国科学院各个培养单位中历年来选修“高等物理光学”这门课的同学，他们在课上的激情展示与热烈讨论为本书的一些知识点提供了新颖的思路，为本书增色颇多。

我们希望本书能够成为您光学学习之旅的指南和伙伴。无论您是一名物理学生、工程师还是对光学充满好奇的读者，本书都将为您打开光学世界的大门，并帮助您在这个精彩而广阔的领域中追求进一步的知识和发现。衷心希望您在本书的阅读中获得乐趣和启发，同时也期待您将所学的光学知识应用于实践中，推动光学科学和技术的进步。

祝愿您在光学的世界中走得更远！

敬上，史祎诗团队

目　录

第 1 章　相位：又一新的"维度"

早在公元前 400 年左右，我国的墨子便用"小孔成像"这一原理开辟了世界上最早的光学成像理论，如图 1.0.1 所示。随后，经过古代、中世纪、文艺复兴时期众多东西方前辈们的探索及贡献，近代牛顿、菲涅耳等科学家之间关于光的微粒和波动性质的争论与探讨，逐渐初步形成了光学大厦的基本体系，但仍存在着两朵乌云——即迈克耳孙-莫雷 (Michelson-Morley) 实验结果与以太漂移说相矛盾，以及黑体辐射理论中出现的"紫外灾难"。自从 20 世纪普朗克提出量子理论和爱因斯坦提出光量子假说以来，光的波粒二象性逐渐被人们所接受并认同，并在短短几十年的时间内从成熟的几何光学、波动光学发展到以激光为代表的现代光学及量子光学等前沿理论。

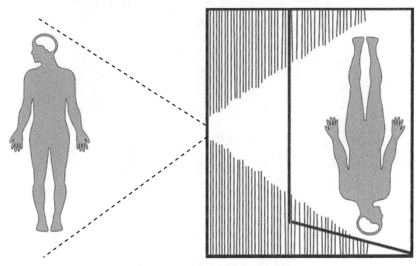

图 1.0.1　墨子发现小孔成像

纵观诺贝尔奖的历史，已经有 40 多个奖项与光学直接或间接相关，而其中许多奖项与光学成像技术是直接相关的，如图 1.0.2～图 1.0.4 所示。2014 年获得诺贝尔化学奖的超分辨率荧光显微镜，再次证明了光学成像技术对人类科学发展历程以及未来科技发展方向的重要性 [15]。而在光学成像技术中，有关相位——又一新的"维度"的故事即将展开……

图 1.0.2 1971 年诺贝尔物理学奖：全息术 [1]

图 1.0.3 1986 年诺贝尔物理学奖：扫描隧道显微镜 [2]

图 1.0.4 2014 年诺贝尔化学奖：超分辨率荧光显微镜 [3]

1.1 相位概念对于光学的意义

相位，是成像技术与光学测量领域一个很重要的物理量，通常承载着物体的三维 (3D) 信息。与传统的二维 (2D) 成像不同，三维成像可以承载从现实世界中获取的更多信息。

所谓三维信息，往往是指除了二维图像信息外，它还包含物体的深度即物体的相位信息，如图 1.1.1 所示。物体的三维信息总是包含在透过物体的光波场中。波的相位是不能被肉眼看见的，但当波穿透物体或者被物体反射时其相位将不可避免地发生变化，物体的表面形态会改变光波的分布，从而引入光波强度的变化。在透射的情况下，物体的折射率会导致波前相位延迟。相位延迟的量可以反映物体的表面拓扑结构或者形状和密度。因此，波前强度图中包含物体的三维信息。在现实世界中，物体可能会吸收光，这导致测得的强度图像将受到折射和吸收的双重影响[16]。

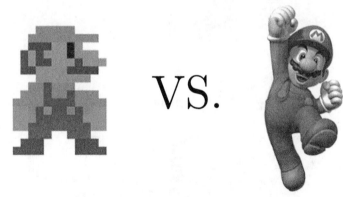

图 1.1.1 二维 (左) 与三维 (右) 信息量对比图

例如，运用显微镜成像系统，当光波穿过生物细胞样品后，在透射光波场中会存有细胞样品的强度和相位信息。作为光波的统计仪器之一，数字探测器 (电荷耦合器件 (CCD) 或互补金属氧化物半导体 (CMOS) 器件)(图 1.1.2) 只能记录光的强度信息，而包含着物体结构和光学特性的相位信息却无法被记录[17]。

传统的明视场显微镜如图 1.1.3 所示，适合用来观察已染色的物体和具有强吸收特性的物体，但观察未染色透明的细胞时，其在明场照明下光的强度基本没有发生改变，所以得到的细胞图像对比度较低，对其观察和分析也很难进行[17]。在研究活细胞的动态过程及各项生理活动时，无标记显微是一种最为理想的探测手段。生物细胞结构特征及各组分不同的折射率分布对于入射光波最直接的影响就是产生不同的相位延迟，即相移。相移为实现生物细胞无标记成像与三维信息的反演提供了一种重要手段[10]。

(a)   (b)

图 1.1.2   CCD(a) 和 CMOS(b)

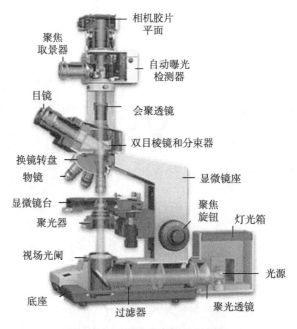

图 1.1.3   传统的明视场显微镜

　　为了利用相移原理实现细胞成像, 需要将相位信息转换为可感知的信号即光强。泽尼克 (Zernike) 相衬显微 (图 1.1.4) 与微分干涉相衬显微技术作为最常用的无标记显微方法, 可将折射率的空间差异转换为图像的强度对比, 大大提升了细胞等弱吸收样品在显微镜下的图像衬度[10]。

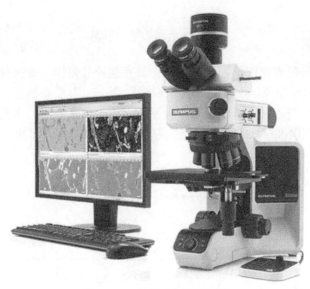

图 1.1.4　泽尼克相衬显微镜

除此之外, 在某些特定领域, 如光学测量、材料物理学、自适应光学、X 射线衍射光学 (图 1.1.5)、电子显微学等领域, 大部分样本都属于相位物体。这类物体的振幅透过率分布均匀, 但折射率或厚度的空间分布不均匀, 因此相位物体的光波振幅改变甚小, 相位改变却非常大。人眼或其他光探测器都只能判断物体的振幅变化而无法判断其相位的变化, 因此也就不能 "看见" 相位物体, 即不能区分相位物体内厚度或折射率不同的各个部分。所以, 对于这些领域, 获取相位——这一新的 "维度" 信息显得尤为重要 [10]。

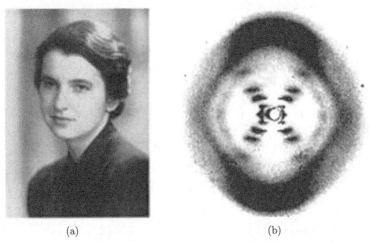

(a)　　　　　　　　　　　　　　(b)

图 1.1.5　罗莎琳德·富兰克林 (a) 利用 X 射线衍射所观察到的 DNA 图像 (b)[4]

1.2 光波复振幅

通过前人的探索发现我们已经知道光具有波粒二象性,既有粒子性又有波动性。并且波有两种类型,分别是:横波与纵波。横波,其质点的振动方向垂直于波的传播方向;纵波,其质点的振动方向平行于波的传播方向。而光——电磁波就是一种横波。在横波中波长通常是指相邻两个波峰或波谷之间的距离,如图 1.2.1 所示。

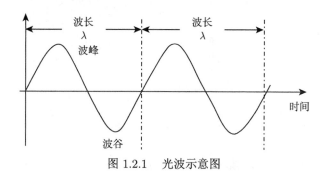

图 1.2.1 光波示意图

相位究竟是什么,如何才能更加直观地理解相位呢?我们在这里给出一种解释:相位发生在周期性的运动之中,相位最直接的理解是角度[5],这个角度存在于匀速圆周运动之中。根据傅里叶变换 (FT),任何一个周期性运动都可以分解为一系列简谐运动的合成。最简单的简谐运动就是弹簧振子:一个弹簧连接一个小球的往复运动,如图 1.2.2 所示。

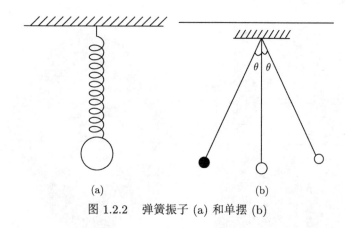

图 1.2.2 弹簧振子 (a) 和单摆 (b)

为了描述这个运动,我们可以把它类比为一个做逆时针匀速圆周运动的水平分量。

例如：一个质点 1 在 A 到 G 之间做简谐运动，而另一个质点 2 在它下方做逆时针的匀速圆周运动，当质点 1 从右侧振幅点 A 运动到左侧振幅点 G (图 1.2.3(a))，然后又从 G 回到 A(图 1.2.3(b))，从而完成一次全振动时，质点 2 也刚好从圆的右端 A' 开始逆时针完成了一次圆周运动。不仅如此，如果每时每刻质点 1 和 2 都在一条竖直线上，我们就称质点 1 的简谐运动是质点 2 匀速圆周运动的投影。实际上这种说法的确是可以的，我们略去中间的证明过程，仔细说一下这种方法对相位的理解。

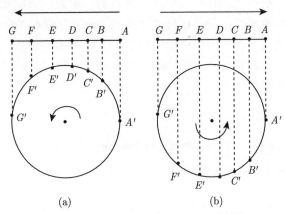

(a)　　　　　　(b)

图 1.2.3　简谐运动和匀速圆周运动轨迹

如图 1.2.4 所示，假设在某一时刻，简谐运动的物体位于 P 点，对应的匀速圆周运动中的小球位于 P' 点，它与圆心的连线 OP' 与水平向右方向夹角为 θ，那么这个 θ 就称为相位角或相位。

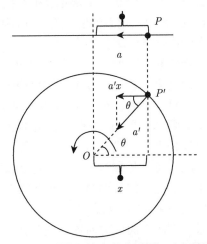

图 1.2.4　简谐运动和匀速圆周运动矢量图

相位角会随着时间的变化而变化。假如初始 $t = 0$ 时 $\theta = \varphi$，则称 φ 为初相位。随着 P' 点以角速度 ω 旋转，相位角变为 $\theta = \omega t + \varphi$。这样，就可以得到物体 P' 的水平坐标了，即 $x = A\cos(\omega t + \varphi)$，这也是质点在 P 点在简谐运动中位移随时间的变化规律。

通过这个例子可以说明：简谐运动的相位是类比成匀速圆周运动时的一个角度，这个角度随时间变化而变化。物体的相位每变化 2π，意味着匀速圆周运动完成了一周，同样物体的振动也完成了一个周期。知道物体的相位后，我们就能确定此时该物体在振动中的位置；知道两个质点的相位差，就能知道两个质点运动时的步调关系。总的来说，是将相位类比成匀速圆周运动时的一个角度。

如果需要比较两个以上的简谐振动的"步调"，则有必要引入相位差。相位差指两个振动在同一时刻的相位差或者同一个振动在不同时刻的相位差，用 $\Delta\varphi$ 表示。设有两个简谐振动：

$$x_1 = A_1 \cos(\omega_1 t + \varphi_1) \tag{1.2.1}$$

$$x_2 = A_2 \cos(\omega_2 t + \varphi_2) \tag{1.2.2}$$

那么，在 t 时刻两者的相位差就可以表示为

$$\Delta\varphi = (\omega_2 t + \varphi_2) - (\omega_1 t + \varphi_1) = (\omega_2 - \omega_1)t - (\varphi_2 - \varphi_1) \tag{1.2.3}$$

当 $\omega_2 \neq \omega_1$ 时，即为两个频率不相同的简谐振动，那么它们的相位差就会随着时间而变化；如果 $\omega_2 = \omega_1$，那么就是两个频率相同的简谐振动，它们之间的相位差就是一个不随 t 变化的恒量。根据相位差，我们可以判断出同向、反向或者超前与落后的情况。

在物理学领域，杨氏的双缝干涉是一个常见又值得关注的物理现象。这个实验几乎是最简单的干涉现象，简单到用普通的光源，而非激光之类就能观察到，非常经典。图 1.2.5 是杨氏双缝干涉实验原理图。

为了实现杨氏双缝干涉实验，我们使用一个普通的光源，可以是手电筒也可以是蜡烛。普通光源发出的光束，首先经过单缝屏再经过双缝屏就会在观察屏上形成明暗相间的干涉条纹。重点是为什么会出现明暗相间的现象呢？这和光沿直线传播的解释是不是对不上呢？如果我们重点观察图 1.2.5 就能发现一点端倪，两个缝发出的光不再是沿直线传播的形式，而是一圈一圈向外扩散传播，看起来就像水波 (如图 1.2.6 所示)。对这个重叠区域作一个截面就得到图 1.2.7。

实际上，光的干涉是要满足一定条件的，两列光波要有相同的振动方向和振动频率，恒定的相位差以及两束光的光程差必须小于光波的波列长度。

光波在空间中相遇时，其质点的振动为各列波单独存在时在该点引起的振动的合成，该相遇点的合位移为各列波单独存在时在该点引起的位移的矢量和，这

就是波的叠加原理。两列或多列光波在空间相遇时相互叠加，在一些区域处一直加强，在另一些区域处一直减弱 (图 1.2.8)，从而形成稳定的强弱分布的现象[18]，证实了光的波动性。

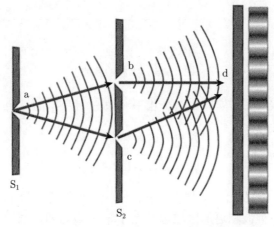

图 1.2.5　杨氏双缝干涉实验原理图

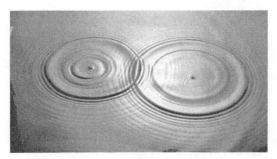

图 1.2.6　两水波发生重叠

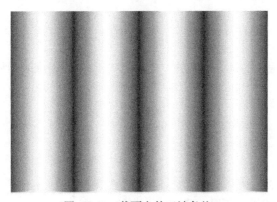

图 1.2.7　截面上的干涉条纹

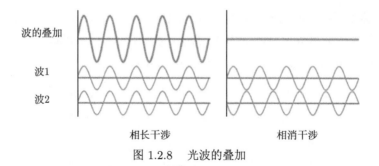

波的叠加

波1

波2

相长干涉   相消干涉

图 1.2.8　光波的叠加

设上述杨氏双缝干涉实验中两个相干波源 S_1 和 S_2 的振动表达式分别为

$$y_1 = A_1 \cos(\omega t + \varphi_1) \tag{1.2.4}$$

$$y_2 = A_2 \cos(\omega t + \varphi_2) \tag{1.2.5}$$

假设从波源 S_1 和 S_2 发出的两列相干波在同一无吸收的均匀介质中传播，它们的波长均为 λ，在两列波相遇的区域选一点 P，P 点与两波源的距离分别是 r_1 和 r_2，那么两列波在 P 点引起的两个分振动分别为

$$y_1 = A_1 \cos(\omega t + \varphi_1 - kr_1) \tag{1.2.6}$$

$$y_2 = A_2 \cos(\omega t + \varphi_2 - kr_2) \tag{1.2.7}$$

那么 P 处的合振动就可以表示为

$$y = y_1 + y_2 = A \cos(\omega t + \varphi) \tag{1.2.8}$$

其中合振动的振幅 A 和初相 φ 可以分别表示为

$$A = \sqrt{A_1{}^2 + A_2{}^2 + 2A_1 A_2 \cos\left[\varphi_2 - \varphi_1 - k\left(r_2 - r_1\right)\right]} \tag{1.2.9}$$

$$\varphi = \arctan \frac{A_1 \sin\left(\varphi_1 - kr_1\right) + A_2 \sin\left(\varphi_2 - kr_2\right)}{A_1 \cos\left(\varphi_1 - kr_1\right) + A_2 \cos\left(\varphi_2 - kr_2\right)} \tag{1.2.10}$$

波的强度与振幅的平方成正比，若用 I_1、I_2 和 I 表示两列相干波的合成波的强度，就有

$$I = I_1 + I_2 + 2\sqrt{I_1 I_2} \cos \Delta\varphi \tag{1.2.11}$$

其中 $\Delta\varphi$ 表示为

$$\Delta\varphi = \varphi_2 - \varphi_1 - 2k\left(r_2 - r_1\right) \tag{1.2.12}$$

当 $\Delta\varphi = \pm 2k\pi, k = 0, 1, 2, \cdots$ 时相长干涉，当 $\Delta\varphi = \pm(2k+1)\pi, k = 0, 1, 2, \cdots$ 时相消干涉。所以，根据 $\Delta\varphi$ 就能够知道空间某一点处干涉的强弱。如

果我们将光看作波，以上理论就可以解释在光的干涉实验中，为什么会出现明暗相间的条纹。

思考：如果有两列波发生相干叠加，已知其中一列波的光场分布，如何求出另一列波的分布？

接下来，我们回到物理光学中去讨论光波的形式。1860 年，麦克斯韦揭示了光的电磁波本性，如图 1.2.9 所示，但我们往往是把电磁场的矢量本性忽略了而把光当成标量处理，因此称之为标量衍射。实验表明，如果光在传播过程中所遇到的光学元件的物理尺寸都远远大于光的波长，并且在离衍射平面相对较远的地方研究光波的衍射问题 [6]，则标量衍射理论能十分准确地描述光的传播过程，本书所讨论的问题都满足上述两种情况。

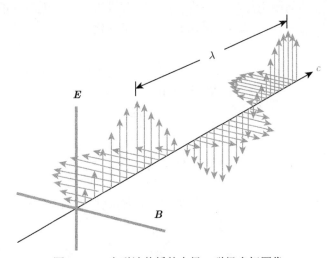

图 1.2.9 电磁波传播的电场、磁场坐标图像

在各向同性的均匀介质中，麦克斯韦方程组为

$$\nabla \cdot \boldsymbol{D} = \rho$$

$$\nabla \cdot \boldsymbol{B} = 0$$

$$\nabla \times \boldsymbol{E} = -\frac{\partial \boldsymbol{B}}{\partial t}$$

$$\nabla \times \boldsymbol{H} = \boldsymbol{j} + \frac{\partial \boldsymbol{D}}{\partial t}$$

$$(1.2.13)$$

式 (1.2.13) 中，$\boldsymbol{D}$、$\boldsymbol{B}$、$\boldsymbol{E}$、$\boldsymbol{H}$ 分别表示电位移矢量、磁感应强度、电场强度和磁场强度；ρ 为封闭曲面内的电荷密度；$\boldsymbol{j}$ 为积分闭合回路上各电流密度矢量。

利用麦克斯韦方程解决光波在介质中传播的实际问题时，还应将其与描述物质在电磁场作用下的物质方程结合起来，物质方程如下：

$$j = \sigma E$$

$$D = \varepsilon E = \varepsilon_0 \varepsilon_r E \tag{1.2.14}$$

$$B = \mu H = \mu_0 \mu_r H$$

式 (1.2.14) 中，ε、μ、σ 分别是介电常量、磁导率和电导率，ε_0 和 μ_0 分别是真空的介电常量和磁导率；ε_r 和 μ_r 分别是介质的相对介电常量和相对磁导率。在各向同性的均匀介质中，$\sigma = 0, \varepsilon$、μ 是常量；在真空中，$\varepsilon = \varepsilon_0, \mu = \mu_0$。

为了使研究的问题更加简单，我们在这里假设光在一个无限大的均匀介质中向前传播，此时 $\rho = 0$，$j = 0$，则式 (1.2.13) 可简化为

$$\nabla \cdot D = 0$$

$$\nabla \cdot B = 0$$

$$\nabla \times E = -\frac{\partial B}{\partial t} \tag{1.2.15}$$

$$\nabla \times H = \varepsilon \mu \frac{\partial D}{\partial t}$$

对式 (1.2.15) 中最后两个式子取旋度，并代入式 (1.2.13) 的物质方程，可以得到真空中电场和磁场的波动方程：

$$\nabla^2 E - \frac{1}{c^2} \frac{\partial^2}{\partial t^2} E = 0$$

$$\nabla^2 B - \frac{1}{c^2} \frac{\partial^2}{\partial t^2} B = 0 \tag{1.2.16}$$

上述公式中，c 是真空中的光速。由式 (1.2.15) 可以看出，电磁场中的电场和磁场的波动可以用一个统一的波动方程来表示，也就是标量波动方程 [2]。用 $u(P,t)$ 表示自由空间中坐标为 (x, y, z) 的一点 P 在 t 时刻的光振动，则波动方程可写为

$$\nabla^2 u(P,t) - \frac{1}{c^2} \frac{\partial^2}{\partial t^2} u(P,t) = 0 \tag{1.2.17}$$

设满足该方程的一个通解为

$$u(P,t) = a(P)\cos[2\pi\nu t - \varphi(P)]$$

$$= a(P) \exp[\mathrm{j}\varphi(P)] \exp(-\mathrm{j}2\pi\nu t)$$

$$= U(P) \exp(-\mathrm{j}2\pi\nu t) \tag{1.2.18}$$

式 (1.2.18) 中，$U(P)$ 是观察点 $P(x, y, z)$ 的复振幅，ν 是光波的频率。将式 (1.2.18) 代入式 (1.2.17)，定义波数 $k = \dfrac{2\pi}{\lambda}$，$\lambda$ 为真空中的光波长，于是我们得到如下亥姆霍兹方程：

$$\left(\nabla^2 + k^2\right) U(P) = 0 \tag{1.2.19}$$

上式是不含时间因子的，所有在真空或均匀介质中传播的单色光都必须满足亥姆霍兹方程，通常情况下该方程常见的解的形式有球面波和平面波两种。

显然，式 (1.2.18) 表示的是一列单色光，其振幅是随着空间变化且相位是随着时间变化的，在实际的光波中单色光只是最基本的简谐光波。但是，其在理论与现实中都有十分重要的意义。由于非单色光较为复杂，可以先将其分解成单色光，然后利用单色光的相关结论来解决问题。式 (1.2.18) 表示的光波也是定态光波。在定态光波场中，复振幅能够将两种不同性质的空间分布集合在一起，体现了其优越性。由复振幅计算光强也十分方便，可按照下式计算：

$$I = |U|^2 = U^* \cdot U \tag{1.2.20}$$

1.2.1 球面波的复振幅

球面波是一种简单且常见的光波，如图 1.2.10 所示。由点光源发出的光，其波面就是球面波 (图 1.2.11)，由于我们总可以将任何光源看作多个点光源的集合，因此球面波是很常见的基本光波形式。球面波有以下特点：

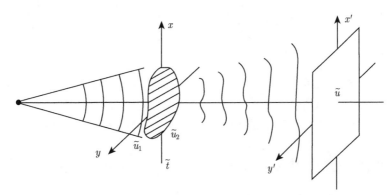

图 1.2.10　球面波的传播

(1) 因为能量守恒，振幅与场点到点光源的距离 r 成反比，即 $U_0(P) = \dfrac{a_0}{r}$。

（2）相位分布的形式是 $\varphi(P) = kr$，所以等相面是以点光源为中心的一组同心球面，故球面波的复振幅为

$$U(P) = \frac{a_0}{r}\mathrm{e}^{\mathrm{i}kr} \tag{1.2.21}$$

式 (1.2.21) 中的 r 是场点 P 到点光源的距离。如果使用直角坐标系，设光源在 (x_0, y_0, z_0) 位置上，则有 $r = \sqrt{(x-x_0)^2 + (y-y_0)^2 + (z-z_0)^2}$，由此得知，即便将光源位置设置在原点，球面波复振幅的函数形式也会比较复杂。

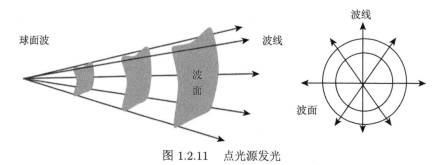

图 1.2.11 点光源发光

式 (1.2.21) 表示的是发散球面波的函数形式。会聚球面波的函数形式则为

$$U_0(P) = \frac{a_0}{r}\mathrm{e}^{-\mathrm{i}kr} \tag{1.2.22}$$

可见，对于球面波，可统一表示为

$$U(P) = \frac{a_0}{r}\mathrm{e}^{\mathrm{i}kr} = \begin{cases} \dfrac{a_0}{r}\mathrm{e}^{\mathrm{i}kr} & \text{（发散球面波）} \\ \dfrac{a_0}{r}\mathrm{e}^{-\mathrm{i}kr} & \text{（会聚球面波）} \end{cases} \tag{1.2.23}$$

当处于近轴条件下时，球面波的复振幅有另一种形式

$$U(r) = \frac{A}{Z}\mathrm{e}^{\pm\mathrm{j}kz}\mathrm{e}^{\pm\mathrm{j}\frac{k}{2z}\left[(x-x_0)^2+(y-y_0)^2\right]} \tag{1.2.24}$$

这里满足的近轴条件为 $(x-x_0)^2 + (y-y_0)^2 \ll z^2$。$z$ 和 r 在近轴条件下近似相等，kr 变成上式是因为近轴公式的一阶泰勒的公式。相位因子包括两项：第一个是常数相位因子；第二个是相位随 xy 面坐标的变化呈二次型分布。"+"号表示发散球面波，"−"号表示会聚球面波。

当球面波传播到无穷远处时，球面波可被视为平面波，如图 1.2.12 所示。

1.2.2 平面波的复振幅

当球面波传播到无限远处时，球面波就可以视为平面波。平面波也是光波中形式比较简单的一种。平面波 (图 1.2.13) 的特点：①振幅是常数，其与场点坐标

无关；②在各向同性介质中等相面是平面，并垂直于传播方向，即相位因子是场点直角坐标的线性函数。于是 $U_0(P) = U_0$，

$$\varphi(P) = \boldsymbol{k} \cdot \boldsymbol{r} + \varphi_0 = k_x x + k_y y + k_z z + \varphi_0 \tag{1.2.25}$$

故平面波的复振幅为

$$U(P) = U_0 e^{i(\boldsymbol{k} \cdot \boldsymbol{r} + \varphi_0)} = U_0 e^{i(k_x x + k_y y + k_z z + \varphi_0)} \tag{1.2.26}$$

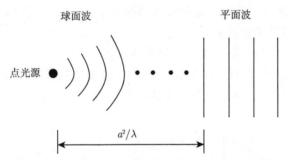

图 1.2.12　球面波与平面波的联系 ($\star$ 重点物理图像)

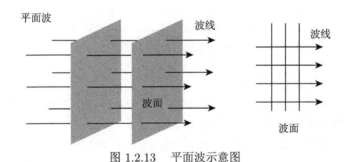

图 1.2.13　平面波示意图

在实际问题中，不仅是写出一个已知平面波的复振幅表达式，通常是通过一个已知的复振幅函数，将平面波的两个特点作为判断的依据，判断其是否为平面波，是怎样的平面波[15]。平面波的波矢 $\boldsymbol{k}$ 的大小和方向，以及平面波的余弦可由线性相位因子的系数获得 $k = \dfrac{2\pi}{\lambda} = \sqrt{k_x^2 + k_y^2 + k_z^2}, \cos\alpha = \dfrac{k_x}{k}, \cos\beta = \dfrac{k_y}{k'}, \cos\gamma = \dfrac{k_z}{k}$。

1.2.3　光波强度的表示

所有的波 (包括光波)，其强度都与振幅的平方成正比。很多情况下，如果能知道光强的相对分布，就可以直接令光强 I 等于振幅 U_0 的平方，即 $I(P) = (U_0(P))^2$，

因为 $U_0(P)$ 是复振幅 $U(P)$ 的模，故能写成

$$I(P) = U(P)U^*(P) \tag{1.2.27}$$

其中 $U^*(P)$ 是 $U(P)$ 的共轭复数。式 (1.2.26) 中的相位因子能够相互抵消，因此在强度 I 的表达式中相位因子不体现。式 (1.2.27) 是通过复振幅分布求光强分布的常用公式。

例 1　如图 1.2.14 所示，

(1) 由轴上 S 点发出的发散球面波照明在 xy 平面，球面波的曲率半径是 R，写出在该面 P 点处的复振幅分布；

(2) 判断与 (1) 相共轭球面波的复振幅分布；

(3) 由离轴点 S_0 点发出的发散球面波在 P 处的复振幅分布。

如何分析这样一个球面波的传播过程呢？

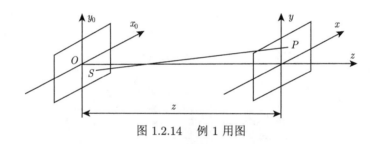

图 1.2.14　例 1 用图

解　球面波分析时的简化方法：

第一，只考虑 xy 平面上与 S 点张角不大的范围或用抛物面代替球面；

第二，把波源放在输入平面的原点上；

第三，取输出平面的任意一点的复振幅就能找到整个平面的复振幅。

$$S(0,0,0) \to P(x,y,z) : r = \sqrt{x^2+y^2+z^2} \xrightarrow{\text{近轴条件}} z + \frac{x^2+y^2}{2z}$$

(1) $U_P(x,y,z) \overset{z=R}{\Longrightarrow} U_P(x,y) = \frac{A}{R}\exp\left[\mathrm{i}k\left(R+\frac{x^2+y^2}{2R}\right)\right]$

(2) 共轭：发散 → 会聚 $U_P^*(x,y) = \frac{A}{R}\exp\left[-\mathrm{i}k\left(R+\frac{x^2+y^2}{2R}\right)\right]$

(3) $S_0(x_0,y_0,0) \to P(x,y,z) : U_P(x,y) = \frac{A}{R}\exp\left[\mathrm{i}k\left(R+\frac{(x-x_0)^2+(y-y_0)^2}{2R}\right)\right]$

例 2　如图 1.2.15 所示，当一束光的传播距离为波长 λ 时，这束光在这两个时刻产生的相位差为 2π，那么当传播距离为 r 时，相位差为多少呢？

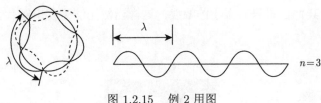

图 1.2.15 例 2 用图

解 为 $\varphi = kr$。讨论：波矢 $k = 2\pi/\lambda$：每经过一个波长 λ 后相位会变化一个周期 2π，因此 k 代表了每单位距离的相位变化，所以相位 $\varphi = kr$，即当距离变化为 r 时距离初始的相位变化 (加上矢量 n 后变成波矢)。

1.3 相位与振幅的互换

思考：振幅和相位哪个所携带的信息更为丰富？以 Matlab 模拟仿真来示例 (代码见本章附录)。

在数字图像领域中，相位借鉴了信号领域中信号时间上延时的概念，利用行扫描的方式将二维图像转换成一维的时间信号，从而产生所谓的相位概念。该概念从时间域转变到了空间域，从而将信号领域的傅里叶变换引申到了空域，产生幅度谱和相位谱。这里以两个 Matlab 模拟仿真问题来示例。

(1) 如图 1.3.1 所示，使用 Matlab，将一个照片做快速傅里叶变换 (FFT) 后得到傅里叶光谱，其为有振幅和相位的复数，分别用频谱的振幅和相位来恢复原图像。

(i) 保留振幅，做二维的逆变换回去得到 U_1；

(ii) 保留相位，做二维的逆变换回去得到 U_2。

讨论：U_1 和 U_2 谁更接近于原图？

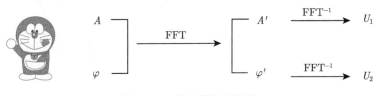

图 1.3.1 数值模拟示意图

讨论：

(a) 只用幅度谱进行反变换，这表示把许多幅度不同，但初相都为零的谐波往一起叠加，结果就是它们在时/空域的零点附近 (图片的四角) 相位一致，取得很大的幅度，而其他位置只有很小的幅度。这样当然无法恢复出图片。重建结果如图 1.3.2 所示。

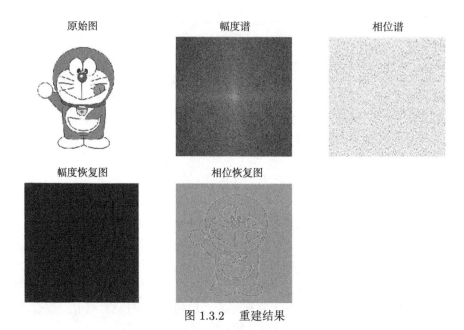

原始图　　　　　　　幅度谱　　　　　　　相位谱

幅度恢复图　　　　　　相位恢复图

图 1.3.2　重建结果

(b) 只用相位谱进行反变换，这表示把许多幅度相同、初相不同的谐波叠加在一起。因为各谐波的初相不同，所以有希望在图片的各个位置都叠加出有意义的东西来。从信号处理的角度，可以把这个过程看成是原始语音或图片 x 经过滤波后的结果。这个滤波器的幅频响应为 $1/|x|$，相频响应恒为零。注意这也是把许多幅度不同，但初相都为零的谐波叠加在一起，因此，只保留相位谱，对原始信号的破坏不大。

(2) 如图 1.3.3 所示为两幅有明显特征区别的图，当把 $A_1\varphi_1$、$A_2\varphi_2$ 替换成 $A_1\varphi_2$、$A_2\varphi_1$ 后再做傅里叶逆变换时，交换相位部分还原后的结果如何？

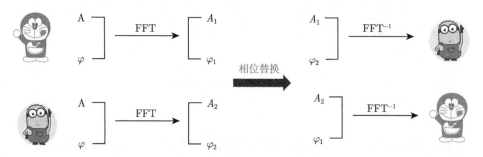

图 1.3.3　交换相位数值模拟

模拟结果如图 1.3.4 所示。

图 1.3.4 重建结果

结论：相位含有更丰富的信息 (本实验的 Matlab 代码详见本章附录)。

1.4 三维测量中的相位和相位包裹问题

相比其幅值数据，一幅图像更重要的是它的相位数据，在图像测量领域中一项重要且基础的研究是如何获取一个图像的相位信息。在对元件轮廓进行干涉计算时，可以通过很多技术方法获得其相位信息，包括空间载波技术、移相技术、锁相环技术、空间投影技术等[19]。

在使用这些技术测量相位时，除了锁相环技术，其他的技术方法会引入反正切计算，所以计算得到的都是被包裹在 $[-\pi, \pi]$ 范围内的相位图中的相位信息[19]。当相位的变化大于一个波长时，其相位将有不连续的情况发生，并出现明显的条纹跳变。然而在整个区间内，实际相位都是连续变化的，因此需要进一步地处理这些包裹相位，将测量得到的包裹相位恢复成连续变化的相位，才能获得实际的相位，将此过程称为相位解包裹[20]。

在光学相位测量中，相位解包裹技术是获得连续相位信息的关键，其结果的好坏会直接影响到测量结果的精度，在各种光学干涉测量中有着非常重要的作用。例如，在激光散斑干涉测量中，可以通过相位解包裹技术获得反映被测物体形状外貌的连续相位信息。而且，在数字全息、结构光条纹投影 (图 1.4.1)、形貌测量、合成孔径雷达 (图 1.4.2) 及核磁共振成像等领域中，相位解包裹技术被广泛应用。

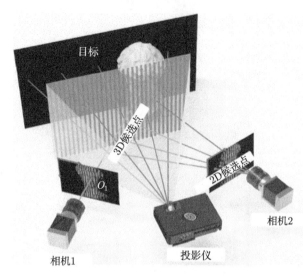

图 1.4.1　结构光条纹投影 [7]

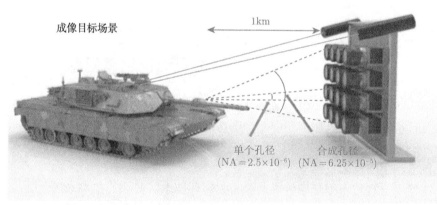

图 1.4.2　合成孔径雷达 [8]

　　Takeda 最早提出了可以实现相位解包裹的行列逐点算法，但是在真实测量的过程中，一定会有噪声误差的产生或被测物体不连续的现象，在遇到误差点时误差会顺着解包裹的方向扩展而发生"拉线"现象。所以，研究人员研究出许多新的相位解包裹算法，比如分割线算法、区域分割算法、元胞自动控制算法、基于离散余弦变换的最小二乘算法和基于时间的解包裹算法等。而且还有一些研究人员根据真实测量情况的差异对上述经典的解包裹算法做了补充与修正。近些年来对于解包裹算法，科研人员们进行了大量的研究，使得相位解包裹技术快速发展，在如何提高解包裹的质量与加快图像运算的速度这两个问题上，提出了许多解包裹理论与算法，将其大致分为两类：路径跟踪算法与最小范数算法[9]。随着图像处理技术、计算机技术和人工智能等技术的不断发展，相位解包裹技术将得到很大的发展，拥有良好的应用前景，相关的原理同学们可以根据相关文献了解。

1.5 扩展阅读：与相位概念相关的物理与数学背景

光传感器能敏锐感应到紫外光到红外光之间的光能量，但不能感应到其相位信息，所以要想获得相位数据，就必须将相位信息转化为能够测量的强度信号。在光学测量技术近五十多年的发展历程中，干涉测量技术一定是最经典的测量相位的方法，如图 1.5.1 所示。

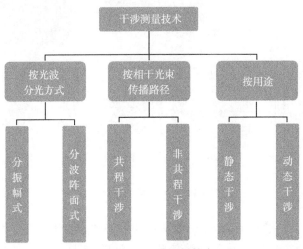

图 1.5.1 干涉测量技术

基于干涉的相位测量法，从 19 世纪 80 年代首次证明了利用光干涉原理能够测量物体的信息发展到现在，其一直在光学测量领域中发挥着非常重要的作用。这项技术的基础理论在这么多年的发展历程中一直没有改变，通过引进一个额外的相干光作为参考光，两束光发生干涉形成干涉条纹，也就是将无法测量的相位信息用能够感应到的光强度信息展现出来，这样才能通过传统成像设备实现测量与解析。然后再经过相应的条纹分析算法，才能在干涉图像中解析出相位来。传统的干涉测量技术在经过几十年的发展后已经逐步形成体系，产生出很多分支比如电子散斑干涉、干涉显微、数字全息等。因为应用相似的原理，所以它们的发展大部分也是同步进行的。其中数字全息技术，因为其数字记录与数值再现存在灵活又独特的优势，在过去十几年中获得了巨大的进步，并已成为定量相位测量和显微的新标杆。

即使数字全息技术进展很快，但由于其在定量相位测量中的干涉性，在生命科学等重要领域中，基于数字全息的干涉定量显微成像方法还不能产生预想中的革命性成果和重大的技术变革，也没有动摇传统显微成像法的重要地位。数字全息显微成像法 (图 1.5.2) 作为一个干涉检测技术，通常对光源和干涉装置有一定的要求，需要时间相干性很高的光源 (例如激光) 来照明，还需要比较复杂的干涉装置。时间相干性高的光源会产生相干噪声 (也就是散斑)，这会影响成像的空间分辨率；后者则需要一个非常严格的测量环境来引入额外的参考光路。而且，这种方法还需对获得的相位信息进行复杂的解包裹算法计算。

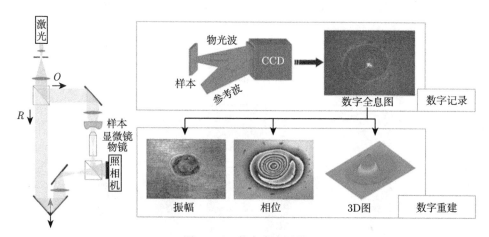

图 1.5.2　数字全息显微

测量相位的方法分为干涉相位测量法和非干涉相位测量法。非干涉相位测量法又主要分为两个技术：一个是夏克-哈特曼波前传感器 (图 1.5.3)；另一个是相位恢复技术。夏克-哈特曼波前传感器是基于几何光学原理测量相位的技术，其通过对 CCD 上焦斑与微透镜光轴的相对偏移量进行数学分析，恢复出最终波面的相位信息 [17]。然而在相位成像和显微成像领域中由于显微透镜的物理尺寸有限制，因此很少直接使用夏克-哈特曼波前传感器获取相位信息。

另一个相位恢复技术是利用光强信息恢复出相位信息的技术，起初人们使用迭代法恢复相位，但由于迭代具有不确定性而且局部最小值可能限制并影响其收敛，Teague 在 1983 年研究出一个不需要迭代的定量相位恢复法，即以光强传输方程 (TIE) 为基础的相位恢复法。

光波的相位信息与强度信息的转换不只是通过干涉可以实现，光波本身存在传播效应，自身就能实现光强与相位的转化。举一个例子，当阳光照射游泳池表面时，在底部会出现明暗相间的网格结构 (图 1.5.4)，这是因为波动的水面相当于一个能改变入射光相位的相位物体 [10]。入射的阳光在水中传播时相位的改变引起了光强度的改变, 形成了泳池底部明暗相间的网格结构, 这个就是波纹形状的相位结构经过一段传播距离后的自我显现与转变, 这种现象反映了光的传播效应。此现象中没有使用激光光源也没有发生干涉, 但是泳池底部明暗相间的网格与干涉的条纹非常相似, 说明在没有干涉的条件下也能将相位信息转化成光强信号, 这就是相衬过程。基于光强传输方程的非干涉相位恢复法与游泳池水面特性能通过水底部的明暗相间的图形反映出来类似, 即物体的定量相位分布能通过测量其由相位结构在离焦平面引起的光强变化 (相衬信号), 再进行反演得到, 通俗的理解就是通过水底明暗相间的网格纹理恢复出水面的形状样貌。光强传播效应不是在所有条件下都能成立的, 如果水面平静没有波动, 也就无法在水底观察到明暗相间的网格纹。

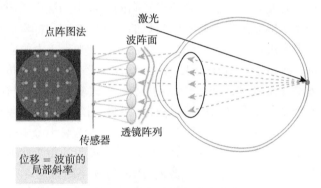

图 1.5.3 夏克-哈特曼波前传感器

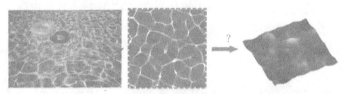

图 1.5.4 晴天游泳池底的光波图案 [10]

再来说说迭代法, 其是另一种非干涉相位恢复的方法。因为光场的相位信息不能被直接测量, 因此可以通过容易测量的光强信息分布来近似恢复其相位分布, 这个过程在数学上是一个逆问题。Gerchberg 等在 1972 年研究电子显微成像的相位恢复问题时首次提出了以迭代运算为基础的相位恢复法, 即 G-S(Gerchberg-Saxton) 算法 [11]。G-S 算法就是先测量出光场在像平面和远场衍射平面的光强分布, 对得到的光强信息使用衍射计算迭代的方法获得光场的波前相位信息。随后大量的科学家们开始研究相位恢复并将其引入到 X 射线成像、自适应光学、光学相位显微等多个应用领域。G-S 算法的建立既有开创性价值, 但同时又面临着不少困难。这些困难一方面是解逆问题时一定会出现的问题, 例如解的存在性和唯一性问题，这个问题源于函数到函数的傅里叶变换幅值是多对一的映射关系；另一方面是迭代法自身造成的问题，比如算法的收敛速度在开始的几次迭代之后开始变慢甚至停止下来，又或者被局部极小值所限制住。所以为了提高 G-S 算法的收敛性，不断有研究人员研究出能适应不同应用背景的新算法。1973 年，Misell 研究出多幅不同离焦量图像之间的迭代法以提高迭代法的收敛性，使迭代法不只能用于像平面和远场衍射平面的光强分布。改进后的 Misell 算法比 G-S 算法的实用性提高很多，还启发了后人在离焦位置、多波长、相位调制等方面改进 G-S 算法的思路。1982 年，Fienup 通过分析 G-S 算法的优化原理提出 G-S 算法是一种误差下降算法 [12]，他研究出一种基于非线性控制思想的混合输入输出 (HIO) 算法，解决了 G-S 算法的停滞问题，也提高了迭代算法的收敛性。但是，由于迭代算法的计算量大且复杂，其在速度要求较高的环境中无法广泛应用。而且，迭代算法需要完全相干的光波场，要求光波场的传播严格遵守标量衍射定律，这无法在部分相干场中实现，限制了迭代算法在部分相干光环境中的应用。

　　PIE(Ptycholographic Iterative Engine) 算法 (图 1.5.5) 是在传统的迭代相位恢复算法中引入叠层成像的思想 [13]。该技术利用改变照明光束与样品的相对位置，采集样品的一系列交叠区域的衍射图像，并利用对相位的反复迭代运算，得到了整个样品的复振幅分布。由于所得到的图像数据信息十分繁多重复，这个技术不仅显著提高了 G-S 算法与 HIO 算法的收敛速度，还将正确解和复共轭之间的二义性问题解决了。之后许多科学家对 PIE 算法不断改进，在探针 (照明光) 恢复、扫描位置误差校正、部分相干照明模式的解耦、横向/轴向分辨率的提高等方向取得了不小的进步。现在，PIE 算法已广泛应用于可见光相位成像、X 射线衍射成像、电子显微成像等多个领域 [14]。

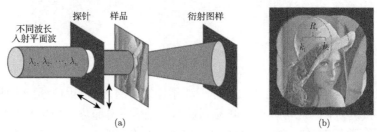

图 1.5.5　(a) 叠层衍射成像的基本原理；(b) 孔径排列方式及重叠情况

附　　录

　　代码一：

```
clc;clear all;
```

```
close all;
%% 分别用频谱的振幅和相位来恢复原图像
I=rgb2gray(im2double(imread('lena_hui256.jpg'))); %读入原始图
FFT=fftshift(fft2(I));          %傅里叶变换
A=abs(FFT);                     %频谱图的振幅
B=log(A+1);                     %对数值进行处理
P=angle(FFT);                   %频谱图的相位
P1=log(P+1);                    %对数值进行处理
P2=cos(P)+1i.*sin(P);           %相位部分
iFFT1=ifft2(ifftshift(A));    %对振幅做傅里叶逆变换
iFFT2=ifft2(ifftshift(P2));   %对相位做傅里叶逆变换
subplot(2, 3, 1), imshow(I, []);title('原始图'); %显示原始图
subplot(2, 3, 2), imshow(B, []);title('幅度谱'); %显示幅度谱
subplot(2, 3, 3), imshow(P1, []);title('相位谱');%显示相位谱
subplot(2, 3, 4), imshow(iFFT1, []);title('幅度恢复图'); %显示幅度恢复图
subplot(2, 3, 5), imshow(iFFT2, []);title('相位恢复图'); %显示相位恢复图
figure, imshow(I, []);title('原始图');
figure, imshow(B, []);title('幅度谱');
figure, imshow(P1, []);title('相位谱')
figure, imshow(iFFT1, []);title('幅度恢复图')
figure, imshow(iFFT2, []);title('相位恢复图');
```

　　代码二：

```
clc;clear all;
close all;
%% 傅里叶变换得到振幅和相位
I1=rgb2gray(im2double(imread('lena_hui256.jpg'))); %读入第一幅图
I2=rgb2gray(im2double(imread('Adl256.jpg')));  %读入第二幅图
FFT1=fftshift(fft2(I1)); %傅里叶变换
FFT2=fftshift(fft2(I2)); %傅里叶变换
A1=abs(FFT1);     %振幅1
P1=angle(FFT1); %相位1
A2=abs(FFT2);     %振幅2
P2=angle(FFT2); %相位2
%% 交换相位部分恢复原图
H1=A1.*cos(P2)+A1.*sin(P2).*1i;
H2=A2.*cos(P1)+A2.*sin(P1).*1i;  %交换相位部分
iFFT1=ifft2(ifftshift(H1));      %傅里叶逆变换
iFFT2=ifft2(ifftshift(H2));      %傅里叶逆变换
subplot(2, 2, 1), imshow(I1, []);title('原始图1'); %显示原始图1
```

```
subplot(2, 2, 2), imshow(I2, []);title('原始图2'); %显示原始图2
subplot(2, 2, 3), imshow(iFFT1, []);title('振幅1+相位2');
        %显示"振幅1+相位2"的恢复结果
subplot(2, 2, 4), imshow(iFFT2, []);title('振幅2+相位1');
        %显示"振幅2+相位1"的恢复结果
```

习　　题

1. 证明 $\psi(x, t) = A\cos(kx - \omega t)$ 是波动方程的一个解。

2. 考虑函数

$$\psi(z, t) = \frac{A}{(z - vt)^2 + 1}$$

其中 A 是一个常数。证明它是波动微分方程的一个解。给出波速和传播方向。

3. 一个平面电磁波的电场，在国际单位制中由下式给出：

$$\boldsymbol{E} = \boldsymbol{E}_0 \mathrm{e}^{\mathrm{i}\left(3x - \sqrt{2}y - 9.9 \times 10^8 t\right)}$$

(1) 这个波的角频率是多少？

(2) 写出 $\boldsymbol{k}$ 的表示式。

(3) k 的值是多大？

(4) 定出波速。

4. 证明 $\psi(\boldsymbol{k} \cdot \boldsymbol{r}, t)$ 代表一个平面波，其中的 $\boldsymbol{k}$ 垂直于波阵面。(提示: 令 $\boldsymbol{r}_1$ 和 $\boldsymbol{r}_2$ 是平面上任意两点的位置矢量，证明 $\psi(\boldsymbol{r}_1, t) = \psi(\boldsymbol{r}_2, t)$。)

5. 编制一个表，各列以 θ 之值打头，θ 之值从 $-\pi/2$ 到 2π，间隔 $\pi/4$。在 θ 值下给出 $\sin\theta$ 之值，再列出 $\cos\theta$ 之值，下面再给出 $\sin(\theta - \pi/4)$ 之值，类似地下面再给出函数 $\sin(\theta - \pi/2)$、$\sin(\theta - 3\pi/4)$ 和 $\sin(\theta + \pi/2)$ 之值。画出这些函数的曲线图，注意相移的效应。$\sin\theta$ 是领先还是落后于 $\sin(\theta - \pi/2)$，换句话说，一个函数与另一函数相比，是在一个很小的 θ 值上到达一个特定大小，因此领先于另一函数 (就像 $\cos\theta$ 领先 $\sin\theta$ 一样) 吗？

6. 给出波函数

$$\psi_1 = 5\sin 2\pi(0.4x + 2t)$$

$$\psi_2 = 2\sin(5x - 1.5t)$$

对每个波函数求：

(1) 频率；

(2) 波长；

(3) 周期；

(4) 振幅；

(5) 相速度；

(6) 运动方向。

时间的单位为秒，x 的单位为米。

7. 一个简谐波, 振幅为 10^3V/m, 周期为 2.2×10^{-15}s, 波速为 3×10^8m/s, 写出它的波函数的表示式。这个波向负 x 方向传播, 在 $t=0$ 和 $x=0$ 之值为 10^3V/m。

8. 给定行波 $\psi(x,t) = 5.0 \exp\left(-ax^2 - bt^2 - 2\sqrt{abx}t\right)$, 定出它的传播方向。算出 ψ 的几个值, 画出 $t=0$ 时刻的波形轮廓略图, 取 $a=25$ m$^{-2}, b=9.0$ s^{-2}。波速是多少?

9. 想象一个声波, 其频率为 1.10kHz, 波速为 330m/s。求波上相隔 10.0cm 的任意两点之间的相位差是多少弧度。

10. 在直角坐标系中写出一个平面简谐波的表示式, 其振幅为 A, 频率为 ω, 向正 x 方向传播。

11. 明确证明, 函数
$$\psi(\boldsymbol{r}, t) = A \exp[\mathrm{i}(\boldsymbol{k} \cdot \boldsymbol{r} + \omega t + \varepsilon)]$$
描述一个波, 若 $v = \omega/k$。

12. 一个平面电磁波可以表示为 $E_x = 0, E_y = 2\cos\left[2\pi \times 10^{14}\left(\dfrac{z}{c} - t\right) + \dfrac{\pi}{2}\right], E_z = 0$, 求:

(1) 该电磁波的振幅、频率、波长及原点的初相位;

(2) 波的传播方向和电矢量的振动方向;

(3) 与电场相关的磁场 $\boldsymbol{B}$ 的表达式。

13. 球面电磁波的电场 E 是 r 和 t 的函数, 其中 r 是一定点到波源的距离, t 是时间, 求:

(1) 与球面波相应的波动方程的形式;

(2) 波动方程的解。

14. 考虑函数
$$\psi(z,t) = A \exp\left[-\left(a^2 z^2 + b^2 t^2 + 2abzt\right)\right]$$
其中 A、a 和 b 都是常数, 并且都取合适的国际单位。这个式子表示一个波吗? 如果是, 求波速和传播方向。

15. 两个振动方向相同的单色波在空间某一点产生的振动分别为
$$E_1 = a_1 \cos\left(\alpha_1 - \omega t\right), \quad E_2 = a_2 \cos\left(\alpha_2 - \omega t\right)$$
若 $\omega = 2\pi \times 10^{15}$Hz, $a_1 = 6$V/m, $a_2 = 8$V/m, $\alpha_1 = 0, \alpha_2 = \dfrac{\pi}{2}$, 求该点的合振动表达式。

16. 利用波的复数表达式求以下两个波的合成
$$E_1 = a\cos(kx + \omega t), \quad E_2 = -a\cos(kx - \omega t)$$

17. 一束角频率为 ω 的线偏振光沿 z 方向传播, 其电矢量的振动面与 zx 平面成 $30°$, 试写出该线偏振光的表达式。

参 考 文 献

[1] Beléndez A, Sheridan J T, Villalobos I P. Holography: 50th anniversary of Dennis Gabor's Nobel Prize: Part I. A historical perspective[C]. Sixteenth Conference on Education and Training in Optics and Photonics: ETOP 2021, SPIE, 2022, 12297: 47-48.

[2] Weil M. Heinrich Rohrer, Nobel Prize-winning physicist, dies at 79 [EB/OL]. [2022-03-22]. https://www.washingtonpost.com/national/health-science/ heinrich-rohrer-nobel-prize-winning-physicist-dies-at-79/2013/05/21/a3083db6-c1c9-11e2-8bd8-2788030e6b44

_story.html.

[3] Cursor. Nobelprijs Chemie voor fluore scentie microscopie [EB/OL]. [2022-03-22].
     https://www.cursor.tue.nl/nieuws/2014/oktober/nobelprijs-chemie-voor-fluorescenti-
     emicroscopie/.

[4] Bank of Biology. DNA - the molecular basis of inheritance [EB/OL]. [2022-03-22].
     https://vdocument.in/dna-the-molecular-basis-of-inheritance-james-d-watson-francis-h-
     crick.html?page=3.

[5] 潘安. 如何理解光学中的相位?[EB/OL]. [2022-03-22]. https://www.zhihu.com/question/
     377941148/answer/1076562350.

[6] 李俊昌. 衍射计算及数字全息 (上册)[M]. 北京: 科学出版社, 2014.

[7] Qian J, Feng S, Xu M, et al. High-resolution real-time 360° 3D surface defect inspection
     with fringe projection profilometry[J]. Optics and Lasers in Engineering, 2021, 137:
     106382.

[8] 张润南, 蔡泽伟, 孙佳嵩, 等. 光场相干测量及其在计算成像中的应用 [J]. 激光与光电子学
     进展, 2021, 58(18): 57-116.

[9] 王永红, 陈维杰, 钟诗民, 等. 相位解包裹技术及应用研究进展 [J]. 测控技术, 2018, 37(12):
     1-7, 16.

[10] 左超, 陈钱, 孙佳嵩, 等. 基于光强传输方程的非干涉相位恢复与定量相位显微成像: 文献
     综述与最新进展 [J]. 中国激光, 2016, 43(6): 221-251.

[11] Gerchberg R W, Saxton W O. A practical algorithm for the determination of phase
     from image and diffraction plane pictures[J]. Optik, 1972, 35: 237-250.

[12] Fienup J R. Phase retrieval algorithms: a comparison[J]. Applied Optics, 1982, 21(15):
     2758.

[13] Rodenburg J M, Faulkner H. A phase retrieval algorithm for shifting illumination[J].
     Applied Physics Letters, 2004, 85(20): 4795-4797.

[14] 潘安, 王东, 史祎诗, 等. 多波长同时照明的菲涅耳域非相干叠层衍射成像 [J]. 物理学报,
     2016, (12): 94-104.

[15] 张贞, 曹军梅. 光波的复振幅表示 [J]. 延安大学学报 (自然科学版), 2003, 22(3): 44-45.

[16] 陈妮, 左超, Lee B. 基于深度测量的三维成像技术 [J]. 红外与激光工程, 2019, 48(6):
     603013-1-603013-25.

[17] 张赵, 李加基, 孙佳嵩, 等. 基于光强传输方程的多模式成像 [J]. 影像科学与光化学, 2017,
     35(2): 179-184.

[18] 黄妙娜, 黄佐华. 相位物体的相位检测分析方法 [J]. 大学物理, 2009, 28(4): 6-10.

[19] 于瀛洁, 李国培, 陈明仪. 干涉图处理中的相位去包裹技术 [J]. 宇航计测技术, 2002, 22(4):
     49-54.

[20] 刘源超, 吴永前, 刘锋伟. 基于光学包裹相位的类别不平衡研究 [J]. 光学与光电技术, 2021,
     19(4): 37-44.

第 2 章 空间频率

2.1 空间频率的引入

在第 1 章中，我们介绍了平面波传播的一些基本概念。平面波是光波最简单的一种形式，它的等相位面是一平面，且该平面与波的传播方向是垂直的 (如图 2.1.1 所示)，在该平面上，各点的振幅为常数。

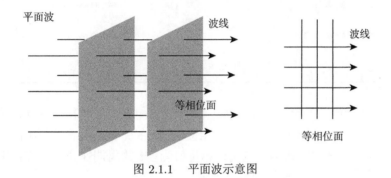

图 2.1.1　平面波示意图

对于一维平面波，我们可以将其写作：

$$U(P,t) = A(P)\cos\left[(kz - \omega t) + \varphi_0\right] \tag{2.1.1}$$

其中，$k = \dfrac{2\pi}{\lambda}, \omega = 2\pi\nu = \dfrac{2\pi}{T}$。将上式变形：

$$U(P,t) = A(P)\cos\left[2\pi\left(\frac{z}{\lambda} - \frac{t}{T}\right) + \varphi_0\right] \tag{2.1.2}$$

我们可以看出对于一维平面波，其在时间和空间上均具有周期性 (如表 2.1.1 所示)；在时间上，每经过一个周期 T，相位不变；在空间上，每传播一个波长，相位不发生改变。我们将后者称为空间频率。

上述是对一维平面波的一些简单讨论。在光学中我们往往不关心光波在整个空间的相位分布，而是关心某个特定波前的相位分布。对于沿 k 方向传播的单色平面波波前，其复振幅为

$$U(x,y) = A\exp\left[jk\left(x\cos\alpha + y\cos\beta\right)\right] \tag{2.1.3}$$

其中，$A = a\exp\left(\mathrm{j}kz\sqrt{1 - \cos^2\alpha - \cos^2\beta}\right)$ 是一个复数常数，通常称 $\exp\left(\mathrm{j}kz\cdot\right.$ $\left.\sqrt{1 - \cos^2\alpha - \cos^2\beta}\right)$ 为平面波的线性相位因子。对于方向余弦为 $\cos\alpha$、$\cos\beta$ 的平面波，它的等相位线方程为

$$x\cos\alpha + y\cos\beta = C \tag{2.1.4}$$

式中，C 是一个常量。不同 C 值对应的等相位线是一些平行斜线。

表 2.1.1　波的时间周期性和空间周期性对比

波的时间周期性	波的空间周期性
周期 T	空间周期 λ
频率: $\nu = \dfrac{1}{T}$	空间频率: $f = \dfrac{1}{\lambda}$
角频率: $\omega = 2\pi\nu = \dfrac{2\pi}{T}$	空间角频率: $k = 2\pi f = \dfrac{2\pi}{\lambda}$
	时空联系: $v = \nu\lambda = \dfrac{\lambda}{T} = \dfrac{\omega}{k}$

图 2.1.2 中的虚线表示相位差为 2π 的一组波面与 xy 平面的交线，即等相位线，是一组等距的平行斜线 [1]。由于相位差 2π 的光振动实际上是相同的，所以平面上的复振幅分布的基本特点是以相位值为 2π 的周期性分布，这是平面波在 xy 平面上传播的空间周期性的具体表现。

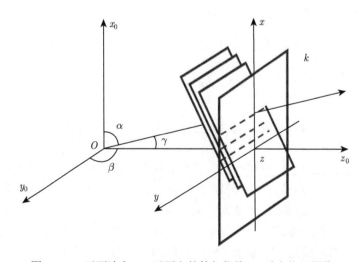

图 2.1.2　平面波在 xy 平面上的等相位线 (⋆ 重点物理图像)

我们可以在波前平面引入空间频率的概念，首先研究一个比较简单的情况，即传播矢量位于 x_0z 平面时，由于 $\cos\beta = 0$，因此 xy 平面上复振幅分布为

$$U(x,y) = A\exp(\mathrm{j}kx\cos\alpha) \tag{2.1.5}$$

其等相位线方程为

$$x\cos\alpha = C \tag{2.1.6}$$

如图 2.1.3(b) 所示，与不同 C 值相对应的等相位线是一些垂直于 x 轴的平行线。因为等相位线上的光振动是相同的，所以在 xy 平面周期分布的复振幅的空间周期可以用相位差为 2π 的两个相邻等相位线的间隔 X 来表示。由公式可知

$$kX\cos\alpha = 2\pi \tag{2.1.7}$$

所以

$$X = \frac{2\pi}{k\cos\alpha} = \frac{\lambda}{\cos\alpha} \tag{2.1.8}$$

式中 λ 是光波波长。x 方向单位长度内变化的周期数，我们用空间周期的倒数 $\dfrac{1}{X}$ 来表示，即

$$f_x = \frac{1}{X} = \frac{\cos\alpha}{\lambda} \tag{2.1.9}$$

f_x 称为复振幅分布在 x 方向的空间频率，单位是周 /mm。

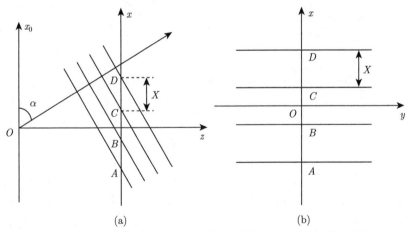

图 2.1.3　传播矢量 $\boldsymbol{k}$ 位于 x_0z 平面的平面波在 xy 平面上的空间频率

因为等相位线平行于 y 轴，且沿 y 方向的复振幅分布不变，因此可以认为沿 y 方向的空间周期 $Y = \infty$，因此，y 方向的空间频率为

$$f_y = \frac{1}{Y} = 0 \tag{2.1.10}$$

由此，传播方向余弦为 $(\cos\alpha, 0)$ 的单色平面波在 xy 平面上复振幅的周期分布就可用 x、y 方向的空间频率 $\left(f_x = \dfrac{\cos\alpha}{\lambda}, f_y = 0\right)$ 来表示。因此公式 (2.1.5) 可以改写为

$$U(x, y) = A\exp\left(\mathrm{j}2\pi f_x x\right) \tag{2.1.11}$$

式中，直接由空间频率表示 xy 平面上的复振幅分布。通过空间频率与传播方向余弦之间的对应关系，可以认为该式代表一个传播方向余弦为 $\cos\alpha = \lambda f_x, \cos\beta = 0$ 的单色平面波。空间频率表示对于任意波的复振幅在空间某一特定方向中变化的快慢，空间频率越大，则在此方向上的变化越快。

在上述情况中，α 为锐角，$\cos\alpha > 0$, 空间频率 $f_x = \dfrac{\cos\alpha}{\lambda}$ 为正值。xy 平面上相位值沿 x 正向增加。如果传播矢量与 x_0 轴成钝角，即 $\cos\alpha < 0$, 则空间频率 $f_x = \dfrac{\cos\alpha}{\lambda}$ 就为负值。xy 平面上相位值沿 x 正向减小。如图 2.1.4 所示，在两种情况中，光波传播到 xy 平面时，沿 x 方向各点光振动发生的先后次序是相反的。因此，空间频率的正负仅表示平面波不同的传播方向。

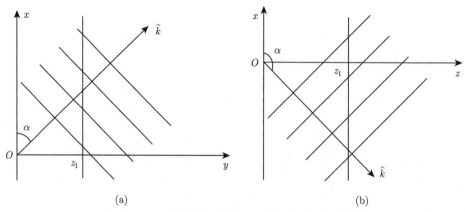

(a)   (b)

图 2.1.4 空间频率为正值 (a) 和负值 (b) 的平面波

在传播方向余弦为 $(\cos\alpha, \cos\beta)$ 的一般情况下，xy 平面上的等相位线是一些平行斜线。图 2.1.5 表示相位值依次相差 2π 的等相位线。这时，xy 平面上沿 x 方向和沿 y 方向的复振幅分布都是周期性变化的。其空间周期 X、Y 分别为

$$X = \frac{\lambda}{\cos\alpha}, \quad Y = \frac{\lambda}{\cos\beta} \tag{2.1.12}$$

x、y 方向相应的空间频率分别为

$$f_x = \frac{1}{X} = \frac{\cos\alpha}{\lambda}$$

$$f_y = \frac{1}{Y} = \frac{\cos\beta}{\lambda} \tag{2.1.13}$$

把公式 (2.1.13) 代入复振幅表达式中得到

$$U(x,y) = A\exp\left[\mathrm{j}2\pi\left(f_x x + f_y y\right)\right] \tag{2.1.14}$$

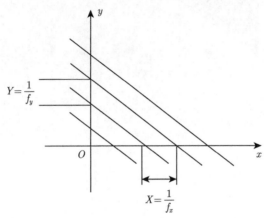

图 2.1.5 任意方向传播的平面波在 xy 平面上的空间频率

该式直接通过空间频率 f_x、f_y 表示 xy 平面上的复振幅分布。由空间频率与传播方向余弦之间的对应关系,可认为公式代表一个传播方向余弦为 $\cos\alpha = \lambda f_x$,$\cos\beta = \lambda f_y$ 的单色平面波。

如果我们讨论的是平面波在空间中的传播情况,可以类似地定义 z 方向的空间频率为

$$f_z = \frac{1}{Z} = \frac{\cos\gamma}{\lambda} \tag{2.1.15}$$

所以,沿 k 方向传播的单色平面波可以利用空间频率来表示

$$U(x,y) = a\exp\left[\mathrm{j}2\pi\left(f_x x + f_y y + f_z z\right)\right] \tag{2.1.16}$$

由于 $\cos^2\alpha + \cos^2\beta + \cos^2\gamma = 1$,则

$$f_x^2 + f_y^2 + f_z^2 = \frac{1}{\lambda^2} = f^2 \tag{2.1.17}$$

式中,$f = \dfrac{1}{\lambda}$,表示平面波沿传播方向 k 的空间频率。

如果一个平面波入射到一个具有一定光栅常量的光栅上 (图 2.1.6),那么其出射光将会有几个衍射级。由衍射理论可知,光栅常量越小,衍射角越大。空间频

率的量纲为长度的倒数，单位取 mm^{-1}。也就是说，光栅常量越小，空间频率越高 (图 2.1.7)。

图 2.1.6　光栅

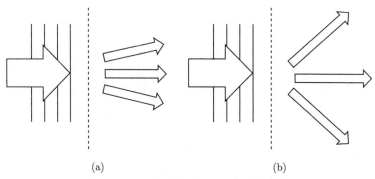

(a)   (b)

图 2.1.7　光栅常量越小，空间频率越高

(a) 粗光栅对应低空间频率；(b) 细光栅对应高空间频率

如果我们有一个复杂的物体，入射它 (或由它反射) 的光波将是大量的具有不同空间频率的平面波的叠加。如果该物体是具有很多细节的物体，那么该光波将包含许多高空间频率的成分。

空间频率是近代光学中一个重要的概念。因为在光学中处理的图像都是随空间坐标变化的图像，引入空间频率的概念后，便于采用傅里叶分析的方法来讨论光学问题。对于平面波的空间频率，我们给出这样的描述：

(1) 空间频率是描述波动过程在空间周期性的物理量，它可以表示单位距离上光振动的周期数。

(2)(f_x, f_y) 的物理意义：方向余弦为 $(\cos\alpha, \cos\beta)$ 的单色平面波在 xy 面上的复振幅是以 2π 为周期分布的，该复振幅分布可通过沿 x 和 y 方向的空间频率

(f_x, f_y) 来描述

$$U(x, y) = U_0 e^{j2\pi(f_x x + f_y y)} \tag{2.1.18}$$

$$U(x, y) = U_0 e^{jk(x\cos\alpha + y\cos\beta)} \tag{2.1.19}$$

式 (2.1.18) 和式 (2.1.19) 表示一个在 xy 平面上沿 x 方向的空间频率为 f_x、沿 y 方向的空间频率为 f_y 的周期性复振幅函数，它代表着一个传播方向为 $\cos\alpha = \lambda f_x, \cos\beta = \lambda f_y$ 的平面波。

(3) 根据波叠加原理，任何复杂的光场分布都可以分解为沿不同方向传播的多个平面波的叠加，或分解为具有不同空间频率的多个波的叠加。

例 1 一单色平面波，振幅为 A，波长为 λ，其传播方向平行于 xy 面，且与 z 轴夹角 30°。如图 2.1.8 所示。

(1) 求复振幅表达式，以及复振幅在 x 方向和 y 方向的空间频率 f_x，f_y;

(2) 对于传播方向与 z 轴夹角为 $-30°$ 的情况求 f_x, f_y。

解

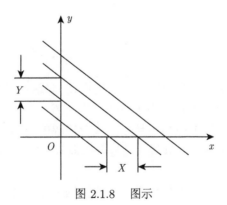

图 2.1.8　图示

(1) $U(X, Y, Z) = a\exp\left[\dfrac{\mathrm{i}k}{2}\left(x + \sqrt{3}z\right)\right]$; $f_x = \dfrac{\cos\alpha}{\lambda} = \dfrac{1}{2\lambda}$, $f_y = \dfrac{\cos\beta}{\lambda} = 0$。

(2) $U(X, Y, Z) = a\exp\left[\dfrac{\mathrm{i}k}{2}\left(-x + \sqrt{3}z\right)\right]$; $f_x = \dfrac{\cos\alpha}{\lambda} = -\dfrac{1}{2\lambda}$, $f_y = \dfrac{\cos\beta}{\lambda} = 0$。

2.2　波 的 叠 加

两个 (或多个) 光波在空间某一区域相遇时所发生的光波的叠加问题，是研究干涉、衍射、偏振等现象的共同基础。

波的传播遵循独立性原则，当两列光波在空间交叠时，每列波都是各自独立地传播，不会互相干扰，好像另一列波完全不存在，这就是波的独立传播定律。但需要注意，该定律不是在任何情况下都成立，比如，在通过变色玻璃时其光波就不遵循独立传播定律。

波的叠加原理：当两列 (或多列) 波在同一空间传播时，在波的重叠区内每列波在该点引起的振动所有的点都会参与。如果波的独立传播定律成立，则当两列或多列波同时存在时，如图 2.2.1 所示其交叠区域中每个点的振动是各列波单独在该点产生振动的合成 [1]。

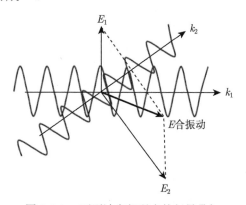

图 2.2.1   两列波在相遇点的矢量叠加

上述成立的条件是一般情况下光在真空中传播或者在线性介质中传播时，只要光强不太强，就不会激发介质的非线性性质，那么我们认为上述两个性质是成立的。特别要注意，光波的叠加不是强度或者振幅的简单的叠加，而是振动矢量 (瞬时值) 的叠加。对于电磁波来说，就是电场强度 (电场分量，光矢量) 和磁场强度的叠加。

根据波的叠加原理，可以把任意复杂的光场分布分解成多个沿不同方向传播的平面波的叠加，或者分解成多个不同空间频率的波的叠加。

如图 2.2.2 所示的一条条正余弦波，空域是随时间而变化的，频域是包含正余弦波的空间，从此图的侧面看过去就是频域 (如图 2.2.3 所示)。

我们知道这个矩形的波可以被拆分为一些正弦波的叠加。而从频域方向来看，我们就看到了每一个正余弦波的幅值。在每两个正弦波中间有一条直线，这不是一条分割线，而是振幅为 0 的正弦波。即在组成特殊曲线的过程中，有部分正弦波是没有必要叠加的。在不断叠加的过程中，每个正弦波上升部分的叠加使上升幅度不断变陡，而且所有正弦波中的下降部分又与上升到最高点时还要继续上升的部分相互抵消了，从而变成一条水平线，所以就形成了一个矩形。但是要形成一个标准 90° 的矩形波需要多少个正弦波叠加起来呢？答案是无数个。

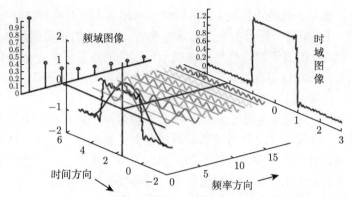

图 2.2.2 波的时间 (空) 域和频域 (★ 重点物理图像)(彩图见封底二维码)

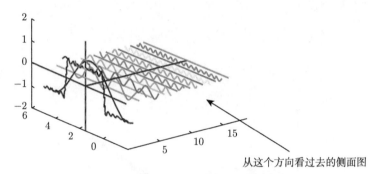

图 2.2.3 频域方向 (彩图见封底二维码)

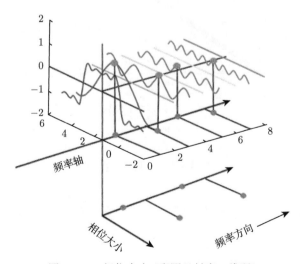

图 2.2.4 相位大小 (彩图见封底二维码)

　　波的位置需要不同的相位决定，所以仅仅有幅值无法对频域进行完整的分析，我们必须有一个相位谱。频谱的重点是从侧面看，相位谱的重点则是从下面看。如图 2.2.4 所示，投影点我们用粉色点来表示，红色的点表示离正弦函数频率轴最近的一个峰值，而相位差就是粉色点和红色点水平距离除以周期。将相位差画到一个坐标轴上就形成了相位谱。

　　其实，傅里叶变换就是通过多个正 (余) 弦波叠加来将任意一个原始周期函数近似表达出来，本质上就是频域函数和时域函数的转换。时域是一直随着时间而变化，而频域是包含着正余弦波的空间，表示着每一条正余弦波的幅值信息，而将一个正余弦波表示出来，除了幅值信息，还需要有相位信息。

　　例 1　如图 2.2.5 所示，写出两个复振幅波前的叠加。

　　解　对于两个波前：

$$\tilde{\psi}_1 = A_1 e^{i(\varphi_1 - i\omega t)} = A_1 e^{i\varphi_1} e^{-i\omega t} = \tilde{U}_1 e^{-i\omega t}$$

$$\tilde{\psi}_2 = A_2 e^{i(\varphi_2 - i\omega t)} = A_2 e^{i\varphi_2} e^{-i\omega t} = \tilde{U}_2 e^{-i\omega t}$$

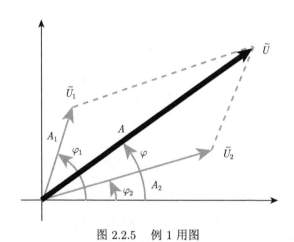

图 2.2.5　例 1 用图

其复振幅为

$$\tilde{U}_1 = A_1 e^{i\varphi_1}, \quad \tilde{U}_2 = A_2 e^{i\varphi_2}$$

其叠加为

$$\tilde{\psi} = \tilde{\psi}_1 + \tilde{\psi}_2 = \tilde{U}_1 e^{-i\omega t} + \tilde{U}_2 e^{-i\omega t} = \left(\tilde{U}_1 + \tilde{U}_2\right) e^{-i\omega t}$$

有

$$\tilde{U} = \tilde{U}_1 + \tilde{U}_2 = A_1 e^{i\varphi_1} + A_2 e^{i\varphi_2} = A e^{i\varphi}$$

　　例 2　如图 2.2.6 所示，作出多个波的复振幅的叠加示意图。

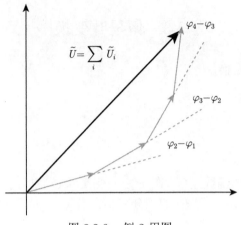

图 2.2.6 例 2 用图

思考：两束相干的波发生叠加时会发生干涉，相干条纹的宽度会随着两列波叠加时的位置不同而发生改变，问：什么时候干涉条纹会变密？

设有两列波在 xOz 平面传播的波，他们之间的夹角为 θ，则他们相遇发生干涉时

$$U_1 = \exp\left\{\mathrm{i}k\left(\cos\alpha_1 x + \sin\alpha_1 z\right)\right\}$$

$$U_2 = \exp\left\{\mathrm{i}k\left(\cos\alpha_2 x + \sin\alpha_2 z\right)\right\}$$

$$I = |U_1 + U_2|^2 = |U_1|^2 + |U_2|^2 + U_1^* U_2 + U_1 U_2^*$$

交叉项为

$$U_1^* U_2 + U_1 U_2^* = 2\left\{k\left[\left(\cos\alpha_1 - \cos\alpha_2\right)x + \left(\sin\alpha_1 - \sin\alpha_2\right)z\right]\right\}$$

所以，干涉波的空间频率为

$$f_x = \frac{\cos\alpha_1 - \cos\alpha_2}{\lambda}, \quad f_y = 0, \quad f_z = \frac{\sin\alpha_1 - \sin\alpha_2}{\lambda}$$

$$
\begin{aligned}
f &= \sqrt{f_x^2 + f_y^2 + f_z^2} = \frac{1}{\lambda}\sqrt{\left(\cos\alpha_1 - \cos\alpha_2\right)^2 + \left(\sin\alpha_1 - \sin\alpha_2\right)^2} \\
&= \frac{1}{\lambda}\sqrt{2 - 2\left(\cos\alpha_1 \cos\alpha_2 + \sin\alpha_1 \sin\alpha_2\right)} = \frac{1}{\lambda}\sqrt{2 - 2\cos\left(\alpha_1 - \alpha_2\right)} \\
&= \frac{2}{\lambda}\left|\sin\frac{\alpha_1 - \alpha_2}{2}\right|
\end{aligned}
$$

两列波的夹角 $\theta = \alpha_1 - \alpha_2$，由上式可得 θ 越大时，干涉波的空间频率越大，则干涉条纹越密。

2.3　傅里叶变换

2.3.1　一维傅里叶变换

对于广义的变换:

$$I_f(\alpha) = \int_{-\infty}^{\infty} f(x)\, k(\alpha, x)\, \mathrm{d}x \tag{2.3.1}$$

如果把式 (2.3.1) 中的函数 $f(x)$ 在 x 空间变换成 α 空间的 $I_f(\alpha)$ 的函数, $I_f(\alpha)$ 叫函数 $f(x)$ 的以 $k(\alpha, x)$ 为核的积分变换。当 $k(\alpha, x) = \mathrm{e}^{-\mathrm{j}2\pi\alpha x}$ 时, 此变换称为傅里叶变换。

对非周期函数 $g(x)$ 做正交展开, 即把函数看作复指数函数在整个连续的频率区间上的积分

$$g(x) = \int_{-\infty}^{\infty} G(f)\, \mathrm{e}^{\mathrm{j}2\pi f x}\mathrm{d}f \tag{2.3.2}$$

式中

$$G(f) = \int_{-\infty}^{\infty} g(x)\, \mathrm{e}^{-\mathrm{j}2\pi f x}\mathrm{d}x \tag{2.3.3}$$

式 (2.3.2) 和 (2.3.3) 就是傅里叶积分。$G(f)$ 称为 $g(x)$ 的傅里叶变换或者频谱。如果 $g(x)$ 表示某空间域中的物理量, 则 $G(f)$ 就是这个物理量在频率域中的表示形式。$G(f)$ 就类似于傅里叶系数 c_n, 也就是各种频率成分的权重因子, 描述各复指数分量的相对幅值和相移。如果将指数函数 $\mathrm{e}^{\mathrm{j}2\pi f x}$ 作为基元函数, 其表示一频率为 f 的简谐振荡, 就能将 $g(x)$ 分解成多个基元函数的线性组合, 权重因子是 $G(f)$。

当 $G(f)$ 是复函数时, 可以表示为

$$G(f) = A(f)\, \mathrm{e}^{\mathrm{j}\phi(f)} \tag{2.3.4}$$

式中, $A(f) = |G(f)|$ 是 $g(x)$ 的振幅频谱; $\phi(f)$ 是 $g(x)$ 的相位频谱。非周期函数的频谱不是离散的, 而是频率为 f 的连续或分段连续的函数。将全部适当加权的各种频率的复指数分量进行叠加, 就能得到原函数 $g(x)$, 它是 $G(f)$ 的傅里叶逆变换。$g(x)$ 和 $G(f)$ 构成傅里叶变换对, 经常用式 (2.3.5) 的简写记号来表示两者的关系

$$G(f) = \mathcal{F}\{g(x)\}, \quad g(x) = \mathcal{F}^{-1}\{G(f)\} \tag{2.3.5}$$

2.3.2 二维傅里叶变换

二维傅里叶变换只是一维傅里叶变换的推广:

$$g(x,y) = \iint\limits_{-\infty}^{\infty} G(f_x, f_y) \exp\left[\mathrm{j}2\pi(f_x x + f_y y)\right] \mathrm{d}f_x \mathrm{d}f_y = \mathcal{F}^{-1}\{G(f_x, f_y)\} \quad (2.3.6)$$

$$G(f_x, f_y) = \iint\limits_{-\infty}^{\infty} g(x,y) \exp\left[-\mathrm{j}2\pi(f_x x + f_y y)\right] \mathrm{d}x\mathrm{d}y = \mathcal{F}\{g(x,y)\} \quad (2.3.7)$$

以上两式分别是二维傅里叶变换和傅里叶逆变换的表达。式 (2.3.6) 表示物函数 $g(x,y)$ 可分解为无穷多个不同频率 (f_x, f_y)、不同权重 $G(f_x, f_y)\,\mathrm{d}f_x\mathrm{d}f_y$ 的指数函数。指数基元函数 $\mathrm{e}^{\mathrm{j}2\pi(f_x x + f_y y)}$ 相当于传播方向为 $\cos\alpha = \lambda f x, \cos\beta = \lambda f y$ 的单位振幅的平面波。

那么什么情况下傅里叶积分才有意义呢? 或者说傅里叶变换存在的条件是什么? 假如函数 $g(x,y)$ 满足下述条件:

(1) $g(x,y)$ 在整个 xy 平面绝对可积, 即

$$\iint\limits_{-\infty}^{\infty} |g(x,y)|\,\mathrm{d}x\mathrm{d}y < \infty \quad (2.3.8)$$

(2) 在任一有限区域里, $g(x,y)$ 只有有限个间断点和有限个极大点及极小点。
(3) $g(x,y)$ 没有无穷大间断点。

如果满足上述三个条件, 则函数 $g(x,y)$ 的傅里叶变换存在。

空间频率的引入为傅里叶光学做出了铺垫。如果把每一个光学波前看成一系列不同空间频率的平面波的叠加, 那么根据叠加原理, 这个光波前后序的演化行为将等价于这些不同平面波在空间中继续传播的叠加的结果。事实告诉我们这样做是可以的, 而支撑起这种分析方法的数学工具就是二维傅里叶变换。

如图 2.3.1 所示直角坐标系中, 沿 x, y, z 轴正方向的单位矢量分别是 $\boldsymbol{i}, \boldsymbol{j}, \boldsymbol{k}$, 任意矢量 $\boldsymbol{A}$ 可以表示为

$$\boldsymbol{A} = x_0 \boldsymbol{i} + y_0 \boldsymbol{j} + z_0 \boldsymbol{k} \quad (2.3.9)$$

式中, x_0, y_0, z_0 分别是 $\boldsymbol{A}$ 沿 x, y, z 轴的分量。即三维矢量空间中任意矢量可用三个单位矢量经适当加权后叠加来表示。类比于矢量的叠加, 平面波 $g(x,y)$ 也可以写为不同空间频率分量的叠加

$$g(x,y) = \iint G(f_x, f_y) \mathrm{e}^{\mathrm{j}2\pi(f_x x + f_y y)} \mathrm{d}f_x \mathrm{d}f_y \quad (2.3.10)$$

其中, $G(f_x, f_y)$ 为权重因子 (相当于连续谱)。

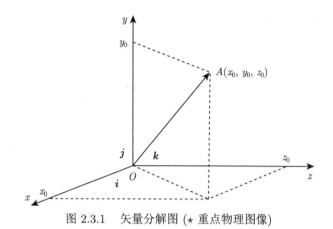

图 2.3.1   矢量分解图 ($\star$ 重点物理图像)

二维傅里叶变换的物理意义：物函数 $g(x, y)$ 可以看作无数不同振幅 $G(f_x, f_y)\mathrm{d}f_x\mathrm{d}f_y$，不同传播方向 $(\cos\alpha = \lambda f_x, \cos\beta = \lambda f_y)$ 的平面波的相干叠加。

式 (2.3.10) 中 $g(x, y)$ 也可以是球面波，因为球面波可以用平面波叠加，实际上，平面波可以叠加出任何波。如果有一列波，对其光场分布 $U(x, y, z)$ 做傅里叶变换后将得到其频谱函数 $A(f_x, f_y, z)$：

$$A(f_x, f_y, z) = \int_{-\infty}^{\infty} \int_{-\infty}^{\infty} U(x, y, z) \exp\left[-\mathrm{j}2\pi (f_x x + f_y y)\right] \mathrm{d}x\mathrm{d}y \qquad (2.3.11)$$

对于一幅图像来说，它的频谱如图 2.3.2 所示。

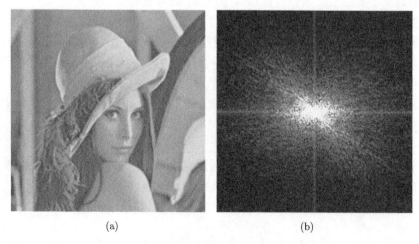

(a)   (b)

图 2.3.2   原图像 (a) 及其傅里叶变换后的频谱图 (b)

2.3.3 傅里叶变换的性质

设两个函数 $g(x,y)$、$h(x,y)$，其频谱函数分别为 $G(f_x, f_y)$ 和 $H(f_x, f_y)$，则有以下定理。

(1) 线性定理

$$F\{ag(x,y) + bh(x,y)\} = aF\{g(x,y)\} + bF\{h(x,y)\}$$

$$= aG(f_x, f_y) + bH(f_x, f_y) \tag{2.3.12}$$

其中，a, b 为任意常数。线性定理说明两个函数之和的傅里叶变换是它们各自的傅里叶变换之和。

(2) 相似性定理——尺度缩放定理

$$F\{g(ax, by)\} = \frac{1}{|ab|} G\left(\frac{f_x}{a}, \frac{f_y}{b}\right) \tag{2.3.13}$$

表示扩展空域中坐标 (x, y)，会使频域坐标 (f_x, f_y) 受到压缩和改变频谱幅度。

(3) 相移定理 (平移不变性)

$$F\{g(x \pm a, y \pm b)\} = G(f_x, f_y)\, \mathrm{e}^{\pm \mathrm{j}2\pi(f_x a + f_y b)} \tag{2.3.14}$$

$$F\{g(x, y)\, \mathrm{e}^{\pm \mathrm{j}2\pi(f_a x + f_b y)}\} = G(f_x \mp f_a, f_y \mp f_b) \tag{2.3.15}$$

这表示函数在空间域中的位移，导致频域中的线性相移，函数在空间域中的相移则带来频谱的位移。

(4) 能量守恒定理

$$\iint\limits_{-\infty}^{\infty} |g(x,y)|^2 \mathrm{d}x \mathrm{d}y = \iint\limits_{-\infty}^{\infty} |G(f_x, f_y)|^2 \mathrm{d}f_x \mathrm{d}f_y \tag{2.3.16}$$

如果 $g(x,y)$ 表示一个真实的物理信号，则称 $|G(f_x, f_y)|^2$ 为信号的功率谱 (或能谱)。这个定理表明一个信号在空域及频域中的能量保持守恒。

(5) 卷积定理

$$F\{g(x,y) * h(x,y)\} = G(f_x, f_y) \cdot H(f_x, f_y) \tag{2.3.17}$$

$$F\{g(x,y) \cdot h(x,y)\} = G(f_x, f_y) * H(f_x, f_y) \tag{2.3.18}$$

空间域中两个函数各自做傅里叶变换后的乘积就等于它们的卷积的傅里叶变换。由卷积定理，如果一个复杂函数能表示成简单函数的乘积或卷积，则能够利用单个函数的傅里叶变换公式来确定复杂函数的傅里叶变换公式。此外，该定理还提供了另一个途径来获得两个函数的卷积，即先将两个函数各自做傅里叶变换再相乘，再对乘积做傅里叶逆变换。

(6) 自相关定理 (维纳-辛钦定理)

$$\mathcal{F}\{|\ g\left(x,y\right)\star g\left(x,y\right)\} = \left|G\left(f_x, f_y\right)\right|^2 \tag{2.3.19}$$

$$\mathcal{F}\left\{|g\left(x,y\right)|^2\right\} = G\left(f_x, f_y\right) \star G\left(f_x, f_y\right) \tag{2.3.20}$$

自相关函数的傅里叶变换是原函数的功率谱，信号的自相关和功率谱之间存在傅里叶变换关系。

(7) 傅里叶积分定理

$$\mathcal{F}\{\mathcal{F}^{-1}\left\{g\left(x,y\right)\right\}\} = \mathcal{F}^{-1}\left\{\ F\left\{\ |\ g\left(x,y\right)\right\}\ \right\} = g\left(x,y\right) \tag{2.3.21}$$

在 g 的各个连续点上，对函数相继进行变换和逆变换, 又重新得到原函数。

(8) 傅里叶变换的傅里叶变换

$$F\left\{F\left\{g\left(x,y\right)\right\}\right\} = g\left(-x,-y\right) \tag{2.3.22}$$

对函数不断重复进行傅里叶变换，所得到的函数形式保持不变，只有坐标反向。

2.3.4　常用傅里叶变换

常用的傅里叶变换对见表 2.3.1。

表 2.3.1　常用的傅里叶变换对

原函数	频谱函数
$f(x) = \int_{-\infty}^{\infty} F(\xi) e^{j2\pi\xi x} d\xi$	$f(\xi) = \int_{-\infty}^{\infty} F(x) e^{-j2\pi\xi x} dx$
1	$\delta(\xi)$
$\delta(x)$	1
$\delta\left(x \pm x_0\right)$	$e^{\pm j2\pi x_0 \xi}$
$\cos\left(2\pi\xi_0 x\right)$	$\frac{1}{2}\left(\delta\left(\xi - \xi_0\right) + \delta\left(\xi + \xi_0\right)\right)$
$\frac{1}{2}\left(\delta\left(x - x_0\right) + \delta\left(x + x_0\right)\right)$	$\cos\left(2\pi x_0 \xi\right)$
$\sin\left(2\pi\xi_0 x\right)$	$\frac{1}{2j}\left(\delta\left(\xi - \xi_0\right) - \delta\left(\xi + \xi_0\right)\right)$
$\mathrm{rect}(x)$	$\mathrm{sin}(\xi)$
$\sin c(x)$	$\mathrm{rect}(\xi)$
$\mathrm{tri}(x)$	$\sin^2(\xi)$
$\sin^2(x)$	$\mathrm{tri}(\xi)$
$\mathrm{sgn}(x)$	$\dfrac{1}{\mathrm{j}\pi\xi}$

原函数	频谱函数
$\dfrac{1}{\mathrm{j}\pi x}$	$-\mathrm{sgn}(\xi)$
$\mathrm{step}(x)$	$\dfrac{1}{2}\delta(\xi)+\dfrac{1}{\mathrm{j}2\pi\xi}$
$\dfrac{1}{2}\delta(x)-\dfrac{1}{\mathrm{j}2\pi x}$	$\mathrm{step}(\xi)$
$\mathrm{ramp}[(x)]$	$\dfrac{1}{4\pi^2}\left[\mathrm{j}\pi\delta^{(1)}(\xi)-\dfrac{1}{\xi^2}\right]$
$\dfrac{1}{4\pi^2}\left[\mathrm{j}\pi\delta^{(1)}(x)+\dfrac{1}{x^2}\right]$	$-\mathrm{ramp}[(\xi)]$
$\mathrm{e}^{-|x|}$	$\dfrac{2}{1+(2\pi\xi)^2}$
$\dfrac{2}{1+(2\pi x)^2}$	$\mathrm{e}^{-|\xi|}$
$\mathrm{e}^{-x}\mathrm{step}(x)$	$\dfrac{1}{1+\mathrm{j}2\pi\xi}$
$\dfrac{1}{1-\mathrm{j}2\pi x}$	$\mathrm{e}^{-\xi}\mathrm{step}(\xi)$
x^k	$\left(\dfrac{-1}{\mathrm{j}2\pi}\right)^k\delta^{(k)}(\xi)$
$\left(\dfrac{1}{\mathrm{j}2\pi}\right)^k\delta^{(k)}(\xi)$	ξ^k
$\mathrm{comb}(x)$	$\mathrm{comb}(\xi)$
$\mathrm{Gaus}(x)$	$\mathrm{Gaus}(\xi)$
$\mathrm{sech}(\pi x)$	$\mathrm{sech}(\xi)$
$\dfrac{1}{\sqrt{x}}$	$\dfrac{1}{\sqrt{\xi}}$
$\cos\left[\pi\left(x^2-\dfrac{1}{8}\right)\right]$	$\cos\left[\pi\left(\xi^2-\dfrac{1}{8}\right)\right]$
$\sin\left[\pi\left(x^2-\dfrac{1}{8}\right)\right]$	$-\sin\left[\pi\left(\xi^2-\dfrac{1}{8}\right)\right]$
$\mathrm{e}^{\pm\mathrm{j}\pi(x^2-1/8)}$	$\mathrm{e}^{\mp\mathrm{j}\pi(\xi^2-1/8)}$
$\cos(\pi x^2)$	$\cos(\pi(\xi^2-1/4))$
$\sin(\pi x^2)$	$-\sin(\pi(\xi^2-1/4))$
$\mathrm{e}^{\pm\mathrm{j}\pi x^2}$	$\mathrm{e}^{\pm\mathrm{j}\pi/4}\mathrm{e}^{\mp\mathrm{j}\pi\xi^2}$
$\exp\left[-\pi\left(\dfrac{x^2}{a+\mathrm{j}c}\right)\right],a\geqslant 0,a^2+c^2<\infty$	$(a+\mathrm{j}c)^{1/2}\exp[-\pi(a+\mathrm{j}c)\xi^2]$

2.4 空间频率的丢失、卷积的物理意义、成像系统的基本原理

2.4.1 卷积的一维定义

$$g(x)=f(x)*h(x)=\int_{-\infty}^{+\infty}f(\alpha)h(x-\alpha)\,\mathrm{d}\alpha \tag{2.4.1}$$

卷积的几何解释，如图 2.4.1 所示。

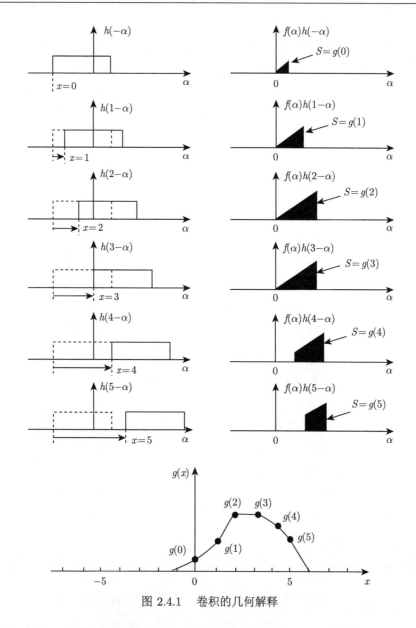

图 2.4.1　卷积的几何解释

(1) 在以 α 为横轴的图上画出 $f(\alpha)$ 和 $h(\alpha)$, 将 $h(\alpha)$ 反转得 $h(-\alpha)$。

(2) 将 $h(-\alpha)$ 平移 x 值, 得

$$-(\alpha - x) = h(x - \alpha) \tag{2.4.2}$$

(3) 将 $f(\alpha)$ 和 $h(x-\alpha)$ 相乘得一新函数 $f(\alpha)h(x-\alpha)$, 此新函数的图像与 α 轴包围的面积便是函数 $f(x) * h(x)$ 在 x 点的函数值。

(4) 对于不同的参量 x, 相应的面积就不相同, 并且是关于 x 的函数。这个函数就是

$$g(x) = f(x) * h(x) \tag{2.4.3}$$

卷积运算的两个效应:

(1) **展宽效应**: 如果函数只在一个有限区间内不为零, 则称该区间为函数的宽度。通常, 卷积函数的宽度等于被卷函数宽度之和。

(2) **平滑效应**: 被卷函数进行卷积运算后, 一定程度上会消除一些精细结构, 使振荡的函数变得平缓。

卷积的基本性质:

(1) 线性性质:

$$[af_1(x) + bf_2(x)] * h(x) = af_1(x) * h(x) + bf_2(x) * h(x) \tag{2.4.4}$$

(2) 交换律:

$$f(x) * h(x) = h(x) * f(x) \tag{2.4.5}$$

(3) 平移不变性:

$$f(x - x_1) * h(x - x_2) = f(x - x_1 - x_2) \tag{2.4.6}$$

(4) 结合律:

$$[f(x) * h_1(x)] * h_2(x) = f(x) * [h_1(x) * h_2(x)] \tag{2.4.7}$$

(5) 坐标缩放性质:

$$f(ax) * h(ax) = \frac{1}{|a|} g(ax) \tag{2.4.8}$$

2.4.2 卷积的二维定义

$$g(x, y) = f(x, y) * h(x, y) = \int_{-\infty}^{+\infty} f(\alpha, \beta) h(x - \alpha, y - \beta) \, \mathrm{d}\alpha \mathrm{d}\beta \tag{2.4.9}$$

注: 如果 $f(x, y)$、$h(x, y)$ 描述的是两个真实的光学量, 则 $f(x, y) * h(x, y)$ 总是存在的, 且上述基本性质可以直接推广到二维。

函数 $f(x, y)$ 与 $\delta(x, y)$ 的卷积:

(1) 任何函数 $f(x, y)$ 与 $\delta(x, y)$ 的卷积, 得出函数 $f(x, y)$ 本身

$$f(x, y) * \delta(x, y) = \int_{-\infty}^{+\infty} f(\alpha, \beta) \delta(x - \alpha, y - \beta) \, \mathrm{d}\alpha \mathrm{d}\beta = f(x, y) \tag{2.4.10}$$

该方程把 $f(x,y)$ 表示成带有权重的并移动位置的多个 $\delta(x,y)$ 函数的线性组合，这种分解方法的基元函数是 $\delta(x,y)$ 函数。因此，任何函数与 $\delta(x,y)$ 函数卷积得到函数本身。

(2) 任何函数 $f(x,y)$ 与 $\delta(x-x_0,y-y_0)$ 的卷积，是把函数 $f(x,y)$ 平移到脉冲所在位置 $(x-x_0,y-y_0)$

$$f(x,y) * \delta(x-x_0,y-y_0) = f(x-x_0,y-y_0) \tag{2.4.11}$$

2.4.3 卷积的物理意义

在系统的观念中，通常会用图 2.4.2 来表示系统。

图 2.4.2　系统的流程图

通俗易懂地说，就是输出 = 输入*系统。虽然它看起来只是个简单的数学公式，但是却有着重要的物理意义，因为在自然界中这样的系统无处不在，计算一个系统的输出，最好的方法就是运用卷积。更一般地，我们还有很多其他领域的应用：

(1) 在统计学中，加权的滑动平均就是一种卷积，如图 2.4.3 所示。

5/6　5/7　5/8　5/9　5/10　5/11　5/12　5/13　5/14　5/15　5/16　5/17　5/18　5/19　5/20

实际值　　SMA　　WMA

图 2.4.3　加权滑动平均

(2) 在概率论中，两个统计独立变量 X 与 Y 的概率密度函数的卷积就是 X 与 Y 的和的概率密度函数，如图 2.4.4 所示。

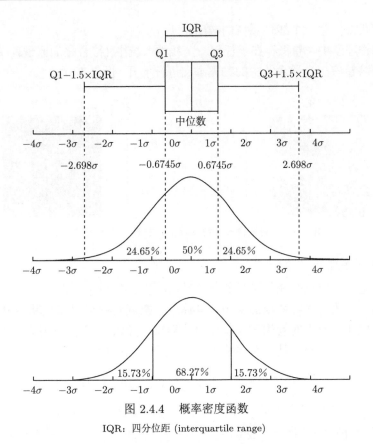

图 2.4.4 概率密度函数

IQR: 四分位距 (interquartile range)

(3) 在声学中, 回声可以用源声与一个反映各种反射效应的函数的卷积表示。

(4) 在计算机科学中, 卷积神经网络 (CNN)(图 2.4.5) 是深度学习算法中的一种, 近年来在模式识别、图像处理等领域中被广泛应用 [2]。

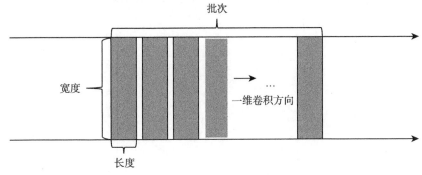

图 2.4.5 卷积神经网络

(5) 在电子工程与信号处理中, 通过输入信号与系统函数 (系统的冲激响应)

的卷积能获得任意一个线性系统的输出。

　　而在物理学中，卷积存在于任何一个线性系统中 (符合叠加原理)。在本书中，我们主要以卷积在光学系统中的物理意义进行展开 (图 2.4.6)。

输入图像　　　　　　　卷积核　　　　　　　特征图谱

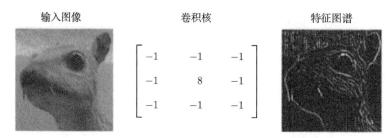

$$\begin{bmatrix} -1 & -1 & -1 \\ -1 & 8 & -1 \\ -1 & -1 & -1 \end{bmatrix}$$

图 2.4.6　　将图像和边缘测器的卷积核混合的卷积操作

2.4.4　卷积定理

　　卷积定理是傅里叶变换满足的一个重要性质。卷积定理指出，函数卷积的傅里叶变换是函数傅里叶变换的乘积，具体分为空域卷积定理和频域卷积定理。空域卷积定理即时域内的卷积对应频域内的乘积，频域卷积定理即频域内的卷积对应空域内的乘积，两者具有对偶关系[2]。在光学系统中，存在着

$$F\{g(x,y)*h(x,y)\} = G(f_x,f_y)\cdot H(f_x,f_y) \tag{2.4.12}$$

$$F\{g(x,y)\cdot h(x,y)\} = G(f_x,f_y)*H(f_x,f_y) \tag{2.4.13}$$

如图 2.4.7 和图 2.4.8 所示在空间域的 $\delta(x,y)$ (点光源)，在角频域为 1 (平面波)

$$g(x,y) = f(x,y)*h(x,y) \tag{2.4.14}$$

$$G(f_x,f_y) = F(f_x,f_y)\cdot H(f_x,f_y) \tag{2.4.15}$$

式中，$h(x,y)$ 为点扩散函数 (PSF)，$H(f_x,f_y)$ 为传递函数。

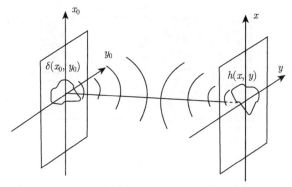

图 2.4.7　　在空间域的传播 (⋆ 重点物理图像)

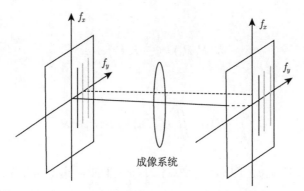

图 2.4.8 在角频域的传播 (⋆ 重点物理图像)

因此，可以看作通过卷积定理把光学系统在式 (2.4.12) 空间频率域上的功能作用描述出来 (类似于低通滤波器)，而且是点乘。因此只要有这样一个式子便可以翻上来变成式 (2.4.13) 空间域的卷积。所以卷积定理在光学上的物理意义相当于有一种运算把空间频率域对应到空间域上，即把点乘积变成了卷积，描述了光学系统在空间域上的一种变换，即系统通过卷积把输入变换成输出。

相移定理 (平移不变性):

$$F\left\{g\left(x \pm a, y \pm b\right)\right\} = G\left(f_x, f_y\right) \mathrm{e}^{\pm \mathrm{j}2\pi\left(f_x a + f_y b\right)} \tag{2.4.16}$$

$$F\left\{g\left(x, y\right) \mathrm{e}^{\pm \mathrm{j}2\pi\left(f_a x + f_b y\right)}\right\} = G\left(f_x \mp f_a, f_y \mp f_b\right) \tag{2.4.17}$$

函数在空域中平移, 带来频域中的线性相移; 函数在空域中的相移, 带来频谱的位移。

空间频率的丢失：由于成像系统中元件孔径有限，不可能让所有的平面波通过 (即使通过的波，其空间频率的信号由于系统有限带宽的截止频率也会有所衰减)，因此有些空间频率会丢失。在实际应用中，很多时候我们对于图像的某些信息是想要丢掉的，例如，人脸上的痘、痣等图像我们是不想在照片上看到。而在空间域上我们无法处理掉，所以我们将图像的信息转化到频域上，在频域上将某些空间频率的权重去掉或设置某一阈值，在阈值两边的频率零置，想要的频率置1 或其他数值，就可以得到我们想要的频率部分，然后再转化成空域图像[11]。

2.4.5 成像系统的基本原理

根据基尔霍夫对平面屏幕假定的边界条件，孔径以外的阴影区内 $U\left(P_0\right) = 0$，因此积分限可以扩展到无穷 (详情请见第 4 章)，从而有

$$U\left(P\right) = \frac{1}{\mathrm{j}\lambda} \iint\limits_{-\infty}^{\infty} U\left(P_0\right) K\left(\theta\right) \frac{\mathrm{e}^{\mathrm{j}kr}}{r} \mathrm{d}S \tag{2.4.18}$$

令

$$h\left(P,P_{0}\right)=\frac{1}{\mathrm{j}\lambda}K\left(\theta\right)\frac{\mathrm{e}^{\mathrm{j}kr}}{r} \tag{2.4.19}$$

则

$$U\left(P\right)=\iint\limits_{-\infty}^{\infty}U\left(P_{0}\right)h\left(P,P_{0}\right)\mathrm{d}S \tag{2.4.20}$$

假如孔径位于 x_0y_0 平面, 观察点位于 xy 平面, 式 (2.4.20) 又可以表示为

$$U\left(x,y\right)=\iint\limits_{-\infty}^{\infty}U\left(x_{0},y_{0}\right)h\left(x,y;x_{0},y_{0}\right)\mathrm{d}x_{0}\mathrm{d}y_{0} \tag{2.4.21}$$

我们容易发现, 这是一个描述线性系统输入 - 输出关系的叠加积分。输入函数是孔径平面上的透射复振幅分布, 用 $U\left(x_{0},y_{0}\right)$ 表示; 输出函数是观察平面上的复振幅分布, 用 $U\left(x,y\right)$ 表示。所以可以将光波的传播现象看成一个线性系统, 系统的脉冲响应 $h\left(x,y;x_{0},y_{0}\right)$ 就是位于 $\left(x_{0},y_{0}\right)$ 点的子波源所发出的球面子波在观察面上产生的复振幅分布。叠加积分式 (2.4.21) 也证明了惠更斯-菲涅耳原理, 观察面上某点的光场应为具有不同权重的多个相干球面子波进行线性叠加的结果。考虑到描述光波传播规律的波动方程的线性性质, 很容易得出这个结论。不只是单色光波在自由空间中传播时其光波传播的线性性质存在, 在孔径和观察平面之间是非均匀介质的情况下也同样存在。比如, 有一个光学系统存在于两者间, 只用考虑线性系统的脉冲响应 h 在不同系统的透射特性不同。如果点光源 P' 足够远, 并且入射光在孔径面上各点的入射角都不大, 则有 $\cos\left(\boldsymbol{n},\boldsymbol{r}'\right)\approx-1$。而且当观察平面与孔径之间的距离 z 远远大于其孔径大小, 且观察平面上只考虑一个对孔径上各点张角都不大的范围时, 也就是说满足傍轴条件时, 又有 $\cos\left(\boldsymbol{n},\boldsymbol{r}\right)\approx1$。当这些条件都成立时, 倾斜因子

$$K\left(\theta\right)\approx1 \tag{2.4.22}$$

则式 (2.4.19) 变为

$$h\left(P,P_{0}\right)=\frac{1}{\mathrm{j}\lambda}\frac{\mathrm{e}^{\mathrm{j}kr}}{r} \tag{2.4.23}$$

观察点 P 到孔径上任意一点 P_0 的距离是

$$r=\sqrt{z^{2}+\left(x-x_{0}\right)^{2}+\left(y-y_{0}\right)^{2}} \tag{2.4.24}$$

因而, 式 (2.4.23) 又可以写为

$$h\left(x,y;x_0,y_0\right) = \frac{\exp\left[\mathrm{j}k\sqrt{z^2 + \left(x - x_0\right)^2 + \left(y - y_0\right)^2}\right]}{\mathrm{j}\lambda\sqrt{z^2 + \left(x - x_0\right)^2 + \left(y - y_0\right)^2}}$$

$$= h\left(x - x_0, y - y_0\right) \tag{2.4.25}$$

很明显，脉冲响应的函数形式具有空间不变性。这意味着，无论子波源在孔径平面的哪个位置，其产生的球面子波的形式是一样的。所以，可将叠加积分式改写为

$$U\left(x,y\right) = \iint\limits_{-\infty}^{\infty} U\left(x_0,y_0\right) h\left(x - x_0, y - y_0\right) \mathrm{d}x_0 \mathrm{d}y_0 \tag{2.4.26}$$

式 (2.4.26) 表明，孔径平面上的透射光场 $U\left(x_0,y_0\right)$ 和观察平面上的光场 $U\left(x,y\right)$ 之间存在着一个由卷积积分所描述的关系，这样我们可以在忽略了倾斜因子的变化后，将光波在衍射孔径后的传播现象视为线性不变系统。系统在空间域的特性是由其空间不变的脉冲响应式所唯一确定的。上文已经写到，这一脉冲响应就是位于孔径平面的子波源发出的球面子波在观察平面所产生的复振幅分布，其中 $U\left(x_0,y_0\right)$ 可以看作不同位置的子波源所赋予球面子波的权重因子，将所有球面子波进行相干叠加，就能得到观察平面的光场分布。在用线性系统理论分析光波的传播性质和衍射现象中，此结论提供了根本依据 [12]。

2.5 空间频率和抽样定理

对于给定的系统，输入函数 $f\left(x,y\right)$，输出函数为 $f\left(x,y\right) * h\left(x,y\right)$，这就是依据系统的特性来处理 $f\left(x,y\right)$。从频率域上看，输入频谱为 $F\left(f_x,f_y\right)$，输出频谱为 $H\left(f_x,f_y\right) \times F\left(f_x,f_r\right)$，系统将输入函数的频谱改变了。所以，线性不变系统的作用与滤波器相似，能滤除某些频率分量、通过某些频率分量，并且通过系统的各频率分量还可能引入与频率相关的衰减和相移。系统的滤波特性取决于系统对各种频率分量的响应也就是传递函数。

图 2.5.1 表示的就是线性不变系统在空间域和频率域的作用，所以计算线性空不变系统的输出有两种方法，即在空间域用卷积积分计算：

$$g\left(x,y\right) = f\left(x,y\right) * h\left(x,y\right) \tag{2.5.1}$$

在频率域用代数 (乘法) 计算：

$$G\left(f_x,f_y\right) = F\left(f_x,f_y\right) \cdot H\left(f_x,f_y\right) \tag{2.5.2}$$

但在信息光学中，我们非常关心的是光学信号的记录、处理与再现。真实物理中的光学波前都是连续的复函数，但是不论是在探测器端对波前的记录，还是在计算机中对波前的模拟计算，我们都只能使用离散的数据来近似刻画真实的波前如图 2.5.2 所示。这就是真实物体与照片中像素的概念的联系，一个像素越大的照片可以更加精确地记录真实物体的样貌，但是照片的像素不能是无穷大的，那样会对探测器的物理极限、存储设备的容量和计算设备的算力提出挑战。那么到底多大的像素数，我们称之为采样数，可以精确地还原一个连续信号的函数，这就是二维抽样定理所关心的问题。

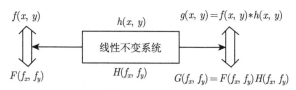

图 2.5.1　线性不变系统的作用

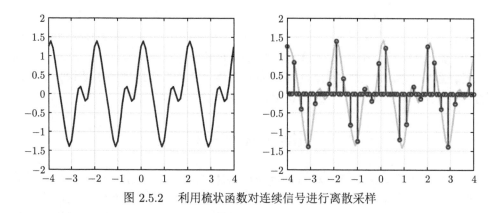

图 2.5.2　利用梳状函数对连续信号进行离散采样

2.5.1　二维抽样定理

接下来我们推导二维的抽样定理。为了展示的简化，我们用一维图像来展示二维抽样定理的推导过程，两者本质上是一致的。假设待采样的连续二维函数为 $f_s(x, y)$。抽样过程即为利用离散分布的脉冲函数 (即梳状函数) 对其进行离散的记录，记录过程为

$$f_s(x, y) = f(x, y) \operatorname{comb}\left(\frac{x}{X}, \frac{y}{Y}\right) \tag{2.5.3}$$

其频谱为

$$F_s(f_x, f_y) = F(f_x, f_y) XY \operatorname{comb}(Xf_x, Yf_y)$$

$$= F\left(f_x, f_y\right) \sum_{m=0}^{n} \sum_{x=0}^{y} \delta\left(f_x - \frac{m}{X}, f_y - \frac{n}{Y}\right)_0$$

$$= \sum_{m=0}^{n} \sum_{n=0}^{y} F\left(f_x - \frac{m}{X}, f_y - \frac{n}{Y}\right) \tag{2.5.4}$$

式 (2.5.4) 表明，抽样函数的频谱是由原函数的频谱构成的，原函数在频率平面上无限地重复，从而形成重复间隔为 $1/X$ 和 $1/Y$ 的有序排列的"频谱岛"，如图 2.5.3 所示。

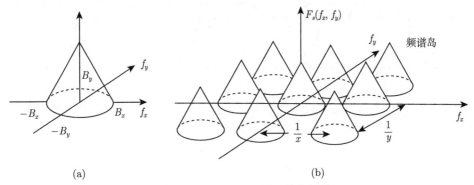

(a)   (b)

图 2.5.3　原函数和抽样函数的频谱

(a) 原函数的频谱；(b) 抽样函数的频谱

如果令 $m = n = 0$，则 $F_s(x, y) = F(x, y)$，也就是说可以从采样值函数周期性重复的频谱中准确地恢复原函数的频谱。为此，必须使各重复的频谱能够彼此分离，即原函数的频谱宽度是有限的，必须是带限函数。这时，我们将奈奎斯特 (Nyquist) 判据引入。

设 $2B_x$，$2B_y$ 表示原函数的频带宽度，其重复间隔分别为 $1/X$，$1/Y$。故若 $2B_x = 1/X, 2B_y = 1/Y$，就可保证各频谱岛之间不重叠，获得临界采样，此称为奈奎斯特判据。

当 $X < 1/2B_x, Y < 1/2B_y$ 时，称其为过采样 (over sample) 的，这将对探测器件提出很高的要求；当 $X > 1/2B_x, Y > 1/2B_y$ 时，称其为欠采样 (inadequate sample) 的，这时频谱之间将有部分重叠，如图 2.5.4 所示。

2.5.2　函数的还原

与采样相对的是原始函数的复原。我们选择一个矩形滤波器，其滤波函数为

$$H\left(f_x, f_y\right) = \mathrm{rect}\left(\frac{f_x}{2B_x}, \frac{f_y}{2B_y}\right) \tag{2.5.5}$$

相应的脉冲响应函数为

$$h(x,y) = \mathcal{F}^{-1}\{H(f_x, f_y)\} = 4B_x B_y \mathrm{sinc}\,(2B_x x, 2B_y y) \qquad (2.5.6)$$

上述滤波器将从 $F_s(f_x, f_y)$ 中准确复原出 $F(f_x, f_y)$，即

$$F_s(f_x, f_y)\,\mathrm{rect}\left(\frac{f_x}{2B_x}, \frac{f_y}{2B_y}\right) = F(f_x, f_y) \qquad (2.5.7)$$

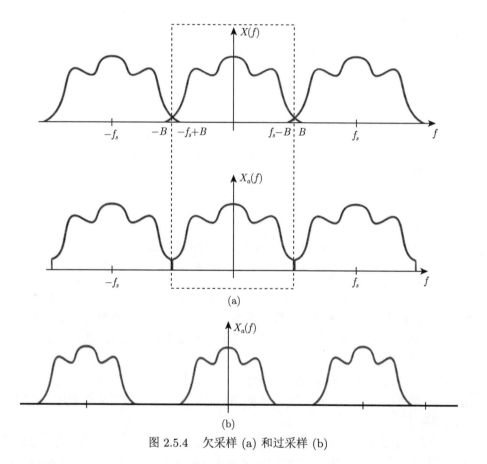

图 2.5.4　欠采样 (a) 和过采样 (b)

取其逆变换得

$$f(x,y)$$

$$= f(x,y)\,\mathrm{comb}\left(\frac{x}{X}, \frac{y}{Y}\right) * 4B_x B_y \mathrm{sinc}\,(2B_x x, 2B_y y)$$

$$= XY \sum_{\infty}^{m} \sum_{\infty}^{n} f(mX, nY)\delta(x - mX, y - nY) * 4B_x B_y \mathrm{sinc}\,(2B_x x, 2B_y y)$$

$$= 4B_x B_y XY \sum_{\infty}^{m} \sum_{\infty}^{n} f(mX, nY) \text{sinc} \left[2B_x (x - mX), 2B_y (y - mY) \right] \quad (2.5.8)$$

再代入奈奎斯特判据，得到

$$f(x,y) = \sum_{\infty}^{m} \sum_{\infty}^{n} f\left(\frac{m}{2B_x}, \frac{n}{2B_y} \right) \text{sinc} \left[2B_x \left(x - \frac{m}{2B_x} \right), 2B_y \left(y - \frac{n}{2B_y} \right) \right]$$
$$(2.5.9)$$

此公式被称为惠特克–香农采样定理。

此定理，就是通过采样点的函数值计算采样点之间不知道的非采样点的函数值。其意义在于说明在一定条件下，恢复一个带限函数可以用插值法准确地实现。该方法是在每一个采样点放置以采样值为权重的 sinc 函数作为内插函数，然后再将其线性组合起来。

抽样定理的抽样和还原过程见图 2.5.5。

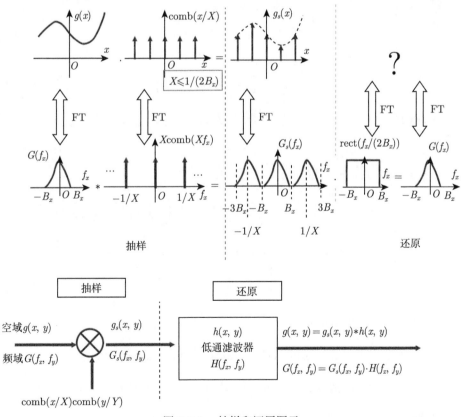

图 2.5.5 抽样和还原图示

抽样定理表明:

(1) 在一定条件下可以由插值准确恢复原函数。

(2) 可以利用离散抽样序列代替一个连续的带限函数,且不会丢失任何信息。

抽样定理的实用性:

在数学中,带限函数是在空间域上无限扩展的函数,并且该函数不能在空间域和频率域都被限制在一定范围内。只要信号存在于有限的时空范围内,则所有的频率分量就都会存在,物理上并不存在严格的带限函数。

然而,实际信号的大部分能量能被一定范围内的频率分量所携带,高频分量携带的信息则很少,所以忽略其高频分量,由此引入的误差可忽略不计,因此可近似看作带限函数。所以,抽样理论在信息的传输和处理中有重要的意义[3]。

例 1 如果一个线性空间不变系统的传递函数在频域的区间 $|f_x| \leqslant B_x$, $|f_y| \leqslant B_y$ 之外恒零, 则系统输入为非带限函数 $g_i(x,y)$, 输出为 $g_0(x,y)$。试证明: 存在一个由脉冲的方形阵列构成的抽样函数 $g_i'(x,y)$, 它作为等效输入, 可产生相同的输出 $g_0(x,y)$, 并确定 $g_i'(x,y)$。

证 若

$$G_i(f_x, f_y) = F\{g_i(x,y)\} \tag{2.5.10}$$

$$G_i'(f_x, f_y) = F\{g_i'(x,y)\} \tag{2.5.11}$$

$$G_0(f_x, f_y) = F\{g_0(x,y)\} \tag{2.5.12}$$

并设系统的传递函数为 $H(f_x, f_y)$, 则依据 H 在 $|f_x| \leqslant B_x$ 和 $|f_y| \leqslant B_y$ 之外恒零有

$$
\begin{aligned}
G_0(f_x, f_y) &= G_i(f_x, f_y) \cdot H(f_x, f_y) \\
&= G_i(f_x, f_y) \cdot \left[H(f_x, f_y) \operatorname{rect}\left(\frac{f_x}{2B_x}\right) \operatorname{rect}\left(\frac{f_y}{2B_y}\right) \right] \\
&= \left[G_i(f_x, f_y) \operatorname{rect}\left(\frac{f_x}{2B_x}\right) \operatorname{rect}\left(\frac{f_y}{2B_y}\right) \right] \cdot H(f_x, f_y) \\
&= P_i(f_x, f_y) \cdot H(f_x, f_y)
\end{aligned}
\tag{2.5.13}
$$

构造的 $P_i(f_x, f_y)$ 在空间域中:

$$P_i(x,y) = g_i(x,y) * [4B_x B_y \operatorname{sinc}(2B_x x) \operatorname{sinc}(2B_y y)] \tag{2.5.14}$$

$P_i(x,y)$ 为带限函数, 故可依奈奎斯特间隔抽样 (取最大间隔):

$$g_i'(x,y) = \operatorname{comb}(2B_x x) \operatorname{comb}(2B_y y) P_i(x,y)$$

$$= \frac{1}{4B_x B_y} \sum_{n=\infty}^{\infty} \sum_{m=-\infty}^{\infty} P_i\left(\frac{n}{2B_x}, \frac{m}{2B_y}\right) \delta\left(x - \frac{n}{2B_x}, y - \frac{m}{2B_y}\right)$$

$$= \sum_{n=-\infty}^{\infty} \sum_{m=-\infty}^{\infty} \left[\iint\limits_{-\infty}^{\infty} g_i(\xi, \eta)\, \mathrm{sinc}\,(n - 2B_x\xi)\, \mathrm{sinc}\,(n - 2B_y\eta)\, \mathrm{d}\xi \mathrm{d}y \right]$$

$$\cdot \delta\left(x - \frac{n}{2B_x}, y - \frac{m}{2B_y}\right) \tag{2.5.15}$$

2.5.3 空间带宽积

若带限函数 $f(x,y)$ 在频域中的区间 $|f_x| \leqslant B_x, |f_y| \leqslant B_y$ 以外恒等于零，则此函数在空域 $|x| \leqslant X, |y| \leqslant Y$ 上的那部分可以用多少个实数值来确定呢？

根据奈奎斯特判据和采样定理，要在空间域中恢复该函数，则沿 x, y 两个方向上的采样点数应分别为

$$\frac{2L_x}{X} = \frac{2L_x}{\dfrac{1}{(2B_x)}} = 4L_x B_x \tag{2.5.16}$$

$$\frac{2L_y}{Y} = \frac{2L_y}{\dfrac{1}{(2B_y)}} = 4L_y B_y \tag{2.5.17}$$

在空域中采样点数至少为

$$(4L_x L_y)(4B_x B_y) = 16L_x L_y B_x B_y \tag{2.5.18}$$

其中含 L 的表达式表示函数在空间域中覆盖的面积，含 B 的表达式表示函数在频率域中覆盖的面积。空间带宽积定义为函数在空域和频域所占面积的乘积，表示成

$$\mathrm{SW} = 4L_x L_y \times 4B_x B_y = 16L_x L_y B_x B_y \tag{2.5.19}$$

如果带限函数是复函数，则每个采样值都是由两个实数值来确定的复数，即

$$\mathrm{SW} = 32L_x L_y B_x B_y \tag{2.5.20}$$

成像系统的空间带宽积就等效于有效视场和系统截止频率所确定的通带面积的乘积。SW 是评价系统性能的一个重要参数，其不仅可以描述图像的信息容量，还可以描述系统信息的传输和处理能力。一幅图像的 SW 还决定其可分辨像元的数量 (称为图像自由度)，这是一个固定值。

2.6　扩展阅读：结构光照明显微技术

　　纵观诺贝尔奖的历史，已有 40 多个奖项直接或间接与光学有关，其中许多奖项都与光学显微成像技术直接相关。2014 年获得诺贝尔化学奖的超分辨率荧光显微镜，再一次体现了光学显微技术在人类科学发展历程中以及未来科技发展方向上的重要性 (图 2.6.1)。

图 2.6.1　2014 年诺贝尔化学奖获得者，美国科学家埃里克·贝齐格 (Eric Betzig)，德国科学家斯特凡·黑尔 (Stefan W. Hell)，美国科学家威廉·莫纳 (William E. Moerner)[4]

　　传统显微图像通常对比度很低，很难观察到有用的细胞细节。学术界最常用的方法是对样本进行染色——即利用细胞内不同组分对不同化学或荧光染料的不同亲和性，形成足够大的光强反差或生成不同的光谱，从而达到细胞成像的目的。然而无论是传统染料染色方法还是荧光标记染色方法，都存在一定的局限性。

　　首先，许多标记手段需要杀死细胞，而许多活细胞染色方法也不可避免地对细胞的正常生理过程产生不利影响；其次，在强激发光作用下样本容易发生损伤，荧光基团还存在光漂白问题，这都会影响对细胞的长时间观察；最后，许多重要的物质，如细胞内的小分子和脂类等很难或者无法被荧光标记。为克服这一困难，在过去二十多年中，光学显微成像技术发展迅速，不断突破传统极限。现阶段最经典的相位测量方法非干涉术莫属，经过数十年的发展，经典的干涉测量术已经日趋成熟，并繁衍出多个并行分支，如电子散斑干涉、干涉显微、数字全息等，但由于其成像机制以及对光源照明、干涉装置和测量环境的苛刻要求，干涉测量术现阶段并没有丝毫撼动传统显微透镜成像在生命科学领域的基本地位。因此，生命科学领域研究要求成像系统在不影响生物活性的前提下，同时实现大视场、高分辨率、定量相位测量的三维成像，这也意味着对成像探测器的要求也越来越高。

从成像系统角度看，为了实现高分辨率，必须增加显微物镜的数值孔径 (NA)，但空间分辨率的提高与视场的扩大往往是一对难以调和的矛盾。近年来，广受关注和发展的有光片荧光显微镜、转盘式共聚焦显微镜以及基于超分辨率成像的受激发射损耗荧光显微技术 (STED)(图 2.6.2)、光激活定位显微技术 (PALM)、随机光学重建显微技术 (STORM)、结构光照明显微成像技术 (structure illumination microscopy, SIM) 等，下面将简单介绍一下结构光照明显微成像技术。

结构光照明显微成像技术最早是由 Mats Gustafsson 和 Eric Betzig (图 2.6.3) 开发并提出的，其基本原理是基于莫尔条纹——一种常用于产生光学错觉的效

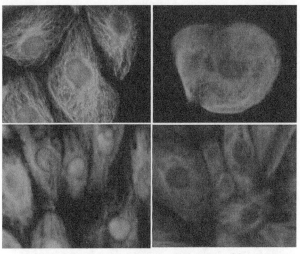

图 2.6.2 染色蛋白、链霉亲和素 [5]

图 2.6.3 Mats Gustafsson 和 Eric Betzig

应 [4]。如图 2.6.4 所示，当一个未知结构图 (a) 用一个已知规则的图案图 (b) 照明时，会出现莫尔条纹图 (c)，其会在样本结构的空间频率与照明光的空间频率不同的地方产生。最初无法分辨出来的结构可以通过显微镜观察到 [6]。其他分辨不出来的样本信息可以通过云纹和计算机分析出来 [7,8]。

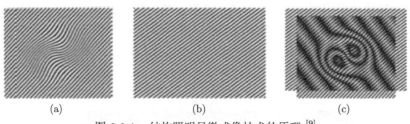

(a)   (b)   (c)

图 2.6.4　结构照明显微成像技术的原理 [9]

　　1999 年，海茨曼首次提出了采用横向调制光照明样品，利用调制照明光将原本物镜探测不到的高空间频率信息编码至可探测到的低频图像中，如果知道调制照明光场的强度分布和最终探测到的叠加了样品高空间频率信息的低频编码条纹，则样品原本的高频信息就可以通过计算的方式获得。SIM 技术是一种基于点扩散函数 (PSF)(图 2.6.5) 调制的超分辨显微成像技术，也同属于宽场成像的一种。

图 2.6.5　点扩散函数

　　在光学傅里叶域，显微镜的作用就是一个低通滤波器，其将图像的高频信息滤除，导致成像分辨率的降低，并使成像分辨率受限于光学传递函数的大小。常规的显微镜通常使用均匀照明，以此来定量化生物组织的荧光强度。但在结构光照明荧光显微技术中，照明光路中引入空间光调制器、光栅、数字微镜器件 (digital micromirror devices, DMD) 等结构光调制器，将不同的光照模式投射到样本表面并在空间频域上对其进行调制。照明光受光栅的调制后经物镜投影在样品上，这样在样品的焦平面受到调制光的照射，在远离焦平面不受影响，最终调制光所产生的荧光信息通过成像系统被 CCD 接收，之后通过傅里叶变换将空间域和频域进行变化，从而获得图像，如图 2.6.6 所示，实现将光学传递函数范围以外的高频信息平移到光学传递函数范围内，并通过后期的算法还原出代表图像细节的高频分量。对于线性结构光超高分辨率显微镜而言，可将光学传递函数截止频率两倍以内的高频信号平移至光学传递函数的截止频率以内，实现超光学衍射极限两倍的分辨率指标提升。

SIM(光路图见图 2.6.7) 的主要应用领域涉及光学切片、超分辨率成像、表面

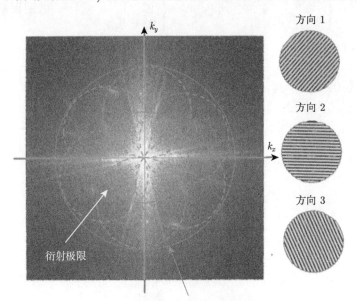

图 2.6.6 SIM 分辨率提高原理图

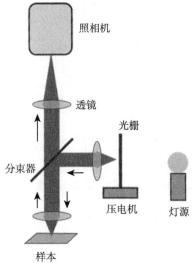

图 2.6.7 SIM 光路基本原理图 [10]

轮廓成像及相位成像四个方面。可以预见,结构光显微成像技术不只在光学显微和生命科学领域,还将在其他许多领域得到更加广泛的研究和关注,同时也必将推动临床医学、预防医学等诸多领域的进一步发展。

例 1

$$f(x) = \begin{cases} 1, & 0 \leqslant x < 1 \\ 0, & 其他 \end{cases}, h(x) = \begin{cases} \dfrac{1}{2}, & 0 \leqslant x < 1 \\ 0, & 其他 \end{cases}, 试用图解法求卷积$$

$g(x) = f(x) * h(x)$。

提示:

(1) 卷积的定义: $g(x) = f(x) * h(x)$;

(2) 图解法四步骤: 翻转、位移、相乘、积分;

(3) 本题中可取 $x = -\dfrac{1}{2}, 0, \cdots, \dfrac{5}{2}$ 具体求解。

具体图解法见图 2.6.8。

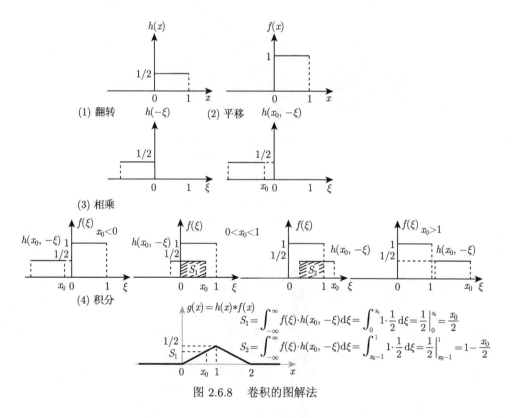

图 2.6.8　卷积的图解法

习　题

1. 确定两个平行的波 $E_1 = E_{01}\sin(\omega t + \varepsilon_1)$ 和 $E_2 = E_{02}\sin(\omega x + \varepsilon_2)$ 叠加后的合波, 如果 $\omega = 120\pi$, $E_{01} = 6$, $E_{02} = 8$, $\varepsilon_1 = 0$, $\varepsilon_2 = \pi/2$。画出各个函数及合波的图。

2. 用宽度为 a 的狭缝, 对平面上强度分布 $f(x) = 2 + \cos(2\pi f_0 x)$ 扫描, 在狭缝后用光电探测器记录, 求输出强度分布。

3. 回答下面的问题:

(1) 真空中 1m 的间距内有多少个 $\lambda_0 = 500$nm 的光?

(2) 如果在光路上插入一块 5cm 厚的玻璃板 $(n = 1.5)$, 那么这个 1m 的间距内又有多少个波?

(3) 确定 (1) 和 (2) 两种情况的光程差 (OPD) Λ 。

(4) 证明 Λ/λ_0 相当于 (1) 和 (2) 的答案之差。

4. 利用复数表示求出合波 $E = E_1 + E_2$, 其中

$$E_1 = E_0\cos(kx + \omega t), \quad E_2 = -E_0\cos(kx - \omega t)$$

请描述合波的性质。

5. 求出两个函数 $E_1 = 2E_0\cos\omega t$ 和 $E_2 = (E_0\sin 2\omega t)/2$ 叠加的解析表示式。画出 E_1, E_2 和 $E = E_1 + E_2$ 。结果是不是周期性的? 如果是, 如何用 ω 来写出周期?

6. 求下述函数的傅里叶变换式:

$$f(x) = \begin{cases} \sin^2 k_p x, & |x| < L \\ 0, & |x| > L \end{cases}$$

画出它的简图。

7. 求下述函数的傅里叶变换式:

$$f(t) = \begin{cases} \cos^2 \omega_p t, & |t| < T \\ 0, & |t| > T \end{cases}$$

画 $F(\omega)$ 的简图, 然后画出 $T \to \pm\infty$ 时它的极限形式。

8. 证明: $\mathcal{F}\{1\} = 2\pi\delta(k)$。

9. 证明: 若 $f(x)$ 是实值函数和偶函数, 则它的傅里叶变换式也是实值函数和偶函数。

10. 若 $\mathcal{F}\{f(x)\} = F(k)$ 及 $\mathcal{F}\{h(x)\} = H(k)$, a 和 b 是常数, 求 $\mathcal{F}\{af(x) + bh(x)\}$。

11. 证明傅里叶变换式 $\mathcal{F}\{f(x)\}$ 的傅里叶变换等于 $2\pi f(-x)$, 它不是原来的傅里叶变换式的逆变换, 逆变换为 $f(x)$ 。

12. 若 $g(x,y) = f(x,y) * h(x,y)$, 求证:

$$\iint\limits_{-\infty}^{+\infty} g(x,y)\,\mathrm{d}x\mathrm{d}y = \left[\iint\limits_{-\infty}^{+\infty} f(x,y)\,\mathrm{d}x\mathrm{d}y\right]\left[\iint\limits_{-\infty}^{+\infty} h(x,y)\,\mathrm{d}x\mathrm{d}y\right]$$

13. 利用卷积定理的图解方法, 求下列函数的傅里叶变换:

(1) $h(x) = A\cos^2(2\pi f_0 x)$;

(2) $f(x) = \left(\dfrac{\sin 2\pi x}{2\pi x}\right)^2$;

(3) $f(x) = \dfrac{1}{5}\mathrm{comb}\left(\dfrac{x}{5}\right) * \mathrm{rect}(x)$;

(4) $h(x) = \left[\dfrac{1}{5}\mathrm{comb}\left(\dfrac{x}{5}\right) * \mathrm{rect}(x)\right]\cos(60\pi x)$。

14. 利用卷积定理的图解方法, 计算卷积:

$$g(x) = \mathrm{sinc}(3x) * \mathrm{sinc}(2x)$$

15. 证明下列傅里叶变换定理:

(1) 在所有 g 连续的点上 $\mathcal{F}\mathcal{F}\{g(x,y)\} = \mathcal{F}^{-1}\mathcal{F}^{-1}\{g(x,y)\} = g(-x,-y)$;

(2) $\mathcal{F}\{g(x,y)h(x,y)\} = \mathcal{F}\{g(x,y)\} * \{h(x,y)\}$;

(3) $\mathcal{F}\{\nabla^2 g(x,y)\} = -4\pi^2\left(f_x^2 + f_y^2\right)\mathcal{F}\{g(x,y)\}$, 其中 ∇^2 是拉普拉斯算符: $\nabla^2 = \dfrac{\partial^2}{\partial x^2} + \dfrac{\partial^2}{\partial y^2}$。

16. 表达式

$$P(x,y) = g(x,y) * \left[\mathrm{comb}\left(\dfrac{x}{X}\right)\mathrm{comb}\left(\dfrac{y}{Y}\right)\right]$$

定义了一个周期函数, 它在 x 方向的周期为 X, 在 y 方向的周期为 Y。

(1) 证明 P 的傅里叶变换式可写为

$$P(f_x, f_y) = \sum_{n=1}^{\infty}\sum_{m=-\infty}^{\infty} G\left(\dfrac{n}{X}, \dfrac{m}{Y}\right)$$

$$\times \delta\left(f_x - \dfrac{n}{X}, f_y - \dfrac{m}{Y}\right)$$

其中 G 是 g 的变换式;

(2) 若 $g(x,y) = \mathrm{rect}\left(2\dfrac{x}{X}\right)\mathrm{rect}\left(2\dfrac{y}{Y}\right)$, 画出函数 $P(x,y)$ 的图形, 并且求出相应的变换式 $P(f_x, f_Y)$。

17. 傅里叶变换算符可以看作函数到其变换公式的变换, 因此它符合本章中提出的关于系统的定义。

(1) 这个系统是否是线性的?

(2) 能否具体给出一个表征这个系统的传递函数? 如果能, 写出这个函数; 如果不能, 为什么?

18. 证明 $\delta(x - x_0) \otimes f(x) = f(X - x_0)$, 并讨论这个结果的意义。画这两个有关函数的简图, 并作它们的卷积。注意用一个不对称的 $f(x)$。

19. 证明: $F_F\{f(x)\cos k_0 x\} = [F(k - k_0) + F(k + k_0)]/2$ 及 $\mathcal{F}\{f(x)\sin k_0 x\} = [F(k - k_0) - F(k + k_0)]/2$。

20. 一个矩形脉冲从 $-x_0$ 延伸到 $+x_0$, 高度为 1.0。画出它的自关联函数 $c_f(X)$ 的草图。$c_f(X)$ 有多宽? 它是偶函数还是奇函数? 它从何处开始 (变为非零)? 在何处完结?

参 考 文 献

[1] 吕乃光. 傅里叶光学 [M]. 2 版. 北京: 机械工业出版社, 2006.

[2] 图灵的猫. 如何通俗易懂地解释卷积?[EB/OL]. [2022-03-22]. https://www.zhihu.com/question/22298352/answer/956879640.

[3] 李俊昌. 衍射计算及数字全息 (上册)[M]. 北京: 科学出版社, 2014.

[4] Spie W E. Moerner: the story of photonics and single molecules, from early spectroscopy in solids, to super-resolution nanoscopy in cells and beyond. [EB/OL]. [2022-03-22]. https://spie.org/news/pw18_plenaries/pw18_moerner?SSO =1.

[5] 廖烈君, 尹利君, 曾麒燕. 两种用 FITC 标记红桂木凝集素方法的比较 [J]. 四川生理科学杂志, 2015, 37(1): 3.

[6] 卢兴园, 赵承良, 蔡阳健. 部分相干照明下的相位恢复方法及应用研究进展 [J]. 中国激光, 2020, 47(5): 261-278.

[7] Photometrics. Structure illumination microscopy [EB/OL]. [2022-03-22]. https://zhuanlan.zhihu.com/p/97211175.

[8] 付芸, 王天乐, 赵森. 超分辨光学显微的成像原理及应用进展 [J]. 激光与光电子学进展, 2019, 56(24): 21-33.

[9] 陈良怡. 运用结构光照明的活细胞超高分辨率成像技术 [J]. 中国科学: 生命科学, 2015, 45(9): 903-904.

[10] Gustafsson M. Nonlinear structured-illumination microscopy: wide-field fluorescence imaging with theoretically unlimited resolution[J]. Proceedings of the National Academy of Sciences of the United States of America, 2005, 102(37): 13081-13086.

[11] 孙磊. 四视窗型交叉光栅横向剪切干涉系统数学建模与实验研究 [D]. 杭州: 浙江大学, 2014.

[12] 侯昌伦. 基于 Talbot 效应的长焦距测量系统的研究 [D]. 杭州: 浙江大学, 2005.

第 3 章 透过率函数

3.1 衍射模型中被忽略的要素：透过率函数

透过率是指透过透明或者半透明物体的光通量和入射光通量的百分比，可以看出它代表了光线透过介质的能力。当一束平行的单色光通过均匀的无散射介质时，部分光被吸收，部分光透过介质，部分光被介质表面反射。在光传播的空间中，我们有"万物皆光栅"的说法，意思就是光通过所有物体都会产生一定的衍射效应，只不过有时衍射效应比较微弱，肉眼很难观察到。既然光通过任何物体都会发生衍射，即光波分布会受到一定的调制，而一个物体对光波的调制作用取决于它本身的透过率，因此，研究物体的透过率函数在光学中具有重要意义。

3.1.1 含有透过率函数描述的衍射模型

1. 矩孔的复振幅透过率

$$t\left(x_1, y_1\right) = \operatorname{rect}\left(\frac{x_1}{a}\right) \operatorname{rect}\left(\frac{y_1}{b}\right) \tag{3.1.1}$$

式中常数 a、b 分别为孔径在 x_1 和 y_1 方向上的宽度。

如图 3.1.1 所示，用平行光照射矩孔，在后焦面接收衍射光场。矩孔衍射的图样是铺展在二维平面 (x, y) 上的，其场点也可用此平面上类似于 $P(x, y)$ 这样的二维坐标来表示 [1]。

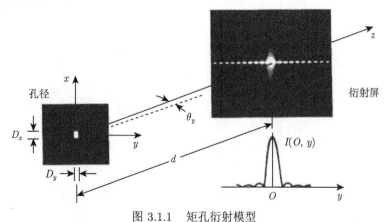

图 3.1.1 矩孔衍射模型

2. 圆孔的复振幅透过率

$$t\left(r_1\right) = \mathrm{circ}\left(\frac{r_1}{a}\right) \tag{3.1.2}$$

式中，a 为圆孔半径，r_1 为孔径平面的径向坐标。

如图 3.1.2 所示，物空间小圆孔直径为 D，在像空间后焦面上呈现若干同心衍射环，中心的那个亮斑称作艾里斑。艾里斑的中心强度 $I_0 = \dfrac{\left(\pi a^2\right)^2}{\left(\lambda f\right)^2}A^2$。

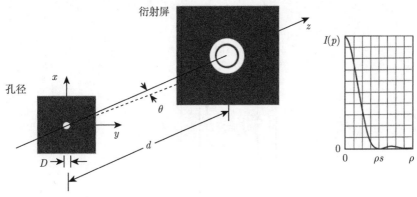

图 3.1.2　圆孔衍射模型

3. 单缝的复振幅透过率函数

单缝可以看成是矩形孔的变形。当 $b \gg a$ 时，矩形孔就变成了平行于 y_0 轴的单狭缝。单缝可以看作一维函数来描述，其复振幅透过率函数可以表示为

$$t\left(x_0\right) = \mathrm{rect}\left(\frac{x_0}{a}\right) \tag{3.1.3}$$

如图 3.1.3 所示，用一束平行光垂直照射单缝，那么在其后的焦平面上就可

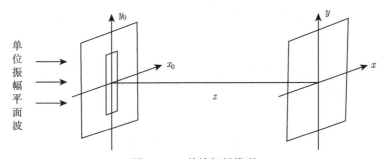

图 3.1.3　单缝衍射模型

以接收到衍射场。这里设定单缝的宽度远小于长度，即 $\Delta x_0 = a \ll \Delta y_0 = b$。实验证明，其衍射强度显著地沿 x 轴扩展。目前研究发现使用准直系统准直后的高亮度激光束，直接照射单缝，得到的衍射图样也较为清晰。

4. 双缝的复振幅透过率

如图 3.1.4 所示，衍射孔径由双狭缝构成，狭缝宽度为 a，中心相距为 d。双狭缝的衍射图为两个无限窄的狭缝的杨氏干涉图与一个有限宽度的狭缝的衍射图的乘积。

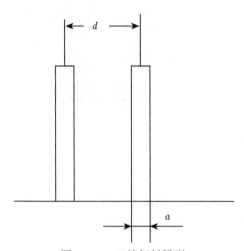

图 3.1.4 双缝衍射模型

其复振幅透过率为

$$t(x_1) = \mathrm{rect}\left(\frac{x_1 - \dfrac{d}{2}}{a}\right) + \mathrm{rect}\left(\frac{x_1 + \dfrac{d}{2}}{a}\right)$$

$$= \mathrm{rect}\left(\frac{x_1}{a}\right) * \left[\delta\left(x_1 - \frac{d}{2}\right) + \delta\left(x_1 + \frac{d}{2}\right)\right] \tag{3.1.4}$$

5. 多缝的复振幅透过率函数

现在考虑有 N 个宽度为 b、间距为 a 的平行狭缝，如图 3.1.5 所示。

其复振幅透过率可表示为

$$t(x_0, y_0) = \sum_{p=1}^{\frac{N}{2}} \left[\mathrm{rect}\left(\frac{x_0 - \dfrac{(2p-1)a}{2}}{b}\right) + \mathrm{rect}\left(\frac{x_0 + \dfrac{(2p-1)a}{2}}{b}\right)\right] \tag{3.1.5}$$

6. 衍射光栅

衍射光栅具有周期性重复排列的结构，它可以对入射光波的振幅进行周期性的空间调制，也可以对其相位进行周期性的空间调制，甚至还可以对两者同时进行周期性的空间调制 [1]。

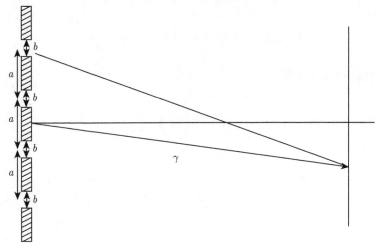

图 3.1.5　多缝衍射模型

表征光栅特性的物理量用复振幅透过率 $t(x,y)$ 描述：

$$t(x,y) = \frac{U_t(x,y)}{U_i(x,y)} = a(x,y)\,\mathrm{e}^{\mathrm{j}\Phi(x,y)} \qquad (3.1.6)$$

其中，振幅型光栅:$t(x,y) = a(x,y)$ 是实数的周期性函数；相位型光栅:$t(x,y) = \exp[\mathrm{j}\Phi(x,y)]$ 是纯虚数的周期性函数。

比如，线光栅是由周期性排列的平行狭缝组成，这里设每条周期狭缝的宽度为 a，光栅常量为 d，则该线光栅的透过率函数可以表示为

$$t(x_1) = \mathrm{rect}\left(\frac{x_1}{a}\right) * \sum_{n=-\infty}^{\infty} \delta(x_1 - nd) = \mathrm{rect}\left(\frac{x_1}{a}\right) * \frac{1}{d}\mathrm{comb}\left(\frac{x_1}{d}\right) \qquad (3.1.7)$$

余弦型振幅光栅，其透过率函数为

$$t(x_1, y_1) = \left[\frac{1}{2} + \frac{m}{2}\cos(2\pi f_0 x_1)\right]\mathrm{rect}\left(\frac{x_1}{L}\right)\mathrm{rect}\left(\frac{y_1}{L}\right) \qquad (3.1.8)$$

式中，m 表示透过率呈余弦变化的幅度 (调制度)，f_0 是光栅频率 $(f_0 \geqslant 2/L)$。

7. 闪耀光栅

假定闪耀光栅是由 N 个小棱镜周期排列而成，图 3.1.6(b) 表示其中一个小棱镜的截面，如 α 为棱镜的顶角，d 为间距，n 为其折射率，设光线分别从 M 与 N 处入射到小棱镜上，则两束光的光程差为 $(n-1)\overline{MM'} = (n-1)\alpha x_0$，相应的相位差为 $k(n-1)\alpha x_0$，故一小棱镜引起的相位变化为

$$t_0(x_0) = \exp[jk(n-1)\alpha x_0]\mathrm{rect}\left(\frac{x_0}{d}\right) \tag{3.1.9}$$

则闪耀光栅的透过率函数为

$$t(x_0) = \exp[jk(n-1)\alpha x_0]\mathrm{rect}\left(\frac{x_0}{d}\right) * \sum_{m-1}^{N}\delta(x_0 - md) \tag{3.1.10}$$

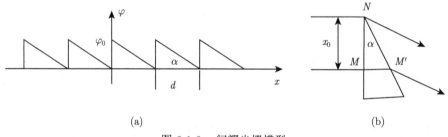

(a)   (b)

图 3.1.6　闪耀光栅模型

8. 振幅型和相位型透过率函数

之前我们讨论的衍射都是用无穷大不透明屏上的孔产生的，这种类型的透过率函数都具有以下形式：

$$t(x,y) = \begin{cases} 1, & \text{在孔径内} \\ 0, & \text{在孔径外} \end{cases} \tag{3.1.11}$$

但也可以在给定的孔径内引入一个预先给定的透过率函数，这种透过率函数可以改变入射光的相位和振幅，这可以让透射光波向前传播的同时也携带了物体的信息。例如，物体可以是一张照相底片，它只改变入射光波的振幅分布而不改变光波的相位分布，这种物体称为振幅型物体。还有一种类似于透镜的相位型物体，只改变入射光波的相位分布但不改变振幅大小。下面分别讨论正弦型振幅光栅和正弦型相位光栅。

1) 正弦型振幅光栅

透过率函数为

$$t(x,y) = \left[\frac{1}{2} + \frac{m}{2}\cos(2\pi f_0 x)\right] \mathrm{rect}\left(\frac{x}{b}, \frac{y}{b}\right) \qquad (3.1.12)$$

式中，m 是小于 1 的正数，$\mathrm{rect}\left(\dfrac{x}{b}, \dfrac{y}{b}\right)$ 表示边长为 b 的正方形孔。其孔外的透过率处处为零，方孔内沿 x 轴方向透过率按照正弦 (余弦) 规律变化，其函数关系为 $\dfrac{1}{2} + \dfrac{m}{2}\cos(2\pi f_0 x)$。从透过率公式可以看出，公式中不存在相位因子，因此振幅型物体不会改变入射光波的相位分布，只改变光波的振幅分布。

2) 正弦型相位光栅

正弦型相位光栅的透过率函数定义为

$$t(x,y) = \exp\left[\mathrm{j}\frac{m}{2}\sin(2\pi f_0 x)\right] \mathrm{rect}\left(\frac{x}{b}, \frac{y}{b}\right) \qquad (3.1.13)$$

式中，$\mathrm{rect}\left(\dfrac{x}{b}, \dfrac{y}{b}\right)$ 的作用与正弦型振幅光栅的情况相同，前面的相位因子中的相位既可以取正值也可以取负值，当然从光学厚度来说是不能取负值的。由于相位零点的选取有着很大的任意性，所以选取适当的相位参考点后，就可以把光波通过相位光栅时的平均相位延迟 (常相位因子) 略去，参数 m 体现了相位正弦变化的幅度。这种正弦型相位光栅是完全透明的，它只对入射光波引起对应的相位延迟，并不会改变光波的振幅。

3.1.2 透镜的相位调制作用

为了研究透镜对入射波前的影响，我们引入透镜的复振幅透过率 $t_1(x,y)$：

$$t_1(x,y) = \frac{U_l'(x,y)}{U_l(x,y)} \qquad (3.1.14)$$

$U_l(x,y)$ 和 $U_l'(x,y)$ 分别为紧靠透镜前后的平面上的光场复振幅分布。

透镜有限孔径的衍射效应和像差均不在图 3.1.7 中会聚透镜模型的考虑范围之内。会聚透镜的作用之一是使一个发散球面波变换为会聚球面波。在傍轴近似条件下，假设一单色光点光源位于 P 点，则其发射出的发散球面波在紧靠透镜之前的平面上产生的复振幅的分布为 $U_l(x,y) = A\exp(\mathrm{j}kd_0)\exp\left[\mathrm{j}\dfrac{k}{2d_0}\left(x^2 + y^2\right)\right]$，其中 A 是振幅，d_0 是点光源到透镜的距离。

考虑薄透镜，忽略透镜对光波振幅的影响，在傍轴近似下，紧靠透镜之后平面的复振幅分布为 $U_l'(x,y) = A\exp(-\mathrm{j}kd_i)\exp\left[-\mathrm{j}\dfrac{k}{2d_i}\left(x^2 + y^2\right)\right]$，$d_i$ 是透镜到像的距离。

相位因子: $\exp(\mathrm{j}kd_0)$ 和 $\exp(-\mathrm{j}kd_i)$ 仅表示常量相位的变化，并不影响平面上相位的相对空间分布。

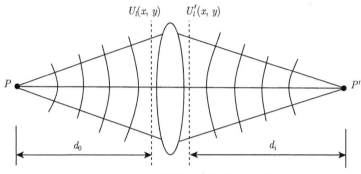

图 3.1.7　会聚透镜对点光源的成像

则透镜的相位调制为

$$t_1\left(x,y\right) = \frac{U_l'\left(x,y\right)}{U_l\left(x,y\right)} = \exp\left[-\mathrm{j}\frac{k}{2d_i}\left(x^2+y^2\right)\right] \Big/ \exp\left[\mathrm{j}\frac{k}{2d_0}\left(x^2+y^2\right)\right]$$

$$= \exp\left[-\mathrm{j}\frac{k}{2}\left(x^2+y^2\right)\left(\frac{1}{d_i}+\frac{1}{d_0}\right)\right] \tag{3.1.15}$$

d_0 与 d_i 满足透镜成像定律，故 $\dfrac{1}{d_i}+\dfrac{1}{d_0}=\dfrac{1}{f}$，所以有

$$t_1\left(x,y\right) = \exp\left[-\mathrm{j}\frac{k}{2f}\left(x^2+y^2\right)\right] \tag{3.1.16}$$

会聚透镜可以把发散球面波转换成会聚球面波的关键在于透镜的相位调制作用，根本原因在于透镜的厚度是不均匀的，这就会导致不同位置的入射光经过的光程不同，导致其出射光的等相位面不再是一个发散球面波，而是被透镜调制成了会聚的球面波。因此，这就是透镜的相位调制作用，同时也是透镜的光线会聚作用 [2]。

引入薄透镜的情况：可以忽略因为折射产生的传播距离的差值，这是由于薄透镜中任一点的入射光线在透镜中的传播距离都等于该点沿光轴方向透镜的厚度，这样就认为光线在透镜上的入射点与出射点具有相同的坐标，从而大大简化了问题的分析 (图 3.1.8)。

所以薄透镜的透过率函数又可以表示为

$$t_1\left(x,y\right) = \exp[\mathrm{j}\phi\left(x,y\right)] = \exp[\mathrm{j}kL\left(x,y\right)] \tag{3.1.17}$$

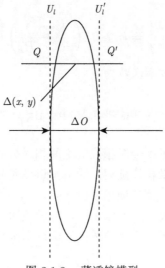

图 3.1.8 薄透镜模型

式中 $L(x,y)$ 表示光线紧靠在透镜前平面的入射点 Q 与紧靠在透镜后平面对应位置出射点 Q' 之间的光程。$L(x,y)$ 包含两部分：第一部分是透镜内部的光程 $n\Delta(x,y)$；第二部分是透镜外前后紧靠的两个平面之间的空气中的光程 $\Delta_0 - \Delta(x,y)$，即

$$L(x,y) = n\Delta(x,y) + [\Delta_0 - \Delta(x,y)] = \Delta_0 + (n-1)\Delta(x,y) \qquad (3.1.18)$$

式中 n 为透镜的折射率，$\Delta(x,y)$ 为透镜的厚度函数，Δ_0 为透镜的中心厚度。将 $L(x,y)$ 代入透过率函数得

$$t_1(x,y) = \exp(\mathrm{j}k\Delta_0)\exp[\mathrm{j}k(n-1)\Delta(x,y)] \qquad (3.1.19)$$

从式 (3.1.19) 可以看出，对于透镜来说，要想确定透镜的透过率函数，除了知道透镜的折射率 n 和中心厚度 Δ_0 外，还需要知道厚度函数 $\Delta(x,y)$ 和构成透镜的前后两个球面的曲率半径 R_1 和 R_2 之间的关系来确定透镜的相位调制。

通过一系列计算得到透镜的厚度函数和透镜结构参数的关系为

$$\Delta(x,y) = \Delta_0 - \frac{x^2+y^2}{2}\left(\frac{1}{R_1} - \frac{1}{R_2}\right) \qquad (3.1.20)$$

将得到的厚度函数 $\Delta(x,y)$ 代入透过率函数 $t_1(x,y)$ 得

$$t_1(x,y) = \exp(\mathrm{j}kn\Delta_0)\exp\left[-\mathrm{j}k(n-1)\frac{x^2+y^2}{2}\left(\frac{1}{R_1} - \frac{1}{R_2}\right)\right] \qquad (3.1.21)$$

又因为有

$$\frac{1}{f} = (n-1)\left(\frac{1}{R_1} - \frac{1}{R_2}\right) \tag{3.1.22}$$

所以最后得到的透镜的透过率函数为

$$t_1(x,y) = \exp(jkn\Delta_0)\exp\left[-j\frac{k}{2f}\left(x^2+y^2\right)\right] \tag{3.1.23}$$

此式中第一项相位因子不会对相位的空间相对分布产生作用，因为它只能表达透镜对于入射光波的常量相位延迟，通俗来讲就是它对光波波面的形状不会产生影响，所以可忽略不计。第二项相位因子表示光波通过透镜时 (x,y) 点的相位延迟与该点到透镜中心距离的平方成正比，与透镜的焦距密切相关 [3]。因此，舍去第一项相位因子，从而得到简化的透镜的透过率函数：

$$t_1(x,y) = \exp\left[-j\frac{k}{2f}\left(x^2+y^2\right)\right] \tag{3.1.24}$$

同时引入光瞳函数 $P(x,y)$ 来表示透镜的有限孔径，其定义为

$$P(x,y) = \begin{cases} 1, & \text{透镜孔径内} \\ 0, & \text{其他} \end{cases} \tag{3.1.25}$$

于是，透镜的复振幅透过率可以完整地表示为

$$t_1(x,y) = \exp\left[-j\frac{k}{2f}\left(x^2+y^2\right)\right] \cdot P(x,y) \tag{3.1.26}$$

式中省去了透镜的常量相位因子，透镜对于入射波前的相位调制可以用 $\exp\left[-j\dfrac{k}{2f}\left(x^2+y^2\right)\right]$ 表示，式中 $P(x,y)$ 是光瞳函数。

3.1.3　透过率函数的物理意义

光波场照射到物体上时，$U_o(x,y)\,\mathrm{e}^{j\Psi}$，$U_i(x,y)\,\mathrm{e}^{j\Psi}$，$t(x,y)\,\mathrm{e}^{j\Psi}$ 都是复振幅物体，对于透过的物体来说，它对于前表面的光波场振幅项起到的是一个衰减的作用，所以振幅是相乘的关系，衰减系数 $\alpha \in (0,1)$。而对相位项来说，相位是和光程成正比的，所以经过物体后的相位项是相加的关系。

思考：

(1) 公式 $U_t(x,y) = U_i(x,y) \cdot t(x,y)$ 中为什么是 "·" 而不是 "*"？

$$U_t(x,y) = U_i(x,y) \cdot t(x,y) \tag{3.1.27}$$

式 (3.1.27) 可以写成 $A_i \mathrm{e}^{\mathrm{j}\Psi_i} \cdot A_t \mathrm{e}^{\mathrm{j}\Psi_t} = A_o \mathrm{e}^{\mathrm{j}\Psi_o}$, 则可以把振幅和相位分开来, 即

$$
\begin{cases}
A_i \cdot A_t = A_o \\
\Psi_i + \Psi_t = \Psi_o
\end{cases}
\tag{3.1.28}
$$

对于振幅来说 $A_t \in [0, 1]$, 振幅应该是线性衰减的, 符合 $A_i \cdot A_t = A_o$ 的关系, 而对于相位来说, 由于衍射前后表面足够近, 类似于薄透镜的情况, 薄透镜近似为纯相位和单平面, 即入射点和出射点可以看作一个点 (x_k, y_k), 所以经过衍射屏之后相位部分只有一部分延迟, 符合 $\Psi_i + \Psi_t = \Psi_o$ 的关系.

(2) 透过率函数为什么重要?

(i) 衍射模型更加完整, 如图 3.1.9 原理图所示.

(ii) 衍射屏可以推广, 透过率函数具有一般性.

凡能使波前上的复振幅分布发生改变的物结构, 即能引起衍射的障碍物统称为衍射屏.

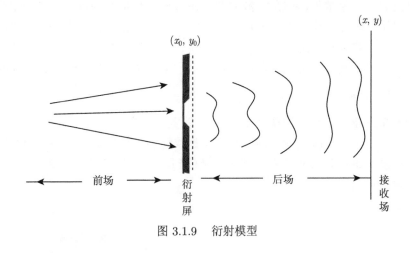

图 3.1.9 衍射模型

3.2 衍射模型的基本猜想: 惠更斯-菲涅耳原理

当将一块物体投入到平静的水面时, 就会在水中激起一圈圈的水波, 水波会不断向外扩散, 并且在遇到水面上的障碍物时, 水波会绕过障碍物继续向前传播. 这里若将障碍物换成带圆孔的挡板, 如图 3.2.1 所示, 则水波经过圆孔之后就像在圆孔处形成新的点波源, 不断向前形成新的圆形的水波, 这就是水波的衍射现象. 而波的衍射不同于折射反射这种直线传播的规律, 衍射主要有两个特点: ①不同

于直线传播，波的传播经过障碍物后会在某种程度上绕到障碍物后的几何阴影区域。②当波经过障碍物绕到后面的几何阴影区域后，波的强度会出现起伏变化。

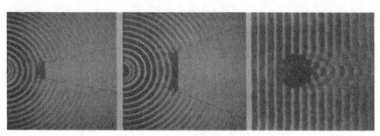

图 3.2.1　水波的衍射 [4]

波动的两大特征表现为干涉和衍射，光是电磁波，而且有明显的干涉现象，那么传播过程中也应该会发生衍射。但是我们在日常生活中极少发现光绕到障碍物后面的衍射现象，原因在于衍射现象显著的一个条件是障碍物的尺寸与波长相近。一般在空气中无线电波的波长在 $10\sim10^{3}$m 范围，声波的波长在 $10^{-2}\sim10$m 范围，所以声波衍射现象常见。但是光波的波长在可见光区是 $0.4\sim0.7\mu$m，故光波衍射现象不明显。研究表明，由于普通光源的相干性差，光能密度小，因此即使是障碍物尺寸与光波波长相近，衍射现象也不显著。自从有激光这一新型光源后，由于其相干性好、光能密度大，所以在实验室中用激光极易观察到光的衍射现象。

3.2.1　狭缝衍射

一激光束通过一细长的狭缝 (缝长 ≫ 缝宽，缝宽在 1mm 以下) 后，在距缝几米远处的白色观察屏上，出现的将不再是狭缝的几何投影，而是长的明暗相间的衍射条纹，这些条纹的分布范围一直延伸到缝的几何阴影区。图 3.2.2 是激光单缝衍射的示意图。

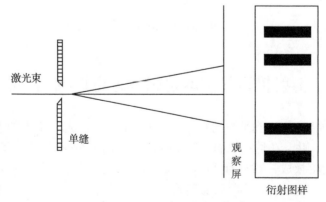

图 3.2.2　激光的单缝衍射

3.2.2 圆孔衍射

如图 3.2.3 所示把上述实验中的狭缝用圆孔 (不透光屏上透光圆孔) 替换，白屏上会出现明暗相间的圆衍射条纹，当孔达到一定大小时衍射图样的中心会出现一个暗点，但是光的直线传播规律无法解释这种现象的发生。如果再把圆孔换成一个不透光的小圆屏 (比如小钢珠) 重新实验，后面的白屏上也会出现圆形衍射图样，而且在一定距离以后，其中心永远是一亮点，这一现象也违背了直线传播规律。这是两个典型的衍射图样。

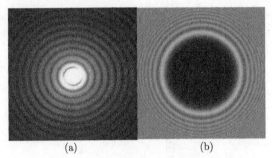

(a)   (b)

图 3.2.3　圆孔衍射 (a) 和圆屏衍射 (b)

惠更斯-菲涅耳原理是解决衍射问题的基础。惠更斯原理是指把介质中波阵面上的各点都看作新的子波源，那么其后任意时刻子波的包络面就成为新的波阵面。由此可以用作图法找出波传播的方向，如图 3.2.4 所示。但惠更斯原理有一定的局限性，不能用来求出下一时刻光波的强度分布。之后菲涅耳考虑到子波的相干性，从而发现了各个子波的干涉效应，求得了新波前的强度分布，因此一般把惠更斯原理加子波干涉原理称为惠更斯-菲涅耳原理。

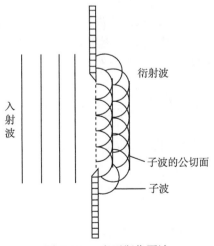

图 3.2.4　惠更斯作图法

　　如图 3.2.5 所示，$\varSigma$ 为通光开孔。当一束单色光入射到开孔上时，在 $\varSigma$ 上任一点 Q 处入射光场为

$$V(Q,t) = U(Q)\,\mathrm{e}^{\mathrm{j}\omega t} \tag{3.2.1}$$

　　由于场强空间分布中时间周期因子 $\mathrm{e}^{\mathrm{j}\omega t}$ 对于开孔上各点都一样，所以可忽略不计，故开孔 $\varSigma$ 上的场强分布可以直接用复振幅 $U(Q)$ 表示。

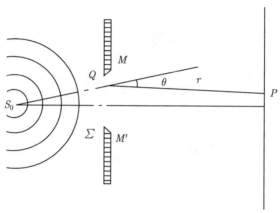

图 3.2.5　惠更斯-菲涅耳原理的几何图示

　　设 $\mathrm{d}s$ 为 Q 点处开孔的小面积元，入射场 $U(Q)$ 在 Q 点 $\mathrm{d}s$ 上激起次波场，其强度与 $U(Q)\mathrm{d}s$ 成正比。这时，从 $\mathrm{d}s$ 上发出的球面次波在 P 点引起的振动为

$$\mathrm{d}U(P) = K(\theta)\,U(Q)\,\mathrm{d}s\,\frac{\mathrm{e}^{\mathrm{j}kr}}{r} \tag{3.2.2}$$

式中 $r = QP$，代表从 Q 点到 P 点的距离；$\mathrm{e}^{\mathrm{j}kr}/r$ 表示球面波从 Q 点到 P 点的振幅和相位的变化；θ 为衍射角，$K(\theta)$ 是倾斜因子，描写了次波振幅随方向的改变。根据式 (3.2.2) 可推导求出正入射时有

$$K(\theta) = \frac{1}{2\mathrm{j}\lambda}(1 + \cos\theta) \tag{3.2.3}$$

式中 λ 是入射光波长。把上式代入式 (3.2.2)，然后通过积分得到 P 点的复振幅

$$U(P) = \frac{1}{2\mathrm{j}\lambda}\int_{\varSigma} U(Q)\,\frac{\mathrm{e}^{\mathrm{j}kr}}{r}(1 + \cos\theta)\,\mathrm{d}s \tag{3.2.4}$$

这就是惠更斯–菲涅耳原理的数学表达式。

3.3 广义的透过率函数：传递函数和脉冲响应函数

对于一个系统，我们可用图 3.3.1 来表示。

图 3.3.1 系统的表示

对于任意两个输入函数 $f_1(x,y)$ 和 $f_2(x,y)$，分别有

$$\mathcal{F}\{f_1(x,y)\} = g_1(x,y) \tag{3.3.1}$$

$$\mathcal{F}\{f_2(x,y)\} = g_2(x,y) \tag{3.3.2}$$

其中，算符 $\mathcal{F}\{\ \}$ 表示一个系统，若对于任意复数常数 a_1 和 a_2，当输入函数为 $[a_1 f_1(x,y) + a_2 f_2(x,y)]$ 时，输出函数为

$$
\begin{aligned}
\mathcal{F}\{a_1 f_1(x,y) + a_2 f_2(x,y)\} &= \mathcal{F}\{a_1 f_1(x,y)\} + \mathcal{F}\{a_1 f_1(x,y)\} \\
&= a_1 \mathcal{F}\{f_1(x,y)\} + a_2 \mathcal{F}\{f_2(x,y)\} \\
&= a_1 g_1(x,y) + a_2 g_2(x,y)
\end{aligned}
\tag{3.3.3}
$$

像这样对几个激励的线性组合的整体响应就等于各单个激励所产生的响应的线性组合的系统称为线性系统。

3.3.1 脉冲响应

线性系统的分解和综合过程如下。

线性系统的优点在于它可以把任意复杂输入分解成某些基元函数 (如 δ 函数、复指数函数、余弦/正弦函数) 的线性组合。

对于任意输入函数

$$f(x_1,y_1) = \iint\limits_{-\infty}^{\infty} f(\xi,\eta)\,\delta(x_1 - \xi, y_1 - \eta)\,\mathrm{d}\xi\mathrm{d}\eta \tag{3.3.4}$$

通过系统后的输出函数 $g(x_0,y_0)$ 为

$$g(x_0,y_0) = S\left\{ \iint\limits_{-\infty}^{\infty} f(\xi,\eta)\,\delta(x_1 - \xi, y_1 - \eta)\,\mathrm{d}\xi\mathrm{d}\eta \right\}$$

$$= \iint\limits_{-\infty}^{\infty} f\left(\xi,\eta\right) S\left\{\delta\left(x_1 - \xi, y_1 - \eta\right)\right\} \mathrm{d}\xi\mathrm{d}\eta \tag{3.3.5}$$

脉冲响应的物理意义如下。

表示输入平面上位于 $(x_1 = \xi,\ y_1 = \eta)$ 上的单位脉冲 (点光源)，通过系统后在输出平面 (x_0, y_0) 点得到的分布，称为系统的脉冲响应函数 (点扩散函数)。对于成像系统：脉冲响应函数就是输入面上某处的点光源通过光学系统所成的像场分布。$h(x_0, y_0; \xi, \eta)$ 不仅与点源位置 (ξ, η) 有关，还随响应函数所处坐标位置 (x_0, y_0) 的不同有所差异[1]。

3.3.2   线性空不变系统

一个线性系统的性质与时间或空间位置有关，其函数形式与输入时刻 τ 有关，记为 $h(t, \tau)$，即

$$\mathcal{F}\left\{\delta\left(t - \tau\right)\right\} = h\left(t, \tau\right) \tag{3.3.6}$$

若输入脉冲延迟时间 τ，其响应 h 仅仅有相应的时间延迟 τ，而函数形式不变，即

$$\mathcal{F}\{\delta(t - \tau)\} = h(t - \tau) \tag{3.3.7}$$

故与时间无关的线性系统一般被称为时不变系统。

一个空间脉冲只产生位移，而不改变线性系统的响应函数，有

$$\mathcal{F}\{\delta\left(x - \xi, y - \eta\right)\} = h\left(x - \xi, y - \eta\right) \tag{3.3.8}$$

一般地，与空间位置无关的系统被称为空间不变系统或位移不变系统，其脉冲响应为

$$h\left(x, y; \xi, \eta\right) = h\left(x - \xi; y - \eta\right) \tag{3.3.9}$$

可以看出 h 与坐标本身的绝对数值无关。我们把既具有线性又具有空间平移不变性的系统称为线性空间不变系统。

3.3.3   线性不变系统的传递函数

传递函数 $H\left(f_X, f_Y\right)$ 的定义：$H\left(f_X, f_Y\right)$ 为线性不变系统脉冲响应函数的傅里叶变换，即

$$H\left(f_X, f_Y\right) = \iint\limits_{-\infty}^{\infty} h\left(x, y\right) \exp\left[-\mathrm{j}2\pi\left(f_X x + f_Y y\right)\right] \mathrm{d}x\mathrm{d}y = F\left\{h\left(x, y\right)\right\} \tag{3.3.10}$$

由

$$g\left(x, y\right) = f\left(x, y\right) * h\left(x, y\right) \tag{3.3.11}$$

以及

$$G\left(f_X, f_Y\right) = F\left(f_X, f_Y\right) H\left(f_X, f_Y\right) \tag{3.3.12}$$

则系统的传递函数为

$$H\left(f_X, f_Y\right) = \frac{G\left(f_X, f_Y\right)}{F\left(f_X, f_Y\right)} \tag{3.3.13}$$

式中用输出频谱与输入频谱 (密度) 的比值 $\dfrac{G\left(f_X, f_Y\right)}{F\left(f_X, f_Y\right)}$ 来表征系统的频率响应特性。$H\left(f_X, f_Y\right)$ 是复值函数：

$$H\left(f_X, f_Y\right) = \left|H\left(f_X, f_Y\right)\right| \exp\left[-\mathrm{j}\phi\left(f_X, f_Y\right)\right] \tag{3.3.14}$$

其中，$\left|H\left(f_X, f_Y\right)\right|$ 为振幅传递函数，$\phi\left(f_X, f_Y\right)$ 为相位传递函数。

$H\left(f_X, f_Y\right)$ 的物理意义：传递函数 $H\left(f_X, f_Y\right)$ 描述了系统在频率域中的响应。

例 1　给定一个线性不变系统，输入函数为有限延伸的三角波

$$g_i\left(x\right) = \left[\frac{1}{3}\mathrm{comb}\left(\frac{x}{3}\right)\mathrm{rect}\left(\frac{x}{50}\right)\right] * \varLambda\left(x\right)$$

对于传递函数 $H\left(f\right) = \mathrm{rect}\left(\dfrac{f}{2}\right)$ 利用图解方法确定系统的输出。

提示：

$$\mathrm{rect}\left(ax\right)\mathrm{rect}\left(by\right) \xrightarrow{\mathrm{FT}} \frac{1}{|ab|}\mathrm{sinc}\left(\frac{f_x}{a}\right)\mathrm{sinc}\left(\frac{f_y}{b}\right)$$

$$\varLambda\left(ax\right)\varLambda\left(by\right) \xrightarrow{\mathrm{FT}} \frac{1}{|ab|}\mathrm{sinc}^2\left(\frac{f_x}{a}\right)\mathrm{sinc}^2\left(\frac{f_y}{b}\right)$$

解

(1) 空间频率域：

$$\begin{aligned}
P\left(f\right) &= G\left(f\right) \cdot H\left(f\right) \\
&= F\left\{g_i\left(x\right)\right\} \cdot H\left(f\right) \\
&= F\left\{\left[\frac{1}{3}\mathrm{comb}\left(\frac{x}{3}\right)\mathrm{rect}\left(\frac{x}{50}\right)\right] * \varLambda\left(x\right)\right\} \cdot H\left(f\right) \\
&= \left\{\mathrm{comb}\left(3f\right) * \left[50\mathrm{sinc}\left(50f\right)\right] \cdot \mathrm{sinc}^2\left(f\right)\right\} \cdot \mathrm{rect}\left(\frac{f}{2}\right) \\
&= \left\{50\sum_{n=-\infty}^{\infty}\delta\left(3f-n\right) * \left[\mathrm{sinc}\left(50f\right)\right] \cdot \mathrm{sinc}^2\left(f\right)\right\} \cdot \mathrm{rect}\left(\frac{f}{2}\right)
\end{aligned}$$

$$= \left\{ \frac{50}{3} \sum_{n=-\infty}^{\infty} \delta \left(f - \frac{n}{3} \right) * [\text{sinc}\,(50f)] \cdot \text{sinc}^2\,(f) \right\} \cdot \text{rect} \left(\frac{f}{2} \right)$$

$$= \left\{ \frac{50}{3} \sum_{n=-\infty}^{\infty} \left[\text{sinc}\,(50f) - \frac{n}{3} \right] \cdot \text{sinc}^2\,(f) \right\} \cdot \text{rect} \left(\frac{f}{2} \right)$$

$$G\,(f) = F \left\{ \left[\frac{1}{3}\text{comb} \left(\frac{x}{3} \right) \text{rect} \left(\frac{x}{50} \right) \right] * \varLambda\,(x) \right\}$$

$$= \frac{50}{3} \sum_{n=-\infty}^{\infty} \left[\text{sinc}\,(50f) - \frac{n}{3} \right] \cdot \text{sinc}^2\,(f)$$

$$P\,(f) = G\,(f) \cdot H\,(f)$$

G 的频谱图见图 3.3.2。

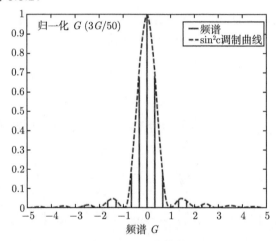

图 3.3.2　　G 的频谱图

(2) 空间域

$$p\,(x) = g_\text{i}\,(x) * h\,(x) = \left[\frac{1}{3}\text{comb} \left(\frac{x}{3} \right) \text{rect} \left(\frac{x}{50} \right) \right] * \varLambda\,(x) * F^{-1} \left\{ \text{rect} \left(\frac{f}{2} \right) \right\}$$

$$= \left[\frac{1}{3}\text{comb} \left(\frac{x}{3} \right) \text{rect} \left(\frac{x}{50} \right) \right] * \varLambda\,(x) * 2\text{sinc}\,(2x)$$

解　$F\,\{\text{rect}\,(x)\} = \text{sinc}\,(f)$

$$F\,\{F\,\{\text{rect}\,(x)\}\} = \text{rect}\,(-x) = \text{rect}\,(x)$$

$$\Rightarrow F\,\{\text{sinc}\,(f)\} = \text{rect}\,(x)$$

$$\Rightarrow F^{-1}\,\{\text{rect}\,(f)\} = \text{sinc}\,(x)$$

$$F\left\{\operatorname{rect}(x)\right\} = 2\operatorname{sinc}(2f)$$

$$F\left\{F\left\{\operatorname{rect}(x)\right\}\right\} = \operatorname{rect}\left(-\frac{x}{2}\right) = \operatorname{rect}\left(\frac{x}{2}\right)$$

$$\Rightarrow F\left\{2\operatorname{sinc}(2f)\right\} = \operatorname{rect}\left(\frac{x}{2}\right)$$

$$\Rightarrow F^{-1}\left\{\operatorname{rect}\left(\frac{f}{2}\right)\right\} = 2\operatorname{sinc}(2x)$$

$$F\left\{F\left\{g(x,y)\right\}\right\} = g(-x,-y)$$

对函数相继进行傅里叶变换，所得的函数形式不变，仅将坐标反向。

$$g_i(x) = \left[\frac{1}{3}\operatorname{comb}\left(\frac{x}{3}\right)\operatorname{rect}\left(\frac{x}{50}\right)\right] * \Lambda(x), \quad h(x) = F^{-1}\left\{\operatorname{rect}\left(\frac{f}{2}\right)\right\} = 2\operatorname{sinc}(2x)$$

$$p(x) = g_i(x) * h(x)$$

$g_i(x)$、$h(x)$ 的函数图见图 3.3.3，$p(x)$ 的函数图见图 3.3.4。

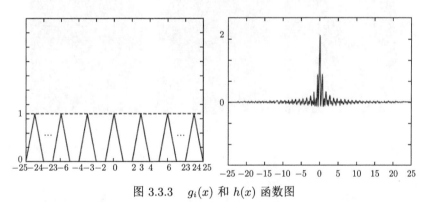

图 3.3.3　$g_i(x)$ 和 $h(x)$ 函数图

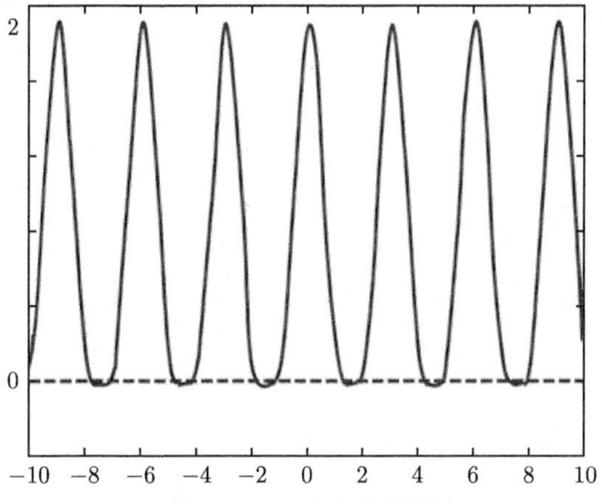

图 3.3.4　$p(x)$ 函数图

3.4　抽样定理模拟实验

(1) 利用 Matlab 中自带的 peaks 函数创建一个二维带限函数，通过傅里叶变换观察其频谱，并测量其带宽，理解"带限"的含义；

(2) 构建二维梳状函数，并显示其空间分布及频谱，观察改变梳状函数的空间间隔——抽样间隔后频谱的变化；

(3) 使用梳状函数抽样得到连续函数的抽样函数，并在空域观察抽样函数；

(4) 观察抽样函数的频谱，并与原连续函数的频谱作比较，体会抽样函数的频谱、梳状函数的频谱及连续函数的频谱之间的卷积关系。

模拟结果如下 (代码见附录)。

函数的抽样如图 3.4.1 所示。

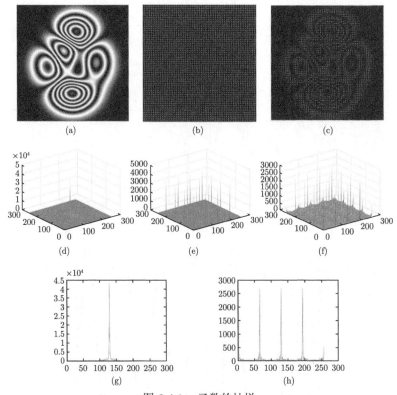

图 3.4.1　函数的抽样

(a) 连续带限函数 $g(x,y)$; (b) 梳状函数 $\mathrm{comb}\left(\dfrac{x}{X},\dfrac{y}{Y}\right)$; (c) 抽样函数 $g_s(x,y)$;

(d) 原函数频谱 $G(u,v)$; (e) 梳状函数频谱 $F\left\{\mathrm{comb}\left(\dfrac{x}{X},\dfrac{y}{Y}\right)\right\}$; (f) 抽样函数频谱 $G_s(u,v)$;

(g) $G(u,v)|_{v=0}$; (h) $G(u,v)|_{u=0}$

函数的复原如图 3.4.2 所示。

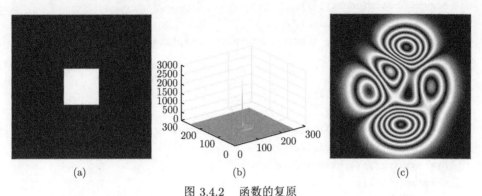

(a)　　　　　　　　　　　　(b)　　　　　　　　　　　　(c)

图 3.4.2　　函数的复原

(a) 滤波器函数 $H(u,v)$；(b) 原函数频谱 $G(u,v) = G_s(u,v)H(u,v)$; (c) 复原的函数

在上面的实验中，从 $G(u,v)|_{v=0}$ 和 $G(u,v)|_{u=0}$ 两条谱线图可以看到：所选带限函数 $\cos[\mathrm{peaks}(256) \times 2 + \pi] + 1$ 的带宽 $2B_X < 64$ 个像素，而 $2B_Y \approx 64$ 个像素。因为图像大小为 256×256 像素，根据快速傅里叶变换的性质，傅里叶变换后最高空间频率为 $256/2 = 128\mathrm{m}^{-1}$，频域中相邻两个像素点的频率差为 $128/128 = 1\mathrm{m}^{-1}$，换言之，所选带限函数的带宽 $2B_X < 64\mathrm{m}^{-1}$，而 $2B_Y \approx 64\mathrm{m}^{-1}$。按照抽样定理，能够重构原函数的条件是抽样间隔至少满足 $X = 1/(2B_X), Y = 1/(2B_Y)$，所以至少选择抽样间隔 $Y = 1/(2B_Y) = 256/64 = 4$ 个像素。为了方便，取 $X = Y = 4$ 个像素。

附　　录

```
clear;clc;
fxy=cos(peaks(256).*4+pi)+1;
[rr,cc]=size(fxy);
figure,imshow(fxy,[])
F=fftshift(fft2(fxy));
figure,plot(abs(F(round(rr/2)+1,:))),
figure,plot(abs(F(:,round(cc/2)+1))),
figure,surfl(abs(F)),shading interp,colormap(gray);
combxy=zeros(rr,cc);
X=4;Y=4;
for n=1:Y:rr
for m=1:X:cc
combxy(n,m)=1;
end
```

```
end
figure,imshow(combxy,[]);
C=fftshift(fft2(combxy));
figure,surfl(abs(C)),shading interp,colormap(gray);
gxy=zeros(rr,cc);
gxy=fxy.*combxy;
figure,imshow(gxy,[]);
Gs=fftshift(fft2(gxy));
figure,surfl(abs(Gs)),shading interp,colormap(gray);
figure,plot(abs(Gs(:,cc/2+1))),
By=round(rr/2/Y);Bx=round(cc/2/X);
H=zeros(rr,cc);
H(round(rr/2)+1-By:round(rr/2)+1+By-1,round(cc/2)+1-Bx:
  round(cc/2)+1+Bx-1)=1;
figure,imshow(H,[])
Gsyp=H.*Gs;
figure, surfl(abs(Gsyp)),shading interp,colormap(gray);
gxyyp=X*Y.*abs(ifft2(Gsyp));
figure,imshow(gxyyp,[])
```

习　题

1. 由于总是有衍射存在, 因此没有透镜可以把光聚焦为一个理想的点。估计在透镜的焦点上可预期的最小光斑的大小。讨论焦距、透镜直径和光斑大小之间的关系。取透镜的 f 大约为 0.8 或 0.9, 这是快镜头能达到的程度。

2. 利用瑞利判据, 求人眼刚好能够分辨的相等亮度的两点所张的最小角度。假定瞳孔直径为 2.0mm, 平均波长为 550nm 。眼内介质的折射率为 1.337。

3. 一个透射光栅的刻痕为 5900 条线/cm。波长 400~720nm 波段的光正入射到光栅上。一级光谱的角宽度多大?

4. 不透明屏上的圆孔直径为 6.00mm 。用波长 500nm 的准直光垂直照射。从中心轴上离屏 6.00m 的 P 点能 "看见" 多少个菲涅耳带? P 点是亮的还是暗的? 在 P 点所在的竖直平面上, 衍射图样大概是怎样的?

5. 氩离子激光器发射的波长为 568.19nm 的准直光正入射到一个圆孔径上。从距离为 1.00m 的轴上一点看过去, 圆孔显露出第一个菲涅耳半周期带。求圆孔直径。

6. 一条宽度为 0.20mm 的长狭缝被准直的氢蓝光 ($\lambda = 486.1$nm) 照射。狭缝后面紧贴着放置了一面焦距为 60.0cm 的大透镜, 在透镜的焦平面产生衍射图样。辐照度的第一个和第二个零点距离多远?

7. 一束准直的微波投射在包含一条 20cm 宽水平狭缝的金属屏上。一个在远场区域平行于屏移动的探测器在中心轴之上 36.87° 处找到辐照度第一个极小。求辐射的波长。

8. 不透光屏上单狭缝宽 0.10mm, 用氪离子激光器 ($\lambda_0 = 461.9$nm) 照明 (在空气中)。观察屏距离 1.0m。问产生的衍射图样是不是远场衍射图样? 计算中心极大的角宽度。

9. 不透光屏上单狭缝 (在空气中) 用氦氖激光器的 1152.2nm 红外光照明, 其夫琅禾费衍射图样的第 10 个暗带的中心与中心轴成 $6.2°$。求狭缝的宽度。如果整个装置不是放在空气 ($n_a = 1.00029$) 中而是浸在水 ($n_w = 1.33$) 中, 第 10 个暗带中心将在什么角度出现?

10. 在不透明屏上有一个直径为 a 的圆孔, 点光源 S 到圆孔中心的垂直距离为 R。如果 S 到周界的距离是 $R + \ell$, 证明: 当

$$\lambda R \gg a^2/2$$

时, 在很远的屏上将出现夫琅禾费衍射。如果孔的半径是 1mm, $\ell\lambda/10, \lambda = 500$mm, 那么满足上述条件的 R 至少是多大?

11. 已知线性不变系统的输入为 $g(x) = \mathrm{comb}(x)$, 系统的传递函数为 $\mathrm{rect}\left(\dfrac{f}{b}\right)$。若 b 取下列值。求系统的输出 $g'(x)$, 并画出输出函数及其频谱的图形。

(1) $b = 1$;

(2) $b = 2$。

12. 对于一个线性不变系统, 脉冲响应为 $h(x) = 7\mathrm{sinc}(7x)$, 用频率的方法对下列每一个输入 $f_i(x)$, 求其输出 $g_i(x)$(必要时, 可取合理近似):

(1) $f_1(x) = \cos(4\pi x)\mathrm{rect}\left(\dfrac{x}{75}\right)$;

(2) $f_2(x) = \mathrm{comb}(x) * \mathrm{rect}(2x)$。

13. 给定一个线性不变系统, 输入为有限延伸的矩形波

$$g(x) = \left[\frac{1}{3}\mathrm{comb}\left(\frac{x}{3}\right)\mathrm{rect}\left(\frac{x}{100}\right)\right] * \mathrm{rect}(x)$$

若系统脉冲响应

$$h(x) = \mathrm{rect}(x - 1)$$

求系统的输出, 并绘出传递函数、脉冲响应、输出及其频谱的图形。

14. 液晶显示屏尺寸为 250mm×250mm, 每个像元的尺寸为 0.25mm× 0.25mm, 计算像元总数、最高空间频率、空间带宽积。

15. 若对函数

$$h(x) = a\mathrm{sinc}^2(ax)$$

抽样, 求允许的最大抽样间隔。

16. 若只能用 $a \times b$ 表示的有限区间上的脉冲点阵对函数进行抽样, 即

$$g'(x, y) = g(x, y)\left[\mathrm{comb}\left(\frac{x}{X}\right)\mathrm{comb}\left(\frac{y}{Y}\right)\right]\mathrm{rect}\left(\frac{x}{a}\right)\mathrm{rect}\left(\frac{y}{b}\right)$$

试说明, 即使采用奈奎斯特间隔抽样, 也不再能用一个理想低通滤波器精确恢复 $g(x, y)$。

17. 用很窄的矩形脉冲阵列对函数抽样, 即

$$g'(x, y) = g(x, y)\left[\mathrm{comb}\left(\frac{x}{X}\right)\mathrm{comb}\left(\frac{y}{Y}\right) *rect\left(\frac{x}{L_x}\right)\mathrm{rect}\left(\frac{y}{L_y}\right)\right]$$

式中, L_x, L_y 分别为每个脉冲在 x, y 方向的宽度。若抽样间距合适, 说明能否由 g_1 还原函数 $g(x, y)$。

参 考 文 献

[1] 吕乃光. 傅里叶光学 [M]. 2 版. 北京: 机械工业出版社, 2006.

[2] 苏显渝, 李继陶. 信息光学 [M]. 2 版. 北京: 科学出版社, 1999.

[3] 朱慧瑾. 球形端面自聚焦透镜的光学分数傅里叶变换 [D]. 临汾: 山西师范大学, 2019.

[4] 赵凯华. 新概念物理教程: 光学 [M]. 北京: 高等教育出版社, 2004.

[5] 马科斯·玻恩. 光学原理 [M]. 北京: 电子工业出版社, 2005.

[6] 张新廷. 基于抽样的波前相位恢复和相干衍射成像方法研究 [D]. 济南: 山东师范大学, 2015.

[7] 陈红丽, 饶长辉. 根据远场光班确定夏克-哈特曼传感器采样率的一种方法 [J]. 光学学报, 2009, 29(5): 1137-1142.

第 4 章　衍射模型

4.1　衍射模型的来历

　　衍射 (diffraction)，是指波遇到障碍物时偏离原来直线传播的物理现象 [1]。实际上除了水波、光波产生的衍射现象比较明显之外，其他类似于 X 射线的电磁波也可以发生衍射 [2]。后来索末菲曾把不能用反射或折射来解释的具有波动性质的这种光的现象称为光的衍射 [3]。

　　衍射描述了波在遇到障碍物时弯曲的方式。一个典型的例子是，当长而直的波面遇到一个狭窄的开口时，水波会呈扇形，然后在开口处出现小的圆形波。通过在含有两个空隙的障碍物的水中引起涟漪，可以很容易地观察到这种效果。接近屏障的平行直线波在两个间隙之外产生了小的圆形波，当它们向外移动时，会发生干涉，波峰会叠加，而波谷则会相互抵消，如图 4.1.1 所示。

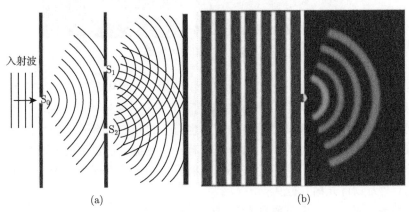

图 4.1.1　水波的干涉 (a) 和衍射 (b)

　　光的衍射图案有时候不太直观，最好用激光来观察。一个正方形的孔的衍射图案是十字形的 (图 4.1.2(a))，而一个圆形的孔则会产生一系列的同心圆 (图 4.1.2(b))。

　　薄云中的水滴或冰晶的衍射有时会在太阳或月亮周围形成一圈美丽的亮环，即人们常说的日华和月华现象，如图 4.1.3 所示。但对于光学仪器的设计者来说，衍射在很大程度上是一种困扰，它对照相机、显微镜和望远镜所拍摄的图像的清晰度带来了一些限制 [1]。

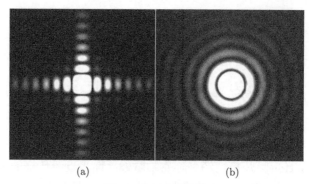

图 4.1.2   衍射图样

(a) 方孔衍射图样；(b) 圆孔衍射图样

图 4.1.3   日华和月华现象 [4]

　　凡能使波前的复振幅分布发生改变的物结构，即能引起衍射的障碍物统称为衍射屏。除狭缝、小孔、矩孔、光阑等中间开孔型外，也有小球、细丝、颗粒等中间闭光型，有光栅、波带片周期结构型，也有包含景物、数码、符号信息的黑白底片这类复杂的非周期结构，可看成是具有一个复振幅透过率的透明片，还有透镜、棱镜等相位型光学元件，这些都是衍射屏。由于衍射现象是无处不在的，所以我们有 "万物皆光栅" 的说法。

　　光波是矢量波，但是在光的干涉、衍射等许多现象中，可以把光波近似作为标量波处理。虽然它只是一种近似理论，当满足下述条件时，标量衍射理论所给出的结果与实际十分相符：① 衍射孔径比波长大得多；② 观察点 P 必须离衍射孔径足够远。这种条件一般满足于我们通常用到的光学仪器，但是由于高分辨率衍射光栅等的衍射场能量分布与光的偏振状态紧密相连，故需要考虑矢量衍射理论。

　　如图 4.1.4 所示的衍射模型，一入射光束在空间 (前场区域) 自由传播的过程中遇到一带有孔径的衍射屏 (x_0, y_0)，经过衍射屏之后光路会偏离原来的传播方向，即发生衍射，在衍射屏之后原来的入射光场分布发生变化后再接着向自由空间 (后场区域) 传播，直到到达观察接收场 (x, y)。衍射过程主要研究的是光波从衍射屏后表面到观察接收场之间的传播过程中任一位置光波复振幅的变化形式。

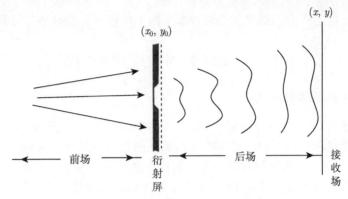

图 4.1.4　衍射模型 (⋆ 重点物理图像)

　　衍射现象具有两个特点：一是限制与扩展，即光束在某一方向受到限制，则衍射光强沿该方向扩展；二是衍射程度与孔径线度以及光波长之间有关。

　　如图 4.1.5 所示，λ 为入射光波的波长，ρ 为衍射屏上狭缝的宽度，$\Delta\theta$ 为观察屏处两衍射级次之间的宽度，则它们之间有 $\rho\Delta\theta \approx \lambda$ 的关系，在入射波确定的情况下，狭缝越窄，光通过狭缝产生的衍射效应越明显。

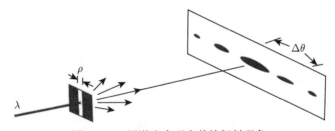

图 4.1.5　用激光束观察单缝衍射现象

　　衍射是一切波动具有的属性，通过衍射图可以反演。而定义衍射这个基本问题，除了最终要的物理图像和基本的衍射模型，把它当做一个科研的题目却往往无从下手。在本书中，我们给出了四个“抽象”，从中抽象出来便于分析问题的物理图像：

　　(1) 衍射屏上通光部分，抽象成为一个点，即点光源。

　　(2) U 的分布和 x、y 有关，求观察平面上的复振幅分布，转化为求观察平面上非特定的/任意一点的复振幅/振动函数，即可搞清楚整个观察屏的复振幅分布情况。

　　(3) 把衍射屏和观察屏上的点联系起来，看衍射屏上的这个点光源对观察平面上任意一点的振动有何贡献? 由于点光源发出的球面波达到观察点是一个球面波, 故可以利用积分的思想进行求解。

(4) 衍射屏上所有的通光部分对观察平面上任意一点的振动有何贡献?

4.2　标量衍射理论应用的前提

4.2.1　惠更斯-菲涅耳原理

惠更斯提出了一个关于子波的设想, 主要内容是可以把波面上每一点看成次级球面子波的波源, 此后每一时刻的子波波面的包络就是该时刻总的波动的波面, 如图 4.2.1 所示。后来菲涅耳又在这个基础上融合了光波干涉的思想, 补充了惠更斯原理, 他认为子波源是相干的, 所以空间光场也应该是子波干涉的结果[5]。

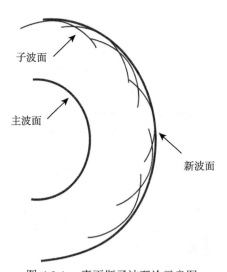

图 4.2.1　惠更斯子波理论示意图

对于在真空中传播的单色光波, 惠更斯-菲涅耳原理的数学表达式是

$$U(P_0) = C \iint\limits_{\Sigma} U(P_1) K(\theta) \frac{e^{jk}}{r} ds \tag{4.2.1}$$

如图 4.2.2 所示, 光波的一个波面为 Σ; 光场中任一观察点 P_0 的复振幅为 $U(P_0)$; 波面上任一点 P_1 的复振幅为 $U(P_1)$; 从 P_0 到 P_1 的距离为 r; θ 为 P_1P_0 和过 P_1 点的元波面法线 n 的夹角, 这里用倾斜因子 $K(\theta)$ 表示子波源 P_1 对 P_0 的作用与角度 θ 有关, C 为常数。利用惠更斯-菲涅耳原理计算一些入射光波经过简单孔径衍射图样的强度分布, 并得到符合实际的结果。

惠更斯-菲涅耳理论将光的干涉和衍射联系起来,我们通常研究的双光束或者多光束干涉会产生干涉条纹,但是当无限多的光束发生干涉会怎么样呢?惠更斯-菲涅耳理论就是用无数子波源发生相干叠加从而得到观察平面的物光波复振幅。因此,我们可以这样说"有限的相干叠加是干涉,而无限的相干叠加是衍射",如图 4.2.3 所示。然而惠更斯-菲涅耳理论是以"子波源"的假说为基础的,而不是以波动理论为基础,故结合实际情况需要假设子波源振动相位比实际光波在该点的振动超前 $\dfrac{\pi}{2}$。

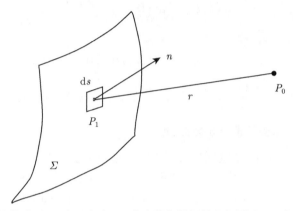

图 4.2.2　计算波面 Σ 在观察点 P_0 产生的复振幅的几何图形 (⋆ 重点物理图像)

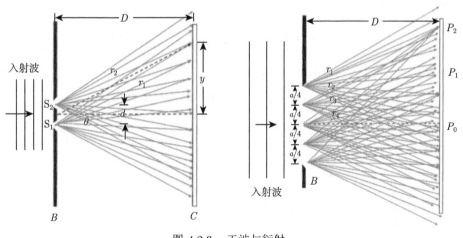

图 4.2.3　干涉与衍射

4.2.2　亥姆霍兹方程

对于单色光波场中的任意一点 P,P 点的光振动 u 应该满足下面的标量波动方程

$$\nabla^2 u - \frac{1}{c^2} \frac{\partial^2 u}{\partial t^2} = 0 \tag{4.2.2}$$

式中，∇^2 是拉普拉斯算子，在直角坐标系中

$$\nabla^2 = \frac{\partial^2}{\partial x^2} + \frac{\partial^2}{\partial y^2} + \frac{\partial^2}{\partial z^2} \tag{4.2.3}$$

实扰动 u 又可以表示为

$$u(P, t) = \mathrm{Re}\left\{ U(P)\,\mathrm{e}^{-\mathrm{j}2\pi v t} \right\} \tag{4.2.4}$$

可以得到不含时间的方程

$$\left(\nabla^2 + k^2\right) U(P) = 0 \tag{4.2.5}$$

式中，k 为波数，$k = \dfrac{2\pi\nu}{c} = \dfrac{2\pi}{\lambda}$。式 (4.2.5) 就被称为亥姆霍兹方程。

4.2.3　亥姆霍兹和基尔霍夫积分定理

光场中任一点 P 的复振幅能否用当中其他点的复振幅表示出来？这个问题可以依据衍射理论解决。计算 $U(P)$ 的主要数学工具是格林定理，它可作如下表述。

假设有两个任意复振幅 $U(P)$ 和 $G(P)$，S 是包围空间某体积 V 的封闭曲面。若在 S 面内和 S 面上，$U(P)$ 和 $G(P)$ 均值连续，且具有单值连续的一阶和二阶偏导数，则有

$$\iiint\limits_{V} \left(G\nabla^2 U - U\nabla^2 G \right) \mathrm{d}V = \iint\limits_{S} \left(U\frac{\partial G}{\partial n} - G\frac{\partial U}{\partial n} \right) \mathrm{d}S \tag{4.2.6}$$

式中，$\dfrac{\partial}{\partial n}$ 表示 S 上的每一点沿向外的法线方向上的偏导数。

在任意点 P_0 上，运用格林函数有

$$G(P_0) = \frac{\mathrm{e}^{\mathrm{j}kr}}{r} \tag{4.2.7}$$

式中，r 表示 P 指向 P_0 的矢量 $\boldsymbol{r}$ 的长度。

为了保证函数 G 及其一阶、二阶偏导数在被包围的体积 V 内是连续的，假设用半径为 ε 的小球面 S_ε 嵌在 P 点周围，V' 为介于 S 和 S_ε 的空间，那么积分曲面就是复合曲面 $S' = S + S_\omega$，然后再应用格林定理。

在体积 V' 内，球面波 G 满足亥姆霍兹方程

$$\left(\nabla^2 + k^2\right) G = 0 \tag{4.2.8}$$

把这两个亥姆霍兹方程式代入格林定理表达式的左端，得到

$$\iiint\limits_{V} \left(G\nabla^2 U - U\nabla^2 G \right) \mathrm{d}V = -\iiint\limits_{V} \left(GUk^2 - UGk^2 \right) \mathrm{d}V \equiv 0 \qquad (4.2.9)$$

于是，格林定理简化为

$$\iint\limits_{S} \left(G\frac{\partial U}{\partial n} - U\frac{\partial G}{\partial n} \right) \mathrm{d}S = 0 \qquad (4.2.10)$$

或

$$\iint\limits_{S} \left(G\frac{\partial U}{\partial n} - U\frac{\partial G}{\partial n} \right) \mathrm{d}S = -\iint\limits_{S_\varepsilon} \left(G\frac{\partial U}{\partial n} - U\frac{\partial G}{\partial n} \right) \mathrm{d}S \qquad (4.2.11)$$

对于 S 上的任意一点 P_0，有

$$G\left(P_0\right) = \frac{\mathrm{e}^{\mathrm{j}kr}}{r} \qquad (4.2.12)$$

$$\frac{\partial G\left(P_0\right)}{\partial n} = \frac{\partial G\left(P_0\right)}{\partial r} \cdot \frac{\partial r}{\partial n} = \left(\mathrm{j}k - \frac{1}{r}\right) \frac{\mathrm{e}^{\mathrm{j}kr}}{r} \cdot \cos\left(\boldsymbol{n},\boldsymbol{r}\right) \qquad (4.2.13)$$

式中 $\cos\left(\boldsymbol{n},\boldsymbol{r}\right)$ 代表外向法线 $\boldsymbol{n}$ 与矢量 $\boldsymbol{r}$ 之间夹角的余弦。对于 S_ε 上 P_0 点的特殊情况，$\cos\left(\boldsymbol{n},\boldsymbol{r}\right) = -1$，此时

$$G\left(P_0\right) = \frac{\mathrm{e}^{\mathrm{j}k\varepsilon}}{\varepsilon} \qquad (4.2.14)$$

$$\frac{\partial G\left(P_0\right)}{\partial n} = \left(\frac{1}{\varepsilon} - \mathrm{j}k\right) \frac{\mathrm{e}^{\mathrm{j}k\varepsilon}}{\varepsilon} \qquad (4.2.15)$$

令 $\varepsilon \to 0$，由 U 及其导数在 P 点的连续性得到

$$\lim_{\epsilon \to 0} \iint\limits_{S_\varepsilon} \left(G\frac{\partial U}{\partial n} - U\frac{\partial G}{\partial n} \right) \mathrm{d}S = \lim_{\epsilon \to 0} 4\pi\varepsilon^2 \left[\frac{\partial U\left(P\right)}{\partial n} \frac{\mathrm{e}^{\mathrm{j}k\varepsilon}}{\varepsilon} - U\left(P\right) \frac{\mathrm{e}^{\mathrm{j}k\varepsilon}}{\varepsilon} \left(\frac{1}{\varepsilon} - \mathrm{j}k\right) \right]$$

$$= -4\pi U\left(P\right) \qquad (4.2.16)$$

把这一结果代入式 (4.2.14)，得到

$$U\left(P\right) = \frac{1}{4\pi} \iint\limits_{S} \left[\frac{\partial U}{\partial n} \left(\frac{\mathrm{e}^{\mathrm{j}kr}}{r}\right) - U\frac{\partial}{\partial n} \left(\frac{\mathrm{e}^{\mathrm{j}kr}}{r}\right) \right] \mathrm{d}S \qquad (4.2.17)$$

式 (4.2.17) 称为亥姆霍兹和基尔霍夫积分定理，它在求衍射场中任一点 P 的复振幅分布 $U\left(P\right)$ 上有很大意义。

4.2.4 基尔霍夫衍射公式

对于一个无限大且不透明的屏上有一个孔径的物体的衍射问题，我们可以利用亥姆霍兹和基尔霍夫积分定理来解决，如果光波从左侧照射屏和孔径，计算孔径后面一点 P 处的光场。

选择的封闭面由紧靠屏幕后的平面 S_1 和中心在观察点 P、半径为 R 的大球形罩 S_2 两部分组成。根据积分定理可得

$$U\left(P\right) = \frac{1}{4\pi} \iint_{S_1+S_2} \left(G\frac{\partial U}{\partial n} - U\frac{\partial G}{\partial n}\right) \mathrm{d}S \tag{4.2.18}$$

式中，G 仍代表球面波

$$G = \frac{\mathrm{e}^{\mathrm{j}kR}}{R} \tag{4.2.19}$$

$$\frac{\partial G}{\partial n} = \left(\mathrm{j}k - \frac{1}{R}\right)\frac{\mathrm{e}^{\mathrm{j}kR}}{R} \approx \mathrm{j}kG \quad \text{（当 R 很大时）} \tag{4.2.20}$$

于是，S_2 面上的积分可以简化为

$$\iint_{S_2} \left(G\frac{\partial U}{\partial n} - U\frac{\partial G}{\partial n}\right) \mathrm{d}S = \iint_{\Omega} G\left(\frac{\partial U}{\partial n} - \mathrm{j}kU\right) R^2 \mathrm{d}\omega \tag{4.2.21}$$

式中，Ω 是 S_2 对 P 点所张的立体角。由于 $|RG| = |\mathrm{e}^{\mathrm{j}kR}| = 1$，这个量在 S_2 上是一致有界的。所以，只要满足所谓的索末菲辐射条件

$$\lim_{R\to\infty} R\left(\frac{\partial U}{\partial n} - \mathrm{j}kU\right) = 0 \tag{4.2.22}$$

则 S_2 面上整个积分将随着 R 趋于无穷大而消失为零。当扰动趋于零时此条件满足。那么 P 点的扰动只用 S_1 上的扰动及其法向导数就可以表示，即

$$U\left(P\right) = \frac{1}{4\pi} \iint_{S_1} \left(G\frac{\partial U}{\partial n} - U\frac{\partial G}{\partial n}\right) \mathrm{d}S \tag{4.2.23}$$

屏幕上除了透光孔径 Σ 之外，均是不透明的。所以，直觉上可认为对积分的贡献应主要来自 S_1 上位于孔径 Σ 内的那些点，预期被积函数在那里最大。基尔霍夫边界条件：

(1) 在孔径 Σ 上，场分布 U 及其偏导数 $\dfrac{\partial U}{\partial n}$ 与没有屏幕时完全相同。

(2) 在 S_1 位于屏幕几何阴影区的那一部分上，场分布 U 及其偏导数 $\dfrac{\partial U}{\partial n}$ 恒为零。

在该条件下，公式 (4.2.23) 化简为

$$U\left(P\right) = \frac{1}{4\pi} \iint\limits_{\Sigma} \left(G\frac{\partial U}{\partial n} - U\frac{\partial G}{\partial n} \right) \mathrm{d}S \tag{4.2.24}$$

这可以表明观察点 P 的光场需要两部分来表示，包括孔径内点的场分布，还有它的法向导数。采用基尔霍夫边界条件使结果大大简化，但应该认识到，屏幕会影响到孔径 Σ 上的场，只有当孔径的线度远大于波长，观察点与孔径很远时，才能忽略孔径边缘上的精细效应。注意从孔径到观察点的距离 r 通常远大于波长，故 $k \gg \dfrac{1}{r}$，于是有

$$\frac{\partial G\left(P_0\right)}{\partial n} = \left(\mathrm{j}k - \frac{1}{r} \right) \frac{\mathrm{e}^{\mathrm{j}k}}{r} \approx \mathrm{j}k\frac{\mathrm{e}^{\mathrm{j}kr}}{r} \cos\left(\boldsymbol{n}, \boldsymbol{r}\right) \tag{4.2.25}$$

把这个近似式及 $G\left(P_0\right) = \dfrac{\mathrm{e}^{\mathrm{j}kr}}{r}$ 代入式 (4.2.24)，得到

$$U\left(P\right) = \frac{1}{4\pi} \iint\limits_{\Sigma} \frac{\mathrm{e}^{\mathrm{j}kr}}{r} \left[\frac{\partial U}{\partial n} - \mathrm{j}kU \cos\left(\boldsymbol{n}, \boldsymbol{r}\right) \right] \mathrm{d}S \tag{4.2.26}$$

假设孔径是由位于 P' 点的点源产生的单个球面波照明，P' 与 P_0 点的距离也远大于光波长，则

$$U\left(P_0\right) = A\frac{\mathrm{e}^{\mathrm{j}kr'}}{r'} \tag{4.2.27}$$

$$\frac{\partial U}{\partial n} = \mathrm{j}k\frac{A\mathrm{e}^{\mathrm{j}kr'}}{r'} \cos\left(\boldsymbol{n}, \boldsymbol{r}\right) \tag{4.2.28}$$

于是式 (4.2.26) 可以改写为

$$U\left(P\right) = \frac{A}{\mathrm{j}\lambda} \iint\limits_{\Sigma} \frac{\mathrm{e}^{\mathrm{j}kr'}}{r'} \left[\frac{\cos\left(n, r\right) - \cos\left(n, r'\right)}{2} \right] \frac{\mathrm{e}^{\mathrm{j}kr}}{r} \mathrm{d}S \tag{4.2.29}$$

式 (4.2.29) 称为菲涅耳-基尔霍夫衍射公式。把它改写为

$$U\left(P\right) = \frac{1}{\mathrm{j}\lambda} \iint\limits_{\Sigma} U\left(P_0\right) K\left(\theta\right) \frac{\mathrm{e}^{\mathrm{j}kr}}{r} \mathrm{d}S \tag{4.2.30}$$

这与惠更斯-菲涅耳原理的数学表达式相同。基尔霍夫为了得到更严格的衍射公式,先假定了衍射屏的边界条件,进一步明确了常数 C 和倾斜因子 $K(\theta)$ 应该是

$$C = \frac{1}{\mathrm{j}\lambda} \tag{4.2.31}$$

$$K(\theta) = \frac{\cos(\boldsymbol{n}, \boldsymbol{r}) - \cos(\boldsymbol{n}, \boldsymbol{r}')}{2} \tag{4.2.32}$$

这里只讨论了单个球面波照明的情况,但复杂光波都是由简单球面波线性组合而成的,因此衍射公式具有普遍性。

4.2.5 光波传播的性质

根据基尔霍夫对平面屏幕假定的边界条件,孔径以外的阴影区内 $U(P_0) = 0$,因此公式 (4.2.30) 的积分限可以扩展到无穷, 则有

$$U(P) = \frac{1}{\mathrm{j}\lambda} \iint\limits_{-\infty}^{\infty} U(P_0) K(\theta) \frac{\mathrm{e}^{\mathrm{j}kr}}{r} \mathrm{d}S \tag{4.2.33}$$

令

$$h(P, P_0) = \frac{1}{\mathrm{j}\lambda} K(\theta) \frac{\mathrm{e}^{\mathrm{j}kr}}{r} \tag{4.2.34}$$

则

$$U(P) = \iint\limits_{-\infty}^{\infty} U(P_0) h(P, P_0) \mathrm{d}S \tag{4.2.35}$$

假如孔径位于 $x_0 y_0$ 平面,观察点位于 xy 平面, 上式又可以表示为

$$U(x, y) = \iint\limits_{-\infty}^{\infty} U(x_0, y_0) h(x, y; x_0, y_0) \mathrm{d}x_0 \mathrm{d}y_0 \tag{4.2.36}$$

这是一个描述线性系统输入和输出关系的叠加积分。其中输入函数 $U(x_0, y_0)$ 和 $U(x, y)$ 分别是指孔径平面上和观察平面上的复振幅分布。我们可以用线性系统来代替光的传播过程,那么该系统的脉冲响应 $h(x, y; x_0, y_0)$ 则是位于 (x_0, y_0) 点的子波源发出的球面子波在观察平面上产生的复振幅分布。惠更斯-菲涅耳原理在式 (4.2.35) 和式 (4.2.36) 中得到了很好的证明,简单来说就是观察点的光场应该是带有不同权重的相干球面子波的线性叠加。光波传播的线性性质在自由空间中传播的单色光波以及孔径和观察平面间的非均匀媒质中得到充分体现。但需要注

意的是线性系统的脉冲响应 h 需要考虑不同系统的透射特性。当点光源 P' 足够远，入射角足够小时，有 $\cos(\boldsymbol{n}, \boldsymbol{r}') \approx -1$。若在傍轴近似下，则有 $\cos(\boldsymbol{n}, \boldsymbol{r}) \approx 1$。在这些条件下，可认为倾斜因子：

$$K(\theta) \approx 1 \tag{4.2.37}$$

式 (4.2.34) 变为

$$h(P, P_0) = \frac{1}{j\lambda} \frac{e^{jkr}}{r} \tag{4.2.38}$$

观察点 P 到孔径上任意一点 P_0 的距离是

$$r = \sqrt{z^2 + (x - x_0)^2 + (y - y_0)^2} \tag{4.2.39}$$

因而，式 (4.2.38) 又可以写为

$$h(x, y; x_0, y_0) = \frac{\exp\left[jk\sqrt{z^2 + (x - x_0)^2 + (y - y_0)^2}\right]}{j\lambda\sqrt{z^2 + (x - x_0)^2 + (y - y_0)^2}}$$

$$= h(x - x_0, y - y_0) \tag{4.2.40}$$

由此可得脉冲响应具有空间不变的函数形式。叠加积分式 (4.2.36) 可以改写为

$$U(x, y) = \iint_{-\infty}^{\infty} U(x_0, y_0) h(x - x_0, y - y_0) \, dx_0 dy_0 \tag{4.2.41}$$

此式表明孔径平面上透射光场和观察平面上光场之间有一定联系，若忽略倾斜因子的变化，则可把光波在衍射孔径后的传播现象看作是线性不变系统。所有球面子波相干叠加，就可以得到观察屏面的光场分布。以此为依据可以用线性系统理论分析衍射现象。

4.3　近场与远场衍射模型

衍射现象可以分成菲涅耳衍射和夫琅禾费衍射两种类型，一般需要通过采用不同的近似程度对衍射理论的结果进行近似，从而达到简化衍射图样数学计算的目的。

4.3.1　菲涅耳衍射

考虑无限大不透明屏上的一个有限孔径 $\varSigma$ 对单色光的衍射，如图 4.3.1 所示。

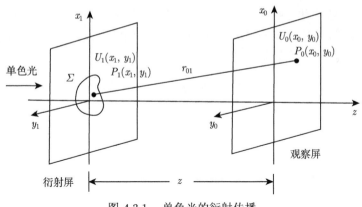

图 4.3.1   单色光的衍射传播

由衍射公式:

$$U_0\left(x_0, y_0\right) = \frac{1}{\mathrm{i}\lambda} \iint\limits_{-\infty}^{\infty} U_1\left(x_1, y_1\right) \frac{\mathrm{e}^{\mathrm{i}kr_{01}}}{r_{01}} \frac{\cos(n, r_{01}) - \cos(n, r_{21})}{2} \mathrm{d}x_1 \mathrm{d}y_1 \qquad (4.3.1)$$

此时我们假设:

(1) 观察平面和孔径平面之间的距离 z 远远大于孔径 Σ 以及观察区域的最大线度。

(2) 近轴近似: $K\left(x_0, y_0\right) \approx 1$, 上式分母中的 $r_{01} \approx z$, 则式 (4.3.1) 化为

$$U_0\left(x_0, y_0\right) = \frac{1}{\mathrm{i}\lambda z} \iint\limits_{-\infty}^{\infty} U_1\left(x_1, y_1\right) \mathrm{e}^{\mathrm{i}kr_{01}} \mathrm{d}x_1 \mathrm{d}y_1 \qquad (4.3.2)$$

但指数中的 r_{01} 不能简单换成 z, 而必须换成更高一级的近似。我们作第一种近似——菲涅耳近似。

由于

$$r_{01} = \sqrt{z^2 + (x_0 - x_1)^2 + (y_0 - y_1)^2} = z\left[1 + \frac{(x_0 - x_1)^2}{z^2} + \frac{(y_0 - y_1)^2}{z^2}\right]^{\frac{1}{2}}$$

$$= z + \frac{(x_0 - x_1)^2 + (y_0 - y_1)^2}{2z} - \frac{(x_0 - x_1)^2 + (y_0 - y_1)^2}{8z^3} + \cdots \qquad (4.3.3)$$

菲涅耳近似 (只取前两项):

$$r_{01} = z + \frac{(x_0 - x_1)^2 + (y_0 - y_1)^2}{2z}$$

得到菲涅耳衍射公式:

$$U_0\left(x_0, y_0\right) = \frac{1}{\mathrm{i}\lambda z}\mathrm{e}^{\mathrm{i}kz}\iint\limits_{-\infty}^{\infty} U_1\left(x_1, y_1\right)\mathrm{e}^{\mathrm{i}\frac{k}{2z}\left[(x_0-x_1)^2+(y_0-y_1)^2\right]}\mathrm{d}x_1\mathrm{d}y_1 \tag{4.3.4}$$

现可得到菲涅耳衍射的卷积表示, 令

$$h\left(x_0, y_0; x_1, y_1\right) = \frac{1}{\mathrm{i}\lambda\pi}\mathrm{e}^{\mathrm{i}kz}\mathrm{e}^{\mathrm{i}\frac{k}{2z}\left[(x_0-x_1)^2+(y_0-y_1)^2\right]} = h\left(x_0-x_1, y_0-y_1\right) \tag{4.3.5}$$

则

$$U_0\left(x_0, y_0\right) = \iint\limits_{-\infty}^{\infty} U_1\left(x_1, y_1\right) h\left(x_0-x_1, y_0-y_1\right)\mathrm{d}x_1\mathrm{d}y_1 = U_1\left(x_0, y_0\right) * h\left(x_0, y_0\right)$$

$$\tag{4.3.6}$$

这一结果表明菲涅耳衍射的过程可以看作是一个线性空间不变系统, 因此, 该线性空间不变系统中必然存在一个相应的传递函数, 一般衍射过程的传递函数为

$$H\left(f_x, f_y\right) = \begin{cases} \exp\left[\mathrm{i}\frac{2\pi}{\lambda}z\sqrt{1-(\lambda f_x)^2-(\lambda f_y)^2}\right], & f_x^2+f_y^2 < \frac{1}{\lambda^2} \\ 0, & \text{其他} \end{cases} \tag{4.3.7}$$

对该式取菲涅耳近似可得

$$H\left(f_x, f_y\right) = \mathrm{e}^{\mathrm{i}\frac{2\pi}{\lambda}z\sqrt{1-(\lambda f_x)^2-(\lambda f_y)^2}} = \mathrm{e}^{\mathrm{i}kz}\mathrm{e}^{-\mathrm{i}\pi\lambda z\left(f_x^2+f_y^2\right)} \tag{4.3.8}$$

菲涅耳衍射还可以通过以下推导得出。

如图 4.3.2 所示, 衍射屏 (x_i, y_i) 上有半径为 d 的孔径, 点光源从此屏经过距离为 z 的自由空间传播到观察屏 (x_o, y_o), 则观察屏上的光场分布为

$$U\left(x_o, y_o\right) = \iint t\left(x_i, y_i\right) \cdot \frac{1}{r}\mathrm{e}^{\mathrm{j}kr}\mathrm{d}s \tag{4.3.9}$$

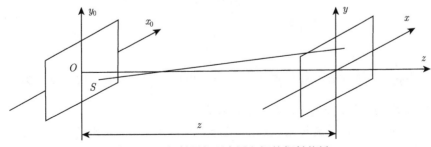

图 4.3.2 衍射屏与观察屏之间的衍射传播

下面做一些近似和推导，

$$r = \left[(x_i - x_o)^2 + (y_i - y_o)^2 + z^2 \right]^{\frac{1}{2}}$$
$$= \left[\left(x_o^2 + y_o^2 + z^2 \right) - 2 \left(x_i x_o + y_i y_o \right) + \left(x_i^2 + y_i^2 \right) \right]^{\frac{1}{2}} \tag{4.3.10}$$

利用近场近似公式 $(1 - \xi)^{\frac{1}{2}} \to 1 - \dfrac{1}{2}\xi$，这个近似成立的条件是 $\xi \to 0$，而 $x_o^2 + y_o^2 + z^2 = R^2$，即球面波的曲率半径，所以有

$$r = \left[\left(x_o^2 + y_o^2 + z^2 \right) - 2 \left(x_i x_o + y_i y_o \right) + \left(x_i^2 + y_i^2 \right) \right]^{\frac{1}{2}}$$
$$= R^2 \left[1 - \frac{2 \left(x_i x_o + y_i y_o \right)}{R^2} + \frac{\left(x_i^2 + y_i^2 \right)}{R^2} \right]^{\frac{1}{2}}$$
$$= R \left(1 - \frac{\left(x_i x_o + y_i y_o \right)}{R^2} + \frac{\left(x_i^2 + y_i^2 \right)}{2R^2} \right) \tag{4.3.11}$$

则

$$U(x_o, y_o) = \iint t(x_i, y_i) \cdot \frac{1}{r} e^{jkr} ds \underline{r \approx z}$$

$$\frac{1}{z} \iint t(x_i, y_i) \cdot e^{jkR} \cdot e^{-jk \left(\frac{(x_i x_o + y_i y_o)}{R} - \frac{(x_i^2 + y_i^2)}{2R} \right)} dx_i dy_i \tag{4.3.12}$$

由于积分内指数项比较复杂，我们可以设法消除一项，现在做另一种远场近似，令 $\dfrac{k \cdot (x_i^2 + y_i^2)}{2R} \to 0$，即 $R \approx z \to \infty$，此时得到的式子和前面推导的衍射公式一致。

因为 $\dfrac{k \cdot (x_i^2 + y_i^2)}{2R} \to 0$ 可以看作 $\dfrac{k \cdot (x_i^2 + y_i^2)}{2z} \ll 1$，

$$\begin{cases} k \cdot (x_i^2 + y_i^2) \ll 2z \\ x_i^2 + y_i^2 = \left(\dfrac{d}{2} \right)^2 \end{cases} \Rightarrow z \gg \frac{d^2}{\lambda} \tag{4.3.13}$$

这个式子阐明了在一定距离 $\left(\dfrac{d^2}{\lambda} \right)$ 之外发生的衍射就是夫琅禾费衍射，而这个界限跟衍射屏的孔径尺寸以及入射波长有关。

举个例子，假设一波长为 500nm 的绿光照射在 1mm 的狭缝上，问在经过狭缝衍射后不同距离处会出现什么现象？

取 $d = 1\text{mm}$, $\lambda = 500\text{nm}$, 则代入 $z = \dfrac{d^2}{\lambda}$ 得 $z = 2\text{m}$，因此，在衍射屏后 2m 以内光波发生的是菲涅耳衍射，在 2m 之后发生的是夫琅禾费衍射。

4.3.2 夫琅禾费衍射

对上述的衍射公式做了基础近似后得到

$$U_0\left(x_0, y_0\right) = \frac{1}{\mathrm{i}\lambda z} \iint\limits_{-\infty}^{\infty} U_1\left(x_1, y_1\right) \mathrm{e}^{\mathrm{i}kr_{01}} \mathrm{d}x_1 \mathrm{d}y_1 \tag{4.3.14}$$

夫琅禾费衍射的近似条件：

$$\frac{k}{2z}(x_1^2 + y_1^2)_{\max} \quad \text{或} \quad z \gg \frac{k}{2}(x_1^2 + y_1^2)_{\max} \tag{4.3.15}$$

则可以得到夫琅禾费衍射公式，如下：

$$U_0\left(x_0, y_0\right) = \frac{1}{\mathrm{i}\lambda z} \mathrm{e}^{\mathrm{i}kz} \mathrm{e}^{\mathrm{i}\frac{k}{2z}\left(x_0^2 + y_0^2\right)} F\left\{U_1\left(x_1, y_1\right)\right\} \tag{4.3.16}$$

通常也可采用夫琅禾费衍射公式的直观形式：$U_0\left(x_0, y_0\right) = F\left\{U_1\left(x_1, y_1\right)\right\}$，夫琅禾费近似条件实际是很苛刻的。但采用会聚透镜可在近距离内实现夫琅禾费衍射。

夫琅禾费衍射区域包含在菲涅耳衍射区域之内，两者的函数分别为菲涅耳衍射区域：

$$r_{01} = \frac{x_1^2 + y_1^2}{2z} + z + \frac{x_0^2 + y_0^2}{2z} - \frac{x_0 x_1 + y_0 y_1}{z}$$

夫琅禾费衍射区域：

$$r_{01} = z + \frac{x_0^2 + y_0^2}{2z} - \frac{x_0 x_1 + y_0 y_1}{z}$$

如图 4.3.3 所示，夫琅禾费衍射区包含在菲涅耳衍射区域之内。由于夫琅禾费近似从形式上破坏了菲涅耳衍射的卷积关系，因此不存在专门的传递函数，但是夫琅禾费衍射区域被菲涅耳衍射区包含在内，所以夫琅禾费衍射的传递函数也可以用菲涅耳衍射的传递函数代替。

下面来列举讨论夫琅禾费衍射在计算时的几种情况。

首先我们列出紧贴衍射屏前后表面的光场和屏的透过率之间满足下列关系：

$$U_t = U_i t \tag{4.3.17}$$

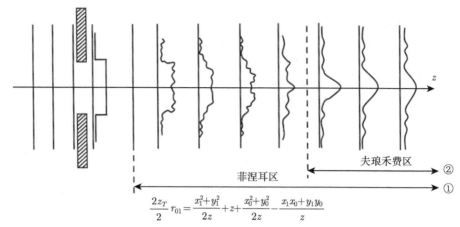

$$\frac{2z_T}{2}\, r_{01} = \frac{x_1^2 + y_1^2}{2z} + z + \frac{x_0^2 + y_0^2}{2z} - \frac{x_1 x_0 + y_1 y_0}{z}$$

图 4.3.3　菲涅耳衍射和夫琅禾费衍射的划分

　　因此，影响衍射现象的因素主要包括照明光波的性质和孔径的特点。为了能够从衍射图样直接了解衍射物的性质，约定采用单位振幅的单色平面波垂直照明衍射屏 (孔径)，则其透射光场分布便是孔径的透过率函数。由此我们开始计算几种典型孔径的衍射光场。

　　我们的定义式中夫琅禾费衍射是在无限远处才能观察到的衍射现象，但在实验中我们通常会对实验装置进行一些改进，使得在一定距离的范围内就可以观察到其夫琅禾费衍射图样。目前我们常用的有五种观察夫琅禾费衍射的实验装置，如图 4.3.4 所示。

　　图 4.3.4 便是观察夫琅禾费衍射的实验装置原理图。图 (a) 就是由定义式给出的实验装置，其夫琅禾费衍射图样需要在无穷远处的观察屏上接收，在实际实验中不易实现；图 (b) 当衍射的距离满足一定条件时，即 $z \gg \dfrac{k}{2}(x_1^2 + y_1^2)_{\max}$ 时，会在远场区域 (但可实际找到这个区域) 接收到夫琅禾费衍射图样；图 (c) 在衍射屏后加了一个透镜，这样经过衍射屏之后的平行光波会经过透镜的会聚，从而在该透镜的焦面上观察到夫琅禾费衍射现象。前三种情况都是使用平面波照射衍射屏。而图 (d) 和 (e) 都是用点光源照明衍射屏，此时经过衍射屏之后的透镜会在照明点光源的像面上接收到夫琅禾费衍射场。综上所述，五种装置可统一地概括为在照明点光源的像面上接收到的衍射场就是夫琅禾费衍射场 (即物体的傅里叶频谱)，与衍射屏插在什么地方无关。

1. 矩孔衍射

矩孔透过率函数为

$$t\,(x_1, y_1) = \mathrm{rect}\left(\frac{x_1}{a}, \frac{y_1}{b}\right) \tag{4.3.18}$$

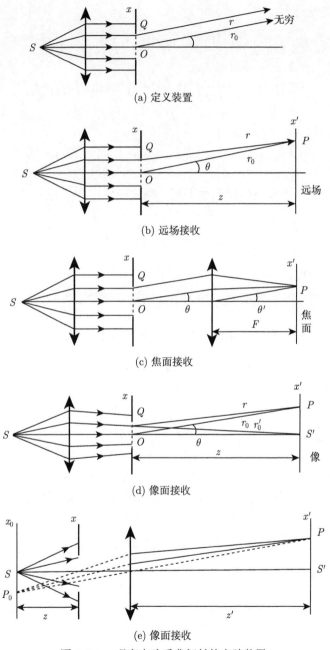

(a) 定义装置

(b) 远场接收

(c) 焦面接收

(d) 像面接收

(e) 像面接收

图 4.3.4 观察夫琅禾费衍射的实验装置

观察屏上的光场分布:

$$U_0\left(x_0, y_0\right) = \frac{1}{\mathrm{i}\lambda z}\mathrm{e}^{\mathrm{i}kz}\mathrm{e}^{\mathrm{i}\frac{k}{2z}\left(x_0^2 + y_0^2\right)}F\left\{t\left(x_1, y_1\right)\right\}$$

$$= \frac{1}{\mathrm{i}\lambda z}\mathrm{e}^{\mathrm{i}kz}\mathrm{e}^{\mathrm{i}\frac{k}{2z}\left(x_0^2 + y_0^2\right)}ab\,\mathrm{sinc}\left(af_x, bf_y\right) \qquad (4.3.19)$$

光强分布:

$$I\left(x_0, y_0\right) = \left(\frac{ab}{\lambda z}\right)^2\mathrm{sinc}^2\left(\frac{ax_0}{\lambda z}, \frac{by_0}{\lambda z}\right) \qquad (4.3.20)$$

在 x_0, y_0 轴上第一个零点的位置由下列二项式确定:

$$\frac{ax_0}{\lambda z} = \pm 1, \quad \frac{by_0}{\lambda z} = \pm 1 \qquad (4.3.21)$$

由此求得中心宽度:

$$\Delta x_0 = \frac{2\lambda z}{a}, \quad \Delta y_0 = \frac{2\lambda z}{b} \qquad (4.3.22)$$

矩孔的衍射强度分布和衍射花样如图 4.3.5 和图 4.3.6 所示。

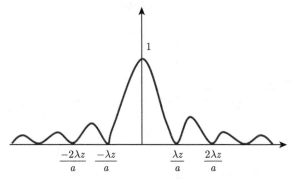

图 4.3.5   矩孔夫琅禾费衍射沿 x_0 轴的强度分布

2. 单缝衍射

如图 4.3.7 所示, 当 $b \gg a$ 致使 y_0 轴上的条纹无法分辨时, 就形成了单缝衍射。其衍射光场和光强度分布分别为

$$U_0\left(x_0\right) = \frac{1}{\mathrm{i}\lambda z}\mathrm{e}^{\mathrm{i}kz}\mathrm{e}^{\mathrm{i}\frac{k}{2z}x_0^2}a\,\mathrm{sinc}\left(\frac{ax_0}{\lambda z}\right) \qquad (4.3.23)$$

$$I\left(x_0\right) = \left(\frac{a}{\lambda z}\right)^2\mathrm{sinc}^2\left(\frac{ax_0}{\lambda z}\right) \qquad (4.3.24)$$

由此可知衍射图样的扩展方向应该与光束在衍射屏上受限制的方向一致，衍射图样如图 4.3.8 所示。

$$I\left(x_0\right) = \left(\frac{a}{\lambda z}\right)^2 \mathrm{sinc}^2\left(\frac{a x_0}{\lambda z}\right) \tag{4.3.25}$$

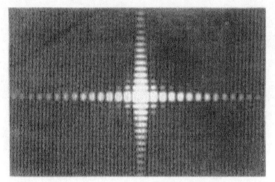

图 4.3.6 矩孔夫琅禾费衍射花样

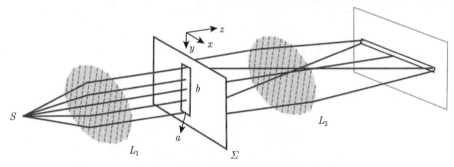

图 4.3.7 单缝夫琅禾费衍射实验装置图

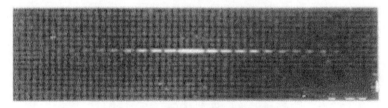

图 4.3.8 单缝夫琅禾费衍射图样

3. 双缝衍射

如图 4.3.9 所示，双缝复振幅透过率为

$$t\left(x_1\right) = \mathrm{rect}\left(\frac{x_1 - \dfrac{d}{2}}{a}\right) + \mathrm{rect}\left(\frac{x_1 + \dfrac{d}{2}}{a}\right) \tag{4.3.26}$$

其频谱为

$$T\left(f_x\right) = F\left\{t\left(x_1\right)\right\} = a\operatorname{sinc}\left(af_x\right)\left(\mathrm{e}^{-\mathrm{i}\pi df_x} + \mathrm{e}^{\mathrm{i}\pi df_x}\right) = 2a\operatorname{sinc}\left(af_x\right)\cos(\pi df_x)$$

$$(4.3.27)$$

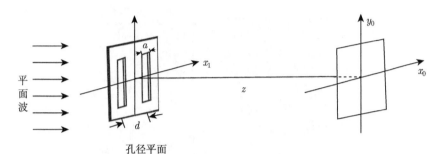

图 4.3.9   双缝夫琅禾费衍射实验装置图

衍射光场分布为

$$U_0\left(x_0\right) = \frac{\mathrm{e}^{\mathrm{i}kz}}{\mathrm{i}\lambda z}\mathrm{e}^{\mathrm{i}\frac{k}{2z}x_0^2}\operatorname{sinc}\left(\frac{ax_0}{\lambda z}\right)\cos\left(\frac{\pi dx_0}{\lambda z}\right)$$

$$(4.3.28)$$

如图 4.3.10 所示，光强分布为

$$I\left(x_0\right) = \left(\frac{2a}{\lambda z}\right)^2 \sin^2\left(\frac{ax_0}{\lambda z}\right)\cos^2\left(\frac{\pi dx_0}{\lambda z}\right)$$

$$(4.3.29)$$

由此可见，双缝衍射是由单缝衍射和双光束相互调制形成的，如图 4.3.11 所示。

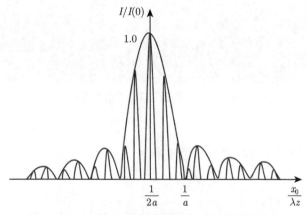

图 4.3.10   双缝夫琅禾费衍射沿 x_0 轴的强度分布

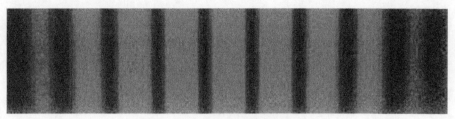

图 4.3.11　　双缝夫琅禾费衍射

4. 圆孔衍射

圆孔透过率函数：

$$t\left(r_1\right) = \operatorname{circ}\left(\frac{r_1}{d/2}\right) \tag{4.3.30}$$

光场分布：

$$U_0\left(r_0\right) = \frac{1}{\mathrm{i}\lambda z}\mathrm{e}^{\mathrm{i}kz}\mathrm{e}^{\mathrm{i}\frac{k}{2z}r_0^2}F\left\{t\left(r_1\right)\right\} = \left(\frac{kd^2}{\mathrm{i}8z}\right)\mathrm{e}^{\mathrm{i}kz}\mathrm{e}^{\mathrm{i}\frac{k}{2z}r_0^2}\left[2\frac{J_1\left(\dfrac{kdr_0}{2z}\right)}{\dfrac{kdr_0}{2z}}\right]^2 \tag{4.3.31}$$

$$I\left(r_0\right) = I_0\left[2\frac{J_1\left(\dfrac{kdr_o}{2z}\right)}{\dfrac{kdr_o}{2z}}\right]^2 \tag{4.3.32}$$

衍射强度分布如图 4.3.12 所示。

衍射图样如图 4.3.13 所示，中央艾里斑的半径为

$$r_0 = \frac{1.22\lambda z}{d} \tag{4.3.33}$$

或其半角宽度为

$$\Delta\theta = \frac{r_0}{z} = \frac{1.22\lambda}{d} \tag{4.3.34}$$

例 1　如图 4.3.14 所示用向 P 点会聚的单色球面波照明孔径 $\varSigma$，P 点位于孔径后面距离为 z 的观察平面上，坐标为 $(0, Y_0)$。假定观察平面相对孔径的位置是在菲涅耳区内，试证明观察平面上强度的分布是以 P 点为中心的孔径的夫琅禾费图样。

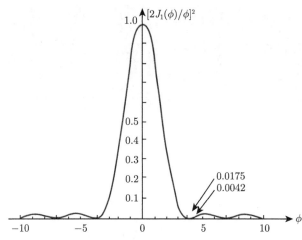

图 4.3.12   圆孔夫琅禾费衍射的强度分布

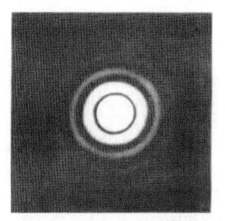

图 4.3.13   圆孔夫琅禾费衍射图样

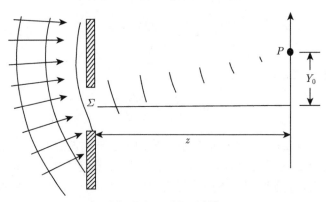

图 4.3.14   例 1 用图

证 观察平面位于菲涅耳区内, 其上复振幅为

$$U\left(x_0, y_0\right) = \frac{e^{jk}}{j\lambda z} e^{j\frac{k}{2z}\left(x_0^2+y_0^2\right)} \iint\limits_{-\infty}^{\infty} \left\{ U\left(x_1, y_1\right) e^{j\frac{k}{2z}\left(x_1^2+y_1^2\right)} \right\} e^{-j\frac{k}{z}\left(x_0 x_1 + y_0 y_1\right)} \mathrm{d}x_1 \mathrm{d}y_1$$

$$t\left(x_1, y_1\right) = \begin{cases} 1, & \text{孔径之内} \\ 0, & \text{其他} \end{cases}$$

$$= \frac{A}{j\lambda z^2} e^{j\frac{k}{2z}\left(x_0^2+y_0^2-Y_0^2\right)} \iint\limits_{-\infty}^{\infty} t\left(x_1, y_1\right) e^{-j\frac{k}{z}\left[x_0 x_1 + (y_0-Y_0)n\right]} \mathrm{d}x_1 \mathrm{d}y_1$$

$$\Rightarrow I\left(x_0, y_0\right) = \left| U\left(x_0, y_0\right) \right|^2$$

$$= \left(\frac{A}{\lambda z^2}\right)^2 \left| \iint\limits_{\Sigma} e^{-j\frac{2\pi}{\lambda z}\left[x_0 x_1 + (y_0-Y_0)y\right]} \mathrm{d}x_1 \mathrm{d}y_1 \right|^2 \Bigg|_{f_x=\frac{x_0}{\lambda z}, f_y=\frac{y_0}{\lambda z}}$$

即得到的是该孔径的夫琅禾费衍射图样, 中心在 P 点 (关于 y_0 的函数产生了 Y_0 的平移量)。

例 2 在一系列相继的距离 $z_1, z_2, \cdots, z_n$ 上菲涅耳传播必定等于在单一距离 $z = z_2 + \cdots + z_n$ 上的菲涅耳传播。找一个简单的证明, 证明情况确实如此。

证 在任意距离 z_k 上的菲涅耳传播过程可用下列传递函数描述

$$H\left(f_X, f_Y; z_k\right) = e^{jk_k} e^{-j\pi z_k\left(f_x^2+f_r^2\right)}$$

则在相继距离 $z_1, z_2, \cdots, z_n$ 上的传播可用传递函数的乘积来表示

$$H\left(f_X, f_Y; z_1 + z_2 + \cdots + z_n\right) = \prod_{k=1}^{n} H\left(f_X, f_Y; z_k\right)$$

即 $H\left(f_X, f_Y; z_1 + z_2 + \cdots + z_n\right) = e^{jk(z_1+z_2+\cdots+tz_n)} e^{-j\pi\lambda(z_1+z_2+\cdots+z_n)\left(f_X^2+f_Y^2\right)}$,

因此, 在单一距离 $z = z_1 + z_2 + \cdots + z_n$ 上的菲涅耳传播等价于在 $z_1, z_2, \cdots, z_n$ 这若干个距离上的菲涅耳传播之和。

例 3 考虑一个一维的周期物体, 其振幅透过率函数是任意周期函数, 忽略限制这个物体边界的孔径的有限大小和隐失波现象, 并且假定傍轴条件成立。证明在这个物体后面的某些距离上, 会出现此振幅透过率函数的理想的像。并求这些 "自成像" 出现的距离。

解 令周期物体的周期为 L, 并假设其仅在 x 方向上作周期变化。那么其空

间频谱将在以下空间频率取值下具有 δ 函数分量

$$f_X = \frac{m}{L}, \quad m = 0, \pm 1, \pm 2, \cdots$$

在菲涅耳近似下, 传播过程的传递函数为

$$H\left(f_X, f_Y\right) = \mathrm{e}^{\mathrm{j}kz} \exp\left[-\mathrm{j}\pi\lambda z\left(f_X^2 + f_Y^2\right)\right]$$

若希望在 z 处出现自成像, 则需要对于所有的 m 均满足 $\exp\left[-\mathrm{j}\pi\lambda z\left(\dfrac{m}{L}\right)^2\right] = 1$, 即对整数 k 满足 $\pi\lambda z\left(\dfrac{m}{L}\right)^2 = 2k\pi$。

注意到对于每一整数值 m 都有不同的整数值 k。因此一个 z 的无限集 $\{z_n\}$ 需要满足上述条件, 于是得到 $z = \dfrac{2kL^2}{\lambda m^2}$。对每一 m 选取 $k = m^2$, 则得 $z_1 = \dfrac{2L^2}{\lambda}$。另一解则可选取 $k = 2m^2$, 相应地 $z_2 = \dfrac{4L^2}{\lambda}$。对于自成像出现位置的一般表达式为

$$z_n = \frac{2nL^2}{\lambda}, \quad n = 0, 1, 2, \cdots$$

4.3.3 角谱衍射理论

下文用频域的观点来讨论光的传播。对光场分布 $U(x, y)$ 作傅里叶变换，有

$$U\left(x, y\right) = \iint\limits_{-\infty}^{\infty} A\left(f_x, f_y\right) \exp\left[\mathrm{j}2\pi\left(f_x x + f_y y\right)\right] \mathrm{d}f_x \mathrm{d}f_y \tag{4.3.35}$$

$$A\left(f_x, f_y\right) = \iint\limits_{-\infty}^{\infty} U\left(x, y\right) \exp\left[-\mathrm{j}2\pi\left(f_x x + f_y y\right)\right] \mathrm{d}x \mathrm{d}y \tag{4.3.36}$$

式中, $A(f_x, f_y)$ 是光场分布 $U(x, y)$ 的傅里叶频谱。将 $f_x = \dfrac{\cos\alpha}{\lambda}$ 和 $f_y = \dfrac{\cos\beta}{\lambda}$ 代入，用方向余弦表示，则

$$A\left(\frac{\cos\alpha}{\lambda}, \frac{\cos\beta}{\lambda}\right) = \iint\limits_{-\infty}^{\infty} U\left(x, y\right) \exp\left[-\mathrm{j}2\pi\left(\frac{\cos\alpha}{\lambda}x + \frac{\cos\beta}{\lambda}y\right)\right] \mathrm{d}x \mathrm{d}y \tag{4.3.37}$$

式中, $A\left(\dfrac{\cos\alpha}{\lambda}, \dfrac{\cos\beta}{\lambda}\right)$ 被称为光场分布 $U(x, y)$ 的角谱。角谱理论认为某一面的光场分布是由沿各个方向传播的平面波分量线性组合而成的。角谱的传播同样

满足亥姆霍兹方程，考虑方程：

$$U\left(x,y\right)=\iint\limits_{-\infty}^{\infty}A\left(\frac{\cos\alpha}{\lambda},\frac{\cos\beta}{\lambda}\right)\exp\left[\mathrm{j}2\pi\left(\frac{\cos\alpha}{\lambda}x+\frac{\cos\beta}{\lambda}y\right)\right]\mathrm{d}x\mathrm{d}y \quad (4.3.38)$$

将之代入亥姆霍兹方程 $(\nabla^2+k^2)U(P)=0$ 中，化简得到角谱传播满足的方程：

$$\frac{\mathrm{d}^2}{\mathrm{d}z^2}A\left(\frac{\cos\alpha}{\lambda},\frac{\cos\beta}{\lambda}\right)+k^2\left(1-\cos^2\alpha-\cos^2\beta\right)A\left(\frac{\cos\alpha}{\lambda},\frac{\cos\beta}{\lambda}\right)=0 \quad (4.3.39)$$

解微分方程，得到角谱传播的一般规律为

$$\begin{aligned}A\left(\frac{\cos\alpha}{\lambda},\frac{\cos\beta}{\lambda}\right)&=c\left(\frac{\cos\alpha}{\lambda},\frac{\cos\beta}{\lambda}\right)\exp\left(\mathrm{j}kz\sqrt{1-\cos^2\alpha-\cos^2\beta}\right)\\&=c\left(\frac{\cos\alpha}{\lambda},\frac{\cos\beta}{\lambda}\right)H\left(\frac{\cos\alpha}{\lambda},\frac{\cos\beta}{\lambda}\right)\end{aligned} \quad (4.3.40)$$

式中，$c\left(\dfrac{\cos\alpha}{\lambda},\dfrac{\cos\beta}{\lambda}\right)$ 由边界条件决定。考察从衍射面 A_0 到接收面 A 的角谱传播，如图 4.3.15 所示，则 $c\left(\dfrac{\cos\alpha}{\lambda},\dfrac{\cos\beta}{\lambda}\right)=A_0\left(\dfrac{\cos\alpha}{\lambda},\dfrac{\cos\beta}{\lambda}\right)$，所以从衍射面到接收面的角谱传播公式为

$$A\left(\frac{\cos\alpha}{\lambda},\frac{\cos\beta}{\lambda}\right)=A_0\left(\frac{\cos\alpha}{\lambda},\frac{\cos\beta}{\lambda}\right)H\left(\frac{\cos\alpha}{\lambda},\frac{\cos\beta}{\lambda}\right) \quad (4.3.41)$$

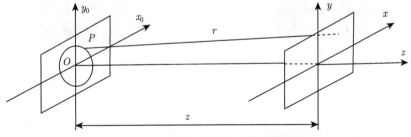

图 4.3.15　衍射面到接收面的角谱传播

$$U\left(x,y\right)=\iint\limits_{-\infty}^{\infty}A\left(\frac{\cos\alpha}{\lambda},\frac{\cos\beta}{\lambda}\right)\exp\left[\mathrm{j}2\pi\left(\frac{\cos\alpha}{\lambda}x+\frac{\cos\beta}{\lambda}y\right)\right]\mathrm{d}x\mathrm{d}y \quad (4.3.42)$$

根据上式，由衍射面的角谱求出了接收面的角谱 $A\left(\dfrac{\cos\alpha}{\lambda},\dfrac{\cos\beta}{\lambda}\right)$ 后，可利用傅里叶变换求出接收面的光场分布 $U(x,y)$。

公式 (4.3.42) 中，H 被称为传递函数，不同的方向余弦 $\cos\alpha$，$\cos\beta$ 分别对应不同的角谱传播情况：$\cos^2\alpha+\cos^2\beta>1$ 时，角谱沿 z 轴按规律衰减，在几个波长内衰减至 0，对应于倏逝波，通常可忽略；$\cos^2\alpha+\cos^2\beta=1$ 时，波传播方向垂直于 z 轴，沿 z 轴没有净能流量；只有当 $\cos^2\alpha+\cos^2\beta<1$ 时，角谱传播公式才真正对应沿某一方向传播的平面波 [6]。

4.4 衍射模型的数值模拟方法：以 Matlab 平台为例 (代码见附录)

1. 方孔菲涅耳衍射

用 Matlab 分别构造表示衍射屏和接收屏的二维矩阵。根据菲涅耳衍射公式，选取合适的衍射屏和接收屏得到合适的尺寸和相距的距离，考虑到运算量的需求，采样点数不能过多，所以每个屏的 x 和 y 方向各取 300 点进行计算。模拟结果如下。

光波长取典型的 He-Ne 激光器波长 632.8nm，固定衍射屏和接收屏的尺寸和相距的距离，衍射屏中方孔的大小为 15mm, 衍射距离为 $z=1000$m，得到的衍射结果如图 4.4.1 所示。

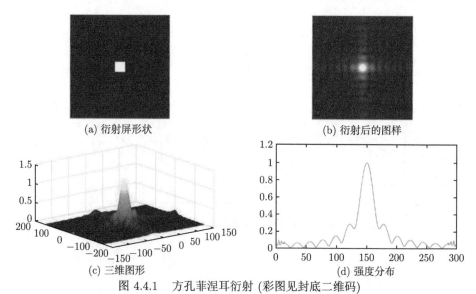

(a) 衍射屏形状　　　　　　　　　(b) 衍射后的图样

(c) 三维图形　　　　　　　　　　(d) 强度分布

图 4.4.1　方孔菲涅耳衍射 (彩图见封底二维码)

(a) 衍射屏的形状分布; (b) 接收屏得到的菲涅耳衍射结果; (c) 接收屏上衍射图样的三维强度分布; (d) 衍射屏上的强度分布

2. 圆孔菲涅耳衍射

圆孔菲涅耳衍射的实验步骤与方孔菲涅耳衍射相似，仅需改变衍射屏上相应的形状尺寸，这里选择的圆孔的半径 $r = 15$mm。得到的衍射结果如图 4.4.2 所示。

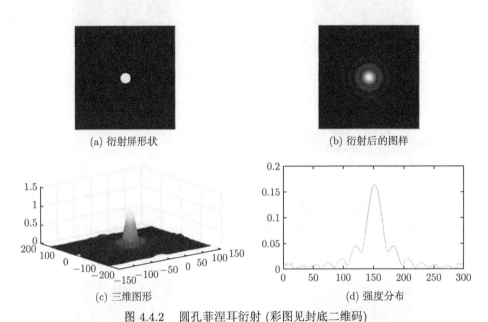

(a) 衍射屏形状　　　　　　　　　　　(b) 衍射后的图样

(c) 三维图形　　　　　　　　　　　(d) 强度分布

图 4.4.2　　圆孔菲涅耳衍射 (彩图见封底二维码)

(a) 衍射屏的形状分布；(b) 接收屏得到的菲涅耳衍射结果；(c) 接收屏上衍射图样的三维强度分布；(d) 衍射屏上的强度分布

3. 方孔夫琅禾费衍射

用 Matlab 模拟仿真，其中每个屏的 x 和 y 方向各取 300 点进行计算，光波长取典型的 He-Ne 激光器波长 632.8nm，固定衍射屏和接收屏的尺寸和相距的距离，衍射屏中方孔的大小为 15mm，衍射距离为 $z=1000$mm，得到的衍射结果如图 4.4.3 所示。

4. 圆孔夫琅禾费衍射

圆孔夫琅禾费衍射的实验步骤与方孔夫琅禾费衍射相似，仅需改变衍射屏上相应的形状尺寸，这里选择的圆孔的半径 $r = 15$mm。得到的衍射结果如图 4.4.4 所示。

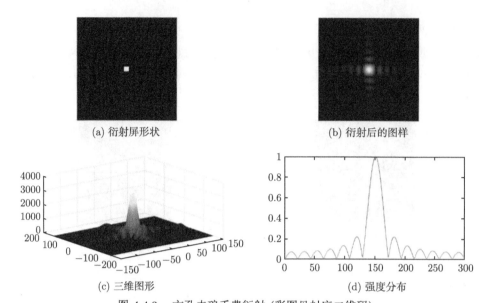

(a) 衍射屏形状　　　　　　　　　　(b) 衍射后的图样

(c) 三维图形　　　　　　　　　　　(d) 强度分布

图 4.4.3　方孔夫琅禾费衍射 (彩图见封底二维码)

(a) 衍射屏的形状分布；(b) 接收屏得到的夫琅禾费衍射结果；(c) 接收屏上衍射图样的三维强度分布；
(d) 衍射屏上的强度分布

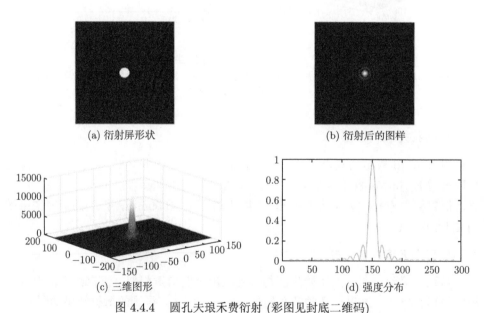

(a) 衍射屏形状　　　　　　　　　　(b) 衍射后的图样

(c) 三维图形　　　　　　　　　　　(d) 强度分布

图 4.4.4　圆孔夫琅禾费衍射 (彩图见封底二维码)

(a) 衍射屏的形状分布；(b) 接收屏得到的夫琅禾费衍射结果；(c) 接收屏上衍射图样的三维强度分布；
(d) 衍射屏上的强度分布

4.5 扩展阅读：衍射模型的历史背景

"衍射" 最早由意大利物理学者弗朗西斯科·格里马第 (Francesco Grimaldi) (图 4.5.1) 提出，他还发现并描述了光的衍射效应 [7]。这个词在拉丁语中可解释为 "成为碎片"，意为波的传播方向被 "打碎"，弯散至不同的方向。格里马第提出 "光不仅会沿直线传播、折射和反射，还能够以第四种方式传播，即通过衍射的形式传播"。

 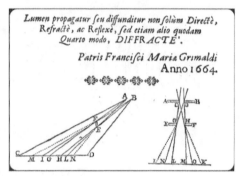

图 4.5.1　弗朗西斯科·格里马第 (1618—1663) 及其手稿 (Diffracte 拉丁文, "碎片")[8]

牛顿的研究表明，光线发生了弯曲，他认为光是由粒子组成的。由于牛顿的巨大权威，光的微粒说在科学界一直占据主导地位，直到 19 世纪大量的理论和实验结果发表之后，情况才有所改变。

然而惠更斯并不赞同，他认为若光是微粒性的，那么两束光在交叉时会因发生碰撞而改变方向，这并不能解释折射现象 (如图 4.5.2 所示)。之后惠更斯提出光的波动说，建立惠更斯原理。其主要内容是：对于任何一种波，从波源发射的

图 4.5.2　牛顿 (Isaac Newton) 和惠更斯 (Christiaan Huygens)[9]

子波中，其波面上的任何一点都可以作为子波的波源，各个子波波源波面的包络面就是下一个新的波面。每个发光体的微粒可以把脉冲传给邻近的一种弥漫媒质微粒，然后每一个受激微粒就变成一个球形子波的中心，如图 4.5.3 所示。根据弹性碰撞理论，这些微粒可以同时向四面八方传播脉冲，所以得到光束交而互不影响的结论。在这个基础上惠更斯还通过作图的方法明确地解释了反射和折射等现象，同时他还认为由于冰洲石分子微粒为椭圆形导致了光进入冰洲石会产生双折射现象，如图 4.5.4 所示。

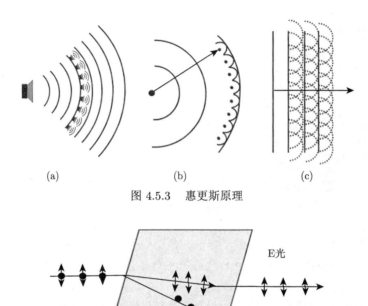

(a)   (b)   (c)

图 4.5.3   惠更斯原理

图 4.5.4   光的双折射现象

    1803 年，托马斯·杨进行了著名的双缝实验[10]，如图 4.5.5 所示。在这个实验中发现了一束光穿过狭缝后，照射到挡板后面的观察屏上时有明暗相间的条纹出现。他认为这是由于该光束通过狭缝时产生了衍射，之后又产生了干涉，这进一步证实了光具有波动性。

    惠更斯原理在近代光学的发展中作用重大，确定了光波的传播方向，然而并不能通过惠更斯原理来确定沿不同方向传播的振动的振幅，而且也忽略了波的时空周期性。在这个粗略的认识之上，菲涅耳对此进行了补充，建立了“惠更斯-菲涅耳原理”，更好地诠释了衍射现象，完成了光的波动说的全部理论，如图 4.5.6 所示。

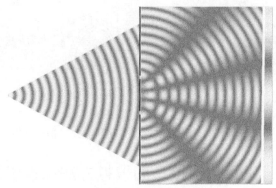

图 4.5.5 托马斯·杨及其双缝干涉实验 [11]

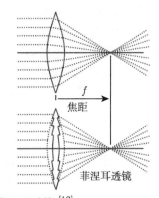

图 4.5.6 菲涅耳及菲涅耳透镜 [12]

根据惠更斯-菲涅耳理论，任意后续位置的波位移等于这些次波求和，但是在求和时需要注意要考虑到它们各自的相对相位和振幅。那么它们叠加之后的振幅范围应该是介于零和所有次波振幅的代数总和之间。实际上我们在实验中观察到的明暗条纹就对应于光波振幅的两个极值。

然而在当时的情况下也有反对的声音，泊松提出，如果按照菲涅耳的结论，则当一束光照射到一个球上时，一定会在球后面的阴影区域中心有一个亮斑。之后实验也证实了这一点，并把这个亮斑称为泊松光斑 (图 4.5.7)，这一结果进一步证实了菲涅耳的理论 [13]。

在探索衍射现象的过程中，也逐渐认识到了衍射光栅。17 世纪詹姆斯·格雷戈里在鸟的羽毛缝间观察到了阳光的衍射现象 [14]。1786 年戴维·里滕豪斯用螺丝和细线首次人工制成了衍射光栅。1867 年刘易斯·卢瑟福通过水轮机制作光栅。1948 年阿尔伯特·迈克耳孙实现了利用干涉伺服系统控制光栅的刻划过程。20 世纪下半叶，光栅制造技术也随着激光新技术的出现得到很大发展 [15]。

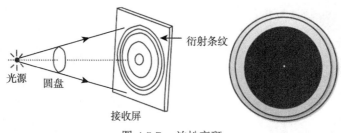

图 4.5.7   泊松亮斑

4.6   运用衍射模型的模拟方法探索泰伯效应、贝塞尔光束等

4.6.1   泰伯效应

泰伯在 1830 年发现: 当用一单色平面波垂直照射周期性物体时, 物体后面周期性距离上会出现物体的像, 这称为泰伯效应。

一维的周期性物体, 其复振幅透过率为

$$g\left(x\right) = \sum_{n=-\infty}^{\infty} c_n \exp\left(\mathrm{j}2\pi\frac{n}{d}x\right) \quad (n = 0, \pm 1, \pm 2, \cdots) \tag{4.6.1}$$

式中, d 表示周期, c_n 表示各平面波分量的相对振幅和相位分布。当采用单位振幅平面波垂直照明时, 紧靠物体后的光场分布即为 $g\left(x\right)$ 。

距离物体为 z 的观察平面上, 物场分布的空间频谱为

$$G\left(f_x\right) = \sum_{n=-\infty}^{\infty} c_n \delta\left(f_x - \frac{n}{d}\right) \tag{4.6.2}$$

各平面波分量传播过程中仅产生相移, 根据菲涅耳衍射的传递函数, 可写出

$$H\left(f_x\right) = \exp\left(-\mathrm{j}\pi\lambda z f_x^2\right) \exp\left(\mathrm{j}kz\right) \tag{4.6.3}$$

观察平面上得到场分布的频谱为

$$\begin{aligned} G'\left(f_x\right) &= G\left(f_x\right) H\left(f_x\right) \\ &= \sum_{n=-\infty}^{\infty} c_n \delta\left(f_x - \frac{n}{d}\right) \cdot \exp\left(-\mathrm{j}\pi\lambda z f_x^2\right) \exp(\mathrm{j}kz) \end{aligned} \tag{4.6.4}$$

频率取值具有离散性, 故上式可改写为

$$G'\left(f_x\right) = \sum_{n=-\infty}^{\infty} c_n \delta\left(f_x - \frac{n}{d}\right) \exp\left[-\mathrm{j}\pi\lambda z \left(\frac{n}{d}\right)^2\right] \exp(\mathrm{j}kz) \tag{4.6.5}$$

对于频率为 $\left(\dfrac{n}{d}, 0\right)$ 的平面波分量, 在观察平面仅引入相移 $\exp\left[-\mathrm{j}\pi\lambda z\left(\dfrac{n}{d}\right)^2\right]$
$\cdot \exp(\mathrm{j}kz)$。

若距离 z 满足条件

$$z = \frac{2md^2}{\lambda} \quad (m = 1, 2, 3, \cdots) \tag{4.6.6}$$

则有

$$\exp\left[-\mathrm{j}\pi\lambda z\left(\frac{n}{d}\right)^2\right] = 1 \tag{4.6.7}$$

不同频率 $\left(\dfrac{n}{d}, 0\right)$ 成分在观察平面上引入的相移除一个常数因子外，都是 2π 的整数倍。在这一特殊情况下

$$G'(f_x) = \sum_{n=-\infty}^{\infty} c_n \delta\left(f_x - \frac{n}{d}\right) \cdot \exp(\mathrm{j}kz) = G(f_x)\exp(\mathrm{j}kz) \tag{4.6.8}$$

作傅里叶逆变换得到观察平面的光场复振幅分布为

$$g'(x) = g(x)\exp(\mathrm{j}kz) \tag{4.6.9}$$

强度分布则与物体相同

$$I(x) = |g'(x)|^2 = |g(x)|^2 \tag{4.6.10}$$

于是在 $z_T = \dfrac{2d^2}{\lambda}$ 的整数倍的距离上, 可以观察到物体的像。z_T 可称为泰伯距离。

例如, 物体是周期 $d = 0.1$ mm 的光栅, 照明光波长 $\lambda = 5 \times 10^{-4}$ mm, 可计算出 $z_T = 40$ mm。在 $z = 40$ mm, 80 mm, 120 mm, $\cdots$ 等位置可观察到自成像效应。

以周期为 d 的余弦型振幅光栅为例, 物体的振幅透过率为

$$t(x) = \frac{1}{2}\left[1 + \beta\cos\left(\frac{2\pi x}{d}\right)\right] \tag{4.6.11}$$

当观察距离 $z = \dfrac{2md^2}{\lambda}$ (m 为整数) 时, 观察到泰伯像的强度为

$$I(x) = \frac{1}{4}\left[1 + \beta\cos\left(\frac{2\pi x}{d}\right)\right]^2 \tag{4.6.12}$$

读者可自行证明当 $z = \dfrac{(2m+1)d^2}{\lambda}$ (比如 $z = \dfrac{d^2}{\lambda}$) 时, 得到像的强度为

$$I(x) = \frac{1}{4}\left[1 - \beta\cos\left(\frac{2\pi x}{d}\right)\right]^2 \tag{4.6.13}$$

仍得到余弦光栅的像, 只是产生 π 相移, 是对比度反转的泰伯像。

当 $z = \dfrac{\left(m - \dfrac{1}{2}\right) d^2}{\lambda}$ (比如 $z = \dfrac{d^2}{2\lambda}$) 时, 像的强度为

$$
\begin{aligned}
I(x) &= \frac{1}{4}\left[1 + \beta^2 \cos^2\left(\frac{2\pi x}{d}\right)\right] \\
&= \frac{1}{4}\left[\left(1 + \frac{\beta^2}{2}\right) + \frac{\beta^2}{2}\cos\left(\frac{4\pi x}{d}\right)\right]
\end{aligned}
\tag{4.6.14}
$$

得到余弦光栅的像, 但是频率变成之前的两倍, 条纹对比也降低了, 将这种像称为泰伯副像。

图 4.6.1 表示不同观察距离处得到的不同类型的光栅自成像。

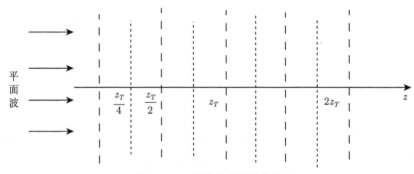

图 4.6.1　泰伯自成像的位置

泰伯效应中, 若在光栅所产生的泰伯自成像后面放置一块周期相同的检测光栅, 可以观察到清晰的莫尔条纹。在此基础之上, 若在两个光栅之间存在相位物体, 那么就可以根据莫尔条纹的改变测出物体的相位起伏, 这就是泰伯干涉仪的基本原理。

4.6.2　贝塞尔光束

我们曾指出, 平面波和球面波都是电磁波动方程的解。一个光波通过一个孔径后都会发生光束传播方向的发散这就是衍射现象。衍射会使在自由空间传播的高斯光束发散。瑞利 (Rayleigh) 距离 Z_R 是对一个单色高斯光束发散的一种度量。Z_R 由下式

$$
Z_R = \frac{\pi w_0^2}{\lambda}
\tag{4.6.15}
$$

定义, 其中 w_0 是高斯光束的束腰。

Durnin 在 1987 年发现, 在自由空间中, 波动方程还存在一个传播时不发散的解, 把它称为无衍射光束。

沿 z 方向传播并且有圆柱对称性的平面波可表示为

$$U(x, y, z; t) = f(\rho) \exp[j(\beta z - \omega t)] \tag{4.6.16}$$

其中 $\rho = \sqrt{x^2 + y^2}$, β 是沿着 z 方向的传播常数。将式 (4.6.16) 代入波动方程

$$\nabla^2 U(x, y, z; t) = \frac{1}{c^2} \frac{\partial^2 U(x, y, z; t)}{\partial t^2} \tag{4.6.17}$$

可以得到

$$\frac{\mathrm{d}^2 f(\rho)}{\mathrm{d}\rho^2} + \frac{1}{\rho} \frac{\mathrm{d}f(\rho)}{\mathrm{d}\rho} + (\alpha^2 - \beta^2) f(\rho) = 0 \tag{4.6.18}$$

这里 $\alpha^2 + \beta^2 = (\omega/c)^2$。我们注意到式 (4.6.18) 是零阶贝塞尔函数的微分方程, 故有解

$$f(\rho) = \mathrm{J}_0(\alpha\rho) \tag{4.6.19}$$

式中, J_0 是零阶贝塞尔函数, $\alpha^2 + \beta^2 = (\omega/c)^2 = k^2$。由式 (4.6.19) 可以引入一个参数 θ, 使得

$$\alpha = k \sin\theta, \quad \beta = k \cos\theta \tag{4.6.20}$$

这样满足波动方程的圆柱平面波为

$$U(x, y, z; t) = \mathrm{J}_0(k\sin\theta\rho) \exp[j(kz\cos\theta - \omega t)] \tag{4.6.21}$$

这就是贝塞尔光束。该光束的强度为

$$I(x, y, z; t) = |U(x, y, z; t)|^2 = \mathrm{J}_0^2(k\sin\theta\rho) \tag{4.6.22}$$

由式 (4.6.22) 可见, 传播距离 z 对光强度不会产生任何影响, 即光束不会随着传播距离的增加而发散, 这样的光束称为无衍射光束。

图 4.6.2 给出记录的贝塞尔光束横向光强度分布图。这个光强度分布图有一个窄的中心亮斑, 其直径为 $2.045/\alpha$, 中心亮斑的外面是一组同心环。每个环携带与中心亮斑几乎相同的光能量。图 4.6.3 为在 $z = 0$ 的平面上, 具有相同的光斑尺寸 (半峰全宽度为 70μm) 的 J_0 光束和高斯光束在不同传播距离 z 上的横向光强度分布。由图可见, 随着距离的增加, 中心光斑的尺寸没有变化。

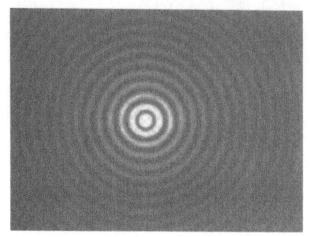

图 4.6.2　贝塞尔光束

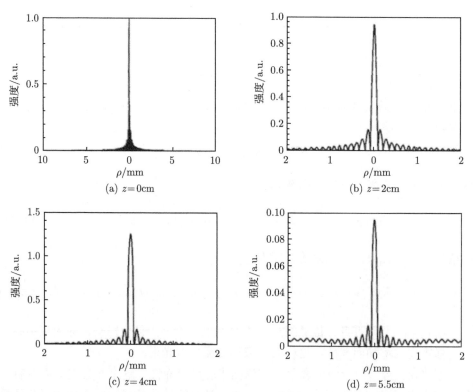

图 4.6.3　在 $z = 0$ 的平面上，具有相同的光斑尺寸 (半峰全宽为 70μm) 的 J_0 光束和高斯光束在不同传播距离 z 上的横向光强分布

图 4.6.4 给出了贝塞尔光束的传播 (实线) 与高斯光束的传播 (虚线) 的比

较。由图可见，J_0 光束沿着 z 轴传播时其光束宽度是不变的。而高斯光束呈现通常的衍射发散，从而峰值强度快速下降。当 $\lambda = 0.6328\mu m$ 时，在以下距离：(a) $z = 0cm$，(b) $z = 10cm$，(c) $z = 100cm$，(d) $z = 120cm$ 上的光强分布如图 4.6.4 所示。为了清楚起见，高斯光束的强度在 (b) $z = 10\ cm$，(c) $z = 100\ cm$，(d) $z = 120\ cm$ 处已分别放大了 10 倍、100 倍和 1000 倍。

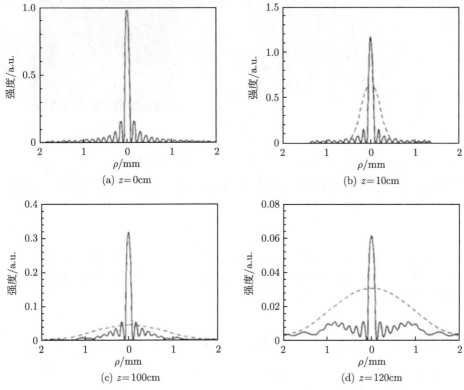

图 4.6.4　贝塞尔光束的传播 (实线) 与高斯光束的传播 (虚线) 的比较

下面讨论贝塞尔光束与一般圆孔衍射产生的光束的区别。有圆孔衍射的式 (4.6.23)

$$I\left(r\right) = \left(\frac{kl^2}{2z}\right)^2 \left[\frac{2J_1\left(\dfrac{klr}{z}\right)}{\dfrac{klr}{z}}\right]^2 \tag{4.6.23}$$

由图 4.6.5 看出，圆孔衍射的光强的第一个极大值为中心强度的 1.75‰。而贝塞尔光束的第一个极大值与中心强度的比超过 10%。换句话说，贝塞尔光束的旁瓣比圆孔衍射的旁瓣要高出 10 倍。因此，不可能用贝塞尔光束进行成像。

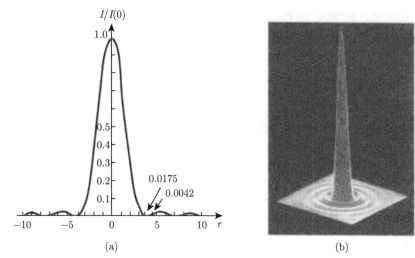

图 4.6.5　Bessel 函数的平方

(a) 函数的艾里分布曲线；(b) 函数的三维分布

如果 $\alpha = 0$，则式 (4.6.19) 成为 $f(\rho) = J_0 = 1$。那么波动方程的解式 (4.6.21) 为

$$U(x, y, z; t) = \exp[\mathrm{j}(\beta z - \omega t)] \qquad (4.6.24)$$

这就是我们所熟悉的平面波解。由于中心亮斑的直径为 $2.045/\alpha$，故当 $\alpha = 0$ 时，其直径成为无限大，这就是平面波的情况。因此，我们也可以说，波动方程的平面波解是式 (4.6.20) 解的一个特例。

附　　录

代码一：

```
%% 圆孔和方孔的菲涅耳衍射
%衍射距离z=1000mm
%圆孔孔径r=3mm
%方孔孔径a=15mm
%波长lamda=632e-6, mm

clear all;clc;
N=300;
lamda=632e-6;   %mm 波长
z=900000;    %mm 衍射距离
I=zeros(N,N);
%% 方孔衍射
```

```matlab
% a=15;
% I=zeros(N,N);
% [m,n]=meshgrid(linspace(-N/2,-N/2,N));
% I(-a/2<m & m<a/2 & -a/2<n & n<a/2)=1;
% subplot(2,2,1);imshow(I);title('生成的方孔');

%%圆孔衍射
r=15;   %mm,圆孔孔径
[m,n]=meshgrid(linspace(-N/2,-N/2,N));
D=(m.^2+n.^2).^(1/2);
I(find(D<=r))=1;       %圆孔的透过系数为1
subplot(2,2,1);imshow(I);title('生成的衍射圆孔')

%%
L=300;
[x,y]=meshgrid(linspace(-L/2,L/2,N));
[x0,y0]=meshgrid(linspace(-L/2,L/2,N));
k=2*pi/lamda;
h=exp(1i*k*z)*exp((1i*k*(x.^2+y.^2))/(2*z))/(1i*lamda*z);
% h=exp(1i*k*z)/(1i*lamda*z);
B=fftshift(fft2(I.*exp(((1i*k)*(x0.^2+y0.^2))/(2*z))));     %菲涅耳衍射公式
% B=fftshift(fft2(I.*exp(((1i*k)*((x-x0).^2+(y-y0).^2))/(2*z))));
     %菲涅耳衍射公式
U=h.*B;
Br=(U/max(U));            %归一化

subplot(2,2,2);imshow(abs(U),[]);
axis image; colormap('hot');
title('衍射后的图样');
subplot(2,2,3);mesh(x,y,abs(U));   %画三维图形
subplot(2,2,4);plot(abs(Br));
```

代码二:

```matlab
%% 圆孔和方孔的夫琅禾费衍射
%衍射距离z=1000mm
%圆孔孔径r=3mm
%方孔孔径a=15mm
%波长lamda=632e-6，mm

clear all;clc;
```

```
N=300;
lamda=632e-6;  %mm 波长
z=1000;    %mm 衍射距离
I=zeros(N,N);

%% 方孔衍射
% a=15;
% I=zeros(N,N);
% [m,n]=meshgrid(linspace(-N/2,-N/2,N));
% I(-a/2<m & m<a/2 & -a/2<n & n<a/2)=1;
% subplot(2,2,1);imshow(I);title('生成的方孔');

%%圆孔衍射
r=15;   %mm,圆孔孔径
[m,n]=meshgrid(linspace(-N/2,-N/2,N));
D=(m.^2+n.^2).^(1/2);
I(find(D<=r))=1;
subplot(2,2,1);imshow(I);title('生成的衍射圆孔')
%%
L=300;
[x,y]=meshgrid(linspace(-L/2,L/2,N));
[x0,y0]=meshgrid(linspace(-L/2,L/2,N));
k=2*pi/lamda;
h=exp(1i*k*z)*exp((1i*k*(x.^2+y.^2))/(2*z))/(1i*lamda*z);
B=fftshift(fft2(I));                                          %夫琅禾费衍射公式
U=h.*B;
Br=(U/max(U));              %归一化

subplot(2,2,2);imshow(abs(U),[]);
axis image; colormap('hot');
title('衍射后的图样');
subplot(2,2,3);mesh(x,y,abs(U));   %画三维图形
subplot(2,2,4);plot(abs(Br));
```

习   题

1. 用单位振幅的平面波垂直入射照明图示孔径。求其夫琅禾费衍射图样的强度分布。假定 $b = 4a$ 及 $d = 1.5a$，画出衍射强度沿 x 轴和 y 轴的截面图，设 z 是观察距离，λ 是波长。

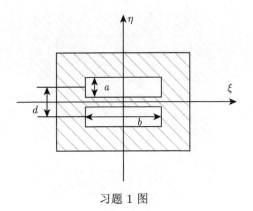

习题 1 图

2. 线光栅的缝宽为 a, 光栅常量为 d, 光栅整体孔径是边长为 L 的正方形。试对下述条件, 分别确定 a 和 d 之间的关系:

(1) 光栅的夫琅禾费衍射图样中缺少偶数级。

(2) 光栅的夫琅禾费衍射图样中第三级为极小。

3. 证明凡是有周期性结构的任意形状的物体, 都具有泰保效应。试讨论成负泰保像和倍频像需要满足的条件。

4. 衍射屏由两个错开的网格构成, 其透过率可以表示为

$$t\left(x, y\right) = \operatorname{comb}\left(\frac{x_0}{a}\right) \operatorname{comb}\left(\frac{y_0}{a}\right) + \operatorname{comb}\left(\frac{x_0 - 0.1a}{a}\right) \operatorname{comb}\left(\frac{y_0}{a}\right)$$

采用单位振幅的垂直入射的单色平面波照明衍射屏, 求相距为 z 的观察平面上夫琅禾费衍射图样的强度分布, 并画出沿 x 方向的截面图。

5. 设一光源有两条分立的光谱线, 波长分别为 λ_1 和 λ_2。若 λ_1 所生成的 q 级衍射波分量的第一个零点正好落在 λ_2 所生成的 q 级衍射波分量的峰值上, 则称这两条分立谱线是这个衍射光栅 "刚刚能分辨的"。光栅的分辨率定义为平均波长 λ 与最小可分辨波长差 $\Delta\lambda$ 之比。证明本次课讨论的正弦相位光栅的分辨率为

$$\lambda/\Delta\lambda = qLf_0 = qM$$

其中, q 是测量中用的衍射级数, L 是方形光栅的宽度, M 是孔径中包含的光栅的空间周期数目。任意高的衍射级的使用受到什么现象的限制?

6. 设 $u(x)$ 是矩函数, 试编写程序求 p 分别为 $1/4, 1/2, 3/4$ 时的分数傅里叶变换, 并绘出相应的 $\left|U^{(p)}(\xi)\right|$ 曲线。

7. 设衍射孔径是用单位振幅的单色平面波正入射照明,

(1) 求下图所示衍射孔径的夫琅禾费衍射的复振幅和光强分布。

(2) 求下图所示孔径的互补屏的夫琅禾费衍射, 并证明巴俾涅原理成立。

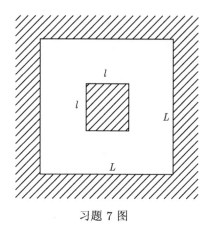

习题 7 图

8. 设菲涅耳波带板半径为 ρ, 其振幅透过率函数可表示为

$$\tau (r_0) = \beta \cos \left(\alpha r_0^2 \right)$$

当用单位振幅的单色平面波正入射照明时, 求菲涅耳衍射在孔径轴上的分布. 当传播距离 z 为何值时, 在孔径轴上的光强取极大值?

9. 以平面波为例, 说明光波空间频率的物理意义. 一个波长为 λ 的单色平面波, 它的空间频率由什么物理量唯一确定? 为什么?

10. 在 xOy 平面上, 复振幅分布 $u(x, y, 0)$ 的角谱为 $u_0 \left(\dfrac{\cos \alpha}{\lambda}, \dfrac{\cos \beta}{\lambda}; 0 \right)$, 沿 Z 方向传播一段距离 Z 之后, 复振幅分布 $u(x, y, z)$ 的角谱为 $u \left(\dfrac{\cos \alpha}{\lambda}, \dfrac{\cos \beta}{\lambda}; Z \right)$, 其中 $(\cos \alpha, \cos \beta, \cos \gamma)$ 是某一角谱分量的方向余弦, 证明:

$$u \left(\frac{\cos \alpha}{\lambda}, \frac{\cos \beta}{\lambda}; Z \right) = u_0 \left(\frac{\cos \alpha}{\lambda}, \frac{\cos \beta}{\lambda}; 0 \right) \cdot \exp \left[j \frac{2\pi}{\lambda} \sqrt{1 - \cos^2 \alpha - \cos^2 \beta} Z \right]$$

11. 用向 P 点会聚的单色球面波照明孔径 Σ, P 点位于孔径后面距离为 z 的观察平面上, 坐标为 $(0, b)$. 假定观察平面相对孔径的位置是在菲涅耳区内, 证明观察平面上强度分布是以 P 点为中心的孔径的夫琅禾费图样.

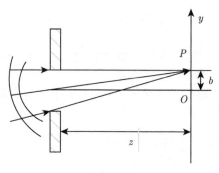

习题 11 图

12. 边长为 $2a$ 的正方形孔径内再放置一个边长为 a 的正方形掩模，其中心落在 (ξ, η) 点，用单位振幅的垂直入射的平面波照明，求出与它相距 z 的观察平面上夫琅禾费衍射图样的光场分布。画出 $\xi = \eta = 0$ 时，孔径频谱在 x 方向上的截面图。

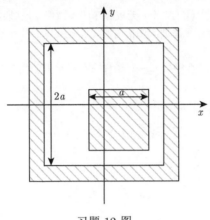

习题 12 图

13. 单位振幅的平行光倾斜照明透过率函数为 $t(x, y) = \dfrac{1}{2} + \dfrac{m}{2}\cos(\theta 2\pi f_0 x)$ 的正弦光栅，波矢量 $\boldsymbol{k}$ 方向与 y 轴夹角为 $90°$，与 z 轴夹角为 θ。试描述在 z 处观察屏上夫琅禾费强度分布是什么样的？

14. 宽度为 a 的单狭缝，它的两半部分之间通过相位介质引入相位差 π，采用单位振幅的垂直入射的单色平面波照明，求相距为 z 的观察平面上夫琅禾费衍射强度分布，画出沿 x 方向的截面图。

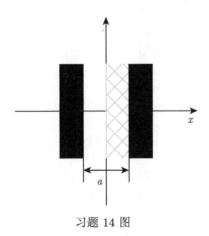

习题 14 图

15. 有三条缝宽度都是 a 的平行狭缝，缝距分别为 d 和 $2d$。试证明: 正入射时其夫琅禾费衍射的强度分布公式为

$$I = I_0 \left(\frac{\sin\alpha}{\alpha}\right)^2 [3 + 2(\cos 2\beta + \cos 4\beta + \cos 6\beta)]$$

其中，$\alpha = \pi a \sin\theta/\lambda, \beta = \pi d \sin\theta/\lambda$。

16. 衍射屏是 $m \times n$ 个小圆孔构成的方形列阵，它们的半径都为 a，其中心在 x 方向间距为 dx，在 y 方向间距为 dy，采用单位振幅的垂直入射的单色平面波照明衍射屏，求相距为 z 的观察平面上夫琅禾费衍射强度分布。

17. 在透明玻璃板上有大量 (N 个) 无规分布的不透明小圆颗粒，它们的半径都是 a。采用单位振幅的垂直入射的单色平面波照明衍射屏，求相距为 z 的观察平面上夫琅禾费衍射强度分布。

18. 求下述透过率函数的孔径的菲涅耳图样在孔径轴上的强度分布 (采用垂直入射的单位振幅单色平面波照明)。

(1) $t(x, y) = \mathrm{circ}\left(\sqrt{x^2 + y^2}\right)$;

(2) $t(x, y) = \begin{cases} 1, & a \leqslant \sqrt{x^2 + y^2} \leqslant 1, 0 \leqslant a \leqslant 1 \\ 0, & \text{其他。} \end{cases}$

参 考 文 献

[1] Bekefi G, Barrett A H. Electromagnetic vibrations, waves, and radiation[J]. Physics Bulletin, 1978, 29(12): 575-575.

[2] Cronin A D, Schmiedmayer J, Pritchard A D E. Optics and interferometry with atoms and molecules[J]. Reviews of Modern Physics, 2009, 81(3): 1051.

[3] 秦寂. 标量衍射理论分析 [EB/OL]. [2022-08-01]. https://zhuanlan.zhihu.com/p/19678-8259.

[4] Wikipedia. Corona (optical phenomenon) [EB/OL]. [2022-08-01]. https://en.wikipedia.org/wiki/Corona_(optical_phenomenon).

[5] Born M, Wolf E. Principles of Optics[M]. 7th ed. United Kingdom: Press Syndicate of the University of Cambridge, 1999, 461: 93.

[6] 吕乃光. 傅里叶光学 [M]. 2 版. 北京: 机械工业出版社, 2006.

[7] 维基百科. 衍射 [EB/OL]. [2022-08-01]. https://zh.wikipedia.org/wiki/%E8%A1%8D%E5%B0%84#cite_note-Grimaldi1-6.

[8] Wikipedia. Francesco Maria Grimaldi [EB/OL]. [2022-08-01]. https://en.wikipedia.org/wiki/Francesco_Maria_Grimaldi.

[9] Youtube. Dispersion Demo: Prism [EB/OL]. [2022-08-01]. https://www.youtube.com/watch?v=xK3iv8GvHDM.

[10] Young T I. The Bakerian Lecture. Experiments and calculations relative to physical optics[J]. Philosophical transactions of the Royal Society of London, 1804, (94): 1-16.

[11] Wikipedia. Thomas Young (scientist) [EB/OL]. [2022-08-01]. https://en.wikipedia.org/wiki/Thomas_Young_(scientist).

[12] Wikipedia. Augustin-Jean Fresnel [EB/OL]. [2022-08-01]. https://en.wikipedia.org/wiki/Augustin-Jean_Fresnel.

[13] Halliday D, Resnick R, Walker J. Fundamentals of Physics[M]. New York: John Wiley & Sons, 2013.

[14] Rigaud S J. Correspondence of Scientific Men of the Seventeenth Century, Including Letters of Barrow, Flamsteed, Wallis, and Newton, Printed from the Originals in the Collection of the Earl of Macclesfield (published by Stephen Jordan Rigaud)[M]. Cambridge: University Press, 1841.

[15] 刘战存. 衍射光栅发展历史的回顾 [J]. 物理实验, 1999, 1: 3-5.

第 5 章　干涉模型

5.1　干涉与衍射的区别与联系

当频率相同的两列波叠加时，某些区域的振幅增大，某些区域的振幅减小，这种现象叫做波的干涉。产生干涉的三个必要条件是，两列波的频率相同、振动方向相同及相位差保持恒定不变。波可以绕过障碍物继续传播的现象叫做波的衍射。发生明显衍射的条件是障碍物或者孔的尺寸不能远大于这种波的波长，如图 5.1.1 所示。

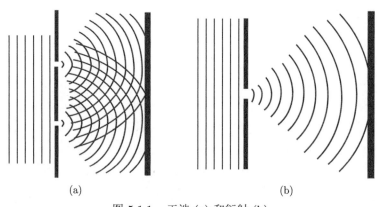

图 5.1.1　干涉 (a) 和衍射 (b)

光的衍射和干涉现象都是重要的光学现象，二者既有区别又有联系，都是建立在波动光学的基础上，都证明了光的波动性，衍射和干涉现象都是次波相干叠加所引起的结果，二者无实质性差别。其区别仅在于衍射是无限多个相干波的叠加，而干涉是有限个相干波的叠加。在光的干涉现象中，缝宽 $\alpha \ll \lambda$，每个小缝相当于一个线光源，其发出次波的振幅可以认为是均匀的，每个次波都是以直线传播的模型来描写的，光的干涉用数学方法来处理时，叠加过程是对有限量的求和。因此，干涉是有限束光相干叠加的结果。在光的衍射现象中，缝宽 α 与波长 λ 可相比拟。由于波阵面上有无数个点，即有无数个次级波，且这些波都能满足相干条件，因此光的衍射强调的是无限多个子波的相干叠加。光的干涉和衍射现象虽然在屏幕上都得到明暗相间的条纹，但条纹亮暗分布不同。在杨氏双缝干涉实验中，光的干涉是双缝处发出的两列等幅光波在屏幕上的叠加，双缝后面的光屏上呈现出互相平行且条纹宽度相同，以及中央和两侧的条纹没有区别的干涉图样，各条纹能量分布较均匀。光的单缝衍射是从单缝处产生无数多个子波, 这些子波到达屏幕时相互叠加, 衍射条纹是平行不等间距的, 中央亮条纹又宽又亮, 其具有的能量超过了总能量的一半, 而两边条纹宽度变窄, 亮度也明显减弱。

光的干涉与衍射二者之间既存在着相同的共性, 同时又存在着不同的个性。由于光是一种波, 当遇到障碍物后, 总是要产生叠加的效应, 这对光的干涉和衍射来说都是相同的。但两者又是有区别的, 光的干涉现象强调光的直线传播, 它是有限个沿直线传播的相干波的叠加; 光的衍射现象强调光的非直线传播, 它是同一波面上无限多个子波的相干叠加。最后, 在《费曼物理学讲义》中有这样一段话 [1]:

No one has ever been able to define the difference between interference and diffraction satisfactorily. It is just a question of usage, and there is no specific, important physical difference between them.

——R. P. Feynman

译文: 没有人能够对干涉和衍射之间做出一个令人满意的区分。这种区别只是在使用方面的, 它们在物理上没有具体的、重要的区别。

——R. P. 费曼

5.2 三种典型的干涉仪

5.2.1 迈克耳孙干涉仪

迈克耳孙干涉仪用分振幅法产生双光束以实现干涉, 通过调整该干涉仪, 可以产生等厚干涉条纹, 也可以产生等倾干涉条纹, 是一种主要用于测量长度和折射率的精密光学仪器。

迈克耳孙干涉仪的原理是一束入射光经过分光镜分为两束后各自被对应的平面镜反射回来, 因为被反射的这两束光频率相同、振动方向相同且相位差恒定 (即满足干涉条件), 所以能发生稳定的干涉。干涉中两束光的不同光程可以通过改变介质的折射率以及调节干涉臂长度来实现, 从而能够形成不同的干涉图样。干涉条纹是等光程差的轨迹, 因此, 只有求出相干光的光程差位置分布函数, 才能分析某种干涉产生的图样。

只有场点对应的光程差发生变化时, 干涉条纹才会发生移动, 原因可能是光路中某段介质的折射率发生变化、光线长度 L 发生变化、薄膜的厚度 e 发生了变化。

迈克耳孙干涉仪示意图如图 5.2.1 所示, S 为点光源, M_1 (右边) 和 M_2 (上边) 为平面全反射镜, 其中 M_1 是定镜, M_2 为动镜。G_1 (左) 为分光镜, 其右表面镀有半透半反膜, 使入射光分成强度相等的两束 (反射光和透射光)。反射光和透射光分别垂直入射到全反射镜 M_1 和 M_2，它们经反射后回到 G_1 (左) 的半透半反射膜处，再分别经过透射和反射后，来到观察区域 E。G_2 (右) 为补偿板，它与 G_1 平行安装，目的是使参加干涉的两光束经过玻璃板的次数相等，两束光在到达观察区域 E 时没有因玻璃介质而引入额外的光程差。在使用单色光源时，可以利用空气光程来代替补偿板；但在复色光源中，由于玻璃和空气的色散不同，补偿板是不可或缺的。当 M_2 和 M_1' 平行时，表现为等倾干涉的圆环形条纹，在圆心处，入射角 $i = 0$，当光程差 $\delta = k\lambda$ 时会形成亮条纹，$\delta = (2k+1)\dfrac{\lambda}{2}$ 时会形成暗条纹。M_2 和 M_1' 不平行时，M_2 和 M_1' 形成的空气劈尖厚度不是常数，若 d 大时，由于使用的是拓展光源，空间相干性极差，干涉消失。调小 d，出现凸向空气膜薄边的、弧状的混合型干涉条纹。再调小 d, 使得 M_2 和 M_1' 相交，这时出现等厚直条纹。M_2 平移距离 Δd 与条纹移动数 N 的关系满足：$\Delta d = N\lambda/2$，λ 为入射光波长。

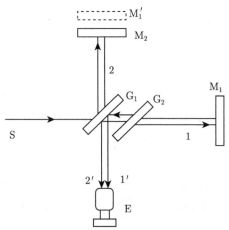

图 5.2.1　迈克耳孙干涉仪原理图

如果要观察白光的干涉条纹，需要两相干光的光程差非常小，此时可以看到彩色条纹；若 M_1 或 M_2 有略微的倾斜，则可得等厚的交线处 ($d = 0$) 的干涉条纹为中心对称的彩色直条纹，中央条纹由于半波损失为暗条纹。

5.2.2　马赫-曾德尔干涉仪

马赫-曾德尔干涉仪的结构如图 5.2.2 所示，G_1, G_2 是两块分别具有半透半反面 A_1、A_2 的平行平面玻璃板，M_1、M_2 是两块平面反射镜，四个反射面通常是平行安置的。光源 S 置于透镜 L_1 的焦点，光束经 L_1 准直后经 A_1 分为两束，分别由 M_1、A_2 反射和 M_2 反射、A_2 透射后进入透镜 L_2, 两光束的干涉图样可用置于 L_2 焦面附近的照相机拍摄下来，若用短时间曝光，即可得到条纹的瞬间照片。

若在光中放入相位物体，则能够观察到受相位调制的波面 w_1 与另一光路所得到的基准平面波 w_2 之间形成的等厚干涉条纹。

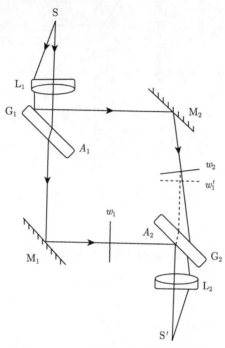

图 5.2.2 马赫-曾德尔干涉仪原理图

在用扩展光源照明时，得到的条纹是定域的，定域面的位置可根据 $\beta = 0$ 的条件找到，显然，当四个反射面平行时，定域面在无限远处，或者在 L_2 的焦面上。若在图示平面内转动 M_2 和 G_2，条纹虚定域于 M_2 和 G_2 之间，干涉条纹定域面还可以任意调节。

马赫-曾德尔干涉仪用来测量相位物体引起的相位变化，如微小物体的相位变化、大型风洞中气流引起的空气密度变化等，在全息术和光纤及集成光学中也有广泛应用，如用于全息滤波器、全息术研究等。

5.2.3 萨格奈特干涉仪

萨格奈特干涉仪 (图 5.2.3) 是一个 He-Ne 激光器发射出一束激光，通过针孔滤镜和准直镜后，光束经分光光楔后分为折射光和反射光。一部分光经过三个反射镜顺时针到达分光元件，另一部分经过三个反射镜逆时针到达分光元件，两束光在分光元件处叠加，从而形成干涉现象，产生规则而明亮的等倾干涉条纹。本实验很容易做到两束光的光程严格相等，从而可以消除由光程不相等而引入的误差，干涉图像清晰可见，使实验更精确。

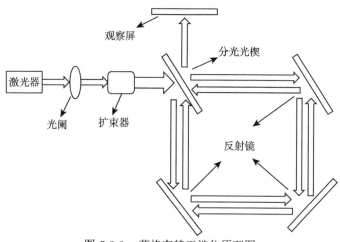

图 5.2.3   萨格奈特干涉仪原理图

5.2.4   Matlab 仿真

1. 双缝干涉实验的 Matlab 模拟 (代码见附录)

用 Matlab 实现对双缝干涉实验的仿真结果。

取典型的 He-Ne 激光器波长 632.8nm，两个缝的距离为 2mm，双缝到接收屏的距离为 1m，于是得到的双缝干涉图样和光强分布结果，如图 5.2.4 所示。

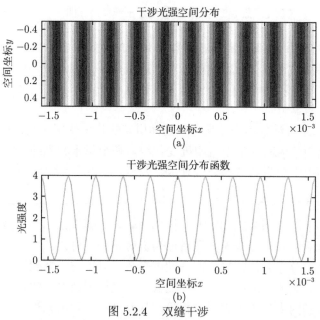

图 5.2.4   双缝干涉

(a) 接收屏上的干涉图样 (干涉光强空间分布)；(b) 接收屏上的光强分布函数

2. 迈克耳孙干涉仪的 Matlab 模拟 (代码见附录)

迈克耳孙干涉仪的原理如图 5.2.5 所示。

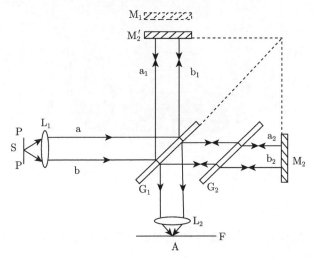

图 5.2.5 迈克耳孙干涉仪原理图

在用 Matlab 模拟的过程中，直接以平行光作为入射光源，化简了实验步骤，用 He-Ne 激光器作为入射光源，波长为 632.8nm，设定两个平面镜是相互垂直的，同时两个平面镜的间距差为 0.1mm，观察屏前的透镜焦距为 100mm，得到的模拟结果如图 5.2.6 和图 5.2.7 所示。

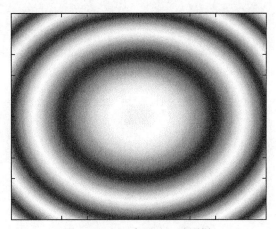

图 5.2.6 迈克耳孙干涉图样

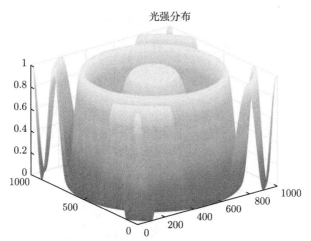

图 5.2.7   迈克耳孙干涉强度分布 (彩图见封底二维码)

5.2.5 实验结果及分析

图 5.2.8 ～ 图 5.2.13 是迈克耳孙干涉、马赫-曾德尔干涉以及萨格奈特干涉实验的实验光路和实验结果图。

图 5.2.8   迈克耳孙干涉光路 (彩图见封底二维码)

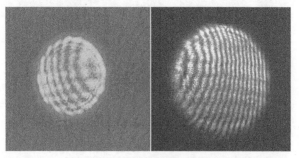

图 5.2.9   迈克耳孙干涉实验结果 (彩图见封底二维码)

图 5.2.10 马赫-曾德尔干涉光路 (彩图见封底二维码)

图 5.2.11 马赫-曾德尔干涉实验结果

图 5.2.12 萨格奈特干涉光路 (彩图见封底二维码)

图 5.2.13 萨格奈特干涉实验结果

1. 迈克耳孙干涉实验 (图 5.2.8、图 5.2.9)

2. 马赫-曾德尔干涉实验 (图 5.2.10、图 5.2.11)

3. 萨格奈特干涉仪 (图 5.2.12、图 5.2.13)

结果分析:

(1) 对于迈克耳孙干涉系统,若使用点光源,会与现在的干涉条纹有何不同?

对点光源条件下迈克耳孙非定域干涉条纹的空间曲线方程进行了计算和分析,点光源条件下圆、椭圆、抛物线、双曲线和直线 5 种形式的条纹线型。

(2) 迈克耳孙干涉系统,改变两个反射镜的距离差,会引起干涉图样的变化,那么这个距离差能否任意调节? 为什么?

不能任意调节。虽然激光是单色光,但并不是绝对的单色光,所以,存在一个相干长度,使两个反射镜的距离差在相干长度以内,会得到很好的干涉图样,如果比相干长度大很多,得到的干涉图样就很模糊。

(3) 搭建的迈克耳孙干涉系统属于定域干涉还是非定域干涉? 理由?

既可以为定域干涉,也可以为非定域干涉。当两个反射镜不平行时,此时有一定的倾角,那么为等厚干涉;迈克耳孙干涉仪中调整出的等倾干涉就是定域干涉,此时平面镜 M_1 和 M_2' 完全平行,只有在透镜的焦平面附近才能够观察到干涉条纹。

(4) 三种干涉系统中,干涉条纹的粗细与什么因素有关?

在迈克耳孙干涉系统中,条纹的粗细与两个反射镜的距离有关。当 M_1 向 M_2' 移动时,距离减小 (虚平板厚度减小),此时条纹变粗 (因为 h 变小,eN 变大),同一视场中的条纹数变少。当 M_1 越过 M_2' 并继续向前移动时,距离增加 (虚平板厚度增加),条纹越来越细且变密。在萨格奈特和马赫-曾德尔干涉系统中,条纹的粗细与两个反射镜的倾角有关。

例 1   用氦氖激光照明迈克耳孙干涉仪,通过望远镜看到视场内有 20 个暗环,且中心是暗斑。然后移动反射镜 M_2,看到环条纹收缩,并且一一在中心消失了 20 环,此时视场内只有 10 个暗环,试求 M_2 移动前中心暗斑的干涉级次 (设干涉仪分光板不镀膜)。

解   由题意知迈克耳孙干涉仪中两相干光间的光程差为

$$\Delta = 2h\cos\theta + \frac{\lambda}{2}$$

动镜 M_2 未移动时,视场中心为暗点,且有 20 个暗环,因此视场中心:

$$2h + \frac{\lambda}{2} = \left(m + \frac{1}{2}\right)\lambda$$

即

$$2h = m\lambda$$

视场边缘处：

$$2h\cos\theta + \frac{\lambda}{2} = \left(m - 20 + \frac{1}{2}\right)\lambda$$

即

$$2h\cos\theta = (m - 10)\lambda$$

得到

$$\frac{m_1}{m} = \frac{m - 20}{m_1 - 10}$$

另外由题意知：

$$m = m - 20$$

解得

$$m = 40$$

因此动镜移动前中心暗纹的干涉级次为

$$m_0 = m + \frac{1}{2} = 40.5$$

例 2　厚度为 $50\mu m$ 的玻璃片折射率 $n = 1.520$，插入迈克耳孙干涉仪的一条光路中，照明光为氦黄线，波长为 $\lambda_0 = 587.56\,\text{nm}$。试求插入这片玻璃片后，移动了多少干涉条纹？

解　光程差变动 $\lambda_0/2$ 对应于移动一个条纹。现在厚度为 D 的空气被玻璃片所代替，光程差变化为 $Dn - Dn_{\text{air}} = D(n - 1)$。来回两次的光程差相当于 $N\lambda_0, N$ 为条纹数目，所以

$$2D(n - 1) = N\lambda_0$$

因而

$$N = \frac{2D(n - 1)}{\lambda_0} = \frac{2\left(0.050 \times 10^{-3}\right)(0.520)}{587.56 \times 10^{-9}}$$

最后

$$N = 88.5$$

5.3 时间相干性和空间相干性

相干性是我们利用光的波动性来进行测量的前提,我们可以用干涉条纹来获取我们想要的信息,所以以干涉条纹生成的优劣可以直接决定我们探测和测量的精确程度,通过对相干性进行描述和研究知道如何控制由相干性所造成的测量精度的改变。理想的相干光源是单色点光源,空间无穷小且谱宽无限窄,其辐射的光波场具有完全的相干性。然而,实际的物理光源不可能是理想的单色点光源,因此,光源有限线度和有限谱宽所致的部分相干性分别对应光的空间相干性和时间相干性。

5.3.1 时间相干性

时间相干性是指光源同一点在不同时刻发出的光波间的相干性,即光束与它本身的延迟 (但在空间不移动) 之间发生干涉的能力与光源的光谱特性相关,表现在光波场的纵向上。因为普通光源发光并不会长时间一直按照规律发射波形连续的电磁波,而是一小段一小段地发射,前后各段之间的相位没有规律,而每次发的波段持续时间都非常短。所以,比如说当用 1s 前和 1s 后的光进行干涉时,因为无法得到固定的相位差,因而不会产生干涉现象。

设由分光源 S', S'' 所发出的单色相干光的平均持续时间为 τ,则平均波列长度为 $L_c = c\tau$,c 为光速。不考虑光源线度对干涉条纹清晰度影响的情况下,若光源 S' 发出的光传播到光屏 EE' 上 P 点所用时间为 t_1,光源 S'' 发出的光传播到光屏 EE' 上 P 点所用时间为 $t_1 + \Delta t$,则当 $\Delta t < \tau$ 时,两列光波在 P 点能形成干涉条纹;Δt 越接近于 τ,条纹越不清楚;当 $\Delta t > \tau$ 时,两列光波相位无确定关系,无法产生干涉现象。

下面介绍光的相干时间的两个度量: 相干时间和相干长度。在实际光源所产生的光场中,各点的相位和振幅都在随机变化,变化速度基本上取决于光源的有效频谱宽度 Δv,若想使振幅大体上保持不变,则时间间隔 τ 必须远远小于 $\dfrac{1}{\Delta v}$。在这样一个时间间隔内,任何两个分量的相对相位变化都远小于 2π,并且这些分量的叠加所代表的扰动在这个时间间隔内的表现同平均频率为 v'' 的单色光波一样,由 $\tau_c = \dfrac{1}{\Delta v}$ 所决定的时间称为相干时间,$L_c = c\Delta t$ 称为相干长度。

相干长度:

$$L_c = c\Delta t = \frac{c}{\Delta v} = \lambda \frac{v}{\Delta v} = \frac{\lambda^2}{\Delta \lambda} \tag{5.3.1}$$

相干时间：

$$\tau_c = \frac{L_c}{c} = \frac{c}{\Delta v \cdot c} = \frac{1}{\Delta v} \text{ 或 } \tau_c = \frac{\lambda^2}{\Delta \lambda \cdot c} = \frac{\lambda^2}{c \Delta \lambda} \tag{5.3.2}$$

由以上两式可以得出相干性反比公式：

$$\tau \cdot \Delta v = 1 \tag{5.3.3}$$

由时间相干性的反比公式可知：当 Δv 越小时，相干时间越大，继而相干长度越大。综上可知，发光持续时间 τ，可作为能否产生干涉现象的一个界定量，称之为相干时间。相应地，波列长度 L_c 称为相干长度。τ 或 L_c 越大，时间相干性越好，反之则越差 [1]。

5.3.2 空间相干性

空间相干性指同一时刻不同空间点光场相干程度通常由光源的有限大小产生，可以用相干面积来描述，表示光波同它在空间移动后的光波 (但无时间延迟) 之间发生干涉的能力，表现在光波场的横向上。对于激光来说，所有属于同一个横模模式的光子都是空间相干的，反之则是不相干的，双缝干涉装置是测量空间相干性的典型装置 [2]。

在杨氏双缝干涉装置 (图 5.3.1) 中，使光源 S 移动，其他保持不变，若点光源 S 处在中心轴线上，而 S_1 在中心轴线外，则每一个光源发出的光经过双缝后，各自形成一种干涉图样。这两种干涉条纹互相交替，若其中一种的亮条纹正好处在另一种的暗条纹位置，干涉条纹的反衬度将会大大降低，甚至无法观察到明显的明暗条纹分布。这种情况就是我们要讨论的光波长的空间相干性问题。

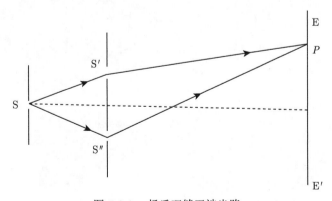

图 5.3.1　杨氏双缝干涉光路

杨氏干涉光路双缝间距为 d，两个屏间距为 r，光波的波长为 λ，光源在 x 方向上的线度为 Δx。$d < r\lambda / \Delta x$ 满足时，可以出现干涉现象。

如果光源在 y 方向上的线度为 Δy，则光源的发光面积 $\Delta A = \Delta x \times \Delta y$。在光场中与光源相距 r 处的空间有一块垂直于光传播方向的面积

$$A_c = \frac{r^2 \lambda^2}{\Delta A} \tag{5.3.4}$$

就称为光场的相干面积。

它的物理意义是: 面积为 ΔA 的光源内各点所发出的波长为 λ 的光，通过与光源相距为 r 并与光传播方向垂直的平面上的两点，如果这两点位于相干面积 A_c 内，则这两点的光场是相关的，因而它们能产生干涉效应。这种相干性称为光的空间相干性。光的相干性与实验装置的缝间距、屏间距等空间量有着密切的关系，因此将光的相干性与实验装置诸空间量的这种关系，或者将光的相干性受装置诸空间量的制约影响叫做 "光的空间相干性"。

5.4　部分相干光理论与范西泰特-泽尼克定理

5.4.1　部分相干光理论

光的相干性 (coherence) 是指为了产生显著的干涉现象，光场所应具备的物理性质。激光具有很高的相干性，自 1960 年 Maiman 制造的第一台红宝石激光器问世以来，激光已被广泛地应用在精密测量 (图 5.4.1)、成像传感、信息通信、切割加工、武器毁伤等方面，极大地推动了基础研究、国防军事、工业生产、医疗健康等领域的迅速发展 [3]。

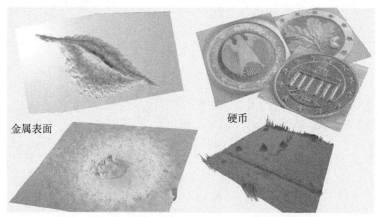

金属表面　　　　　　　　　　硬币

图 5.4.1　激光用于特殊表面微结构与粗糙检测 [4]

尤其在测量与光学成像领域，自人们证实光的干涉原理可作为一种精密的测量工具使用以来，激光就成为光学干涉与全息成像等应用领域不可或缺的重要工

具。目前高精密激光干涉仪的光程测量精度已达到激光波长千分之一。2016 年，激光干涉引力波探测器 (LIGO) 因探测到引力波而举世闻名 (如图 5.4.2)，LIGO 本质就是一个臂长达 4km 的巨型迈克耳孙干涉仪，其测量精度更是达一个质子大小的 1/10000。全息成像与数字全息技术利用干涉记录物光场的复振幅信息，再经过参考光照射衍射重建出原物光场，从而实现了物体三维立体影像的再现或物体定量相位信息与三维形貌结构的重构。

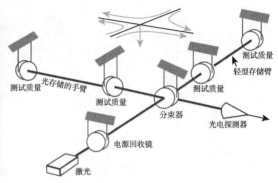

图 5.4.2　　LIGO 及其测量原理 [5]

相位和振幅都是波前信息的重要组成部分，但肉眼或者数字传感器无法捕捉到相位信息。直接观测一些弱散射生物体时，将呈现无色透明的形貌，而制样和染色会对生物体造成不可逆转的损害，荧光标记也可能会引入改变蛋白质功能的细胞毒素或者基因修饰。此时，非接触、非侵入式的相位成像或相位恢复技术显得尤为重要。相位中蕴含着样品的折射率、厚度、密度等信息，这些信息是振幅无法提供的。当相位信息无法被直接获取时，可以从记录的光强信息中恢复相位信息，这类方法被称为波前检测技术或者相位恢复技术例如经典的 G-S 相位恢复算法 (图 5.4.3)。最早的波前检测技术可以追溯到 20 世纪 40 年代。1947 年，伽伯首次提出波前重构的概念，随后得益于激光器的发明，全息术进入了广大研究者的视野。全息干涉技术巧妙地利用参考光和物光的干涉效应记录下物体的振幅和相位信息，并实现了物体的三维重建。经过数十年的发展，相位信息的获取技术已经逐渐成熟。

此外，还有一些非迭代的相位恢复方法，如全息干涉法及其衍生方法，以及光强传输方程等。这些相位恢复方法已在晶体学、生物医学、材料科学以及天文学等领域得以广泛应用。然而，光源的相干性尤其是空间相干性始终约束着各类相位恢复技术的应用范围。相干衍射成像中迭代算法的精确度依赖于光源极高的相干性。但在实际应用中，X 射线和电子束等光源并不是完全相干光。同时，完全相干光在介质中传输后空间相干性会降低。在这类情况下，若仍将这些光源作为完全相干光处理，将无法完全正确地恢复物体的相位信息。

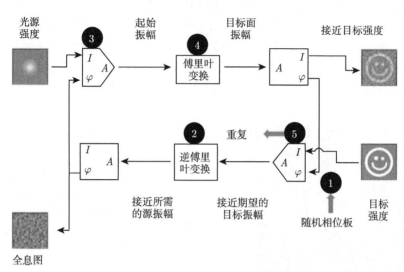

图 5.4.3   G-S 相位恢复算法流程图

A 为输入的光场信息；I 为输出的振幅信息；φ 为输入的相位信息

尽管激光的光强分布、偏振、波长/频率、相位等信息易于调控且具有高相干性、单色性、高方向性、高亮度等优点。但在自适应光学、X 射线衍射成像、透射电子显微成像、中子射线成像等领域中，光场的相干性可能远不及可见光波段的激光那么理想。而在光学显微成像、激光大气光通信、激光材料表面热处理、激光涂敷等领域，光束的高相干性反而可能成为一种不利的因素，因为相干性越高，光场越容易受大气扰动和散斑相干噪声的影响。采用部分相干光源 (降低光源的相干性) 在一定程度上可以克服上述缺点，获得更高空间分辨率的图像信息和更高信噪比的信号。因此，针对部分相干光的理论研究和实际应用的意义及价值日益凸显，已发展成为现代光学体系建构中不可或缺的组成部分[6]。

不论是自然界中存在的，还是人为调控的任一光场，都不是完全相干的，而是有随机涨落的现象。光学相干理论旨在通过光场随机涨落的统计性质对光波场随时间变化的特性和规律进行探索及研究。相干性是光场的重要属性之一，分为空间相干性和时间相干性，分别表示空间不同位置光场之间的相关性和空间点在不同时刻光场之间的相关性。对光的相干性研究可以追溯到 19 世纪初，1802 年杨在双缝干涉实验中观测到明暗相间的条纹图案，也就是后来广为人知的杨氏双缝干涉实验 (图 5.4.4)，由此开启了光学相干性研究的大门。这一实验，2002 年被 Physics World 评为物理学中最漂亮的实验之一，其为相干光学的发展奠定了基础，对光学的发展有着重要而深远的意义。

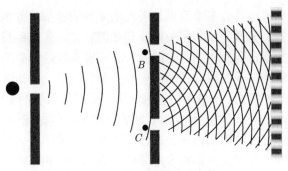

图 5.4.4　杨氏双缝干涉实验

　　20 世纪 30 年代，由范西泰特 (van Cittert) 提出并由泽尼克 (Zernike) 证明的范西泰特-泽尼克定理 (van Cittert-Zernike theorem) 利用光形成干涉条纹的能力来定义光的相干性，并认为光场在空间两点之间的相干度与干涉条纹的对比度密切相关。1954 年，Wolf 给出了互相干函数的定义，并以此来定义空间-时间域中空间两点间光场的相关程度。一年后，他将空时域的互相干函数拓展至空频域，进一步给出了交叉谱密度函数的定义，其与互相干函数互为傅里叶变换关系，构成对光场相干性的统计描述。与此同时，Wolf 还发现互相干函数和交叉谱密度函数在自由空间分别满足波动方程和广义亥姆霍兹方程，这表明相干性能够像光波一样传输，并具有光波的一切特性。同期，Hopkins 建立了部分相干成像系统的光学传递函数，并以此研究光学显微镜中照明相干性与光学系统对物体像场的分辨率和对比度的定量影响，将光的相干性理论正式引入到了显微成像领域。1959 年，Born 和 Wolf 合著出版了光学典籍 *Principle of Optics* (图 5.4.5)，该书以经典波动光学为基本理论架构，首次将 "部分相干理论" 单列成章节，涵盖了当时人们对光学相干性理论的主要理解。至此，人们对光的相干性研究逐渐由定性转到定量。

　　20 世纪中后期激光器的问世，极大地推进了光学相干理论研究。1961 年，Mandel 提出了交叉谱纯 (cross spectral purity) 的概念，并以此将光束的时间相干性与空间相干性相分离，以简化相干性的分析与处理。1976 年，Mandel 等提出有关交叉谱密度的相关系数，称之为复杂的光谱相干度 (或光谱相关系数)，研究了空间-频率域中的光场二阶相干特性。1978 年，Wolf 等提出了著名的部分相干光束——高斯-谢尔模 (Gaussian-Schell model) 光束，其相干度和光强都为高斯分布。高斯-谢尔模光束在光学相干断层扫描、粒子捕获/操纵、激光材料处理、光学测量等领域都优越于传统的高相干性激光束。因此，高斯-谢尔模光束掀起了光场时空域相干调控理论研究的热潮，并在成像探测、大气通信、激光核聚变、工业加工等各领域得到了广泛应用。1986 年，进一步发展了相干模态分解理论，将复杂

的光场相干特性分解成具有多个简单相干性的光场的叠加，并推导了高阶源及其
远程辐射的相干度、光谱密度等相关性质和光源特征、传输距离等因素之间的表
达形式，为分析复杂光场的相干特性提供了一种崭新的数学框架。1998 年，Gori
等将处理相干光的互相干函数方法与处理部分偏振光的相干矩阵方法相结合，提
出了相干偏振矩阵的概念，该概念被普遍地用于研究矢量化的部分相干光的性质。
2003 年，Wolf 首次提出了在空间-频率域的 "相干与偏振统一理论"，表明光场
的相干与偏振特性存在紧密的内在关联性，并且可以采用统一的数学表征，即交
叉谱密度矩阵表征。目前交叉谱密度矩阵已经成为部分相干部分偏振光束的标准
工具。

图 5.4.5   《光学原理》[7]

"相空间光学" (phase space optics) 理论是作为一种对光场相干性进行定量
表征的重要工具，它是一个人为构造的多维空间，能够同时描述光信号的空间位
置和空间频率 (角谱)。Wigner 分布函数 (WDF) 和模糊函数 (AF) 是两种常用的
相空间表征形式，最早可追溯到 1932 年 Wigner 针对热力学体系的量子修正研
究而提出的一个描述粒子动力学状态的准概率分布函数。20 世纪 60 年代，Dolin
和 Walther 在辐射计量学领域中引入 Wigner 分布函数，并定义其为 "广义辐亮
度" (generalized radiance)。广义辐亮度不仅涵盖了光线的直线传播现象，还能够
精确描述光的波动光学效应并且可以取负值。1977 年，Bastiaans 正式将 Wigner
分布函数引入到傅里叶光学领域，系统地分析和总结了 Wigner 分布函数在光学
成像与光信息处理中的应用，并论述了 Wigner 分布函数在描述部分相干光场的
独特优势。

有关光场部分相干性的理论研究和实际应用总体上可以分为表征、调控与测量三个层面。部分相干光场的"表征"旨在如何系统地通过数学公式对光场的相干性及其在传输或成像系统中的特性进行定量描述。部分相干光场的"调控"旨在通过对光场的相位、振幅、偏振态、相干性等参量的空间/时间分布进行调控，产生具有特殊空间/时间分布特性的新型光场。部分相干光场的"测量"，即通过光学手段定量测定或反演出光学相干性的相关理论与技术。虽然"测量"已经取得了诸多重要进展，但在现阶段并未得到充分的认识与广泛的关注。国内许多科研人员在光学相干性理论、光场调控及相干测量的应用等方面开展了持续、深入的研究，并取得了一系列重要研究成果。

总的来说，光场相干性的测量可以分为时间相干性和空间相干性两种测量。测量光场时间的相干性即等价于光场的光谱测量，因为时间相干性仅与光场的光谱分布相关。一个典型的例子就是傅里叶变换光谱仪 (FTS) 如图 5.4.6 所示，其基于部分相干光场下的 Wiener-Khinchin 定理，利用迈克耳孙干涉仪分振幅测量干涉条纹对比度，以获得光场时间相干性，由此反演光谱分布。相比之下，光场的空间相干性的测量则较为复杂，因为光场的互强度 (准单色光场的交叉谱密度)是一个关于空间坐标点对的四维函数，所以对该函数进行测量是非常重要的。光场空间相干性的测量技术最早可以追溯到 1802 年杨氏双缝干涉仪，其最初被用来观测相干光束的干涉效应。后来泽尼克提出杨氏干涉仪的双孔结构，可以用来测量空间两点的相干性，通过两个极小孔径的不透明掩模，在空间上分割光束的波阵面，并基于干涉图的条纹来测得光束的互强度。该方法基于相干性的定义进行测量，原理简单，但存在测量效率过低、能量利用率低、易受掩模形状尺寸干扰等问题，难以实用。随后，2006 年 Santarsiero 等提出逆波前杨氏干涉 (RWY)，2011 年 Gonzále 等提出非冗余孔径阵列 (NRA) 测量空间相干性，可以一次性测

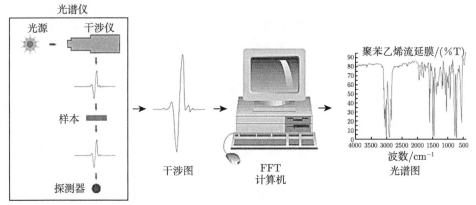

图 5.4.6　傅里叶变换光谱仪 [8]

量大量空间点对，可大大提升测量效率，但能量效率和干涉图受孔径干扰的问题仍然存在。相比之下，剪切干涉法 (SI) 由于没有采用孔径掩模，不损失光场能量且不受掩模影响，并且一次可以测量多组点对，因此是一种更具应用前景的相干测量方法。还有一些可以替代干涉仪测量光场互强度的技术。Cho 等提出了一种基于边缘衍射测量空间相干性的方法，在光束路径中插入掩模，通过对测量光强与不存在掩模时的光强的差值进行傅里叶变换，即可得到光束在掩模边缘为中心的任意点处的互强度。尽管这些方法装置简单，但它们仅适用于对一维光束的表征，对二维光场的相干测量依旧较为烦琐甚至难以实现。

部分相干光场的相干测量可等价地在相空间进行，即直接测量或者重构光场的四维 Wigner 分布函数或模糊函数。其中最著名的是相空间断层扫描 (PST)。在 1992 年，Nugent 就已经提出相空间断层扫描的初步思想。他借助 Wigner 分布函数的强度投影定理，提出通过测量空间三维的光强分布 (即二维光强的轴向堆栈) 足以恢复四维 Wigner 分布函数的结论。但随后不久，Hazak 明确指出了 Nugent 的结论是错误的，即信息维度的不匹配 (从三维到四维)。Gori 等也指出仅仅通过三维空间强度测量，不可能唯一确定一个包含光学漩涡的部分相干光场。想要解决此问题，必须引入像散透镜 (astigmatisclens) 以打破光学系统的旋转对称性。1994 年 Raymer 等提出了相空间断层扫描技术，该技术通过两个相互垂直的柱面透镜，对待测光场在各种传播距离上的光强进行大量采集，从而获得 Wigner 分布函数在不同角度下的旋转投影，然后再通过类似传统断层扫描的方式重建出完整的四维 Wigner 分布函数。然而由于该技术需要大量测量数据，往往难以付诸于实践。所报道的相空间断层扫描的实验结果往往还局限在一维光场 (对应二维 Wigner 分布函数) 或者如旋转不变光束和少量非相干模式组成的简单二维光束。另一方面，由于 Wigner 分布函数作为一种局域频谱 (localfrequency spectrum) 或者广义辐亮度性质，可对其直接进行 “采样式” 测量。这里有两种常见的方式，一种是引入空域光阑 (通常是小孔)，使待测光场空间局域化在空间某点位置后，通过远场衍射或利用透镜的傅里叶变换性质直接测量其二维局域频谱，该频谱近似对应了 Wigner 分布函数的一个空域采样；当小孔在空域扫描整个二维平面后，即可近似获得光场的四维 Wigner 分布函数。另一种方式是采用微透镜阵列直接对光场进行四维采样，类似于夏克-哈特曼 (Shack-Hartmann) 波前传感器和光场相机。这种方式实际上可以看成前一种小孔扫描方式的并行化版本，可以实现单帧采集 (每个微透镜后面的光强分布对应于不同空间位置的局域频谱)。这些方法虽然可实现对复杂二维光场的测量，但受不确定性原理 (又叫测不准原理) 和采样窗函数尺寸的影响，所测得的局域频谱仅仅是 Wigner 分布函数在四维相空间中模糊化的非负近似版本。受二维相干光场相位恢复技术的启发，Zhang 等提出了相干恢复的概念，即通过光场的强度测量直接恢复部分相干场的两点关联函数

(严格意义上来说,相空间断层扫描也属于一种相干恢复技术),利用互强度的相干模式分解将相干恢复定义为凸约束加权最小二乘问题,并基于因式分解法将其转换为一个无约束的问题,从而可以采用非线性共轭梯度算法来迭代求解出光场的互强度。

近年来,除了完整测量光场四维相干性函数外,相干测量技术还衍生出了一系列计算成像的新体制,如光场成像、非相干全息成像等。在几何光学近似条件下,Wigner 分布函数与表示空间和角度信息的四维光场等价。类似于 Shack-Hartmann 波前传感器,光场成像最初通过在像平面插入一块微透镜阵列,直接对四维光场信息进行采样。但微透镜阵列以牺牲空间分辨率为代价换取了角度分辨率。为了提高空间分辨率,研究人员提出了一系列改进的光场成像方法,如编码掩模、强度反演、集成相机阵列等。在光学显微成像领域,基于微透镜阵列的光场显微技术是一种对弱散射或荧光样品进行高速体积成像的新技术,能够单次曝光重建四维光场,实现高速体成像,这对于生命科学研究有着非常重要的意义。非相干全息技术通过自干涉测量光场的空间相干性,实现非相干照明下或者自发光物体的全息记录及全息图的非相干再现。该技术由于在记录过程中不会产生相干全息术中固有的相干散斑噪声,具有更高的再现图像质量,因而在荧光三维显微成像、非相干彩色全息显示、自适应光学等众领域展现出应用潜力。有趣的是,这些由相干测量衍生出的计算成像新体制由于具有较为明确的应用背景以及计算成像技术近年来的飞速发展,比相干测量技术本身得到了更多的重视与关注。

综上所述,虽然光场相干测量这一研究领域已经取得了诸多重要的研究进展,相干性理论和对应的测量技术已经构成体系,但对于计算光学成像领域,"相干测量"仍然是一个生僻词。因为相关的原理与技术"太晦涩"。比起相干光场二维复振幅表征的简单直接,四维相干函数或者 Wigner 分布函数不管在维度上还是在物理内涵上都要更加复杂抽象,与其相关的测量技术也更加复杂烦琐。但是对于计算成像领域,对其的研究也是必不可少的。因为计算成像的本质就是"物质信息"与"光媒介"的相互产生、作用、重组与解耦,核心在于光场的数学表征与光信息的测量重建。而实际应用中所遇到的大部分光场都是部分相干的,光场相干性理论与相干测量解决了计算光学成像中"光应该是什么"以及"光实际是什么"的两大关键问题。因此,近些年来基于相干测量的计算成像新体制得到了蓬勃发展,前者理论与技术的完善为后者的进一步发展提供了新思路,两者交融借鉴,相辅相成,逐渐融为一体 [9]。(推荐继续阅读:张润南,蔡泽伟,孙佳嵩,等. 光场相干测量及其在计算成像中的应用 [J]. 激光与光电子学进展, 2021, 58(18): 66-125, 437, 3.)

假定用一准单色的部分相干光照明一个屏上的开孔,要计算在距孔径 z 处的平面上的光强度分布 $I(x, y)$。该计算是谢尔 (Shell) 在他的博士论文中解决的,称为谢尔定理。

衍射孔径由振幅透过率函数表示，即

$$t_\Sigma(\xi,\eta) = \begin{cases} 1, & \text{在孔径内} \\ 0, & \text{在孔径外} \end{cases} \tag{5.4.1}$$

当然，如孔径内有振幅与相位变化的情况，则 t_Σ 为复函数。如入射光的互强度为 $J_i(\xi_1,\eta_1;\xi_2,\eta_2)$，下面要求透过孔径后的透射光的互强度 $J_t(\xi_1,\eta_1;\xi_2,\eta_2)$。

一个准单色光可表示为

$$V(P,t) = A(P,t)\exp(-\mathrm{j}2\pi\bar{v}t) \tag{5.4.2}$$

其中，$A(P,t)$ 为复振幅包络。那么，入射光的复振幅包络为 $A_i(\xi,\eta;t)$。透射光的复振幅包络为 $A_t(\xi,\eta;t)$。假定衍射孔径有无限薄的厚度，可以忽略光经过孔径的时间延迟，则有

$$A_t(\xi,\eta;t) = t_\Sigma(\xi,\eta)A_i(\xi,\eta;t) \tag{5.4.3}$$

而

$$\begin{aligned} J_t(\xi_1,\eta_1;\xi_2,\eta_2) &= \langle A_t(\xi_1,\eta_1;t)\,A_t^*(\xi_2,\eta_2;t)\rangle \\ &= t_\Sigma(\xi_1,\eta_1)\,t_\Sigma^*(\xi_2,\eta_2)\,\langle A_i(\xi_1,\eta_1;t)\,A_i^*(\xi_2,\eta_2;t)\rangle \\ &= t_\Sigma(\xi_1,\eta_1)\,t_\Sigma^*(\xi_2,\eta_2)\,J_i(\xi_1,\eta_1;\xi_2,\eta_2) \end{aligned} \tag{5.4.4}$$

再利用式 (5.4.5)

$$I(Q) = \int_{\Sigma_1}\int_{\Sigma_2} J(P_1,P_2)\exp\left[-\mathrm{j}\frac{2\pi}{\bar{\lambda}}(r_2-r_1)\right]\frac{K(\theta_1)}{\bar{\lambda}r_1}\frac{K(\theta_2)}{\bar{\lambda}r_2}\mathrm{d}s_1\mathrm{d}s_2 \tag{5.4.5}$$

求出观察平面上的光强度分布

$$\begin{aligned} I(x,y) &= \frac{1}{(\bar{\lambda}z)^2}\int_{-\infty}^{\infty}\int_{-\infty}^{\infty}\int_{-\infty}^{\infty}\int_{-\infty}^{\infty} J_t(\xi_1,\eta_1;\xi_2,\eta_2) \\ &\quad \cdot \exp\left[-\mathrm{j}\frac{2\pi}{\bar{\lambda}}(r_2-r_1)\right]\mathrm{d}\xi_1\mathrm{d}\eta_2\mathrm{d}\xi_1\mathrm{d}\eta_2 \end{aligned} \tag{5.4.6}$$

这时如取孔径函数为 $P(\xi,\eta)$，利用式 (5.4.4)，则上式成为

$$I(x,y) = \frac{1}{(\bar{\lambda}z)^2}\int_{-\infty}^{\infty}\int_{-\infty}^{\infty}\int_{-\infty}^{\infty}\int_{-\infty}^{\infty} P(\xi_1,\eta_1)P^*(\xi_1,\eta_1)\,J_i(\xi_1,\eta_1;\xi_2,\eta_2)$$

$$\cdot \exp\left[-\mathrm{j}\frac{2\pi}{\lambda}\left(r_2 - r_1\right)\right] \mathrm{d}\xi_1 \mathrm{d}\xi_2 \mathrm{d}\eta_1 \mathrm{d}\eta_2 \tag{5.4.7}$$

为了简化式 (5.4.7)，考虑均匀照明情况，如显微镜照明系统中的科勒 (Kohler) 照明入射光的互强度可表示为

$$J_i\left(\xi_1, \eta_1; \xi_2, \eta_2\right) = I_0 \mu_i\left(\xi_2 - \xi_1, \eta_2 - \eta_1\right) \tag{5.4.8}$$

即使对于某些非均匀照明的情况，如显微镜中的临界照明，式 (5.4.8) 也同样成立。因此，这是实际感兴趣的一种情况。

再取近轴近似有

$$r_2 - r_1 \approx \frac{1}{2z}\left[\left(\xi_2^2 + \eta_2^2\right) - \left(\xi_1^2 + \eta_1^2\right) - 2\left(x\Delta\xi + y\Delta\eta\right)\right]$$

$$= \frac{1}{z}[\bar{\xi}\Delta\xi + \bar{\eta}\Delta\eta - x\Delta\xi - y\Delta\eta] \tag{5.4.9}$$

其中

$$\Delta\xi = \xi_2 - \xi_1, \quad \bar{\xi} = \frac{\xi_1 + \xi_2}{2}; \quad \Delta\eta = \eta_2 - \eta_1, \quad \bar{\eta} = \frac{\eta_1 + \eta_2}{2} \tag{5.4.10}$$

将式 (5.4.8) 与式 (5.4.9) 代入式 (5.4.7) 可得

$$I(x,y) = \frac{I_0}{(\bar{\lambda}z)^2}\int_{-\infty}^{\infty}\int_{-\infty}^{\infty}\int_{-\infty}^{\infty}\int_{-\infty}^{\infty}\mathrm{d}\bar{\xi}\mathrm{d}\bar{\eta}\mathrm{d}(\Delta\bar{\xi})\mathrm{d}(\Delta\eta)P\left(\bar{\xi} - \frac{\Delta\xi}{2}, \bar{\eta} - \frac{\Delta\eta}{2}\right)$$

$$\cdot P^*\left(\bar{\xi} - \frac{\Delta\xi}{2}, \bar{\eta} - \frac{\Delta\eta}{2}\right)\mu_i(\Delta\xi, \Delta\eta)\cdot\exp\left[-\mathrm{j}\frac{2\pi}{\lambda z}(\bar{\xi}\Delta\xi + \bar{\eta}\Delta\eta)\right]$$

$$\cdot\exp\left[\mathrm{j}\frac{2\pi}{\lambda z}(x\Delta\xi + y\Delta\eta)\right] \tag{5.4.11}$$

与讨论用相干光照明的孔径的夫琅禾费衍射一样，可研究部分相干光照明下孔径的夫琅禾费衍射问题。这时可对式 (5.4.10) 取远场近似，即

$$z \gg \frac{\bar{\xi}\Delta\xi}{\bar{\lambda}}, \quad z \gg \frac{\bar{\eta}\Delta\eta}{\bar{\lambda}} \tag{5.4.12}$$

这样，式 (5.4.11) 简化为

$$I(x,y) = \frac{I_0}{(\bar{\lambda}z)^2}\int_{-\infty}^{\infty}\int_{-\infty}^{\infty}C(\Delta\xi, \Delta\eta)\mu_i(\Delta\xi, \Delta\eta)$$

$$\cdot \exp\left[\mathrm{j}\frac{2\pi}{\bar{\lambda}z}(x\Delta\xi + y\Delta\eta)\right]\mathrm{d}(\Delta\xi)\mathrm{d}(\Delta\eta) \tag{5.4.13}$$

其中，$C(\Delta\xi, \Delta\eta)$ 为复孔径函数的自相关函数，

$$C(\Delta\bar{\xi}, \Delta\eta) = \int_{-\infty}^{\infty}\int_{-\infty}^{\infty} P\left(\bar{\xi} - \frac{\Delta\xi}{2}, \bar{\eta} - \frac{\Delta\eta}{2}\right) \cdot P^*\left(\bar{\xi} - \frac{\Delta\xi}{2}, \bar{\eta} - \frac{\Delta\eta}{2}\right)\mathrm{d}\bar{\xi}\mathrm{d}\bar{\eta} \tag{5.4.14}$$

式 (5.4.13) 就是谢尔定理。它说明在准单色部分相干光照明下孔径的夫琅禾费衍射图光强度分布与孔径自相关函数和孔径上复相干度乘积的傅里叶变换成比例。

对式 (5.4.12) 的近似条件可以进行这样的分析。由于

$$\sqrt{\xi^2 + \eta^2}I_{\max} = D \tag{5.4.15}$$

D 为孔径尺寸，而 $\bar{\xi}$ 和 $\sqrt{\xi^2 + \eta^2}$ 有相同的量级，故可认为

$$\bar{\xi} \approx D \tag{5.4.16}$$

再考虑到式 (5.4.13) 积分号内的孔径上的复相干度 $\mu_i(\Delta\xi, \Delta\eta)$ 只在相干面积内有显著值，故

$$\sqrt{(\Delta\xi)^2 + (\Delta\eta)^2}I_{\max} \sim d_c \tag{5.4.17}$$

这里 d_c^2 为相干面积。而 $\Delta\xi$ 与 $\sqrt{(\Delta\xi)^2 + (\Delta\eta)^2}$ 有相同的量级，故 $\Delta\xi \sim d$。这样式 (5.4.12) 的近似条件可写为

$$z \gg \frac{Dd_c}{\bar{\lambda}} \tag{5.4.18}$$

这是部分相干光情况下的夫琅禾费条件。

谢尔定理给出了计算部分相干光衍射的一般方法。肖 (Shore) 用数值方法计算了在不同相干度情况下圆孔衍射的光强度分布。为了给部分相干度以适当的度量，可引入一个量 c，它的平方等于在孔径内包含的相干面积数，即

$$c^2 = \frac{\pi D^2}{A_c} \tag{5.4.19}$$

图 5.4.7 给出了不同 c 值的缝光源照明的狭缝的夫琅禾费衍射图。由图可见，当 c 值小时，相干性好，衍射条纹有明显的条纹分布，对比度好，接近于相干光照明狭缝时的夫琅禾费衍射图。当 c 逐渐增大时，相干性变差，衍射条纹趋于平

滑化。当 c 较大时，相当于非相干光照明的情况，衍射效应趋于消失。从谢尔定理容易看出，$I(x,y)$ 依赖于 $c\mu_i$ 的傅里叶变换。由卷积定理可知，后者等于 c 与 μ_i 各自的傅里叶变换的卷积。卷积效应使衍射图样平滑化。

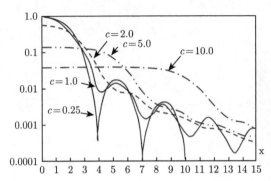

图 5.4.7　不同 c 值的缝光源 (部分相干光) 照明的狭缝的夫琅禾费衍射图

　　对这种平滑化过程可以在物理上给予直观的解释。由于非相干光源可看作大量点光源的集合，而每个点光源对孔径给出完全相干的照明，相应于不同点光源的衍射图的中心取决于点源的位置。因此，对于非相干光源，所有衍射图样按强度叠加，造成了合成衍射图的平滑化。显然，当光源面积小时，空间相干性好，各衍射图样错位小，故可以得到对比度较好的衍射条纹分布。

5.4.2　范西泰特-泽尼克定理

　　如图 5.4.8 所示，Σ 是位于 (ξ,η) 平面上的一个扩展的准单色初级光源。初级光源是由大量相互独立的辐射体集合而组成的，因此它是一个非相干的光源。由 Σ 发出的光经传播以后照明了与它平行的另一平面 Σ'，这两个平面之间充满了均匀介质。光源与屏 Σ' 之间的距离 z 比光源的线度大得多，P 是光源上的任意一点，它与观测区域内的点 Q_1、Q_2 之间的连线分别为 $\overrightarrow{PQ_1}$ 和 $\overrightarrow{PQ_2}$，它们与 $\overrightarrow{OO'}$ 方向之间的夹角 θ_1、θ_2 均很小。现在要求 Q_1、Q_2 两点处光强的互强度 J_{12} 和复相干因子 u_{12}。

$$J(Q_1,Q_2) = \int \int_{\Sigma} \iint_{\Sigma} J(P_1,P_2) \exp\left[-j\frac{2\pi}{\bar{\lambda}}(r_2-r_1)\right] \frac{K(\theta_1)}{\bar{\lambda}r_1}\frac{K(\theta_2)}{\bar{\lambda}r_2} ds_1 ds_2$$

$$(5.4.20)$$

　　对于式 (5.4.20) 来说，不论 Σ 面上用 $J(P_1,P_2)$ 所表示的 P_1、P_2 两点的初始的相干性状态如何它均能成立。运用此公式到图中所示的情况中，根据假设，

(ξ, η) 平面上的光源 Σ 是一个非相干光源, 因此由互强度的定义

$$\boldsymbol{J}(P_1, P_2) = \boldsymbol{u}(P_1, t)\,\boldsymbol{u}(P_2, t) \tag{5.4.21}$$

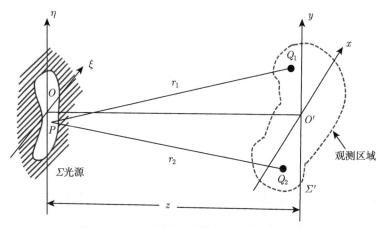

图 5.4.8   范西泰特-泽尼克定理的几何安排

对于非相干光源 Σ 上的 P_1、P_2 点有

$$\boldsymbol{J}(P_1, P_2) = \kappa I(P_1)\,\delta(|P_1 - P_2|) \tag{5.4.22}$$

式中, κ 是一个常数, 它的量纲为长度的平方。如果只考虑空间的相对强度水平, 常常令 $\kappa = 1$。将式 (5.4.22) 代入式 (5.4.21), 并假设 $P_1 \to P_2$ 时, 两者相重合的点用 P 来表示

$$\boldsymbol{J}(Q_1, Q_2) = \frac{\kappa}{\lambda^2} \iint\limits_{\Sigma} I(P) \exp\left[-\mathrm{j}\frac{2\pi}{\bar{\lambda}}(r_2 - r_1)\right] \frac{K(\theta_1)}{r_1}\frac{K(\theta_2)}{r_2}\mathrm{d}s \tag{5.4.23}$$

根据小角度的假设, 取

$$K(\theta_1) \approx K(\theta_2) \approx 1 \tag{5.4.24}$$

则式 (5.4.23) 化为

$$\boldsymbol{J}(Q_1, Q_2) = \frac{\kappa}{\lambda^2} \iint\limits_{\Sigma} I(P) \frac{\exp\left[-\mathrm{j}\dfrac{2\pi}{\bar{\lambda}}(r_2 - r_1)\right]}{r_1 r_2}\mathrm{d}s \tag{5.4.25}$$

若令

$$\boldsymbol{U}(P) = \frac{\kappa I(P)}{\bar{\lambda}^2 r_2}\mathrm{e}^{-\mathrm{j}\frac{2\pi}{\bar{\lambda}}r_2} \tag{5.4.26}$$

则式 (5.4.25) 化为

$$J\left(Q_1, Q_2\right) = \iint\limits_{\Sigma} U\left(P\right) \frac{\mathrm{e}^{\mathrm{j}\frac{2\pi}{\lambda}r_1}}{r_1} \mathrm{d}s \tag{5.4.27}$$

从形式上看，式 (5.4.27) 右边就是用惠更斯-菲涅耳原理所描述的衍射积分。等式左边的互强度 $J\left(Q_1, Q_2\right)$ 表示被一个扩展的准单色非相干光源照明的平面上 Q_2 处光场和 Q_1 处光场在 $\tau = 0$ 时的相关。式中的 $U\left(P\right)$ 可以等效地看成是分布于衍射孔径上的光的复振幅，该孔径的大小和形状同光源的一样，由式 (5.4.26) 看出照明此孔径的是一个会聚于 Q_2 点，以及孔径处波阵面上振幅分布的大小与光源 Σ 上强度分布 $I\left(P\right)$ 的大小成正比的一个球面波。这个等效球面波通过孔径 Σ 衍射后，在 Q_1 处的贡献就等于 $J\left(Q_1, Q_2\right)$。

由近轴近似

$$r_1 = \sqrt{z^2 + \left(x_1 - \xi\right)^2 + \left(y_1 - \eta\right)^2} \approx z + \frac{\left(x_1 - \xi\right)^2 + \left(y_1 - \eta\right)^2}{2z} \tag{5.4.28}$$

$$r_2 = \sqrt{z^2 + \left(x_2 - \xi\right)^2 + \left(y_2 - \eta\right)^2} \approx z + \frac{\left(x_2 - \xi\right)^2 + \left(y_2 - \eta\right)^2}{2z} \tag{5.4.29}$$

令 $\Delta x = x_1 - x_2$，$\Delta y = y_1 - y_2$，光源所在区域之外 $I\left(\xi, \eta\right) = 0$，因此式 (5.4.25) 化为

$$J\left(Q_1, Q_2\right) = \frac{\kappa \mathrm{e}^{\mathrm{j}\psi}}{(\lambda z)^2} \iint\limits_{-\infty}^{\infty} I(\xi, \eta) \exp\left[-\mathrm{j}\frac{2\pi}{\lambda z}(\Delta x \xi + \Delta y \eta)\right] \mathrm{d}\xi \mathrm{d}\eta \tag{5.4.30}$$

式中，ψ 是相位因子

$$\psi = \frac{\pi}{\lambda z}\left[\left(x_1^2 + y_1^2\right) - \left(x_2^2 + y_2^2\right)\right] = \frac{\pi}{\lambda z}\left(\rho_1^2 - \rho_2^2\right) \tag{5.4.31}$$

其中，ρ_1、ρ_2 分别表示点 $Q_1\left(x_1, y_1\right)$ 和 $Q_2\left(x_2, y_2\right)$ 到光轴的距离。式 (5.4.30) 所表示的就是范西泰特-泽尼克定理。

5.5 无处不在的干涉：引力波的测量及其他

5.5.1 激光干涉测量技术

激光干涉测量技术绝大部分的干涉测试都是非接触式的，不会对被测件带来表面损伤和附加误差，且具有较大的量程范围，抗干扰能力强、更高的测试准确度和灵敏度 [10]，如图 5.5.1 所示。

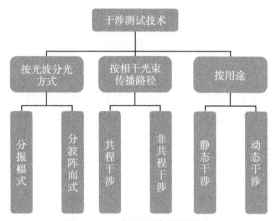

图 5.5.1　激光干涉测量技术

1. 干涉原理与干涉条件

光干涉的基础是光波的叠加原理。通常能够产生稳定干涉的两列光波必须满足三个基本相干条件：① 频率相同；② 振动方向相同；③ 恒定的相位差。

由波动光学可知，两束相干光波在空间某点相遇而产生的干涉条纹光强分布为

$$I = I_1 + I_2 + 2\sqrt{I_1 I_2}\cos\delta \tag{5.5.1}$$

$$\delta = \frac{2\pi}{\lambda}\Delta \tag{5.5.2}$$

满足 $\Delta L = m\lambda$ 的光程差相同的点形成的亮线叫亮纹，满足 $\Delta L = (m + 1/2)\lambda$ 的光程差相同的点形成的暗线叫暗纹，亮纹和暗纹组成干涉条纹，其中 m 是干涉条纹的干涉级次。

干涉条纹对比度可定义为

$$K = \frac{I_{\max} - I_{\min}}{I_{\max} + I_{\min}} \tag{5.5.3}$$

$I_{\max}$、$I_{\min}$ 分别为静态干涉场中光强的最大值和最小值，也可以理解为动态干涉场中某点的光强最大值和最小值。当 $I_{\min} = 0$ 时，$K = 1$，对比度有最大值；而当 $I_{\max} = I_{\min}$ 时，$K = 0$，条纹消失。在实际应用中，对比度通常小于 1。对目视干涉仪可以认为：当 $K > 0.75$ 时，对比度就算是好的；而当 $K > 0.5$ 时，可以算是满意的；当 $K = 0.1$ 时，条纹尚可辨认，但已经相当困难。

2. 影响干涉条纹对比度的因素

1) 光源的单色性与时间相干性

干涉场中实际见到的条纹是 λ 到 $\lambda + \Delta\lambda$ 中间所有波长的光干涉条纹叠加的结果，如图 5.5.2 所示。当 $\lambda + \Delta\lambda$ 的第 m 级亮纹与 λ 的第 $m+1$ 级亮纹重合后，所有亮纹开始重合。因此尚能分辨干涉条纹的限度为 $(m+1)\lambda = m(\lambda + \Delta\lambda)$，由此得最大干涉级 $m = \lambda/\Delta\lambda$，尚能产生干涉条纹的两支相干光的最大光程差 (或称光源的相干长度) 为

$$L_m = \frac{\lambda^2}{\Delta\lambda} \tag{5.5.4}$$

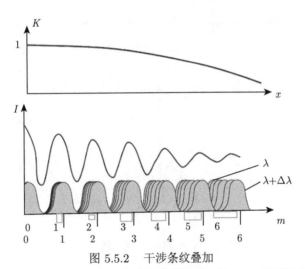

图 5.5.2 干涉条纹叠加

横坐标第一行 $0 \sim 6$ 表示亮条纹从 0 到 6 叠加的结果，第二行 $0 \sim 6$ 表示横坐标 $0 \sim 6m$

在波动光学中，相干时间就是光通过相干长度所需要的时间，其实质就是可以产生干涉的波列持续时间 (其对应的相干长度就是产生干涉的两列波的光程差)。

2) 光源大小与空间相干性

干涉图样的照度在很大程度上由光源的尺寸来决定，如图 5.5.3 所示，而光源的尺寸又会对各类干涉图样对比度有不同的影响，如图 5.5.4 所示。

设两支相干光的光强为 $I_2 = nI_1$，则有 $K = \dfrac{2\sqrt{n}}{n+1}$，如图 5.5.5 所示。

非期望的杂散光进入干涉场，会严重影响条纹对比。设混入两支干涉光路中的杂散光的强度均为 $I' = mI_1$，则

$$I_{\max} = (1 + n + m + 2\sqrt{n})I_1 \tag{5.5.5}$$

$$I_{\min} = \left(1 + n + m - 2\sqrt{n}\right) I_1 \tag{5.5.6}$$

$$K = \frac{2\sqrt{n}}{1 + n + m} \tag{5.5.7}$$

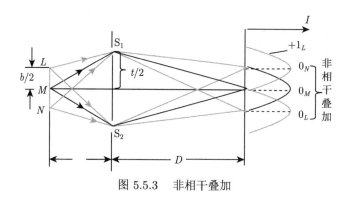

图 5.5.3 非相干叠加

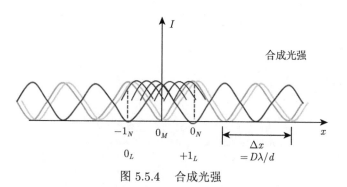

图 5.5.4 合成光强

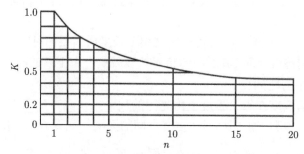

图 5.5.5 对比度 K 与两支干涉光强比 n 的关系

可见，在两支干涉光强比 n 较小时，两支干涉光的光强不相等的影响比杂散光对条纹对比度的影响小得多。解决杂散光的主要技术措施有：① 光学零件表面正确镀增透膜；② 适当设置针孔光阑；③ 正确选择分束器。

3. 典型干涉仪

在普通干涉仪中，参考光束和测试光束沿着不同的光路传播，则这两束光受机械振动和温度起伏等外界条件的影响是不同的。因此，在干涉测量过程中，必须严格限定测量条件，否则干涉场上的干涉条纹是不稳定的，因而不能进行精确的测量。这类干涉仪，称为非共光路干涉仪；若参考光路和测试光路经过同一光路，则这类干涉仪称为共光路干涉仪。

共光路干涉仪的特点为：① 抗环境干扰；② 具有自差分消系统误差的作用，易于实现大口径干涉；③ 在视场中心两支光束一般没有光程差。其中，共光路干涉仪可分为基于双光束干涉或多光束干涉，相干光束沿同一光路前进的斐索干涉仪 (图 5.5.6)、法布里-珀罗干涉仪、点衍射干涉仪、双曝光全息干涉等；另一种则是结构简单，灵敏度稍低的剪切干涉仪。

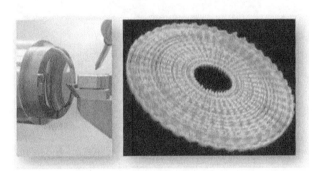

图 5.5.6 干涉仪检测面形数字指标[11]

1) 斐索干涉仪

在平行度、光学零件面型、曲率半径等的测量中，斐索型干涉测量法与在光学车间广泛应用的牛顿型干涉测量法相比，属于非接触测量如图 5.5.7 所示。

其测量平行平板平行度的原理为 (图 5.5.8)：设干涉场的口径为 D，条纹数目为 m，长度 D 两端对应的厚度分别为 h_1 和 h_2，有

$$2n(h_2 - h_1) = m\lambda \tag{5.5.8}$$

则平板玻璃的平行度为

$$\theta = \frac{h_2 - h_1}{D} = \frac{m\lambda}{2nD}\,(\text{rad}) \tag{5.5.9}$$

当干涉场内的干涉条纹数 $m < 1$ 时，该方法无法测量其平行度。例如，对于直径 $D = 60\text{mm}$ 的被测平板玻璃，$n = 1.5147$，$\lambda = 632.8\text{nm}$，当 $\theta < 0.72''$ 时就无法测出；另一方面，当干涉场中的条纹数目太密时，无法或比较困难分辨条

纹，也无法进行测量。假设用人眼来识别条纹，一般人眼的分辨能力为 0.33mm，当 $n = 1.5147$，$\lambda = 632.8\text{nm}$ 时，容易算出 $\theta_{\max} = 131'' \approx 2'$。

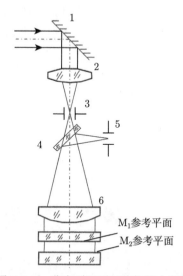

图 5.5.7   斐索型平面干涉仪基本光路

1. 反射镜；2. 光源准直镜；3. 小孔光阑；4. 分光镜；5. 小孔光阑；6. 准直物镜

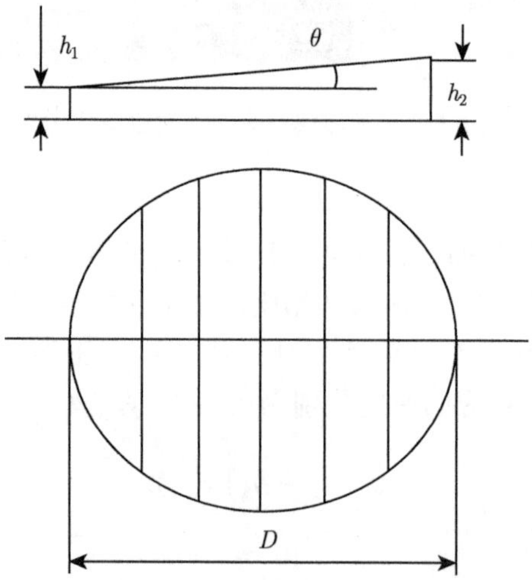

图 5.5.8   测试平板玻璃平行度

斐索干涉仪还用于测量球面面形误差，如图 5.5.9 所示。若在干涉场中得到等间距的直条纹，则表明没有面形误差；若条纹出现椭圆形或局部弯曲，则表明有面形误差。此外，斐索型球面干涉仪还可用于测量曲率半径，原理为：移动距离。通常干涉仪备有一套具有不同曲率半径作为参考球面的标准半径物镜组。但当被测球面的曲率半径太大，超出仪器测长机构的量程时，可采用如图 5.5.10 所示方法。

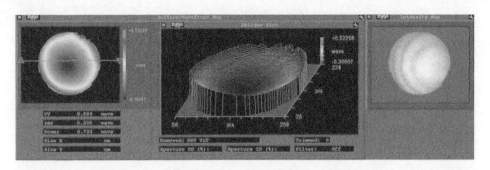

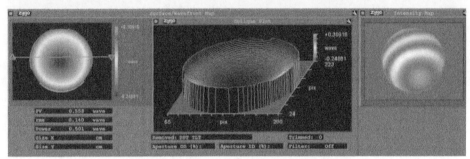

图 5.5.9　斐索干涉仪对高反射率试件测量

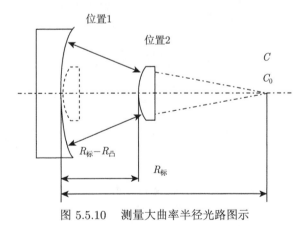

图 5.5.10　测量大曲率半径光路图示

2) 剪切干涉仪

剪切干涉仪的基本原理：小幅度移动波面，使原始波面与错位波面间产生干涉。其特点为：① 无须参考光束，对环境要求低；② 不受口径限制，具有自消差分干涉；③ 等光程干涉，对光源要求低；④ 光路简单。但其干涉条纹与被测波面间关系复杂。波面剪切的方式和剪切干涉仪的原理分别如图 5.5.11 和图 5.5.12 所示。

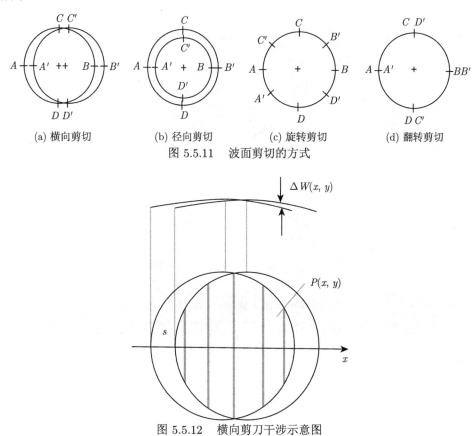

(a) 横向剪切   (b) 径向剪切   (c) 旋转剪切   (d) 翻转剪切

图 5.5.11   波面剪切的方式

图 5.5.12   横向剪刀干涉示意图

剪切干涉条纹对应的是被测波面的斜率:

$$\Delta W\left(x,y\right)=\frac{\partial W\left(x,y\right)}{\partial x}s=N\lambda \tag{5.5.10}$$

3) 泰曼-格林干涉仪

泰曼-格林干涉仪是迈克耳孙干涉仪的变形,采用单色点光源并取消了补偿板,常用于检测平板、透镜和棱镜等。其设计难点在于分光镜、平整度、折射率的均匀性以及玻璃的应力条件如图 5.5.13 所示。

从激光干涉仪的技术发展看,目前国外激光干涉仪 (图 5.5.14) 的产品主要有三种形式:

(1) 基于纵向塞曼效应的双频激光干涉仪:属于交流干涉系统。由于受到模牵引效应的影响,这种系统的测量速度受到限制,最大测量速度为 1000mm/s。

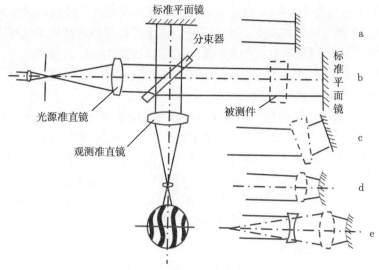

图 5.5.13 用泰曼-格林干涉仪检测表面面形及均匀性的示意图
a~e 表示不同类型器件的检测方式，a 为没有器件时，b 为被测件为矩形时，
c、d、e 表示不同类型的被测器件场景

(a)

(b)

图 5.5.14 激光干涉仪应用——振动测量[12]
(a) 伪装目标检测；(b) 桥梁保护

(2) 基于布拉格 (Bragg) 效应的声光调制式双频激光干涉仪：采用声光调制原理产生两个激光频率构成交流干涉系统。由于可以得到较高的激光频率差，因此可以提高系统的测量速度，最高测量速度可以达到 1800mm/s。

(3) 单频激光干涉仪：单频激光干涉仪的测量速度取决于电子器件的性能，目前最高测量速度可以达到 4000mm/s (采用专用电子器件)。

1971 年美国 HP 公司推出的基于纵向塞曼效应的双频激光干涉仪，具有极大的系统增益，在此后的十多年中，几乎垄断了市场。从 20 世纪 70 年代初期开始，国内相继有十几个单位研制双频激光干涉仪，但是由于各种原因，特别是激光器的寿命过短，都难以形成产品，有些大学主要作为科研项目进行研究，大多数单位都逐渐放弃了产品开发。目前，比较成功的是成都工具研究所成功地将产品推向市场，清华大学在接收处理电路方面做得比较好。

5.5.2   光电外差检测技术

单频激光干涉仪的光电转换器件输出的电信号及光强信号都是直流，直流漂移是影响测量准确度的重要原因，且信号处理及细分都比较困难。为了提高光学干涉测量的准确度，20 世纪 70 年代起有人将电通信的外差技术移植到光干涉测量领域，发展了一种新型的光电外差检测技术。

光外差干涉是指两束相干光束的光波频率产生一个小的频率差，引起干涉场中干涉条纹的不断扫描，经光电探测器将干涉场中的光信号转换为电信号，由电路和计算机检出干涉场的相位差。其特点是既可将细分变得容易，又可以克服单频干涉仪的漂移问题，从而提高抗干扰性能。如图 5.5.15 所示，两束偏振方向相同、传播方向平行的入射光重合后垂直入射到光电探测器上，光波场的合成产生了和频、差频光强信号，当差频信号频率在光电探测器频率响应区域时，形成输出电信号，如图 5.5.16 所示。

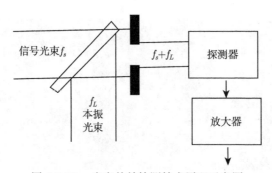

图 5.5.15   光电外差检测技术原理示意图

差频探测本质是一种信号变换，将待测信号变换成一种低频信号，并携带了待测信号的所有信息。差频信号的振幅、频率和相位将随待测光信号的振幅、频率和相位呈比例地变化。光电外差检测的应用条件为：

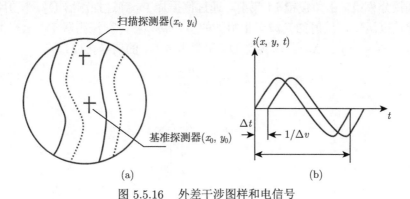

图 5.5.16 外差干涉图样和电信号

(1) 频率条件：信号光、本振光具有相同的模式，激光器为单频基模。

(2) 空间条件：光敏面处信号光、本振光光斑相互重合，提高信噪比。不重合的部分增加噪声。信号光、本振光的能流矢量保持同一方向，两束光发散角相同，波前曲率匹配。要想获得强差频信号，必须使本振光束和信号光束在空间准直得很好。杂散光方向不一，绝大部分背景光不能与本振光准直，不能产生明显的差频信号。外差检测具有良好的空间滤波性能，在空间上能很好地抑制背景噪声。

(3) 激光外差的光源：外差干涉需要双频光源。其频差根据需要选定。① 塞曼效应 He-Ne 激光器可得到 $1 \sim 2\mathrm{MHz}$ 的频差。② 双纵模 He-Ne 激光器频差约 600MHz。③ 当干涉仪中的参考镜以匀速 v 沿光轴方向移动时，垂直入射的反射光产生的频移将为 $\Delta\nu = 2v/\lambda$。如果圆偏振光通过一个旋转中的半波片，则透射光将产生两倍于半波片旋转频率 f 的频移，即 $\Delta\nu = 2f$。在参考光路中放入一个固定的 1/4 波片和一旋转的 1/4 波片，如果固定的 1/4 波片的主方向定位合适，可以把入射的线偏振光转变为圆偏振光。该圆偏振光两次穿过旋转的 1/4 波片，使其产生 $2f$ 的频移。圆偏振光再次穿过固定的 1/4 波片后又恢复为线偏振光，但频率已发生偏移。④ 声光调制器：垂直于入射光束方向移动 (匀速) 光栅的方法也可以使通过光栅的第 n 级衍射光产生频移，此处 f 是光栅的空间频率，V 是光栅的移动速度。利用布拉格盒 (Bragg cell) 声光调制器可以起到与移动光栅同样的移频效果。这时超声波的传播就相当于移动光栅，其一级衍射光的频移量就等于布拉格盒的驱动频率 f，而与光的波长无关。

光电外差检测的应用举例。

(1) 双频激光干涉仪。

如图 5.5.17 所示，参考光束 B_1 反射后，通过偏振片 P_1 到探测器 D_1，合成

光波产生差频信号 $\nu_1 - \nu_2$。测量光束透过 B_1，通过 1/4 波片，变成相互垂直的线偏振光；再经过偏振分束镜 B_2，分别射向反射镜 M_1、M_2；两束光反射后再次通过偏振分束镜，由角棱镜 M 反射，通过偏振片 P_2 到达探测器 D_2。反射镜 M_2 以一定速度运动，反射的光波产生附加的多普勒频移，在探测器 D_2 上产生的差频信号为 $\nu_1 - (\nu_2 \pm \Delta\nu)$。探测器 D_2 和探测器 D_1 的信号合成：

$$\Delta\nu = \frac{2u}{\lambda} \tag{5.5.11}$$

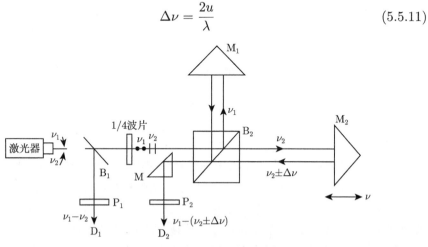

图 5.5.17　双频激光干涉仪光路图

反射镜运动的速度：

$$u = \frac{\Delta\nu}{2}\lambda \tag{5.5.12}$$

测量过程中反射镜运动的距离：

$$L = \int_0^t u\,\mathrm{d}t = \frac{\lambda}{2}\int_0^t \Delta\nu\,\mathrm{d}t \tag{5.5.13}$$

(2) 双频激光微小角度测量仪。

如图 5.5.18 所示，当两角锥镜产生转动时，转动角度为

$$\theta = \arcsin\frac{\Delta L}{R} \tag{5.5.14}$$

长度可由对应的多普勒频移计算：

$$\theta = \arcsin\frac{\lambda}{2R}\int_0^t (\Delta\nu_1 - \Delta\nu_2)\,\mathrm{d}t \tag{5.5.15}$$

如图 5.5.19 所示，用平面反射镜代替角锥镜，能够提高测量分辨率。双频激光干涉仪测角精度分辨率可达 $0.1''$，测量范围可达 $\pm 1000''$。

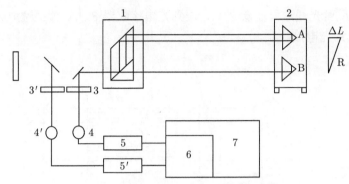

图 5.5.18 双频激光干涉仪测量角度原理图

1. 偏振分光棱镜组；2. 角锥棱镜组；3、3′. 检偏器；4、4′. 光电接收器；5、5′. 放大器；
6. 倍频和计数卡；7. 计算机

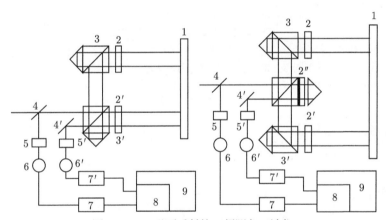

图 5.5.19 平面反射镜双频测角干涉仪

1. 测角反射镜；2、2′、2″. 1/4 波片；3、3′. 偏振棱镜；4. 分光板；4′. 反射镜；5、5′. 检偏器；6、6′. 光电
接收器；7、7′. 放大器；8. 倍频和计数卡；9. 计算机

(3) 双频激光空气折射率测定。

如图 5.5.20 所示双频激光经过 1/4 波片形成同方向传播、偏振方向互相垂直
的线偏振光。双层反射镜 2 的两个表面分别将两束光分开反射进入测量腔。其中
测量光束由 2 的上表面反射，经过补偿环 9，通过真空室，由角锥棱镜 6 反射，再
通过真空室、补偿环 9，由 2 的下表面反射；参考光束由 2 的下表面反射，经过
补偿环 9，通过外空间，到角锥棱镜 6，反射后再通过外空间、补偿环 9，由 2 的
上表面反射。补偿环 9 中间部位配有 1/4 波片 3，真空室内的光两次通过该波片
后，产生空间偏振方向互换，而空气中光束的偏振方向保持不变。经过真空室的
光束，产生频移后，偏振方向互换，在偏振分光棱镜 1 处与外空间对应光波重新

组合。偏振反射光通过检偏器 7 上，送到光电接收器 8 上；偏振透射光通过检偏器 7 下，送到光电接收器 8 下。

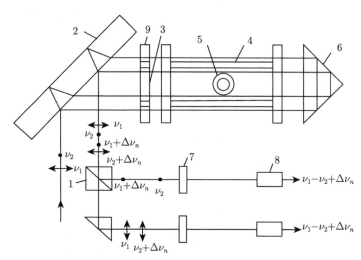

图 5.5.20 双频激光干涉仪测量空气折射率

1. 偏振分光棱镜；2. 双层反射镜；3. 1/4 波片；4. 真空室；5. 抽气口；6. 角锥棱镜；7. 检偏器；
8. 光电接收器；9. 补偿环

抽真空引起频移量：

$$\Delta \nu_n = \frac{2L}{\lambda} \frac{\mathrm{d}n}{\mathrm{d}t} \tag{5.5.16}$$

折射率变化值为

$$\Delta n = \frac{\lambda}{2L} \int_0^t \Delta \nu_n \mathrm{d}t \tag{5.5.17}$$

对于已抽成真空的情况，上述装置能够测试环境中空气的介质折射率的变化，其测试精度能够由原理公式进行估算。

(4) 激光外差测振干涉仪。

如图 5.5.21 所示，该测振仪用声光调制产生双频，其双频频差为 40MHz。偏振分光棱镜 2 将入射光分成两路：第一路测量光束由 2 反射、角锥棱镜 3 反射、分光棱镜 4 透射，1/4 波片 5 透射，通过聚光镜组 6 到达振动体 7。振动体 7 的反射光产生多普勒频移，通过聚光镜组 6，1/4 波片 5 透射，由分光棱镜 4 反射，再到分光棱镜 10；第二路参考光由 2 反射到达声光调制器 9，声光调制器 9 的角度可调，第一使其处于布拉格角，参考光强达到最大，第二使出射光方向与入射光方向一致。再通过角锥棱镜 8 反射也到达分光棱镜 10。参考光束、测量光束经分光棱镜 10 分别投射到偏振片 P_1 和 P_2 上。两偏振片光轴方向互相垂直。光电

探测器 D_1 和 D_2 上光拍频相同，探测信号由后续系统进行处理。拍频信号经过交流放大器后，进入混频器 (电路提供 40M 本振信号) 解调出，把值输入计算机后，计算机将直接显示并打印被测振动表面的振幅、速度和加速度值。

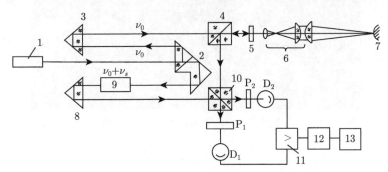

图 5.5.21   DISA 公司的外差激光测振仪原理图

1. 激光器；2. 偏振分光棱镜；3、8. 角锥棱镜；4、10. 分光棱镜；5. 1/4 波片；6. 聚光镜；7. 振动体；
9. 声光调制器；11. 放大器；12. 混频器；13. 计算机

5.5.3 引力波

2015 年 9 月 14 日，人类首次直接探测到了引力波这个奇妙现象，并在 2016 年初公布后引爆了公众舆论。2017 年的诺贝尔物理学奖授予了对此做出决定性贡献的三位科学家雷纳·韦斯 (Rainer Weiss)、巴里·巴里什 (Barry Clark Barish) 和基普·索恩 (Kip Stephen Thorne)。

因为时空有了结构，才产生了 "引力波" 这个名词。平时观察到的物质的运动，都是发生在时空之中的。不妨理解为，物质是演员，时空是这些演员表演的舞台。普通的波，都是演员在运动，而舞台静止。而引力波，是舞台本身的运动。所以在许多报道中把引力波称为 "时空的涟漪" 如图 5.5.22 所示。舞台能有波动，是因为它在不同的地方可以有所不同，也就是 "有结构"。这是广义相对论特有的性质。在牛顿力学中，时空是一个平淡无奇的舞台，因为时间就是均匀地流逝，空间就是均匀地绵延。现在我们把牛顿的时空观称为绝对时空观。爱因斯坦的相对论之所以叫相对论是因为他打破了牛顿的绝对时空观，从此时空变成相对的东西了 [13]。

地球既然在宇宙中运动，根据牛顿力学，光在地球不同方向上的速度就应该不同。1887 年，有人做了一个非常著名的实验，叫做迈克耳孙-莫雷实验 (Michelson-Morley experiment) 如图 5.5.23 所示。这个实验设计得非常精密，如果光在地球不同方向上的速度有差值，就会由于两路光走过的路程不同而产生干涉条纹，但实验结果却看不到干涉条纹，即无法测出任何差值。

图 5.5.22　两个黑洞合并，放出引力波，形成类似太极的图案

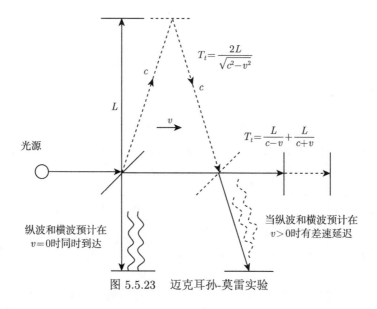

图 5.5.23　迈克耳孙-莫雷实验

1905 年，爱因斯坦 (图 5.5.24) 提议，"光速在所有的参照系中都不变" 应该作为一条基本原理，而不是一个要从其他原理推出的结论。

根据光速不变原理和相对性原理，爱因斯坦就推出了整个狭义相对论。有很多惊人的结果都是由狭义相对论得出的，例如钟慢效应 (在运动的参照系中时间流逝的比静止的参照系中慢)、尺缩效应 (在运动的参照系中距离比静止的参照系中短)。而所有结果中最惊人的，是质能关系 $E = mc^2$，一个体系包含的能量等于它的质量乘以光速的平方。能量和质量在某种意义上是一回事，只差一个常数因子。根据质能关系，只要知道任何一个过程 (如核反应) 前后的质量差，就可以预测这个过程放出的能量。这正是核武器 (图 5.5.25) 的基本原理。

图 5.5.24 阿尔伯特·爱因斯坦

图 5.5.25 广岛和长崎的原子弹爆炸

狭义相对论使我们对时空的理解也发生了深刻的变化。在牛顿力学中，时间就是时间，空间就是空间，两者不会混合到一起。而在狭义相对论中，时间和空间不可避免地会混合到一起。对此最方便的理解，是在解析几何中，若把坐标系旋转一下，就可以把新的坐标轴方向 x'、y' 变成旧的坐标轴方向 x、y 的组合如图 5.5.26 所示。但无论采用什么坐标系，都会得到相同的结果。

同样地，在狭义相对论中，换一个参照系就可以把时间部分地变成空间，把空间部分地变成时间，所以重要的是时间和空间的整体，即"时空"。原来的一维时间、三维空间，整合成了四维的时空。狭义相对论表明，所有的惯性参照系都是等价的，物理规律在所有的惯性参照系中都具有相同的形式。那么，非惯性的参照系如何考虑？非惯性的参照系，就是存在加速度的参照系。爱因斯坦注意到，一个质量为 m 的物体受到的万有引力正比于 m，而由此产生的加速度等于引力除以质量，结果与 m 无关。因此，一个非惯性参照系跟一个引力场，在物理上是等价的。引力场和非惯性参照系的等价性，叫做 "等效原理"。从这个原理出发，爱因斯坦把狭义相对论推广成了广义相对论。

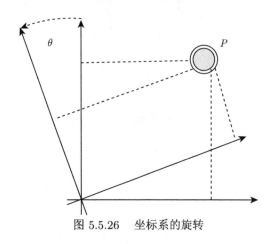

图 5.5.26　坐标系的旋转

　　在爱因斯坦推导出广义相对论后，凡是广义相对论跟牛顿力学预测不同的地方，全都是广义相对论正确，牛顿力学错误。这样的例子包括，水星近日点进动、光在经过太阳时的偏折、不同高度钟表的走时差别等。最后这个效应对于 GPS (全球定位系统)、北斗等卫星导航系统非常重要，若不考虑原子钟在地面和在卫星上的时间差，定位就会差之毫厘谬以千里。

　　在广义相对论中，质量引起时空的弯曲，物体在弯曲的时空中运动，看起来就像是受到引力的作用一样。在一张平坦的纸上面，它的曲率是零，三角形的内角和等于 $180°$，圆的周长等于 2π 乘以半径，欧几里得几何的定理都成立。如果把这张纸变成一个球面，曲率大于零，许多欧几里得几何的定理在这里就不成立了如图 5.5.27 所示。例如，三角形的内角和大于 $180°$，圆的周长小于 2π 乘以半径。

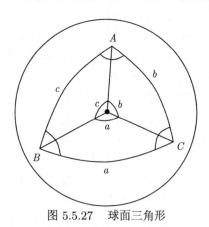

图 5.5.27　球面三角形

若把这张纸变成马鞍形如图 5.5.28 所示，曲率小于零，同样也会发现许多违反欧几里得几何的现象，只是表现在相反的方向。例如，三角形的内角和小于 180°，圆的周长大于 2π 乘以半径。

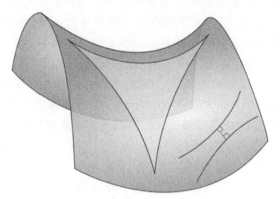

图 5.5.28　马鞍面上的三角形

把弯曲的对象从一张纸推广到相对论的时空，就能理解"时空弯曲"的意思，即时空的每一点都可以有或正或负或零的曲率。广义相对论给出了质量与附近的时空曲率之间的关系，质量越大，对周围的时空产生的弯曲越大。

当一个物体不受其他力只在引力的作用下运动时，无论时空是弯曲的还是平坦的，它都只是按照距离最短的路线即"短程线"运动。如果时空是平坦的，短程线就是直线，这时没有引力，它做的就是匀速直线运动。如果时空是弯折的，短程线就变成了曲线如图 5.5.29 所示。这时在其他观察者看来，这个物体似乎就是在引力的作用下运动。例如，地球绕太阳的公转轨道，就是地球在太阳周围的弯曲时空中的短程线。

图 5.5.29　太阳导致的时空弯曲，使地球的短程线变成曲线

在广义相对论中，不同地方的时空对应的曲率可以不同，所以说时空有了结构。实际上，根据广义相对论，引力波应该是一种极其常见的现象，任何不是球对称的物体的加速运动都会产生引力波，但很难探测，原因在于引力波的可观测效应非常小。引力波的实际效果，是使时空在某一个方向压缩，在另一个垂直的方向伸长。更具体地说，引力波在距离为 L 的两点之间产生的变形，等于 L 乘以一个常数 h。实验上真正要测量的目标，就是这个比例常数 h。但这个比例常数很小。对于两个黑洞合并，把三个太阳质量的能量转化为引力波这样暴烈的事件，h 也只有 10^{-21} 量级。LIGO 的光路长度是 4km。在这个距离上，变形只有 10^{-18} 量级。一个原子的半径，都大约有 10^{-10}m。一个原子核的半径，大约是 10^{-15}m。设计 LIGO 的目的是检测强度极其弱的引力波，测量精度要求到 10^{-19}m，可以说是目前人类造的最灵敏的探测器。其中的几个关键点分别为：① 法布里-珀罗干涉腔；② 高强度激光；③ 减振装置；④ 真空系统；⑤ 数据处理系统。其中，为了探测超级轻微的扰动，LIGO 迈克耳孙干涉仪的两臂越长越好。为了绕过工艺上的限制，LIGO 的设计者们，非常聪明地用两个超级长 (4km) 的法布里-珀罗干涉腔，获得了等效于 1600km 长的光程。此外，LIGO 在光源和分光镜之间，设置了所谓的功率循环镜片 (power recycling mirrors)，把入射的 200W 激光增大了 3750 倍，变成 75 万 W 的高强度激光器。这极大地提高了干涉图样的分辨率如图 5.5.30 所示。

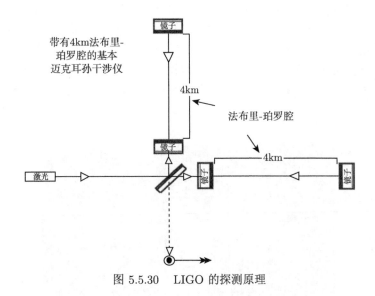

图 5.5.30 LIGO 的探测原理

实际上，在直接探测到引力波之前，科学界就普遍相信引力波的存在，因为它早就被间接探测到了。1993 年的诺贝尔物理学奖，授予了拉塞尔·赫尔斯 (Russell

A. Hulse) 和小约瑟夫·泰勒 (Joseph H. Taylor Jr.)，原因是他们在 1974 年发现了一种新的脉冲星，这就是引力波的间接证据。拉塞尔·赫尔斯和小约瑟夫·泰勒的新发现是：有一个脉冲星的周期在逐渐伸长，说明它的能量在逐渐损失。两人对此的解释是：这个体系是两颗相互围绕旋转的脉冲星，它们在通过引力波放出能量。观测到的能量损失的速度，跟理论预测的完全相符，所以大家都公认这是引力波存在的强有力证据。不过毕竟是间接证据，所以 LIGO 的成果，是第一次发现引力波存在的直接证据。

引力波与电磁波的传播速度都是光速。但与电磁波相比，引力波很难被吸收，即很不容易衰减。在这个意义上，引力波可以传遍整个宇宙，甚至有望听到 “原初引力波”，它是 138 亿年前作为宇宙开端的大爆炸的余响。因此，引力波是一种全新的探测工具，通过它，我们可以对许多以前无法观察的现象获得了解。

不论是实验室中的迈克耳孙干涉仪，还是 LIGO 的干涉装置，它们的结构都是一个简单的双臂干涉体系 (图 5.5.31)。

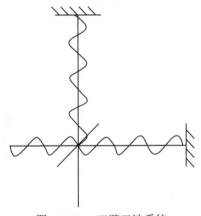

图 5.5.31　双臂干涉系统

光从左侧入射，在正中被分光镜分为两束，在两条臂的尽头通过反射镜返回，在下端探测器中测量两束光相干之后的总光强。当两臂中的光程差为半波长的奇数倍时，两束光相干相消，在探测器处的总光强为 0。

对于传统的迈克耳孙干涉仪，通过改变其中一臂 (一条光路) 的实际长度，两束光的光程差会发生改变，从而在探测器中探测到相干光的光强 (图 5.5.32)。

图 5.5.32 较之图 5.5.31，横向的光路的臂增长了。当光程差为波长的整数倍时，两束光相干增强，在探测器处探测到加强的信号。

但是对于 LIGO 的引力波探测器而言，光路的长度是固定不变的。

按照图 5.5.33 所示，似乎两束光依旧处于和图 5.5.31 相同的、相干相消的状态，即探测器处的光强依旧为零。但事实上，当引力波通过时，探测器处的干涉信号的确发生了改变。而 LIGO 团队也正是通过测量干涉强度的改变来反推引力波的影响。

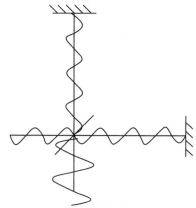

图 5.5.32　横向光路臂增长的双臂干涉系统

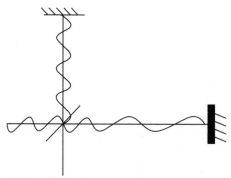

图 5.5.33　当其中一臂所在的空间被"拉长"后，波长也被相应地拉长

那么当引力波通过的时候，干涉器内部到底有何变化? 这里需要引入一些基本的相对论的概念，在几何空间中，两点之间的距离 (或距离的平方):

$$\mathrm{d}s^2 = (\mathrm{d}x\ \mathrm{d}y\ \mathrm{d}z) \begin{pmatrix} g_{11} & & \\ & g_{22} & \\ & & g_{33} \end{pmatrix} \begin{pmatrix} \mathrm{d}x \\ \mathrm{d}y \\ \mathrm{d}z \end{pmatrix} = g_{11}\mathrm{d}x^2 + g_{22}\mathrm{d}y^2 + g_{33}\mathrm{d}z^2$$

$$(5.5.18)$$

其中

$$g_{uv} = \begin{pmatrix} g_{11} & & \\ & g_{22} & \\ & & g_{33} \end{pmatrix}$$

$$(5.5.19)$$

被称为度规。

类似地，在相对论的时空中，两点 (不同的空间位置和不同的时间) 之间的距离为

$$\mathrm{d}l^2 = g_{11}\mathrm{d}x^2 + g_{22}\mathrm{d}y^2 + g_{33}\mathrm{d}z^2 - g_{00}c^2\mathrm{d}t^2 \tag{5.5.20}$$

其中度规变为了一个 4×4 的张量，时间的部分被记作 g_{00}，c 为光速。

对于光而言，$\mathrm{d}l^2 = 0$ 永远成立，即光在 $\mathrm{d}t$ 时间内走过的距离总是等于 $c\mathrm{d}t$，与参考系无关。

对于引力波，改变的正是度规张量 g_{uv}。让我们回到 LIGO 探测器本身。假设在引力波通过之前，臂长为 L 的一臂中的波数为 $n = \dfrac{L}{\lambda}$；当引力波通过时，L 改变了，但同时波长 λ 也相应地改变了，所以 n 并没有发生变化，如图 5.5.33 所示。但是在公式 (5.5.20) 中可见，由于引力波改变了 g_{uv}，而 $\mathrm{d}l^2 = 0$ 依旧成立，所以 $\mathrm{d}t$ 发生了改变，形式上有

$$\mathrm{d}t = \frac{\sqrt{g_{11}\mathrm{d}x^2 + g_{22}\mathrm{d}y^2 + g_{33}\mathrm{d}z^2}}{c\sqrt{g_{00}}} \tag{5.5.21}$$

而相位差 $\mathrm{d}\varphi = \omega \mathrm{d}t$，其中 ω 是激光的圆频率，是由发射激光的激光器所决定的，是实验系统中 "唯一" 的 "不变量"。

所以说，虽然探测器臂中的波数 n 没有发生变化，但是在两个臂中同一次振动从分光镜移动到反射镜所需要的时间 $\mathrm{d}t$ 发生了改变，相位发生了改变，从而观察到了干涉，如图 5.5.34 所示。

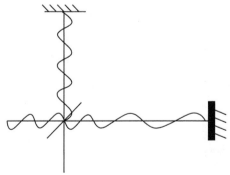

图 5.5.34　在 LIGO 中，光波长随着臂同时改变，但是同相位的光到达反射镜的时间却发生了改变，所以在探测器处还是可以观察到相干光

在迈克耳孙干涉仪中，公式 (5.5.20) 中的 g_{uv} 是不改变的，改变的是 $\mathrm{d}x$ 或 $\mathrm{d}y$，同样造成了相位的变化，此时，某一臂中的波束 n 发生了改变，这是和 LIGO 的探测器最直接的区别。

　　结论: 迈克耳孙干涉仪当然可以用来探测引力波, 但是造成相位改变引起干涉的, 不应该简单地理解成臂本身的拉长 (或缩短) 使得光程差改变, 而必须理解成度规的改变使得光在臂中传播的时间发生了改变。

附　　录

　　代码一:

```
%% 杨氏双缝干涉实验
clear all;clc;
lambda=632.8e-9;  %波长
d=2e-3;   %两个缝的距离
D=1;   %双缝到接收屏的距离
I0=1;  %初始光强

n=101;
xmax=5*lambda*D/d;
x=linspace(-xmax,xmax,n);
I=zeros(n,1);
for i=1:n
    r1=sqrt((x(i)+d/2)^2+D^2);   %光程r1
    r2=sqrt((x(i)-d/2)^2+D^2);   %光程r2
    phi=2*pi*(r2-r1)/lambda;
    I(i,:)=4*I0*cos(phi/2)^2;
end

I_change=I./4.*255;
subplot(2,1,1);
image(x,xmax,I_change' );
colormap(gray(255));
xlabel('(a)空间坐标x');
ylabel('空间坐标y');
title('干涉光强空间分布');

subplot(2,1,2);
plot(x,I');
axis([-xmax,xmax,0,4]);
xlabel('(b)空间坐标x');
ylabel('光强度');
title('干涉光强空间分布函数');
```

代码二:

```
%% 迈克耳孙干涉仪
clear all;clc;
%
% lambda('输入光的波长，例如632.8e-6（单位mm）: ');
% xmax('观察屏横向视野半径，例如10（单位mm）: ');
% ymax('观察屏纵向视野半径，例如10（单位mm）: ');
% f（'观察屏前透镜焦距，例如80（单位mm）: ');
% d('平面镜M1'和平面镜M2的间距，例如0.4(单位mm)');
lambda=632.8e-6;
xmax=10;
ymax=10;
f=100;
d=0.1;
N=1000;   %N表示取样个数
x=linspace(-xmax,xmax,N);y=linspace(-ymax,ymax,N);
for i=1:N
    for j=1:N
        r(i,j)=sqrt(x(i).^2+y(j).^2);   %计算视野内的圆环半径
        I(i,j)=cos(2*pi*d*cos(atan(r(i,j)/f))/lambda).^2;   %光强分布
    end
end
figure(1)
mesh(I),title('光强分布');
graylevel=255;Ir=I*graylevel;
figure(2)
image(Ir);colormap(gray(graylevel)),title('干涉条纹图');
```

习　　题

1. 用迈克耳孙干涉仪观察到的等倾干涉条纹与牛顿环的干涉条纹有何不同?

2. 在马赫-曾德尔干涉仪的一条光路中，放入一折射率 n，厚度为 h 的透明介质板，放入后，两束光的光程差改变量为多少?

3. 在迈克耳孙干涉仪的 M_2 镜前，当插入一薄玻璃片时，可观察到有 150 条干涉条纹向一方移过，若玻璃片的折射率 $n = 1.5$，所用的单色光的波长 $\lambda = 632nm$，试求玻璃片的厚度。

4. 用一束单色光照射马赫-曾德尔干涉仪，在其中一条光路中放入一个气室，气室中气体比空气的折射率大，逐渐抽去气室中的气体，干涉条纹发生什么改变?

5. 若一个平面物体的全息图记录在与物体平行的记录介质上，证明再现像将呈现在与全息图平行的平面内 (为简单起见，假定参考波为平面波)。

6. 在迈克耳孙干涉仪的一条光路内放入一个长度为 10cm 的气室, 气室两端有两片平行的窗片。照明光波长为 600nm。空气的折射率为 1.00029。要是把空气抽空, 移动的条纹有多少对?

7. 在拍摄全息光栅时, 将涂有光致抗蚀剂的玻璃基片用折射率匹配液贴在一个直角棱镜的弦面上 (如下图)。两束平面波从两个直角棱面上入射。棱镜折射率为 n, 记录光波在真空中的波长为 λ。试说明可用这种方法提高全息光栅的频率。

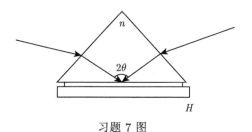

习题 7 图

8. 利用下图所示光路记录离轴全息图, 改变 θ 角可在同一胶片上记录两个不同物体 O_1 和 O_2 的全息图。O_1 和 O_2 的最高空间频率分别为 $100\mathrm{mm}^{-1}$ 和 $250\mathrm{mm}^{-1}$。用相同波长 ($\lambda = 632.8$ nm) 的平面波垂直照明全息图, 求:

(1) 使各个衍射像分离的最小参考角 θ_1, θ_2 以及 $\Delta\theta_3$;

(2) 对记录介质分辨率的要求。

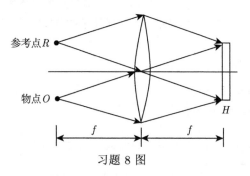

习题 8 图

9. 用波长为 589.3nm 的钠黄光垂直照射长 $L = 20\mathrm{mm}$ 的空气劈尖, 测得条纹间距为 0.118mm。求: 钢球直径 d。

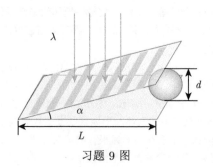

习题 9 图

10. 在半导体元件生产中，为测定硅 (Si) 片上 SiO_2 薄膜的厚度，将该膜一端削成劈尖状，已知 SiO_2 折射率 $n = 1.46$，用波长为 546.1nm 的绿光垂直照射，观测到 SiO_2 劈尖薄膜上出现了 7 条暗纹，问 SiO_2 薄膜厚度是多少 (Si 的折射率为 3.42)？

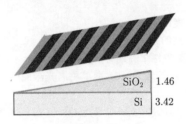

习题 10 图

11. 为检测某一工件的表面光洁度，在它表面上放一块标准平面玻璃，一端垫一小片锡箔，使平板玻璃与待测物之间形成空气劈尖，用通过绿色滤片的波长为 550nm 的光垂直照射，观测到一般干涉条纹间距 $l = 2.34mm$，但某处条纹弯曲如图所示，其弯曲最大畸变量 $a = 1.86mm$。问：该处工件表面有怎样的缺陷，其深度 (或高度) 如何？

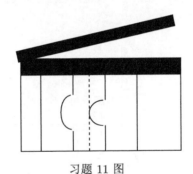

习题 11 图

12. 光源的光谱是具有一定谱线宽度的均匀分布，平均波长 $\lambda_0 = 600nm$，波长范围 $\Delta\lambda = 0.2nm$。

(1) 求光源的时间相干度 $|\mu_{11}(\tau)|$；

(2) 干涉条纹的对比度下降到 0.5 之前，采用该光源的迈克耳孙干涉仪中能形成多少条纹？

13. 在杨氏干涉实验中，采用宽度为 p 的准单色缝光源，辐射光强均匀分布为 I_0，波长 $\bar{\lambda} = 600nm$。

(1) 写出计算 S_1 和 S_2 两点空间相干度 $|\mu_{12}|$ 的公式；

(2) 当 $p = 0.1mm$，$D = 1m$，$d = 3mm$ 时，求观察屏上杨氏干涉条纹对比度的大小；

(3) 若 D 和 d 取上述值，要求观察屏上干涉条纹的对比度为 0.4，缝光源宽度 p 应为多少？

14. 若光波的波长宽度为 $\Delta\lambda$，频宽为 $\Delta\nu$，试证明

$$\left|\frac{\Delta\nu}{\nu}\right| = \left|\frac{\Delta\lambda}{\lambda}\right|$$

式中，ν 和 λ 分别为该光波的频率和波长。对于波长为 633nm 的 He-Ne 激光，波长宽度 $\Delta\lambda = 2 \times 10^{-8}nm$，试计算它的频率宽度和相干长度？

15. 在杨氏实验中，照明两小孔的光源是一个直径为 2nm 的圆形光源，光源发光的波长为 500nm，它到小孔的距离为 1.5m，问两小孔能够发生干涉的最大距离是多少？

16. 设迈克耳孙干涉仪所用的光源为 $\lambda_1 = 589.0$nm，$\lambda_2 = 589.6$nm 的钠双线，每一谱线的宽度为 0.01nm。

(1) 试求光场的复自相干度的模;

(2) 当移动一臂时，可见到的条纹总数大约是多少？

(3) 可见度有几个变化周期？每个周期有多少条纹？

17. 在杨氏双孔实验中，用缝宽为 a 的准单色缝光源照明，其均匀分布的辐射光强为 I，中心波长 $\lambda = 600$nm。

(1) 写出距照明狭缝 z 处的间距为 d 的双孔 Q_1 和 Q_2 (不考虑孔的大小) 之间的复相干因子的表达式;

(2) 若双孔均在与狭缝垂直的 xy 平面内且 $a = 0.1$mm, $z = 1$m, $d = 3$mm，求观察屏上杨氏干涉条纹的对比度;

(3) 若 z 和 d 仍然取上述值，要求观察屏上干涉条纹的对比度为 0.41，则缝光源的宽度应为多少？

(4) 若缝光源用 xy 平面内两个相距为 a 的准单色点光源代替，如何表达 Q_1 和 Q_2 两点之间的复相干因子？

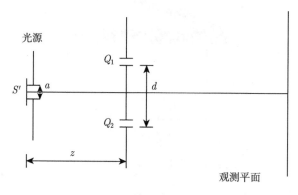

习题 17 图

18. 迈克耳孙干涉仪平面镜的面积为 4mm×4mm，观察到该镜上有 20 个条纹，当入射光的波长为 589nm 时，两镜面之间的夹角为多大？

19. 迈克耳孙干涉仪的反射镜 M_2 移动 0.25mm 时，看到条纹移过的数目为 909 个，设光为垂直入射，求所用光源的波长。

20. 调节一台迈克耳孙干涉仪，使用波长为 500nm 的扩展光源照明时会出现同心圆环条纹，若要使圆环中心处相继出现 1000 个圆环条纹，则将移动一臂多远的距离？若中心是亮的，试计算第一暗环的角半径。(提示：圆环是等倾干涉图样，计算第一暗环角半径时可利用 $\theta \approx \sin\theta$ 及 $\cos\theta \approx 1 - \dfrac{\theta^2}{2}$ 的关系。)

参 考 文 献

[1] 赵存虎. 关于光的时间相干性的讨论 [J]. 内蒙古师范大学学报 (教育科学版), 2001(4): 50-52.

[2] 陈亚红. 部分相干光束与表面等离激元的光场相干结构调控、测量及应用 [D]. 苏州: 苏州大学, 2018.

[3] 王阳, 张美玲, 王宇, 等. 部分相干光照明的数字全息显微技术及应用 [J]. 激光与光电子学进展, 2021, 58(18): 150-165.

[4] 仪器网. SmartWLI 大视场便携式白光干涉三维轮廓仪 [EB/OL]. [2022-08-01]. https://www.yiqi.com/product/detail_10945.html.

[5] 搜狐网. 历经多年终于可以一睹引力波的真面目？LIGO 为我们提供了全新视角 [EB/OL]. [2022-08-01]. https://www.sohu.com/a/385613935_120085179.

[6] 卢兴园, 赵承良, 蔡阳健. 部分相干照明下的相位恢复方法及应用研究进展 [J]. 中国激光, 2020, 47(5): 270-287.

[7] Cambreidge University Press. Principles of opyics[EB/OL]. [2022-08-01]. https://www.cambridge.org/core/books/principles-of-optics/D12868B8AE26B83D6D3C2193E94FF-C32.

[8] Thermo Nicolet Corporation. Introduction to fourier transform infrared spectrometry. [EB/OL]. [2022-08-01]. http://www.thermonicolet.com.

[9] 张润南, 蔡泽伟, 孙佳嵩, 等. 光场相干测量及其在计算成像中的应用 [J]. 激光与光电子学进展, 2021, 58(18): 66-125+43+3.

[10] 李晔, 张海成, 陈良, 等. 双频激光测量光学材料应力均匀性技术研究 [J]. 长春理工大学学报 (自然科学版), 2009, 32(1): 64-66.

[11] 知乎. 如何计算功率谱密度 PSD(Power Spectral Density)？[EB/OL]. [2022-08-01]. https://zhuanlan.zhihu.com/p/282986307.

[12] 化工仪器网. 非接触式振动测量远距离激光测振仪 [EB/OL]. [2022-08-01]. https://www.chem17.com/Product/Detail/28683788.html.

[13] 知乎. 理解引力波很简单, 只需要你先搞明白爱因斯坦的相对论······ | 科技袁人 [EB/OL]. [2022-08-01]. https://zhuanlan.zhihu.com/p/33331443/from_voters_page=true.

第 6 章　透镜的变换作用

6.1　透镜的相位变换作用：最普遍的光学元件对于系统的地位

在之前的课程中，我们已经学过了菲涅耳近似、夫琅禾费近似、傍轴近似、标量衍射近似、线性空不变系统等近似，其中菲涅耳近似、夫琅禾费近似、傍轴近似属于条件近似，标量衍射近似属于物理理论近似，线性空不变系统近似属于物理模型近似，之前我们所学的透过率函数也算是一种抽象近似。以上都算作一级理论中的近似，但在实际处理普遍性问题 (如薄透镜或相干/非相干光学系统的传递函数) 时，往往为了便于求解还要考虑二级理论的近似。夫琅禾费衍射场的光场复振幅分布是某一平面光场复振幅分布的傅里叶变换，而夫琅禾费衍射可用透镜系统获得。这说明：用透镜可以实现任一平面光场复振幅的傅里叶变换。这就是傅里叶光学的基础，也是近代光学模拟计算方法的基础和相干光信息处理的基础。这种变换特性的基础是：单透镜和透镜系统可以改变光波相位的空间分布，或者说，它能对通过透镜的光波进行相位的空间调制。

6.1.1　透镜的功能

我们知道，透镜的两种功能分别为成像和波面变换。第一个功能在我们初高中学习有关 "小孔成像" 时便已了解如图 6.1.1 所示，而将小孔用透镜替代并结合几何光学中的物像关系可更好地得到成像效果如图 6.1.2 所示。

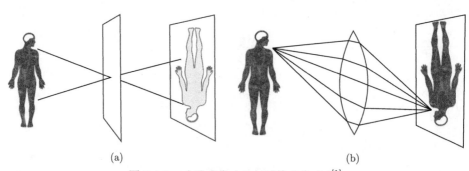

(a)　　　　　　　　　　　　　　　　　　(b)

图 6.1.1　小孔成像 (a) 与透镜成像 (b)[1]

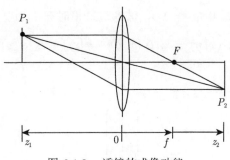

图 6.1.2 透镜的成像功能

第二个则是在物理光学中我们要强调的，即"波前/波面"变换功能，在薄透镜近似条件下，我们要把各种透镜的透过率函数都表示出来。因为我们知道，一旦透过率函数表示出来，无论是什么样的器件，它的波前变换功能我们都可以用 $t(x,y)$ 概括出来，且只需考虑 x、y 平面某一点处给我们波面带来的振幅或者相位的变化，而不用考虑 z 方向的变化。如图 6.1.3 所示，正负透镜将平面波分别变为/变回球面波，从而对波前产生一个关于 (x,y) 的二次相位因子。

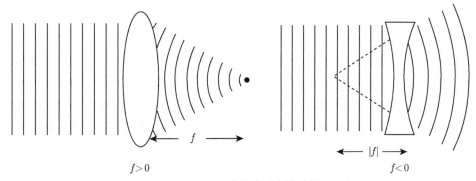

图 6.1.3 透镜的波面变换功能

从几何光学的角度来讲，我们可以忽略光线在透镜之间的平移，因为实际上透镜是有厚度的，我们现在把它抽样成薄片，实际上就可以把入射光点和出射光点连起来，从而不再去考虑它在横向上的错位。很显然光线是从不同的 (x_1, y_1) 射入，再从 (x_2, y_2) 射出，二者并不在同一位置上，而我们现在把 $x_1 = x_2$，$y_1 = y_2$，将其放在一点上，这时我们已经把透镜抽象成一个薄透镜了。

第三种理解是，我们知道所有的透镜都会引入一个光程差，当光线在空气和镜子里时由于折射率不同而导致光线传播的快慢不同。若光在镜子里走得多一些，空气里走得少一些，则光程差就会有差别如图 6.1.4 所示，从而造成光线的差别以及对我们出射的波前产生差别。因此，可以将光程差 Δ 运用几何知识算出来，之

后将光程差 Δz 转换成相位差 $\Delta\varphi$，波通过透镜时在 (x,y) 点发生的总相位延迟：

$$\varphi(x,y) = kn\Delta(x,y) + k[\Delta_0 - \Delta(x,y)] \tag{6.1.1}$$

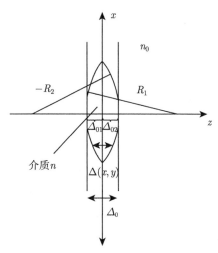

图 6.1.4   双凸球面薄透镜

而若假设透镜是一个纯相位物体，振幅为 1，从而求得可透过率函数 $t(x,y)$：

$$t(x,y) = \mathrm{e}^{\mathrm{j}\varphi(x,y)} \tag{6.1.2}$$

其中，n 为透镜介质折射率，$t(x,y)$ 为透镜厚度。相位延迟产生的原因主要是光波在透过透镜之后和之前相比引入了一个光程差 δ，当它乘以波矢 k 时，就变成了相位延迟。由于透镜是纯透物体，它对物体的振幅改变量为零，所以透镜是纯相位物体。

6.1.2   双凸球面薄透镜的厚度方程

如果我们把光当作光线来看待，当光穿透过物体时，我们可以引入一个物体的厚度函数，这样我们就可以更清晰地来看待透镜对光波的调制作用 (符号规则：光线从左到右时，凸面曲率半径为正，凹面曲率半径为负)。

如图 6.1.5 所示，总的厚度函数可以表示为

$$\Delta(x,y) = \Delta_1(x,y) + \Delta_2(x,y) \tag{6.1.3}$$

其中，

$$\Delta_1(x,y) = \Delta_{01} - \left(R_1 - \sqrt{R_1^2 - x^2 - y^2}\right) = \Delta_{01} - R_1\left(1 - \sqrt{1 - \frac{x^2+y^2}{R_1^2}}\right) \tag{6.1.4}$$

$$\Delta_2(x,y) = \Delta_{02} - \left(-R_2 - \sqrt{R_2^2 - x^2 - y^2}\right) = \Delta_{02} + R_2\left(1 - \sqrt{1 - \frac{x^2 + y^2}{R_2^2}}\right) \tag{6.1.5}$$

$$\Delta_0 = \Delta_{01} + \Delta_{02} \tag{6.1.6}$$

在傍轴近似条件下:

$$1 - \sqrt{1 - \frac{x^2 + y^2}{R_1^2}} \approx 1 - \frac{x^2 + y^2}{2R_1^2} \tag{6.1.7}$$

$$1 - \sqrt{1 - \frac{x^2 + y^2}{R_2^2}} \approx 1 - \frac{x^2 + y^2}{2R_2^2} \tag{6.1.8}$$

厚度的函数表达式为 (图 6.1.6)

$$\Delta(x,y) = \Delta_1 + \Delta_2 = \Delta_0 - \frac{x^2 + y^2}{2}\left(\frac{1}{R_1} - \frac{1}{R_2}\right) \tag{6.1.9}$$

透镜的复振幅透过率函数为

$$t_l(x,y) = \exp\left[jkn\Delta_0\right]\exp\left[-jk\left(n - 1\right)\frac{x^2 + y^2}{2}\left(\frac{1}{R_1} - \frac{1}{R_2}\right)\right] \tag{6.1.10}$$

相位延迟:

$$
\begin{aligned}
\varphi &= k\Delta_0 + k\left(n - 1\right)\Delta(x,y) \\
&= k\Delta_0 + k\left(n - 1\right)\left[\Delta_0 - \frac{x^2 + y^2}{2}\left(\frac{1}{R_1} - \frac{1}{R_2}\right)\right] \\
&= kn\Delta_0 - k\frac{(n - 1)}{2}\left(\frac{1}{R_1} - \frac{1}{R_2}\right) \tag{6.1.11}
\end{aligned}
$$

令

$$(n - 1)\left(\frac{1}{R_1} - \frac{1}{R_2}\right) = \frac{1}{f}, \quad \varphi(x,y) = k_n\Delta_0 - \frac{\pi}{\lambda f}\left(x^2 + y^2\right) \tag{6.1.12}$$

$$t_l(x,y) = \exp\left[jkn\Delta_0\right]\exp\left[-j\frac{k}{2f}\left(x^2 + y^2\right)\right] \tag{6.1.13}$$

上式的物理意义: 第一项是常数相位延迟, 第二项是对球面波的二次曲面近似。若焦距为正, 则是会聚透镜 (正透镜), 若焦距为负, 则是发散透镜 (负透镜)。

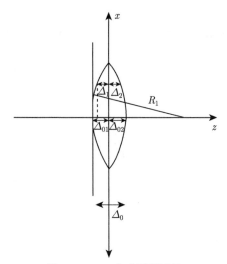

图 6.1.5　双凸球面薄透镜

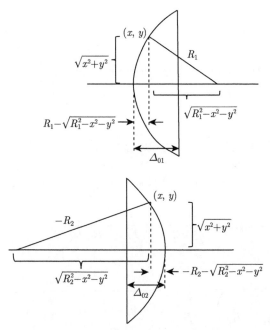

图 6.1.6　计算透镜厚度函数的几何图形

对于光瞳函数:

$$P(x, y) = \begin{cases} 1, & \text{镜头内} \\ 0, & \text{其他} \end{cases} \qquad (6.1.14)$$

这样透镜的复振幅透过率函数变成：

$$t_l(x,y) = P(x,y)\exp\left[-\mathrm{j}\frac{k}{2f}\left(x^2+y^2\right)\right] \tag{6.1.15}$$

$$U_l'(x,y) = U_l(x,y)P(x,y)\exp\left[-\mathrm{j}\frac{k}{2f}\left(x^2+y^2\right)\right] \tag{6.1.16}$$

对于透镜的厚度函数还有另一种解析法。

有一透镜，图 6.1.7 所示的是它的侧面，z 轴与透镜的主光轴重合，若一条近轴光线从透镜的一面上坐标为 (x,y) 的点入射，忽略光线在透镜内的平移，光在透镜的另一面上以相同的 (x,y) 坐标出射，则称此透镜为薄透镜。图中所示的 $\Delta(x,y)$ 表示该薄透镜的厚度函数，对于薄透镜来说表面的曲率半径比透镜最大厚度 Δ_0 大得多 [2]。为了求出厚度函数 $\Delta(x,y)$，将透镜沿垂直于 z 轴的方向剖成三部分，如图 6.1.8 所示。于是有

$$\Delta(x,y) = \Delta_1(x,y) + \Delta_2(x,y) + \Delta_3(x,y) \tag{6.1.17}$$

式中，$\Delta_1(x,y)$，$\Delta_2(x,y)$，$\Delta_3(x,y)$ 分别表示这三部分坐标 (x,y) 处的厚度，其中 $\Delta_2(x,y) = \Delta_{02}$。

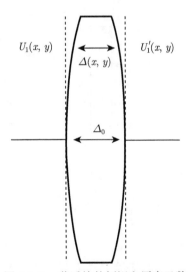

图 6.1.7　薄透镜的侧视和厚度函数

首先对曲率半径 R 所表示值的正、负作如下规定：当光线从左到右时，它所遇到的每个凸面的曲率半径为正，每个凹面的曲率半径为负。按此规定，图 6.1.8

中 $R_1 > 0$，$R_2 < 0$。对于近轴光线 $\sqrt{x^2 + y^2} \ll R_1$ 或 $-R_2$，由图 6.1.8(a) 有

$$
\begin{aligned}
\Delta_1(x, y) &= \Delta_{01} - \left(R_1 - \sqrt{R_1^2 - x^2 - y^2} \right) \\
&= \Delta_{01} - R_1 \left(1 - \sqrt{1 - \frac{x^2 + y^2}{R_1^2}} \right) \\
&\approx \Delta_{01} - \frac{x^2 + y^2}{2R_1}
\end{aligned}
\tag{6.1.18}
$$

用同样的方法，由图 6.1.8(c) 得到

$$
\Delta_3(x, y) \approx \Delta_{03} + \frac{x^2 + y^2}{2R_2}
\tag{6.1.19}
$$

以上两式表明，用了旋转抛物面来近似表示透镜的球面，利用这一近似，式 (6.1.17)
所表示的厚度函数变成

$$
\Delta(x, y) = \Delta_0 - \frac{x^2 + y^2}{2} \left(\frac{1}{R_1} - \frac{1}{R_2} \right)
\tag{6.1.20}
$$

式中

$$
\Delta_0 = \Delta_{01} + \Delta_{02} + \Delta_{03}
\tag{6.1.21}
$$

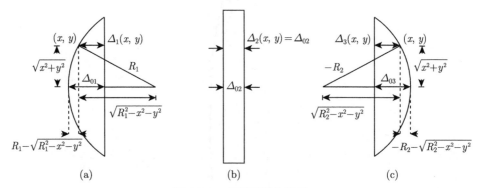

图 6.1.8   厚度函数的计算

透镜的相位变换及其物理意义如下。

由图 6.1.7，设有一单色平面波沿 z 轴正向入射至透镜表面，在入射面上光的
复振幅 $U_1(x, y) = 1$。这个入射波的波前在透镜上的各点都受到了一个正比于厚
度 $\Delta(x, y)$ 的相位延迟，光线通过 (x, y) 点时总的相位延迟为

$$
\phi(x, y) = kn\Delta(x, y) + k \left[\Delta_0 - \Delta(x, y) \right]
\tag{6.1.22}
$$

式中，n 是透镜材料的折射率；$kn\Delta(x,y)$ 是光通过透镜而产生的相位延迟；$k\left[\Delta_0 - \Delta(x,y)\right]$ 表示光通过两个平面之间剩下的自由空间区域产生的相位延迟。透镜的作用可以等效地用一个形式为

$$t_1(x,y) = \exp\left[j\phi(x,y)\right] = \exp\left(jk\Delta_0\right)\exp\left[jk\left(n-1\right)\Delta(x,y)\right] \tag{6.1.23}$$

的相位变换来表示。紧靠透镜之后，平面上的复场 $U_1'(x,y)$ 和入射到紧靠透镜之前的平面上的复场 $U_1(x,y)$ 之间的关系由式 (6.1.24) 表示，即

$$U_1'(x,y) = t_1(x,y)U_1(x,y) \tag{6.1.24}$$

将式 (6.1.20) 代入式 (6.1.23)，得到透镜变换的近轴近似为

$$t_1(x,y) = \exp\left(jkn\Delta_0\right)\exp\left[-jk\left(n-1\right)\frac{x^2+y^2}{2}\left(\frac{1}{R_1} - \frac{1}{R_2}\right)\right] \tag{6.1.25}$$

用式 (6.1.26) 定义参数 f

$$\frac{1}{f} = (n-1)\left(\frac{1}{R_1} - \frac{1}{R_2}\right) \tag{6.1.26}$$

于是相位变换

$$t_1(x,y) = \exp\left(jkn\Delta_0\right)\exp\left[-j\frac{k}{2f}\left(x^2+y^2\right)\right] \tag{6.1.27}$$

设有一单位振幅的单色平面波沿光轴方向垂直入射至透镜表面，$U_l(x,y) = 1$，由此得到透镜后侧场的复振幅为

$$U_l'(x,y) = t_1(x,y)U_l(x,y) = \exp\left(jkn\Delta_0\right)\exp\left[-j\frac{k}{2f}\left(x^2+y^2\right)\right] \tag{6.1.28}$$

式 (6.1.28) 中第一项是常数相位延迟，第二项表示一个球面波的二次曲面近似。考虑到光场的时间因子已取作 $\exp(-j\omega t)$，若 f 为正，则式 (6.1.28) 表示一个会聚球面波，如图 6.1.9(a) 所示，会聚点离透镜的距离为 f；若 f 为负，则式 (6.1.28) 表示一发散球面波，如图 6.1.9(b) 所示，发散点在透镜左侧，离透镜的距离为 $|f|$。从这一结果看出，由式 (6.1.26) 定义的参数 f 就是几何光学中所说的焦距，球面透镜之所以对平行光有聚焦作用是因为它具有式 (6.1.27) 所示的相位变换作用。

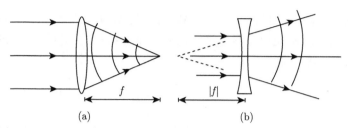

图 6.1.9   会聚透镜和发散透镜对垂直入射平面波的效应

6.1.3 薄透镜对光场的作用

考察一个轴上点光源发出的球面波照射一个双凸球面薄透镜，如图 6.1.10 所示。

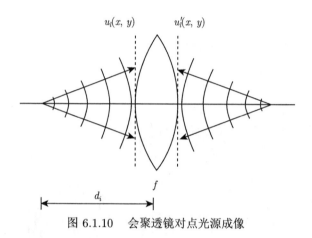

图 6.1.10   会聚透镜对点光源成像

紧靠透镜之前的球面波分布为

$$U_l(x,y) = \frac{\mathrm{e}^{jkd_i}}{\mathrm{j}\lambda d_i} \exp\left[\mathrm{j}\frac{\pi}{\lambda d_i}\left(x^2 + y^2\right)\right] \tag{6.1.29}$$

光波通过透镜时会发生相位延迟：

$$t_l(x,y) = \exp\left[-\mathrm{j}\frac{\pi}{\lambda f}\left(x^2 + y^2\right)\right] \tag{6.1.30}$$

则紧靠透镜之后的平面上的复振幅分布为

$$U_l'(x,y) = U_l(x,y)t_l(x,y) = \frac{\mathrm{e}^{jkd_i}}{\mathrm{j}\lambda d_i}\exp\left[\mathrm{j}\frac{\pi}{\lambda d_i}\left(x^2 + y^2\right)\right]\exp\left[-\mathrm{j}\frac{\pi}{\lambda f}\left(x^2 + y^2\right)\right]$$

$$= \frac{\mathrm{e}^{jkd_i}}{\mathrm{j}\lambda d_i}\exp\left[\mathrm{j}\frac{\pi}{\lambda}\left(\frac{1}{d_i} - \frac{1}{f}\right)\left(x^2 + y^2\right)\right] \tag{6.1.31}$$

令

$$-\frac{1}{d'} = \frac{1}{d_i} - \frac{1}{f} \tag{6.1.32}$$

则有

$$U_l'(x,y) = \frac{\mathrm{e}^{\mathrm{j}kd_i}}{\mathrm{j}\lambda d_i} \exp\left[-\mathrm{j}\frac{\pi}{\lambda d'}(x^2+y^2)\right] \tag{6.1.33}$$

(1) 若点光源位于透镜前焦面：

$$d_i = f, \quad d' = \infty, \quad \exp\left[-\mathrm{j}\frac{\pi}{\lambda d'}\left(x^2+y^2\right)\right] = 1 \tag{6.1.34}$$

则球面波变成平面波。

(2) 若点光源位于透镜前无穷远：

$$d_i = \infty, \quad d' = f \tag{6.1.35}$$

则平面波变成球面波，在透镜后焦面聚焦。

(3) 若点光源位于透镜前 2 倍焦距处：

$$d_i = 2f, \quad d' = 2f \tag{6.1.36}$$

则透镜成等大实像。

图 6.1.11 是五种典型的薄透镜示意图。

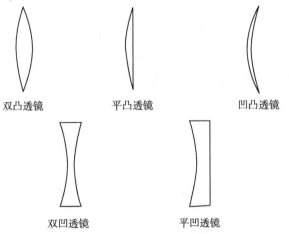

双凸透镜   平凸透镜   凹凸透镜

双凹透镜   平凹透镜

图 6.1.11 五种典型的薄透镜

薄透镜焦距的正负号决定其对光场的作用：

$$(n-1)\left(\frac{1}{R_1} - \frac{1}{R_2}\right) = \frac{1}{f'}, \quad t_l(x,y) = \mathrm{e}^{\mathrm{j}kn\Delta_0}\exp\left[-\mathrm{j}\frac{\pi}{\lambda f}\left(x^2+y^2\right)\right] \tag{6.1.37}$$

6.2   透镜与傅里叶变换

6.2.1   物体紧靠透镜

假定用一个振幅为 A 的单色平面波垂直入射，均匀照明物体。物体紧贴在薄透镜前表面，用平面波垂直照射物体，在透镜后焦面成像。

物体后方紧贴透镜前方的光波场分布如图 6.2.1 所示。

$$U_l(x,y) = At_0(x,y) \tag{6.2.1}$$

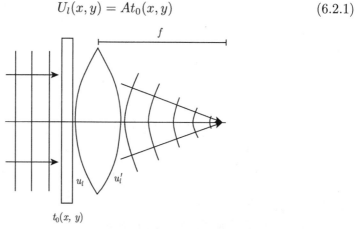

图 6.2.1   物体紧贴透镜的傅里叶变换光路

紧贴透镜后方的光波场分布：

$$U_l'(x,y) = U_l(x,y)P(x,y)\exp\left[-\mathrm{j}\frac{k}{2f}\left(x^2+y^2\right)\right] \tag{6.2.2}$$

透镜后表面的光场开始自由空间衍射经过焦距 f 之后，得到的菲涅耳衍射场透镜后焦面上的场分布 $(z=f)$：

$$
\begin{aligned}
U_f\left(x_f,y_f\right) = {}& \frac{\mathrm{e}^{\mathrm{j}kf}}{\mathrm{j}\lambda f}\exp\left[\mathrm{j}\frac{k}{2f}\left(x_f^2+y_f^2\right)\right. \\
& \left.\times\iint\limits_{-\infty}^{\infty}\left\{U_l'(x,y)\exp\left[\mathrm{j}\frac{k}{2f}\left(x^2+y^2\right)\right]\right\}\mathrm{e}^{-\mathrm{j}\frac{2\pi}{\lambda f}(xx_f+yy_f)}\right]\mathrm{d}x\mathrm{d}y
\end{aligned} \tag{6.2.3}
$$

被积函数内的二次相位因子相消

$$U_f\left(x_f,y_f\right) = \frac{\exp\left[\mathrm{j}\frac{k}{2f}\left(x_f^2+y_f^2\right)\right]}{\mathrm{j}\lambda f}\iint\limits_{-\infty}^{\infty}\{U_l(x,y)P(x,y)\mathrm{e}^{-\mathrm{j}\frac{2\pi}{\lambda f}(xx_f+yy_f)}\mathrm{d}x\mathrm{d}y$$

$$\tag{6.2.4}$$

若物体的尺度小于透镜孔径，因子 $P(x,y)$ 可以略去

$$U_f\left(x_f, y_f\right) = \frac{A\exp\left[\mathrm{j}\dfrac{k}{2f}\left(x_f^2 + y_f^2\right)\right]}{\mathrm{j}\lambda f}t_0(x,y)\mathrm{e}^{-\mathrm{j}\frac{2\pi}{\lambda f}(xx_f + yy_f)}\mathrm{d}x\mathrm{d}y$$

$$= \frac{\exp\left[\mathrm{j}\dfrac{k}{2f}\left(x_f^2 + y_f^2\right)\right]}{\mathrm{j}\lambda f}U_l\left(x_f, y_f\right), \quad \left(f_x = \frac{x_f}{\lambda f}, f_y = \frac{y_f}{\lambda f}\right) \quad (6.2.5)$$

所以上式给出了一个重要的结果：即透镜后焦面上的光场分布正比于物体的傅里叶变换。但注意：这不是一个标准的傅里叶变换关系，后焦面上的场分布与准确的傅里叶频谱相差一个二次相位因子，但光强分布是和频谱的模的平方线性相关的[3]。

6.2.2 物体放置在透镜前方

物体放在薄透镜前一段距离，用平面波垂直照射物体，在透镜后焦面成像如图 6.2.2 所示。

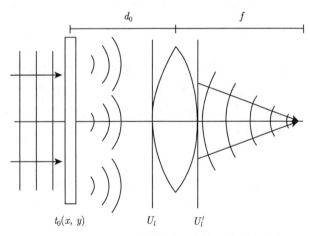

图 6.2.2 物体放置在透镜前方的傅里叶变换光路

对于平面波照射的物体后方的远场分布为

$$F_0\left(f_x, f_y\right) = F\left\{At_0\right\} \quad (6.2.6)$$

$$F_1\left(f_x, f_y\right) = F\left\{U_l\right\} \quad (6.2.7)$$

在经过距离 d 的近场菲涅耳衍射传播到透镜前表面的光波场为

$$F_l\left(f_x, f_y\right) = F_0\left(f_x, f_y\right)\exp\left[-\mathrm{j}\pi\lambda d\left(f_x^2 + f_y^2\right)\right] \quad (6.2.8)$$

对于前两步我们都是对频域进行分析，之后我们对空域分析更为简单明了，在距离透镜后焦面 f 的场分布：

$$U_f\left(x_f, y_f\right) = \frac{\exp\left[\mathrm{j}\dfrac{k}{2f}\left(x_f^2 + y_f^2\right)\right]}{\mathrm{j}\lambda f} F_l\left(\frac{x_f}{\lambda f}, \frac{y_f}{\lambda f}\right) \tag{6.2.9}$$

$$
\begin{aligned}
U_f\left(x_f, y_f\right) &= \frac{\exp\left[\mathrm{j}\dfrac{k}{2f}\left(1 - \dfrac{d}{f}\right)\right]\left(x_f^2 + y_f^2\right)}{\mathrm{j}\lambda f} F_0\left(\frac{x_f}{\lambda f}, \frac{y_f}{\lambda f}\right) \\
&= \frac{A\exp\left[\mathrm{j}\dfrac{k}{2f}\left(1 - \dfrac{d}{f}\right)\right]\left(x_f^2 + y_f^2\right)}{\mathrm{j}\lambda f} \\
&\quad \times \iint\limits_{-\infty}^{\infty}\left\{U_L(x, y)P(x, y)\mathrm{e}^{-\mathrm{j}\frac{2\pi}{\lambda f}(xx_f + yy_f)}\mathrm{d}x\mathrm{d}y\right.
\end{aligned}
\tag{6.2.10}
$$

当 $d = 0$ 时，物体紧靠透镜，第一个给出的结果和上式推导出的结果完全一致。当物体位于透镜的前焦面用平面波照明时，$d = f$，则在后焦面上得到物体的准确傅里叶频谱。

这是一个标准的傅里叶变换关系，代表了透镜的傅里叶变换性质。所以，有些问题我们需要在空域上去分析成像系统，有些需要在频域上去分析，还有一些则两方面都要用，所以在分析具体问题时要求同学们理解在系统中每一面光场的分布，怎么简单怎么应用。

6.2.3　物体放置在透镜后方

如图 6.2.3 所示，我们依然可以从前往后一步步分析，光波经过透镜的透射光场在几何光学近似下，这一会聚球面波投射到物平面的场分布为

$$U_0\left(x_0, y_0\right) = \left\{\frac{Af}{d}\exp\left[-\mathrm{j}\frac{k}{2d}\left(x_0^2 + y_0^2\right)\right]\right\} t_0\left(x_0, y_0\right) \tag{6.2.11}$$

$$
\begin{aligned}
U_f\left(x_f, y_f\right) &= \frac{A\exp\left[\mathrm{j}\dfrac{k}{2d}(x_f^2 + y_f^2)\right]}{\mathrm{j}\lambda d}\frac{f}{d} \\
&\quad \times \iint\limits_{-\infty}^{\infty} t_0\left(x_0, y_0\right)\mathrm{e}^{-\mathrm{j}\frac{2\pi}{\lambda f}(x_0 x_f + y_0 y_f)}\mathrm{d}x_0\mathrm{d}y_0
\end{aligned}
\tag{6.2.12}
$$

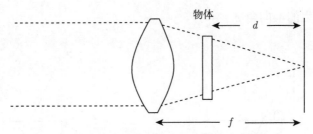

图 6.2.3 物体放置在透镜后方的傅里叶变换光路

总结：

(1) 平行光垂直照明物体，一般情况在透镜的后焦面上得到物体频谱函数与一个二次相位因子的乘积。

(2) 只有当物体放在透镜前焦面上时，在透镜的后焦面上才能得到该物体准确的二维 FT 频谱。

(3) 空间频率和频谱面上的空间尺度之间缩放比例。若物在透镜前，比例是固定不变的，没有灵活性。若物在透镜后，缩放比例可随物面与频谱面距离 d 而改变，有灵活性，FT 变换式的空间尺寸可受实验者控制。

(4) 透镜后焦面是物体频谱面的物理解释如图 6.2.4 所示：

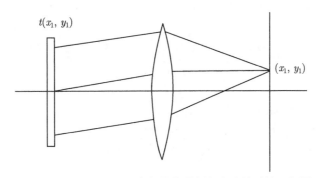

图 6.2.4 讨论后焦面上某点与物体某频率成分关系的几何图形

(i) 把 $t(x,y)$ 分解成无数不同方向的平面波，空间频率为 f_x, f_y 相当于方向余弦为 λf_x, λf_y 的单位振幅的平面波，该方向的平面波经过透镜后必然会聚在透镜后焦面上的一点，该点的位置坐标为 $(x_f = f\lambda f_x, y_f = f\lambda f_y)$。

(ii) 轴上点对应物体零频分量，离轴越远的点对应物体的空间频率越高。

6.3 衍射的标准分析方法——空频对易：以透镜系统为例

如图 6.3.1 所示的楔形薄棱镜 (不考虑它的厚度，只考虑其相位作用)，楔角为 α，折射率为 n，底边厚度为 Δ_0，求其相位变换函数，并用其确定平行光束小角度入射时产生的偏向角 δ。

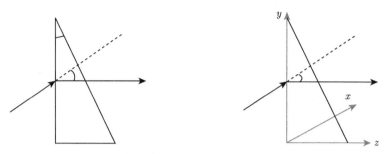

图 6.3.1　楔形薄棱镜

解析：

(1) 运用薄透镜近似条件，可如图 6.3.1 建立坐标系，其相位变换透过率函数为

$$t(x,y) = \exp\left[ik\Delta nd(x,y)\right] = \exp\left[ik\left(1-n\right)y\tan\alpha\right] \tag{6.3.1}$$

(2) 当平行光束以小角度 θ 入射时，结合薄透镜近似，入射点、出射点 z 均为 0，则出射光波复振幅由下式给出：

$$U_o(x,y) = U_i(x,y)t(x,y) = A\exp\left(ik\left(y\sin\theta\right)\right)$$
$$\times \exp\left[ik\left(1-n\right)y\tan\alpha\right] \tag{6.3.2}$$

而 θ，$\alpha \to 0$，于是 $\sin\theta = \theta$，$\tan\alpha = \alpha$。

可知，入射光波与 z 轴成 θ 角，出射光波与 z 轴成 $\theta + (1-n)\alpha$，根据偏向角 (偏转角) 的定义 (入射角、出射角之差的绝对值)：

$$\delta = (n-1)\alpha \tag{6.3.3}$$

可见，本题运用了薄透镜近似。

6.4　像差的衍射分析

当我们考虑透镜孔径衍射效应时，系统脉冲响应等于透镜孔径的夫琅禾费衍射图样，像的光场分布是系统脉冲响应与几何光学理想的像的卷积，从而不再是物体的准确复现了。因此当考虑像差时，系统的传递函数、脉冲响应该如何变化呢？在几何光学中，一些常见的像差及其数学表达如图 6.4.1 所示。

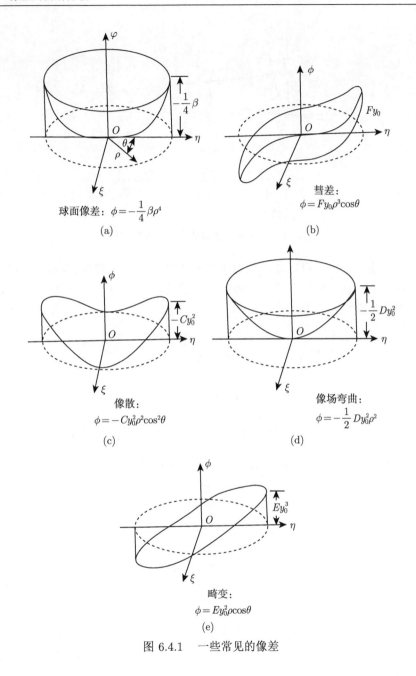

球面像差：$\phi = -\dfrac{1}{4}\beta\rho^4$

(a)

彗差：$\phi = Fy_0\rho^3\cos\theta$

(b)

像散：$\phi = -Cy_0^2\rho^2\cos^2\theta$

(c)

像场弯曲：$\phi = -\dfrac{1}{2}Dy_0^2\rho^2$

(d)

畸变：$\phi = Ey_0^2\rho\cos\theta$

(e)

图 6.4.1 一些常见的像差

6.4.1 广义光瞳函数

有像差系统，归结为实际波面对理想波面的偏差。S' 和 S 每点光程差用波像差 $W(x, y)$ 表示 (图 6.4.2)。

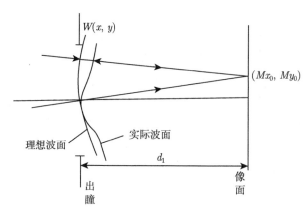

图 6.4.2　像差对于出瞳平面波前的影响

当存在波像差时，可以设想照射出瞳的仍是一个向理想几何像点会聚的球面波，全部像差影响归结为孔径内加相移板，它使离开孔径的波前变形。

广义光瞳函数表示为

$$P(x,y) = p(x,y)\exp\left[jk\omega(x,y)\right] = \begin{cases} \exp[jk\omega(x,y)], & \text{瞳内} \\ 0, & \text{瞳外} \end{cases} \tag{6.4.1}$$

有像差的相干系统的脉冲响应是广义光瞳函数的 FT：

$$\tilde{h}(x_i,y_i) = F\{p(x,y)\} \mid f_x = x_i/(\lambda d_i), \quad f_y = y_i/(\lambda d_i) \tag{6.4.2}$$

有像差的非相干系统的脉冲响应是相干系统脉冲响应的模平方：

$$\tilde{h}_i(x_i,y_i) = \left| \tilde{h}(x_i,y_i) \right|^2 \tag{6.4.3}$$

6.4.2　像差对相干传递函数的影响

在物、像平面上对应划出一些小区域 "等晕区"，像平面在每个小区域内像斑分布相同——等晕区内的成像看作线性空不变系统，可分别确定它们的脉冲响应和传递函数。

$$\tilde{h}(x_i,y_i) = F\{p(x,y)\exp[jk\omega(x,y)]\} \tag{6.4.4}$$

$$H(f_x,f_y) = P(\lambda d_i f_x, \lambda d_i f_y)\exp\left[jk\omega(\lambda d_i f_x, \lambda d_i f_y)]\right\} \tag{6.4.5}$$

(1) 有像差时：

$$|H(f_x,f_y)| = P(\lambda d_i f_x, \lambda d_i f_y) = \begin{cases} 1, & \text{瞳内} \\ 0, & \text{瞳外} \end{cases} \tag{6.4.6}$$

相干传递函数 (CTF) 的绝对值不变，截止频率和无像差时相同：

$$f_0 = l/(2\lambda d_i) \tag{6.4.7}$$

(2) 像差的影响是在通频带内引入相位畸变：

$$\exp\left[jk\omega\left(\lambda d_i f_x, \lambda d_i f_y\right)\right] \tag{6.4.8}$$

不同 (f_x, f_y) 相移量不同，像质变坏。

6.4.3 像差对光学传递函数的影响

(1) 非相干照明，强度脉冲响应 (图 6.4.3)：

$$h_i = \left|\tilde{h}\right|^2 \tag{6.4.9}$$

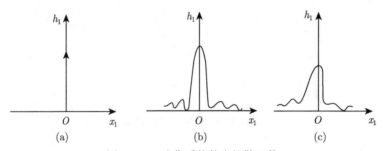

图 6.4.3 成像系统的点扩散函数

(a) 几何光学成像；(b) 衍射受限系统；(c) 有像差系统

(2) 有像差的非相干成像系统

光学传递函数 (OTF) 是广义光瞳函数归一化的自相关函数：

$$H(f_x, f_y) = \frac{\iint P\left(\xi - \frac{\lambda d_i f_x}{2}, \eta - \frac{\lambda d_i f_y}{2}\right) P^*\left(\xi + \frac{\lambda d_i f_x}{2}, \eta + \frac{\lambda d_i f_y}{2}\right) d\xi d\eta}{\iint |P(\xi, \eta)|^2 d\xi d\eta}$$

$$= \frac{\iint\limits_{S(f_x, f_y)} \exp\left\{jk\left[w\left(\xi - \frac{\lambda d_i f_x}{2}, \eta - \frac{\lambda d_i f_y}{2}\right) - w\left(\xi + \frac{\lambda d_i f_x}{2}, \eta + \frac{\lambda d_i f_y}{2}\right)\right]d\xi d\eta\right\}}{\iint\limits_{S(0,0)} d\xi d\eta \,(\text{光瞳总面积})}$$

$$\tag{6.4.10}$$

定义 $S(f_x, f_y)$ 为 $P\left(\xi - \dfrac{\lambda d_i f_x}{2}, \eta - \dfrac{\lambda d_i f_y}{2}\right)$, $P\left(\xi + \dfrac{\lambda d_i f_x}{2}, \eta + \dfrac{\lambda d_i f_y}{2}\right)$ 的重叠面积。

(3) 离焦引起的像差如图 6.4.4 所示。

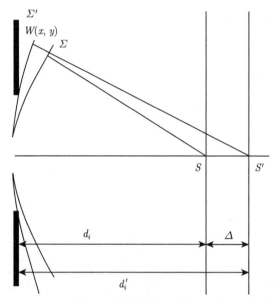

图 6.4.4　离焦引起的像差

聚焦成像条件：

$$\frac{1}{d_0} + \frac{1}{d_i} - \frac{1}{f} = 0 \tag{6.4.11}$$

离焦量 ε (1/长度)：

$$\frac{1}{d_0} + \frac{1}{d_i'} - \frac{1}{f} = \varepsilon \tag{6.4.12}$$

离焦像差函数：

$$W(x, y) = \varepsilon \left(x^2 + y^2\right)/2 \tag{6.4.13}$$

$$\varepsilon = \frac{1}{d_i'} - \frac{1}{d_i} \approx \frac{\Delta}{d_i^2} \tag{6.4.14}$$

$$P(x, y) = p(x, y) = \exp\left[\mathrm{j}k\varepsilon\left(x^2 + y^2\right)/2\right] \tag{6.4.15}$$

边长为 1 的正方形光瞳，沿 x 和 y 方向最大光程差：

$$w = \varepsilon l^2/8 \tag{6.4.16}$$

w 为聚焦误差严重程度的指标。

$$H\left(f_x, f_y\right)_{有像差} = \wedge\left(\frac{|f_x|}{2f_0}\right) \wedge\left(\frac{|f_y|}{2f_0}\right) \mathrm{sinc}\left\{\frac{8\omega}{\lambda}\left(\frac{f_x}{2f_0}\right)\left(1 - \frac{|f_y|}{2f_0}\right)\right\} \times \mathrm{sinc}\left\{\frac{|f_y|}{2f_0}\right\}$$
$$(6.4.17)$$

$$H\left(f_x, f_y\right)_{无像差} = \wedge\left(\frac{|f_x|}{2f_0}\right) \wedge\left(\frac{|f_y|}{2f_0}\right) \qquad (6.4.18)$$

其中，$f_0 = \dfrac{l}{2\lambda d_i}$ 如图 6.4.5 所示。

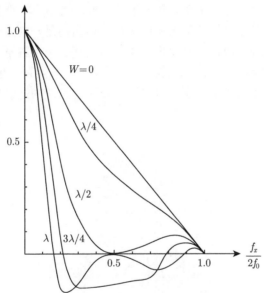

图 6.4.5　① $W = 0$，没有像差；② $W = \lambda/2$，有效 $f_0' < f_0$；③ $W = 3\lambda/4$，出现负值，反转

6.4.4　像差对非相干传递函数的影响讨论

(1) 当波像差 $W = 0$ 时，衍射受限系统的 OTF 为实函数；当波像差 $W \neq 0$ 时，OTF 为复函数，有像差的系统不仅影响各频率成分的对比度，也对相位产生影响。

(2) $H\left(f_x, f_y\right)_{有像差} < H\left(f_x, f_y\right)_{无像差}$，分子的积分总不会大于 $S\left(f_x, f_y\right)$，有像差时会进一步降低像强度中各个空间频率分量的反衬度，进一步降低像质。

(3) 虽然绝对截止频率 f_0 保持不变，但严重像差将使 OTF 高频分量衰减厉害，有效截止频率 f_0' 远小于 f_0[4]。

(4) 有像差时某些空间频率的 OTF：$H\left(f_x, f_y\right)$ 取负值——反衬度反转。

(5) 对称像差——球差、离焦：$|H|$ 减小，$\varphi\left(f_x, f_y\right)$ 不变。

非对称像差——彗差：$|H|$ 减小，$\varphi(f_x, f_y)$ 变化。

6.5　扩展阅读：物理光学中的广义 "透镜"

傅里叶变换最早是由法国数学家傅里叶 (图 6.5.1) 提出的，是研究线性系统和进行信号分析的重要数学工具。在 1946 年 P. M. Duffieux 将傅里叶变换的概念引入光学领域，形成了傅里叶光学，成为光信息处理的重要理论基础。傅里叶光学以光信息为研究对象，应用线性系统理论和空间频谱的概念来研究光信息的结构、传播、处理与成像等。2005 年，Chen 研究了含不同介质的单球面折射系统，指出在一定条件下可以实现分数傅里叶变换。2009 年，张廷蓉、吕百达研究了含介质的单透镜和双透镜分数傅里叶变换，得出满足一定条件时，两种含不同介质的系统均可实现分数傅里叶变换。本文将透镜置于两种不同介质中，即透镜前介质为 n_1，透镜后介质为 n_2，形成广义单透镜光学实现傅里叶变换基本单元。通过对透镜相位变换因子的修正，推导广义单透镜系统中透镜后焦面上光场复振幅分布。

图 6.5.1　让·巴普蒂斯·约瑟夫·傅里叶 [5]

6.5.1　广义条件下透镜的相位变换因子

透镜的相位变换因子为 $t_L = \dfrac{U'_l(x,y)}{U_l(x,y)}$，建立如图 6.5.2 所示的坐标系，将透镜置于前后折射率分别 n_1，n_2 的介质中，透镜折射率为 n。透镜中心厚度为 Δ_0，透镜与前后紧靠的两个平面之间的距离分别为 Δ_1，Δ_2，在 (x,y) 点的厚度为 $\Delta(x,y)$。透镜两个曲面的曲率半径分别为 R_1，R_2，紧靠透镜前后平面的光场复振幅分别为 $U_1(x,y)$，$U'_1(x,y)$。

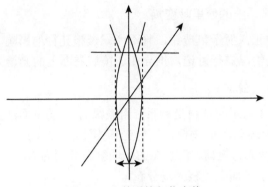

图 6.5.2 单透镜相位变换

若忽略光波在透镜表面的反射以及在透镜内部的吸收，则透镜的复振幅透过率可以表示为

$$t_L(x,y) = \exp\left[\mathrm{i}\varphi(x,y)\right] = \exp\left[\mathrm{i}kL(x,y)\right] \tag{6.5.1}$$

其中，$L(x,y)$ 为光线在紧靠透镜前的入射点 Q 和紧靠透镜后出射点 Q' 之间的光程。$L(x,y)$ 表示为

$$L(x,y) = n_1\Delta_1 + n_2\Delta_2 + n\left(\Delta_0 - \Delta_1 - \Delta_2\right) \tag{6.5.2}$$

根据牛顿环装置结构特征，并由符号法则知：

$$\Delta_1 = -\frac{x^2 + y^2}{2R_1} \tag{6.5.3}$$

$$\Delta_2 = -\frac{x^2 + y^2}{2R_2} \tag{6.5.4}$$

将式 (6.5.2)，(6.5.3) 和 (6.5.4) 代入式 (6.5.1) 中，并根据透镜焦距公式：

$$\frac{1}{f'} = \frac{-\left(\dfrac{n - n_1}{R_1} + \dfrac{n_2 - n}{R_2}\right)}{n_2} \tag{6.5.5}$$

则广义条件下透镜的相位变换因子为

$$t_L(x,y) = \exp\left(\mathrm{i}kn\Delta_0\right)\exp\left(-\mathrm{i}kn_2\frac{x^2 + y^2}{2f'}\right) \tag{6.5.6}$$

其中，$\exp\left(\mathrm{i}kn\Delta_0\right)$ 表示透镜对于入射光波的常量相位延迟，不影响相位的空间相对分布。

6.5.2　广义单透镜系统的傅里叶变换

将单色平面波正入射于单透镜，且不考虑透镜孔径的影响，分别对物体在透镜前、后两种不同情况进行讨论，推导在透镜后焦面上的光场分布。

1. 物体放置在透镜前

建立如图 6.5.3 所示的直角坐标系，用振幅为 A 的平面波正入射位于 $x_0 O y_0$ 平面、透过率为 $t(x_0, y_0)$ 的物体，透射光场为 $U_0(x_0, y_0)$。与透镜的距离为 d_0，透镜在 xy 平面，紧靠透镜前、后表面的光场分布分别为 $U_1(x, y)$，$U_1'(x, y)$，讨论在透镜后焦面 $x_f y_f$ 平面上观察光场分布。

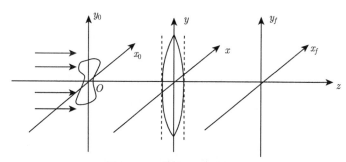

图 6.5.3　物体位于透镜前

根据菲涅耳衍射公式，透镜前表面的光场分布为

$$U_l(x, y) = \frac{n_1 \exp(\mathrm{i} k n_1 d_0)}{\mathrm{i} \lambda d_0} \iint\limits_{-\infty}^{+\infty} A t(x_0, y_0)$$
$$\cdot \exp\left\{\mathrm{i} \frac{n_1 k}{2 d_0}\left[(x - x_0)^2 + (y - y_0)^2\right]\right\} \mathrm{d}x_0 \mathrm{d}y_0 \qquad (6.5.7)$$

考虑到透镜相位变换因子，透镜后表面上光场复振幅为

$$U_l'(x, y) = \frac{n_1 \exp(\mathrm{i} k n_1 d_0)}{\mathrm{i} \lambda d_0} \exp\left(-\mathrm{i} k n_2 \frac{x^2 + y^2}{2f}\right) \iint\limits_{-\infty}^{+\infty} A t(x_0, y_0)$$
$$\cdot \exp\left\{\mathrm{i} \frac{n_1 k}{2 d_0}\left[(x - x_0)^2 + (y - y_0)^2\right]\right\} \mathrm{d}x_0 \mathrm{d}y_0 \qquad (6.5.8)$$

同理，由菲涅耳衍射公式，从透镜后表面衍射到透镜后焦面上的光场分布为

$$U_f(x_f, y_f) = \frac{n_2 \exp(\mathrm{i} k n_2 f)}{\mathrm{i} \lambda f} \iint\limits_{-\infty}^{+\infty} U_l'(x, y)$$

$$\cdot \exp\left\{ i\frac{n_2 k}{2f}\left[(x_f - x)^2 + (y_f - y)^2\right]\right\}\mathrm{d}x\mathrm{d}y \tag{6.5.9}$$

将式 (6.5.8) 代入上式中，利用高斯积分公式

$$\int_{-\infty}^{+\infty}\exp\left[i\left(Ax^2 + Bx\right)\right]\mathrm{d}x = \sqrt{\frac{i\pi}{A}}\exp\left(-i\frac{B^2}{4A}\right) \tag{6.5.10}$$

可得，含介质透镜系统中，物体在透镜前放置时，后焦面上的光场分布为

$$U_f\left(x_f, y_f\right) = \frac{n_2 A}{i\lambda f}\exp\left[ikn_2\frac{1}{2f}\left(1 - \frac{n_2 d_0}{n_1 f}\right)\left(x_f^2 + y_f^2\right)\right]\iint_{-\infty}^{+\infty}t\left(x_0, y_0\right)$$

$$\cdot \exp\left[-in_2 2\pi\left(\frac{x_f}{\lambda f}x_0 + \frac{y_f}{\lambda f}y_0\right)\right]\mathrm{d}x_0\mathrm{d}y_0 \tag{6.5.11}$$

其中，忽略常数相位因子 $\exp(ikn_1 d_0)\exp(ikn_2 f)$。

根据傅里叶变换的相似性定理，式 (6.5.11) 化简为

$$U_f\left(x_f, y_f\right) = \frac{A}{n_2 i\lambda f}\exp\left[ikn_2\frac{1}{2f}\left(1 - \frac{n_2 d_0}{n_1 f}\right)\left(x_f^2 + y_f^2\right)\right]\iint_{-\infty}^{+\infty}t\left(\frac{x_0}{n_2}, \frac{y_0}{n_2}\right)$$

$$\cdot \exp\left[-i2\pi\left(\mu x_0 + \nu y_0\right)\right]\mathrm{d}x_0\mathrm{d}y_0 \tag{6.5.12}$$

其中，$\mu = \dfrac{x_f}{\lambda f}$，$\nu = \dfrac{y_f}{\lambda f}$，由上式可知，在广义单透镜系统中，当物体置于透镜前时，透镜后焦面上光场分布与透镜所处系统的折射率有关。且透镜后焦面上的光场分布相当于受介质折射率 n_2 调制的坐标压缩后物体的傅里叶变换，变换式前的二次相位因子，使物体的频谱产生一个相位弯曲。

当 $d_0 = f$ 时，式 (6.5.12) 简化为

$$U_f\left(x_f, y_f\right) = \frac{A}{n_2 i\lambda f}\exp\left[ikn_2\frac{1}{2f}\left(1 - \frac{n_2}{n_1}\right)\left(x_f^2 + y_f^2\right)\right]\iint_{-\infty}^{+\infty}t\left(\frac{x_0}{n_2}, \frac{y_0}{n_2}\right)$$

$$\cdot \exp\left[-i2\pi\left(\mu x_0 + \nu y_0\right)\right]\mathrm{d}x_0\mathrm{d}y_0 \tag{6.5.13}$$

由上式可知，当物体位于透镜前焦面，且 $n_2 > n_1$ 时，后焦面上的光场分布为受凸透镜相位调制的物体坐标压缩后的傅里叶变换。当 $n_2 < n_1$ 时，后焦面上的光场分布为受凹透镜相位调制的物体坐标压缩后的傅里叶变换。

当 $d_0 = f$，$n_2 = n_1$ 时，式 (6.5.12) 简化为

$$U_f\left(x_f, y_f\right) = \frac{A}{n_2 \mathrm{i}\lambda f} \iint\limits_{-\infty}^{+\infty} t\left(\frac{x_0}{n_2}, \frac{y_0}{n_2}\right) \cdot \exp\left[-\mathrm{i}2\pi\left(\mu x_0 + \nu y_0\right)\right] \mathrm{d}x_0 \mathrm{d}y_0 \qquad (6.5.14)$$

由上式可知，当物体位于透镜的前焦面上且透镜两侧介质折射率相同时，透镜后焦面上的光场分布是经坐标压缩后物体的准确傅里叶变换。

当 $d_0 = 0$ 时，式 (6.5.12) 简化为

$$U_f\left(x_f, y_f\right) = \frac{A}{n_2 \mathrm{i}\lambda f} \exp\left[\mathrm{i}kn_2 \frac{1}{2f}\left(x_f^2 + y_f^2\right)\right] \iint\limits_{-\infty}^{+\infty} t\left(\frac{x_0}{n_2}, \frac{y_0}{n_2}\right)$$
$$\cdot \exp\left[-\mathrm{i}2\pi\left(\mu x_0 + \nu y_0\right)\right] \mathrm{d}x_0 \mathrm{d}y_0 \qquad (6.5.15)$$

由上式可知，当物体紧靠透镜前表面时，透镜后焦面上光场分布相当于坐标压缩后物体的傅里叶变换，式前的二次相位因子，使物体的频谱产生一个相位弯曲[4]。

当 $d_0 = f$，$n_2 = n_1 = 1$ 时，式 (6.5.12) 简化为

$$U_f\left(x_f, y_f\right) = \frac{A}{\mathrm{i}\lambda f} T\left(\mu, \nu\right) \qquad (6.5.16)$$

由上式可知，当透镜在空气且物体处于透镜前焦面时，透镜后焦面上的光场分布是物体准确的傅里叶变换。

2. 物体放置在透镜后

建立如图 6.5.4 所示的直角坐标系，振幅为 A 的单色平面波正入射在 xOy 平面的透镜上，透镜后表面的光场分布为 $U_1'(x, y)$。物体在距透镜 d_0 处的 $x_0 y_0$ 平面上，物体的复振幅透过率为 $t\left(x_0, y_0\right)$，$U_0\left(x_0, y_0\right)$、$U_0'\left(x_0, y_0\right)$ 分别为物体前、后表面的光场复振幅。透镜两侧的介质折射率为 n_1、n_2。讨论在透镜后焦面 $x_f y_f$ 上观察光场分布。

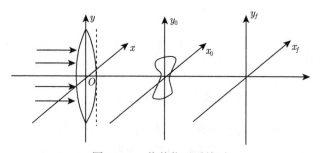

图 6.5.4　物体位于透镜后

不考虑透镜有限孔径，平面波经过透镜的透射光场为

$$U_l'(x, y) = A \exp\left(-\mathrm{i}kn_2 \frac{x^2 + y^2}{2f}\right) \tag{6.5.17}$$

利用菲涅耳衍射公式，物体前表面的光场复振幅为

$$U_0(x_0, y_0) = \frac{n_2}{\mathrm{i}\lambda d_0} \exp(\mathrm{i}kn_2 d_0) \iint\limits_{-\infty}^{+\infty} A \exp\left(-\mathrm{i}kn_2 \frac{x^2 + y^2}{2f}\right)$$
$$\cdot \exp\left\{\mathrm{i}\frac{n_2 k}{2d_0}\left[(x_0 - x)^2 + (y_0 - y)^2\right]\right\} \mathrm{d}x\mathrm{d}y \tag{6.5.18}$$

由物体的复振幅透过率，物体后表面的光场复振幅为

$$U_0'(x_0, y_0) = U_0(x_0, y_0)\, t(x_0, y_0)$$
$$= \frac{n_2}{\mathrm{i}\lambda d_0} \exp(\mathrm{i}kn_2 d_0)\, t(x_0, y_0) \iint\limits_{-\infty}^{+\infty} A \exp\left(-\mathrm{i}kn_2 \frac{x^2 + y^2}{2f}\right)$$
$$\cdot \exp\left\{\mathrm{i}\frac{n_2 k}{2d_0}\left[(x_0 - x)^2 + (y_0 - y)^2\right]\right\} \mathrm{d}x\mathrm{d}y \tag{6.5.19}$$

同理，由菲涅耳衍射公式，从物体后表面衍射到透镜后焦面上的光场复振幅为

$$U_f(x_f, y_f) = \frac{n_2}{\mathrm{i}\lambda(f - d_0)} \exp[\mathrm{i}kn_2(f - d_0)] \iint\limits_{-\infty}^{+\infty} U_0'(x_0, y_0)$$
$$\cdot \exp\left\{\mathrm{i}\frac{n_2 k}{2(f - d_0)}\left[(x_f - x_0)^2 + (y_f - y_0)^2\right]\right\} \mathrm{d}x_0\mathrm{d}y_0 \tag{6.5.20}$$

将式 (6.5.19) 代入上式，并利用积分公式，可得透镜后焦面上的光场复振幅为

$$U_f(x_f, y_f) = \frac{n_2 A f}{\mathrm{i}\lambda(f - d_0)^2} \exp\left[\mathrm{i}\frac{n_2 k}{2(f - d_0)}\left(x_f^2 + y_f^2\right)\right] \iint\limits_{-\infty}^{+\infty} t(x_0, y_0)$$
$$\cdot \exp\left\{\mathrm{i}\frac{n_2 k}{2(f - d_0)}\left[(x_f - x_0)^2 + (y_f - y_0)^2\right]\right\} \mathrm{d}x_0\mathrm{d}y_0 \tag{6.5.21}$$

根据傅里叶变换的相似性定理，上式化简为

$$U_f(x_f, y_f) = \frac{A f}{n_2 \mathrm{i}\lambda z^2} \exp\left[\mathrm{i}\frac{n_2 k}{2z}\left(x_f^2 + y_f^2\right)\right] \iint\limits_{-\infty}^{+\infty} t\left(\frac{x_0}{n_2}, \frac{y_0}{n_2}\right)$$
$$\cdot \exp\left\{-\mathrm{i}n_2 2\pi\left[\frac{x_f}{(f - d_0)\lambda} x_0 + \frac{y_f}{(f - d_0)\lambda} y_0\right]\right\} \mathrm{d}x_0\mathrm{d}y_0 \tag{6.5.22}$$

其中, 式 (6.5.22) 忽略常相位因子 $\exp(ikn_2f)$, 并令 $z = f - d_0$, $\mu = \dfrac{x_f}{\lambda z}$, $\nu = \dfrac{y_f}{\lambda z}$.
由上式可知, 在广义单透镜系统中, 当物体置于透镜后时, 透镜后焦面上光场分布相当于受介质折射率 n_2 调制的坐标压缩后物体的傅里叶变换, 变换式前的二次相位因子, 使物体的频谱产生一定的相位弯曲.

当 $d_0 = 0$ 时, 式 (6.5.22) 变为

$$U_f(x_f, y_f) = \frac{A}{n_2 \mathrm{i} \lambda f} \exp\left[\mathrm{i} \frac{n_2 k}{2f}\left(x_f^2 + y_f^2\right)\right] \iint\limits_{-\infty}^{+\infty} t\left(\frac{x_0}{n_2}, \frac{y_0}{n_2}\right)$$
$$\cdot \exp\left[-\mathrm{i}2\pi\left(\mu x_0 + \nu y_0\right)\right] \mathrm{d}x_0 \mathrm{d}y_0 \tag{6.5.23}$$

由上式可知当物体紧靠透镜时, 透镜后焦面上的光场分布相当于坐标压缩后物体的傅里叶变换, 且与式 (6.5.15) 形式相同, 说明物体紧靠透镜前或后对物体在透镜后焦面的光场分布并无影响.

当 $n_2 = 1, d_0 = 0$ 时, 式 (6.5.22) 化简为

$$U_f(x_f, y_f) = \frac{A}{\mathrm{i}\lambda f} \exp\left[\mathrm{i}\frac{k}{2f}\left(x_f^2 + y_f^2\right)\right] T(\mu, \nu) \tag{6.5.24}$$

其中, $\mu = \dfrac{x_f}{\lambda f}$, $\nu = \dfrac{y_f}{\lambda f}$, $T(\mu, \nu) = J\{t(x_0, y_0)\}$, 说明透镜置于空气中, 且物体紧靠透镜后表面时, 透镜后焦面上光场分布相当于物体的傅里叶变换, 变换式前的二次相位因子, 使后焦面上物体的频谱有一定的相位弯曲.

6.5.3　Matlab 模拟

利用 Matlab 对式 (6.5.12) 进行模拟实验, 并与透镜在空气中的情况比较. 物体透过率函数为 $\mathrm{rect}\left(\dfrac{x_0}{4}\right)\mathrm{rect}\left(\dfrac{y_0}{4}\right)$, 入射光波波长 $\lambda = 600\mathrm{nm}$, $f = 150\mathrm{mm}$. 在空气中时 $n_2 = 1$, 一般情况下 $n_2 = 1.36$. 在 2cm×2cm 的观察屏上观察.

式 (6.5.12) 和式 (6.5.22) 只差一个相位因子, 不影响其光强分布, 因此式 (6.5.22) 的模拟结果与式 (6.5.12) 相同. 由图 6.5.5 和图 6.5.6 可知, 透镜在 $n_2 = 1$ 或 $n_2 = 1.36$ 的介质中, 观察屏上都可以实现物体的傅里叶变换. 由图 6.5.7 和图 6.5.8 可知, 透镜在 $n_1 = 1$ 和 $n_2 = 1.36$ 的介质中其后焦面上光场复振幅分布相同, 图 6.5.8 是图 6.5.7 经坐标压缩后的分布, 其结果与式 (6.5.12) 结论一致.

结论: 运用广义条件下透镜的相位变换因子及菲涅耳衍射公式, 推出了在广义单透镜系统中物体在透镜前, 以及物体在透镜后, 两种情况下在透镜后焦面上的光场分布. 结果表明: 与透镜处于空气中结论相同的是, 在广义单透镜系统中

透镜后焦面上仍然可以实现物体的傅里叶变换。不同的是，当透镜处于空气中时，透镜后焦面上光场分布相当于物体的傅里叶变换。在广义单透镜系统中，透镜后焦面上光场布相当于受折射率 n_2 调制的经坐标压缩后物体的傅里叶变换。物体位于透镜前焦面时，透镜处于空气中，透镜后焦面上光场分布为物体准确的傅里叶变换。在广义单透镜系统中，当透镜两侧介质折射率相同时，在透镜后焦面上可以实现经坐标压缩后物体准确的傅里叶变换；当 $n_2 > n_1$ 时，后焦面上光场分布相当于受凸透镜相位调制的经坐标压缩后物体的傅里叶变换；当 $n_2 < n_1$ 时，后焦面上光场分布相当于受凹透镜相位调制的经坐标压缩后物体的傅里叶变换 [6]。

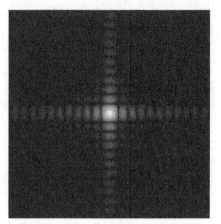
图 6.5.5 $n_2 = 1$ 时观察面上光场分布

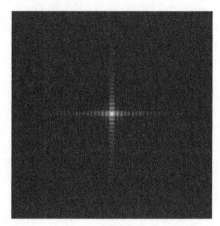
图 6.5.6 $n_2 = 1.36$ 时观察面上光场分布

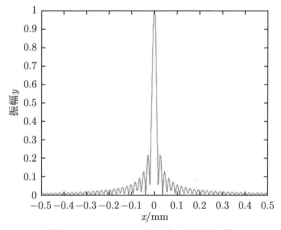
图 6.5.7 $n_2 = 1$ 时观察面上振幅模

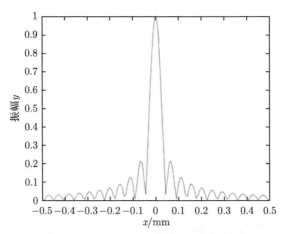

图 6.5.8　　$n_2 = 1.36$ 时观察面上振幅模

习　　题

1. 一个被直径为 d 的圆形孔径限制的物函数 U_0，把它放在直径为 D 的圆形会聚透镜的前焦面上，测量透镜后焦面上的强度分布。假定 $D > d_0$。

(1) 写出所测强度准确代表物体功率谱的最大空间频率的表达式，并计算 $D = 6\text{cm}, d = 2.5\text{cm}$，焦距 $f = 50\text{cm}$ 及 $\lambda = 0.6\mu\text{m}$ 时，这个频率的数值 (单位：mm^{-1})。

(2) 在多大的频率以上测得的频谱为零？尽管物体可以在更高的频率上有不为零的频率分量。

2. 一个衍射屏具有下述圆对称的复振幅透过率函数 (见下图):

$$t\left(r_0\right) = \left(\frac{1}{2} + \frac{1}{2}\cos\alpha r_0^2\right) \text{circ}\left(\frac{r_0}{l}\right)$$

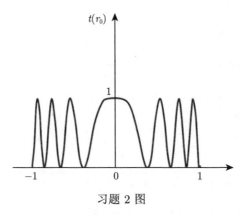

习题 2 图

(1) 这个屏的作用类似于透镜，为什么？

(2) 给出此屏的焦距表达式。

(3) 这种屏用作成像元件会受到它的什么性质的限制 (特别对于多色物体成像)?

3. 单位振幅的单色平面波垂直照明一个直径为 5cm、焦距为 80cm 的透镜。在透镜后面 20cm 的地方，以光轴为中心放置一个余弦型振幅光栅，其复振幅透过率为

$$t(x_0, y_0) = \frac{1}{2}(1 + \cos 2\pi f_0 x_0) \operatorname{rect}\left(\frac{x_0}{L}\right) \operatorname{rect}\left(\frac{y_0}{L}\right)$$

假定 $L = 1\text{cm}, f_0 = 100\text{cm}^{-1}$。画出焦平面上沿 x_f 轴的强度分布。标出各衍射分量之间的距离和各个分量 (第一个零点之间) 的宽度的数值。

4. 设 $u(x)$ 是矩形函数，试编写程序求 p 分别为 1/4, 1/2, 3/4 时的分数傅里叶变换，并绘出相应的 $\left|U^{(p)}(\xi)\right|$ 曲线。

5. (1) 求出由圆柱体的一部分构成的透镜所引起的相位变换的旁轴近似;

(2) 这种透镜对沿透镜轴传播的平面波的效应是什么?

6. 楔形薄棱镜，楔角为 α，折射率为 n，底边厚度为 Δ_0。求其相位变换函数，并利用它来确定平行光束小角度入射时产生的偏向角 δ。

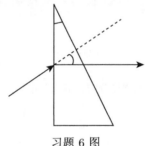

习题 6 图

7. 试证明单透镜相干照明成像系统分布是物体经过两次傅里叶变换衍射所成的像。

8. 在如下图所示的傅里叶变换系统中，为了在透镜后焦面上探测到物体的准确傅里叶变换，可以在探测面上放置一个正场镜。求这个场镜的焦距 f'，并说明这样做的理由。

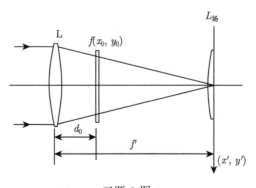

习题 8 图

9. 如下图所示的光学系统，将输入透明片 $\tau_1(x_0, y_0)$ 和 $\tau_2(x_1, y_1)$ 分别放置在透镜 L_1 和 L_2 的前面。设 $f_1' = 2\alpha$，$f_2' = \alpha$，且 L_1，L_2 和屏幕 P 三者之间间隔均为 2α，求 P 面上的振幅分布和光强分布。

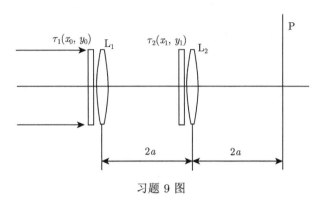

习题 9 图

10. 采用如图所示的傅里叶变换系统。已知透镜孔径 $D = 50\mathrm{mm}$，焦距 $f' = 2000\mathrm{mm}$，物体透明片 O 到透镜的距离 $d_0 = 1000\mathrm{mm}$，用单位振幅的单色平面波正入射照明，光波长 $\lambda = 0.633\mathrm{\mu m}$。物体复振幅表示为

$$O(x_0, y_0) = \frac{1}{2}(1 + \cos 20\pi x_0) \cdot \mathrm{rect}\left(\frac{x_0}{10}\right) \mathrm{rect}\left(\frac{y_0}{10}\right)$$

大致画出透镜后焦面上沿 x 方向的强度分布，算出各衍射分量之间的间隔和各衍射分量宽度的数值。

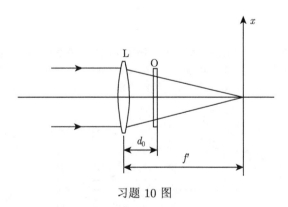

习题 10 图

11. 一个被直径为 l 的圆孔限制的物函数 τ_0，把它放在直径为 D 的会聚透镜前焦面上，测量透镜后焦面上的强度分布（假设 $D > l$）。

(1) 求出对于多大的空间频率，测得强度还能代表物体傅里叶谱的模平方的准确值？

(2) 令 $D = 40\mathrm{mm}$，$l = 20\mathrm{mm}$，$f' = 500\mathrm{mm}$，计算 (1) 中这个最大空间频率？

(3) 在多大空间频率以上，就测不出物体的频谱值？尽管物体实际上有更高的空间频率分量存在，按上面得出的条件，计算这个频率值。

参 考 文 献

[1] Jarosz W. Computational Aspects of Digital Photography[EB/OL]. [2022-04-26]. https: //cs.dartmouth.edu/wjarosz/courses/cs89-fa15/slides/01％20Image％20formation％20 +％20Camera％20basics.pdf.

[2] 廖延彪, 马晓红. 傅里叶光学导论 [M]. 北京: 清华大学出版社, 2016.

[3] 羊光国, 宋菲君. 高等物理光学 [M]. 2 版. 合肥: 中国科学技术大学出版社, 2008.

[4] 吕乃光. 傅里叶光学 [M]. 2 版. 北京: 机械工业出版社, 2006.

[5] Wikipedia. Joseph Fourier[EB/OL]. [2022-5-24]. https://en.wikipedia. org/wiki/Joseph _Fourier.

[6] 朱慧瑾, 段蒙悦, 杨虎. 广义单透镜系统的傅里叶变换 [J]. 激光杂志, 2018, 39(4): 1-5.

第 7 章　衍射视角下的光学成像

7.1　阿贝成像

7.1.1　阿贝成像原理

德国光学家阿贝 (Abbe) (图 7.1.1) 从光的衍射角度研究了显微镜物镜的成像过程，他通过大量的实验，观测显微镜物镜焦平面上的衍射图样，在 1873 年，提出了衍射成像理论。阿贝认为衍射效应是由有限的入射光瞳引起的，按照他的理论，一个复杂物体所产生的衍射分量只有一部分被有限的入射光瞳截取，未被孔径截取的分量正是物体的高频部分所产生的分量。他认为，成像过程包含了两次衍射。采用相干光波照明物体，相当于把物体看作一个复杂的光栅，衍射光波在透镜后焦面形成该物体的夫琅禾费衍射图样。但是在事实上，光波在传播时还要受到物镜孔径的限制，进行二次衍射才能传播到像面。把后焦面上的点看作次级波源，发出惠更斯子波，然后在像面进行相干叠加从而产生物体的像。

图 7.1.1　Ernst Karl Abbe (1840—1905)

这两次衍射的过程同样也是进行两次傅里叶变换的过程：

(1) 由物面传播到后焦面的过程：物体的衍射光波会被分解为各种不同频率的角谱分量，即向着不同方向传播的平面波分量，在后焦面上获得该物体的频谱，这是进行的一次傅里叶变换过程。

(2) 由后焦面传播到像面的过程: 将后焦平面 F 上的频谱图看成新的 "波面", 频谱图上的各发光点发出的球面次级波在像平面上相干叠加而形成像。各角谱分量又通过合成, 转化为像, 这是进行的一次傅里叶逆变换。总的来讲, 第一步是将信息进行分解, 第二步是进行信息的合成。

如图 7.1.2 所示, 用单色平行光入射近轴小物 ABC, 成像于 $A'B'C'$, 在成像过程中, 既可以通过几何光学的物像关系理解, 也可以从频谱转换的角度进行解释。概括地说, 成像过程分为两步: 先是 "衍射分频", 后是 "干涉合成"。

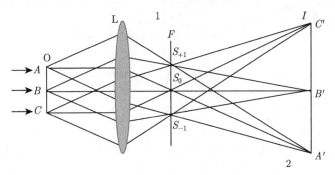

图 7.1.2 阿贝成像原理

物平面可以理解为一系列不同空间频谱的集合。图 7.1.2 所示的相干成像可以分两步完成。第一步是光通过衍射屏时发生夫琅禾费衍射, 在透镜后焦面得到傅里叶频谱 (S_{+1}, S_0, S_{-1}), 即信息分解。第二步是将各个生成的衍射斑作为新的光源, 频谱图上各发光点发出的球面波在像平面上相干叠加而形成像 A, B, C, 即信息合成。这就是阿贝成像原理。

更详细地解释阿贝成像原理:

阿贝成像原理也叫做两步成像原理, 图 7.1.3 所示为这一原理的图解说明。第一步, 一单色平面波垂直照明物平面 Σ_0 上的物时, 由傅里叶分析其透射光场分布, 可以理解为不同空间频率的平面波构成了该光场, 或者等价地描述成物体是由许多不同方位、不同空间频率的光栅构成的, 它们使入射平面波发生衍射作用。空间频率高的光栅衍射的光波偏离光轴较远, 空间频率低的光栅衍射的光波传播方向与光轴夹角较小。在透镜的焦平面 Σ_f 上, 得到的是物平面发出的光波经透镜产生的夫琅禾费衍射图样。Σ_f 上的点 $\cdots, S_{-3}, S_{-2}, S_{-1}, S_0, S_1, S_2, S_3, \cdots$ 为物空间中光线的会聚点, 并且还具有相同的空间频率, 它也就是物的傅里叶变换谱, 阿贝把这种现象称为 "初级像"。由透镜的傅里叶变换性质, Σ_f 上光场分布的复振幅为

$$U(x', y') = \frac{1}{\lambda f} \iint\limits_{A} U_0(\xi, n) \exp\left[-\mathrm{j}2\pi\left(f_{x'}\xi + f_{y'}\eta\right)\right] \mathrm{d}\xi\mathrm{d}\eta \tag{7.1.1}$$

式 (7.1.1) 中，$f_{x'} = x'/(\lambda f)$，$f_{y'} = y'/(\lambda f)$。$U_0(\xi, \eta)$ 为 Σ_0 面上物分布的复振幅，A 表示透镜的入射光瞳，物平面上能够进入系统的光受到了它的限制。

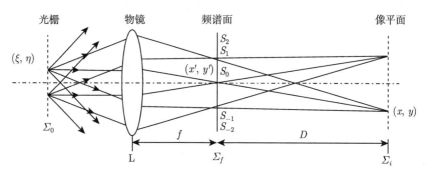

图 7.1.3　　相干照明条件下的阿贝理论图示

第二步，将后焦面 Σ_f 上的每一点视为一个相干次级扰动中心，并且扰动强度正比于该点的振幅。由惠更斯-菲涅耳原理可知，这些点会成为新的次级波源，并且继续发射单色球面波，它们各自传播至像平面上后进行干涉，从而得到物的像。图 7.1.3 中 Σ_i 和 Σ_f 的距离 D 足够大时，其中光的传播过程是再一次的夫琅禾费衍射过程，像面上的复振幅为

$$U_i(x, y) = \frac{1}{\lambda D} \iint_B U(x', y') \exp\left[-j2\pi(f_x x' + f_y y')\right] dx' dy' \tag{7.1.2}$$

式 (7.1.2) 中，$f_x = x/(\lambda D)$，$f_y = y/(\lambda D)$，B 表示后焦面上能够有光传播至 Σ_i 面上的次级波源的范围。将式 (7.1.1) 代入式 (7.1.2)，得到

$$U_i(x, y) = \frac{1}{\lambda^2 f D} \iint_A \iint_B U_0(\xi, \eta)$$

$$\cdot \exp\left\{-j\frac{2\pi}{\lambda f}\left[\left(\xi + \frac{f}{D}x\right)x' + \left(\eta + \frac{f}{D}y\right)y'\right]\right\} d\xi d\eta dx' dy' \tag{7.1.3}$$

当入射光瞳无限大时，后焦面上次级波的传播也将会不受限制，则式 (7.1.3) 中的积分限也可以扩展至无穷，先对 x'、y' 积分，再对 ξ、η 积分，有

$$U_i(x, y) = \frac{1}{\lambda^2 f D} \iint_{-\infty}^{\infty} U_0(\xi, \eta) d\xi d\eta$$

$$\cdot \iint_{-\infty}^{\infty} \exp\left\{-j\frac{2\pi}{\lambda f}\left[\left(\xi + \frac{f}{D}x\right)x' + \left(\eta + \frac{f}{D}y\right)y'\right]\right\} dx' dy'$$

$$= \frac{1}{\lambda^2 fD} \iint\limits_{-\infty}^{\infty} U_0(\xi,\eta)\delta\left[\frac{1}{\lambda f}\left(\xi+\frac{f}{D}x\right), \frac{1}{\lambda f}\left(\eta+\frac{f}{D}y\right)\right]\mathrm{d}\xi\mathrm{d}\eta$$

$$= \frac{f}{D}U_0\left(-\frac{f}{D}x, -\frac{f}{D}y\right)$$

$$= \frac{1}{|M|}U_0\left(\frac{x}{M}, \frac{y}{M}\right) \tag{7.1.4}$$

式中，M 是在几何光学中所定义的放大率，$M = -D/f$。上式的结果表示在像面 Σ_i 上得到一个倒立的实像，并且放大了 M 倍，它是一个理想的像，之所以理想，是因为不计光瞳对波的限制作用。

7.1.2 显微镜成像系统

如图 7.1.4 所示，作为一个线性空不变系统，光学显微镜系统的成像过程可以用系统的点扩散函数来表示：

$$D(r) = E(r) * F_{\mathrm{PSF}} \tag{7.1.5}$$

其中，$D(r)$ 为像面上的光场分布，$E(r)$ 为样品面发射光的光场分布，F_{PSF} 为显微镜系统的点扩散函数，$*$ 为卷积运算。上式也可以通过频域表示

$$D(k) = E(k)F_{\mathrm{OTF}} \tag{7.1.6}$$

其中，F_{OTF} 是系统的光学传递函数，是点扩散函数的傅里叶变换。显微镜系统的光学传递函数为一个低通滤波器，作用是限制通过系统的信息量，只允许通过低频的信息，限制高频信息不能进入系统。

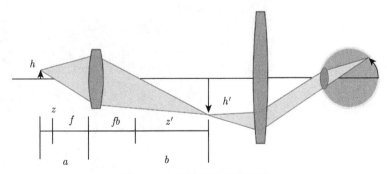

图 7.1.4　复式显微镜光路图

二维的 F_{OTF} 可以用高斯函数或贝塞尔函数来进行表征，因此可以通过圆近似表示。如图 7.1.5 所示，常规的显微镜，圆的半径近似表示样品中可以被分辨

的任意两点间的最小距离的倒数，也被称作最高空间频率，表征显微镜的分辨率。结构光照明显微镜实现超分辨的原理，就是利用特定结构的照明光在成像过程把位于圆外的一部分高频信息转移到圆内，再利用特定算法将圆内的高频信息移动到原始位置，从而扩展通过显微系统的样品频域信息，使得重构图像的分辨率超越衍射极限的限制，如图 7.1.6 所示。

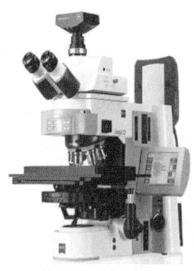

图 7.1.5   光学显微镜

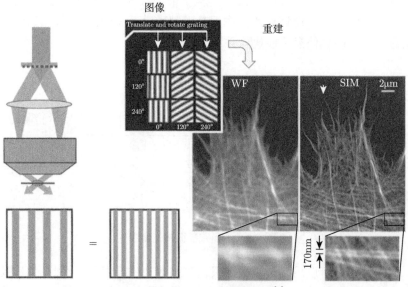

图 7.1.6   结构光照明显微镜 [1]

结构光照明显微镜在一般情况下采用余弦形式照明光, 即

$$I\left(r\right) = I_0\left[1 + \cos\left(2\pi k_0 r + \varphi\right)\right] \tag{7.1.7}$$

式中, I_0 为余弦照明条纹的平均强度, φ 为余弦照明条纹的初相位, k_0 为余弦照明条纹的空间频率。$I\left(r\right)$ 在频域空间是三个 δ 函数, 可以理解为: 结构光将样品的频域信息复制了三份, 并将其中两份进行移动, 而 F_{OTF} 的中心位置不动, 这种移动的过程就相当于把原本处于 F_{OTF} 外的信息移动到了 F_{OTF} 内。利用特定的重构算法将移动到 F_{OTF} 内的高频信息转移回到原始的位置, 扩展了通过显微系统的样品频域信息。改变 k_0 的方向, 可以使各个方向的频域信息得到扩展, 获得更多的高频信息。

7.1.3 阿贝-波特实验

阿贝成像原理最好的验证和演示就是阿贝-波特实验。该实验一般采用如下做法, 如图 7.1.7 所示。

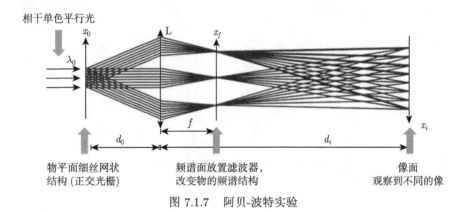

图 7.1.7 阿贝-波特实验

当用一簇平行相干光束照明一张细丝网格时, 成像透镜的后焦面上会出现周期性网格的傅里叶频谱, 由于这些傅里叶频谱分量的再组合, 从而达到在像平面上复现网格的像的效果。若在频谱平面上放上各种遮挡物 (例如, 光圈、狭缝或小光阑), 就能通过不同的方式改变像的频谱, 从而在像平面上得到由改变后的频谱分量重新组合得到的对应的像 [2]。

图 7.1.8(a) 表示的是网格 (正交光栅) 所对应的频谱分布。图 7.1.8(b) 是在使用一条水平狭缝时透过的频谱, 频谱面上的横向分布是物的纵向结构的信息。如果将狭缝旋转 90°, 则透过的频谱和对应的像如图 7.1.8(c) 所示, 频谱面上的纵向分布是物的横向结构的信息。若把一个可变光圈放在透镜的焦面上, 开始时光圈缩小, 使得只有轴上的傅里叶分量通过, 然后逐渐加大光圈, 就可以观察到网格

的像是由傅里叶分量一步步地叠加综合出来的。若去掉光圈换上一个小光阑 (高通滤波器—黑点) 并且挡住零级频谱—直流分量，则可以观察到网格像的对比度发生明显的变化，甚至发生对比度反转的现象，如图 7.1.8(d) 所示。如果将一个小孔光阑置于频谱面上，则图像发生如图 7.1.8(e) 所示的变化，零频分量是直流分量，它仅代表像的本底。

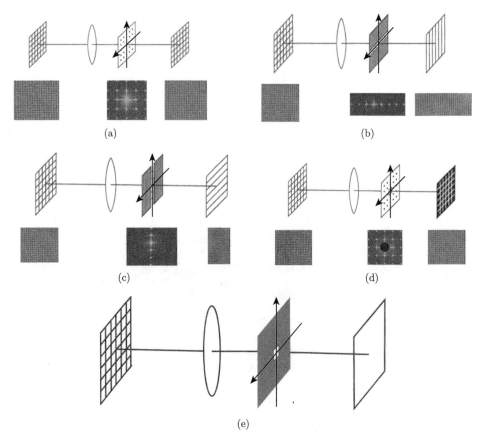

图 7.1.8   正交光栅所对应的频谱分布

这些实验用简单明了的装置十分明显地演示了阿贝成像原理 [3]，并直观地说明空间滤波的作用，为学习光学信息处理的概念打下了基础。阿贝-波特实验中更重要的一点是表明了像的结构是直接依靠频谱的结构，如果改变频谱结构，就能相应地改变像的结构。

7.1.4   阿贝成像的仿真与实验结果

在阿贝-波特空间滤波实验的频谱面位置，使用 Matlab 的图像处理程序，将预置的光阑滤波器函数与物 (即网格文字) 的傅里叶变换相乘，便得到物通过滤波器的频谱仿真数据；在像平面位置，对该频谱进行傅里叶逆变换，得到的就是物的像数据。

在计算机模拟中，可以用一幅图像来代替物面信息，这里用一个带有 "光" 字的网格图片作为实验的物，如图 7.1.9 所示。

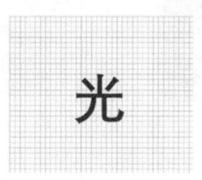

图 7.1.9　原始图像

对这幅图进行傅里叶变换得到相应的频谱分布。这一程序步骤相当于实验中透镜所起到的傅里叶变换作用。其中在透镜的后焦面上可以得到物的频谱信息，得到的平面频谱图如图 7.1.10 所示。

图 7.1.10　频谱图

接下来我们设计了一个低通滤波器，其平面图和立体图如图 7.1.11 所示。

将设计好的低通滤波器与经典的傅里叶变换后物的频谱相乘，该过程就相当于实验中在物的频谱面 (也就是透镜的后焦面) 上设置一个低通滤波器进行滤波。

最后，对改造后的频谱结构进行逆傅里叶变换。这一个过程就相当于是透镜后焦面上的频谱在经过滤波后在像平面上得到的经过滤波后的物的图像信息。滤波后的物图像如图 7.1.12 所示。

低通滤波器

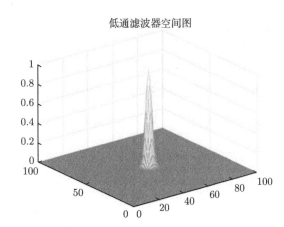

低通滤波器空间图

图 7.1.11　低通滤波器

图 7.1.12　低通滤波图像

以上就是阿贝成像实验的 Matlab 模拟过程 (代码见附录)。因为物图像的网格属于周期性函数，并且其频谱是排列规律的离散点阵，但是字迹不是周期性函数，所以字迹的频谱是连续的，一般情况下不容易看清，与此同时由于"光"字迹比较粗，其空间拥有更多的低频成分，因此更多字迹的频谱信息分布在频谱面的光轴中心附近，而网格上的字迹的频谱信息就相对少了很多，于是在经过低通滤波之后，滤掉了物的高频信息的同时，也滤掉了网格信息，处理图像显示的是物的低频信息，也就是"光"字。由于经过滤波后图像能量缺失，高频信息也缺失，因此导致输出的图像比较平滑模糊。

实验结果：

我们的实验中用金属网格来做样品，通过透镜来实现傅里叶变换作用从而在 CCD 上得到其频谱面 (图 7.1.13)，我们在频谱面上加上合适的狭缝或者圆孔，从而得到滤波后的图样 (图 7.1.14)。

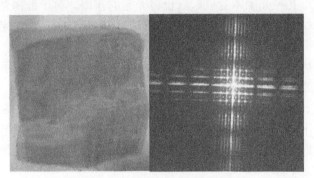

图 7.1.13 金属网格及其频谱图

图 7.1.14 滤波后的图样

上述实验结果分别是在频谱面处加了纵向狭缝滤波器、横向狭缝滤波器、斜向狭缝滤波器，利用 CCD 相机采集的滤波后的图样。实验中三个透镜的作用分别是将扩束后的光变成平面波、实现傅里叶变换以及实现傅里叶逆变换。实验结果也充分表明了像的结构是直接依靠频谱的结构，如果改变频谱的结构，就能相应地改变像的结构。

7.2 光学成像系统的衍射分析

如果成像系统不是由一个单透镜，而是由几个透镜组成，那么可以采用 "黑箱" 模型。如图 7.2.1 所示，只要指明这一成像系统的边端性质，整个系统的主要性质就完全描述出来了。图中 "黑箱" 的两端分别有一个入射光瞳和出射光瞳，它们是这样定义的：在光学系统中存在一个对入射光束的限制最起作用的光阑，叫孔径光阑或有效光阑，孔径光阑通过其前面的透镜成像到物空间去，其像决定了光学系统的物方孔径角，就形成了入射光瞳。如果在物和孔径光阑之间没有透镜，那么孔径光阑本身就起着入射光瞳的作用；孔径光阑通过其后面的透镜成像到像空间去，其像决定了光学系统的像方孔径角，就形成了出射光瞳，如果孔径光阑后面没有透镜，孔径光阑本身就起着出射光瞳的作用。对于近轴光线来说，实际上进入光学系统的光线是由入射光瞳确定的，而离开光学系统的光线则由出射光瞳控制。

对于一个衍射受限的光学系统来说，可以将由光的衍射效应所造成的像的分辨率的变化归结为以下两个原因之一 [4]：

(1) 从物空间看过去有限大小受入射光瞳所限。这个观点是 1873 年由阿贝在研究显微镜相干成像时首先提出来的，他认为一个物体所产生的衍射分量只有部分被有限的入射光所截取，未被截取的分量正是物振幅分布中高频分量部分，因而像的分辨率会下降。

(2) 从像空间看过去有限大小受出射光瞳所限。这个观点是瑞利在 1896 年提出来的。这两种看法是完全等价的，这是因为入射光瞳与出射光瞳对整个光学系统来说是共轭的，它们都是实际对光线起限制作用的孔径光阑的像。

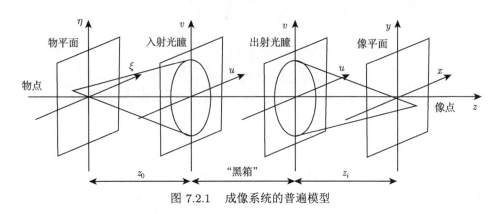

图 7.2.1　成像系统的普遍模型

成像系统的作用是将由任何一个物点 (x_0, y_0) 发出的发散球面波变换成以理想像点 $(x_i = M_{x_0}, y_i = M_{y_0})$ 为中心的会聚球面波。一般光学成像系统被看作有入射光瞳、出射光瞳边端的黑箱。

如图 7.2.2 所示，对于一个衍射受限成像系统：① 黑箱边端性质是将投射到入瞳上的发散球面波变换成出射光瞳上的会聚球面波；② 衍射效应发生物 → 入瞳，出瞳 → 像的传播中衍射效应由入瞳孔径有限引起，或来自于出瞳；③ 成像系统没有几何像差 (理想成像系统)。

衍射极限受到会聚前光束直径大小的影响，也会受到会聚透镜焦距和波长的影响。(根据瑞利判据或者高斯光束传播理论，这两者分别对应平行光和准直光两种条件。) 在一个光学系统中，光束直径越大，波长越短，焦距越短，可以会聚成的光斑越小。从物理光学来看，可以通过透镜 (成像系统中的) 的傅里叶变换特性，或者阿贝成像原理来理解，两者相互贯通。

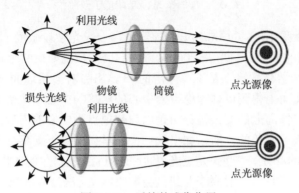

图 7.2.2 透镜的成像作用

透镜的傅里叶变换性质说明，具有一定分布的光场平行正入射到透镜后，在透镜的后焦平面处会形成光场的二维空间频谱，也就是光场的二维傅里叶变换。以焦点为中心的焦面上，中间为基频，越向光轴外，频率越高，一直延伸到无穷远。光学系统的孔径 D 限制 (我们简化光学系统为双透镜系统)，会导致只有一部分低频分量通过，高频分量截止。所以相当于做了低通滤波。截止频率由 D 决定，D 越大，截止频率越高，通过的光束高频分量越多。高频分量即为光束的细节信息，所以透过越多，像面上得到的细节信息越多，换句话说，分辨率越高，衍射极限光斑越小，如图 7.2.3 所示。

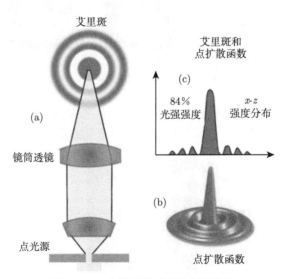

图 7.2.3 光学成像系统的衍射分析

7.3　成像系统的分辨率

由于衍射极限 (diffraction limit) 的约束，一般光学显微镜 (使用常见的可见光波长) 能达到的最大分辨率在 200nm 左右，也就是说如果两个距离小于 200nm 的点在一般的光学显微镜下是不可分辨的 [5]。出瞳对会聚球面波具有限制作用，于是便可以在像面上得到以理想像点为中心的出瞳的夫琅禾费衍射图。因此，物点通过系统后在像面上的复振幅分布是以理想像点为中心的夫琅禾费衍射图，因此衍射现象是不可避免的，所以如果我们在光学显微镜下观察样本，会看到艾里斑 (Airy disk) 的存在。艾里斑是点光源通过透镜系统后产生的环状嵌套的光斑。如果两个样本点相距过近，产生的艾里斑就会重叠导致无法分辨，从此产生了衍射极限这一概念，如图 7.3.1 所示。这个如果对应到放大倍数上，大概可以算是 1500~2000 倍左右。描述这一极限的方程为阿贝方程 (Abbe's equation)，描述如下：

$$\Delta x \geqslant 2n \sin \alpha \tag{7.3.1}$$

式中 Δx 代表极限分辨率。

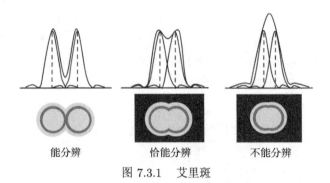

能分辨　　　　　　　恰能分辨　　　　　　　不能分辨

图 7.3.1　艾里斑

思考：如图 7.3.2 所示，请问你看到的是爱因斯坦还是玛丽莲·梦露？如果把眼睛眯起来，或是把眼镜取下，请问这时候你看到的是谁？为什么？

图 7.3.2　是爱因斯坦还是玛丽莲·梦露

7.4 相干成像和非相干成像

7.4.1 成像系统的普遍模型

如图 7.4.1 所示，成像的三个过程为：

(1) 首先光波从物平面传播到入瞳平面；

(2) 然后再从入瞳平面传播到出瞳平面；

(3) 最后由出瞳平面会聚到像平面。

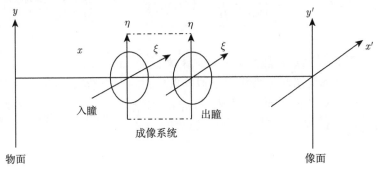

图 7.4.1　成像系统的普遍模型

因此，当我们了解成像系统的边缘性质时，就可以不必计算成像系统的内部结构和工作情况，就能说明系统的性质。

实际上，一个确定的物分布可以理解为分解成的无数 δ 函数的线性组合，而每个 δ 函数可以求出点扩散函数。所谓点扩散函数就是物平面上一个点光振动经过系统所对应的像面光场分布 [6]。

设物的后表面的任意点 (x_0, y_0) 发出的单位脉冲为 $\delta(x - x_0, y - y_0)$，其在入瞳前表面 $P(x_1, y_1)$ 产生的复振幅可以由菲涅耳衍射公式得到

$$\mathrm{d}U_1(x_1, y_1 : x_0, y_0) = \frac{\mathrm{e}^{ikz}}{iz\lambda} \iint\limits_{-\infty}^{\infty} \delta(x - x_0, y - y_0) \mathrm{e}^{\frac{ik}{2d_0}\left[(x_1-x)^2+(y_1-y)^2\right]} \mathrm{d}x\mathrm{d}y$$

$$= \frac{\mathrm{e}^{ikd_0}}{iz\lambda} \iint\limits_{-\infty}^{\infty} \mathrm{e}^{\frac{ik}{2d_0}\left[(x_1-x_0)^2+(y_1-y_0)^2\right]} \mathrm{d}x\mathrm{d}y \tag{7.4.1}$$

然后波面会通过光瞳，孔径函数 $P(x_1, y_1)$ 会限制 $\mathrm{d}U_1(x_1, y_1 : x, y)$，经过出瞳以后的复振幅为

$$\mathrm{d}U_1'(x_1, y_1 : x, y) = P(x_1, y_1) \, \mathrm{d}U_1(x_1, y_1 : x, y) \tag{7.4.2}$$

接下来光场会从出瞳传播到观察平面，这个过程同样看作菲涅耳衍射，则我们可以得到观察面 P_i 上的复振幅分布即点扩散函数。在给出点扩散函数前，我们先定义一个物空间中所谓的约化坐标，这是为了消除公式中放大率与倒像的影响。

$$\tilde{x}_0 = -Mx_0, \quad \tilde{y}_0 = -My_0 \tag{7.4.3}$$

利用物像的高斯公式，点扩散函数可以改写为 (忽略一些化简过程)

$$h\left(x_i - \tilde{x}_0, y_i - \tilde{y}_0\right) = \frac{C}{\lambda^2 d_0 d_i} \iint\limits_{-\infty}^{\infty} P\left(x_1, y_1\right) \mathrm{e}^{\frac{-\mathrm{i}2\pi}{\lambda d_i}\left[(x_i - \tilde{x}_0)x_1 + (y_i - \tilde{y}_0)y_1\right]} \mathrm{d}x_1 \mathrm{d}y_1$$

$$\tag{7.4.4}$$

C 为一复常数，最后点扩散函数只依赖于坐标差 $(x_i - \tilde{x}_0, y_i - \tilde{y}_0)$，其实上式推导还利用了一些满足夫琅禾费衍射近似的条件，这时系统的脉冲响应就等于夫琅禾费衍射图样。对孔径平面上的坐标 (x_1, y_1) 作 $\xi = \dfrac{x_1}{\lambda d_i}, \eta = \dfrac{y_1}{\lambda d_i}$ 坐标变换，则上式可以变为

$$h\left(x_i - \tilde{x}_0, y_i - \tilde{y}_0\right) = MC \iint\limits_{-\infty}^{\infty} P\left(\lambda d_i \xi, \lambda d_i \eta\right) \mathrm{e}^{-\mathrm{i}2\pi\left[(x_i - \tilde{x}_0)\xi + (y_i - \tilde{y}_0)\eta\right]} \mathrm{d}\xi \mathrm{d}\eta \tag{7.4.5}$$

如果孔径很大，则 $P\left(\lambda d_i \xi, \lambda d_i \eta\right)$ 可以直接略去，积分内的结果为冲激函数，即 $h(x_i - \tilde{x}_0, y_i - \tilde{y}_0) = MC\delta(\delta(x_i - \tilde{x}_0, y_i - \tilde{y}_0))$，这时说明点物成点像，即理想成像 (此时不考虑像差)。即当光瞳无限大时，点脉冲通过衍射受限系统后仍是点脉冲，其位置在 $x_i = \tilde{x}_0 = -Mx_0, y_i = \tilde{y}_0 = -My_0$ 处。

7.4.2　相干传递函数

光的相干性 (coherence) 是光场所应具备的物理性质，指为了产生显著的干涉现象必备的性质。从光的量子本质的角度出发，无论是人为调控还是自然界中存在的任一光场，其完全相干的概率统统是 0，而且会出现随机涨落的现象。可以利用光学相干理论在光场随机涨落的统计性质对光波场随时间改变的规律和特性进行探索与研究。光场的重要属性之一就是相干性，根据空间不同位置光场之间的相关性和空间点在不同时刻光场之间的相关性的区别可以分为空间相干性和时间相干性。

相干成像与非相干成像的区别就是是否采用相干光进行照明。而介于两者之间的部分相干光可以通过去耦合的方式等效为多种相干态叠加的结果，对于一个衍射受限的光学系统来讲，无论使用何种光源进行照明，系统的性质是不会改变

的，它始终是一个线性系统 (但不一定是空不变)。除了成像原理，相干成像和非相干成像在衍射极限、截止频率、传递函数、相位及分辨率上也有很多区别。

如图 7.4.2 所示，A, B 两点光振动相位变化步调一致时被称为两点相干，则此时以 A', B' 为中心的两个光分布也相干，并且相遇时振幅叠加；而 A, B 两点光振动相位变化步调不一致时被称为两点不相干，则此时以 A', B' 为中心的两个光分布也不相干而是出现相遇时强度叠加的现象。物点的光振动随时间的变化无规律，各点间的相位差随时间变化不相干，只能考虑强度的线性叠加。非相干系统是对强度进行线性变换：

$$I_i\left(x_i, y_i\right) = k \int_{-\infty}^{\infty} \int_{-\infty}^{\infty} I_g\left(\tilde{x}_0, \tilde{y}_0\right) h^I\left(x_i - \tilde{x}_0, y_i - \tilde{y}_0\right) \mathrm{d}\tilde{x}_0 \mathrm{d}\tilde{y}_0$$

$$= k \int_{-\infty}^{\infty} I_g\left(\tilde{x}_0, \tilde{y}_0\right) * h^I\left(x_i, y_i\right) \tag{7.4.6}$$

由式 (7.4.6) 可知，在非相干照明系统中，像的强度是由脉冲响应与理想几何像强度的卷积得到的。

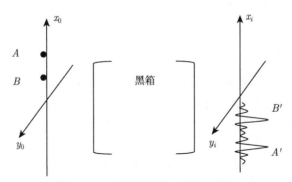

图 7.4.2 成像系统的 "黑箱" 模型

相干照明系统脉冲响应与非相干照明系统的关系：

$$\tilde{h}\left(x_i, y_i\right) = k \left|\tilde{h}\left(x_i, y_i\right)\right|^2 \tag{7.4.7}$$

相干照明系统的脉冲响应：

$$\tilde{h} = F\left\{P\left(\lambda d_i \xi, y + \lambda d_i \eta\right)\right\} \tag{7.4.8}$$

相干传递函数：

$$H = F\{\tilde{h}\} = F\left\{F\left\{P\left(\lambda d_i \xi, \lambda d_i \eta\right)\right\}\right\} \tag{7.4.9}$$

$$H\left(f_x, f_y\right) = P\left(\lambda d_i \xi, \lambda d_i \eta\right) = \begin{cases} 1, & f_x, f_y \leqslant f_{\mathrm{cut}} \\ 0, & f_x, f_y \geqslant f_{\mathrm{cut}} \end{cases} \tag{7.4.10}$$

像强度用相干照明系统脉冲响应表示为

$$I_i\left(x_i, y_i\right) = k\left|\tilde{h}\left(x_i, y_i\right)\right|^2 * I_g\left(x_i, y_i\right) \tag{7.4.11}$$

单色光照明下，物分布可以由无数 δ 函数的组合来表示，而 δ 函数的点扩散函数我们已经在上面求出来了，由于物面上的每个脉冲都是相干的，在像面上的响应就是相干叠加；非相干照明情况下，像面上的响应是非相干叠加的，即强度叠加。下面略去一些形式化的推导，直接给出相干照射下的点扩散函数：

$$h\left(x_i - \tilde{x}_0, y_i - \tilde{y}_0\right) = \iint\limits_{-\infty}^{\infty} P\left(\lambda d_i \xi, \lambda d_i \eta\right) \mathrm{e}^{-\mathrm{i}2\pi\left[\left(x_i - \tilde{x}_0\right)\xi + \left(y_i - \tilde{y}_0\right)\eta\right]} \mathrm{d}\xi \mathrm{d}\eta \tag{7.4.12}$$

因为是线性空不变系统，我们用 $\tilde{x}_0 = \tilde{y}_0 = 0$ 的脉冲响应表示成像系统的特性，可以得到

$$H(\xi, \eta) = F\left\{h\left(x_i, y_i\right)\right\} = F\left\{F\left\{P\left(\lambda d_i \xi, \lambda d_i \eta\right)\right\}\right\} = P\left(-\lambda d_i \xi, -\lambda d_i \eta\right) \tag{7.4.13}$$

在光瞳对光轴中心对称的情况下，负号可以略去，即 $H\left(\xi, \eta\right) = \left(\lambda d_i \xi, \lambda d_i \eta\right)$，即相干传递函数就等于系统光瞳函数 [7]。

7.4.3　光学传递函数

对于非相干照明，物分布仍然可以看作无数个 δ 函数的叠加，但物面上任意两个脉冲都是非相干的，它们的脉冲响应在像面上是非相干叠加的，即强度叠加，非相干成像系统是强度的线性空不变系统。其物像强度满足下面的关系式

$$I_i\left(x_i, y_i\right) = \int_{-\infty}^{\infty}\int_{-\infty}^{\infty} I_g\left(\tilde{x}_0, \tilde{y}_0\right) h^I\left(x_i - \tilde{x}_0, y_i - \tilde{y}_0\right) \mathrm{d}\tilde{x}_0 \mathrm{d}\tilde{y}_0 \tag{7.4.14}$$

式 (7.4.14) 说明像面的强度分布是物面强度分布与强度点扩散函数 (强度脉冲响应) 的卷积。而强度点扩散函数是系统复振幅点扩散函数绝对值的平方，即 $h^I\left(x_i, y_i\right) = \left|\tilde{h}\left(x_i, y_i\right)\right|^2$，根据卷积定理我们可以得到

$$G_i^I\left(\xi, \eta\right) = G_g^I\left(\xi, \eta\right) H^I\left(\xi, \eta\right) \tag{7.4.15}$$

其中，$G_i^I\left(\xi, \eta\right)$、$G_g^I\left(\xi, \eta\right)$ 和 $H^I\left(\xi, \eta\right)$ 分别是像面强度、物面强度和强度点扩散函数的频谱。

下面我们给出一个比较有用的结论：

像面强度、物面强度和强度点扩散函数的频谱的零频分量将大于任何非零分量的幅值。这个结论在图像识别、对齐等领域有很大的作用。$I_i\left(x_i, y_i\right)$，$I_g\left(x_i, y_i\right)$

和 $H^I(x_i, y_i)$ 都是强度分布, 因而都是非负的实函数, 实函数的傅里叶变换是厄米函数, 根据厄米函数的定义我们可以得到 (* 号代表求共轭)

$$G_i^I(\xi, \eta) = G_i^{I*}(-\xi, -\eta) \tag{7.4.16}$$

令 $G_i^I(\xi, \eta) = A_i^I(\xi, \eta) \, \mathrm{e}^{\mathrm{i}\Phi_i^I(\xi, \eta)}$, 这其实就是把频谱拆成幅值与相位两项, 根据上面厄米函数的定义我们可以得到

$$A_i^I(\xi, \eta) \, \mathrm{e}^{\mathrm{i}\Phi_i^I(\xi, \eta)} = A_i^I(-\xi, -\eta) \, \mathrm{e}^{-\mathrm{i}\Phi_i^I(-\xi, -\eta)} \tag{7.4.17}$$

将零频时的 $\xi = 0, \eta = 0$ 代入式 (7.4.17) 可以得到

$$A_i^I(0, 0) \, \mathrm{e}^{\mathrm{i}\Phi_i^I(0,0)} = A_i^I(0, 0) \, \mathrm{e}^{-\mathrm{i}\Phi_i^I(0,0)} \tag{7.4.18}$$

故 $\Phi_i^I(0,0) = 0$, 这表明零频时无相位因子。由此我们可以得到 $G_i^I(\xi, \eta)$、$G_g^I(\xi, \eta)$ 和 $H^I(\xi, \eta)$ 零频分量幅值大于任何非零分量的幅值, 即

$$G_i^I(0,0) > \left| G_i^I(\xi, \eta) \right|, \quad G_g^I(0,0) > \left| G_g^I(\xi, \eta) \right|, \quad H^I(0,0) > \left| H^I(\xi, \eta) \right| \tag{7.4.19}$$

人眼或者光探测器对图像的视觉效果在很大程度上取决于像所携带的信息与直流背景的对比值, 即非零频分量与零频分量的比值, 这个其实也类似图像对比度的定义。所以, 我们要对频谱进行归一化来反映图像对比度, 得到如下归一化频谱函数:

$$\widetilde{G_i^I}(\xi, \eta) = \frac{\widetilde{G_i^I}(\xi, \eta)}{\widetilde{G_i^I}(0,0)} = \frac{\displaystyle\iint_{-\infty}^{\infty} I_i(x_i, y_i) \, \mathrm{e}^{-\mathrm{i}2\pi(\xi x_i + \eta y_i)} \mathrm{d}x_i \mathrm{d}y_i}{\displaystyle\iint_{-\infty}^{\infty} I_i(x_i, y_i) \, \mathrm{d}x_i \mathrm{d}y_i} \tag{7.4.20}$$

$$\widetilde{G_g^I}(\xi, \eta) = \frac{\widetilde{G_g^I}(\xi, \eta)}{\widetilde{G_g^I}(0,0)} = \frac{\displaystyle\iint_{-\infty}^{\infty} I_g(x_i, y_i) \, \mathrm{e}^{-\mathrm{i}2\pi(\xi x_i + \eta y_i)} \mathrm{d}x_i \mathrm{d}y_i}{\displaystyle\iint_{-\infty}^{\infty} I_g(x_i, y_i) \, \mathrm{d}x_i \mathrm{d}y_i} \tag{7.4.21}$$

$$\widetilde{H^I}(\xi, \eta) = \frac{\widetilde{H^I}(\xi, \eta)}{\widetilde{H^I}(0,0)} = \frac{\displaystyle\iint_{-\infty}^{\infty} h^I(x_i, y_i) \, \mathrm{e}^{-\mathrm{i}2\pi(\xi x_i + \eta y_i)} \mathrm{d}x_i \mathrm{d}y_i}{\displaystyle\iint_{-\infty}^{\infty} h^I(x_i, y_i) \, \mathrm{d}x_i \mathrm{d}y_i} \tag{7.4.22}$$

显然归一化频谱也满足：

$$\widetilde{G_i^I}(\xi,\eta) = \widetilde{G_g^I}(\xi,\eta)\,\widetilde{H^I}(\xi,\eta) \tag{7.4.23}$$

我们把 $\widetilde{H^I}(\xi,\eta)$ 用模和幅角可以表示为

$$\widetilde{H^I}(\xi,\eta) = \left|\widetilde{H^I}(\xi,\eta)\right| \mathrm{e}^{\mathrm{i}\Phi(\xi,\eta)} = M(\xi,\eta)\mathrm{e}^{\mathrm{i}\Phi(\xi,\eta)} \tag{7.4.24}$$

我们把 $\widetilde{H^I}(\xi,\eta)$ 称为非相干成像系统的光学传递函数 (OTF)，将其模 $M(\xi,\eta)$ 称作调制传递函数 (MTF)，用来进行系统对各个频率分量对比度的传递特性的描述，不同空间频率的信号在通过光学系统成像后，信号的调制度 (或称对比度) 会降低。一般来说，空间频率越高，信号在通过光学系统时调制度的衰减就越大；将其幅角 $\Phi(\xi,\eta)$ 称作相位传递函数 (PTF)，用来描述系统对各个频率分量所施加的相移，不同空间频率的信号在通过光学系统成像后，信号的相位也会发生一定量的改变，且一般情况下相位变化量与空间频率有关，是空间频率的函数。

定义调制度 (对比度) V 来表征系统对像的对比度的影响：

$$V = \frac{I_{\max} - I_{\min}}{I_{\max} + I_{\min}} \tag{7.4.25}$$

且 I_i 与 I_g 的调制度的关系满足：

$$V_i = M(\xi,\eta) V_g \tag{7.4.26}$$

$\widetilde{H^I}(\xi,\eta)$ 与 $H(\xi,\eta)$ 是描述同一光学系统采用非相干照明与相干照明时的传递函数，它们二者有如下关系式：

$$\widetilde{H^I}(\xi,\eta) = \frac{\widetilde{H^I}(\xi,\eta)}{\widetilde{H^I}(0,0)} = \frac{F\{h^I(x_i,y_i)\}}{\displaystyle\iint\limits_{-\infty}^{\infty} h^I(x_i,y_i)\,\mathrm{d}x_i\mathrm{d}y_i} = \frac{F\left\{\left|\tilde{h}(x_i,y_i)\right|^2\right\}}{\displaystyle\iint\limits_{-\infty}^{\infty}\left|\tilde{h}(x_i,y_i)\right|^2\,\mathrm{d}x_i\mathrm{d}y_i} \tag{7.4.27}$$

由帕塞瓦尔定理可以将式 (7.4.27) 化为

$$\widetilde{H^I}(\xi,\eta) = \frac{F\left\{\left|\tilde{h}(x_i,y_i)\right|^2\right\}}{\displaystyle\iint\limits_{-\infty}^{\infty}|H(\alpha,\beta)|^2\,\mathrm{d}\alpha\mathrm{d}\beta} \tag{7.4.28}$$

再根据卷积定理和自相关定理可以将式 (7.4.28) 进一步化为

$$\widetilde{H^I}(\xi,\eta) = \frac{H(\xi,\eta) * H(\xi,\eta)}{\displaystyle\iint\limits_{-\infty}^{\infty}|H(\alpha,\beta)|^2\,\mathrm{d}\alpha\mathrm{d}\beta}$$

$$= \frac{\displaystyle\iint_{-\infty}^{\infty} H^*\left(\alpha, \beta\right) H\left(\xi + \alpha, \eta + \beta\right) \mathrm{d}\alpha \mathrm{d}\beta}{\displaystyle\iint_{-\infty}^{\infty} \left|H\left(\alpha, \beta\right)\right|^2 \mathrm{d}\alpha \mathrm{d}\beta}$$

$$= \frac{H\left(\xi, \eta\right) \otimes H\left(\xi, \eta\right)}{\displaystyle\iint_{-\infty}^{\infty} \left|H\left(\alpha, \beta\right)\right|^2 \mathrm{d}\alpha \mathrm{d}\beta} \tag{7.4.29}$$

上面结论说明光学传递函数等于相干传递函数的自相关归一化函数，而且这一结论对于有像差的系统也成立。我们前面已经给出相干照明的衍射受限系统的传递函数 $H\left(\xi, \eta\right)$，现在我们将它归一化可以得到 $\widetilde{H^I}\left(\xi, \eta\right)$。

$$\widetilde{H^I}\left(\xi, \eta\right) = \frac{\displaystyle\iint_{-\infty}^{\infty} P(x, y) P\left(x + \lambda d_i \xi, y + \lambda d_i \eta\right) \mathrm{d}x \mathrm{d}y}{\displaystyle\iint_{-\infty}^{\infty} P(x, y) \mathrm{d}x \mathrm{d}y} \tag{7.4.30}$$

其中，$x = \lambda d_i \alpha$，$y = \lambda d_i \beta$，本来分母应该是对 P^2 积分，但是由于光瞳函数取值只有 0 和 1，故和 P 是等价的。

我们现在解释一下式 (7.4.30) 的几何意义：分母是光瞳的总面积 S_0，分子是中心位于 $(-\lambda d_i \xi, -\lambda d_i \eta)$ 的光瞳与原光瞳的重叠面积 $S(\xi, \eta)$，如图 7.4.3 所示。

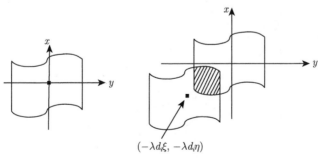

$$(-\lambda d_i \xi, -\lambda d_i \eta)$$

图 7.4.3　OTF 的几何解释

求衍射受限系统的 OTF 就是计算归一化的重叠面积。即

$$\widetilde{H^I}\left(\xi, \eta\right) = \frac{S\left(\xi, \eta\right)}{S_0} \tag{7.4.31}$$

7.4.4　相干成像和非相干成像的比较

一个衍射受限的光学系统,无论采用何种光源照明,系统的性质是不变的,它始终是一个线性系统。但是,如图 7.4.4 所示,OTF 的截止频率是 CTF 截止频率的两倍。

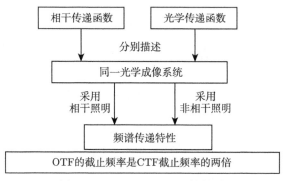

图 7.4.4　CTF 和 OTF 的关系

1. 截止频率

如图 7.4.5~ 图 7.4.7 所示,CTF 和 OTF 的截止频率概念不同。CTF 对像的复振幅最高频率分量为 f_0 (传递的复振幅是周期变化的最高频率);而 OTF 对像的强度最高频率分量为 $2f_0$ (传递的强度是余弦变化的最高频率)。

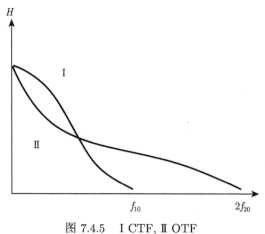

图 7.4.5　I CTF, II OTF

虽然 OTF 的截止频率是 CTF 的两倍,但并不意味着非相干照明的优越性一定比相干照明高。在非相干照明系统中,截止频率所能够传递的强度呈周期变

化 [8]；在相干照明系统中，截止频率所能够传递的复振幅呈周期变化。截止频率的意义不同，所以不能简单作数值上的比较，而对像强度作比较是有意义的。

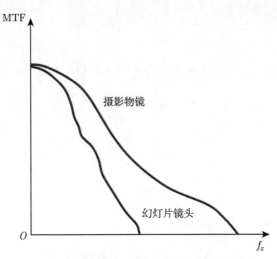

图 7.4.6 摄影物镜和幻灯片镜头 MTF 的例子

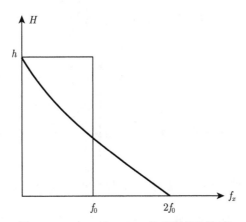

图 7.4.7 CTF 和 OTF 截止频率的比较

2. 像强度的频谱

(1) 非相干成像的频谱为

$$I_i = |\tilde{h}|^2 * I_g = |\tilde{h}|^2 * |U_g|^2 \tag{7.4.32}$$

$$F\{I_i\} = F\{U_g \star F\{Ug\}\} \cdot \{F\{\tilde{h}\} \star F\{\tilde{h}\}\}$$

$$= \{G_g \star G_g\}\{H \star H\} \tag{7.4.33}$$

(2) 相干成像的频谱为

$$U_i = U_g * \tilde{h} \tag{7.4.34}$$

$$I_i = U_i U_i^* = \left| U_g * \tilde{h} \right|^2 \tag{7.4.35}$$

$$F\{I_i\} = F\left\{ U_g * \tilde{h} \right\} \star F\left\{ U_g * \tilde{h} \right\}$$
$$= \{G_g \cdot H\} \star \{G_g \cdot H\} \tag{7.4.36}$$

强度透过率:

$$\tau(x_0, y_0) = \cos^2 2\pi \tilde{f} x_0 \tag{7.4.37}$$

$$\frac{f_0}{2} < \tilde{f} < f_0 \tag{7.4.38}$$

如图 7.4.8 所示, 振幅透过率:

$$A : t_a(x_0, y_0) = \cos 2\pi \tilde{f} x_0 \tag{7.4.39}$$

$$B : t_b(x_0, y_0) = \left| \cos 2\pi \tilde{f} x_0 \right| \tag{7.4.40}$$

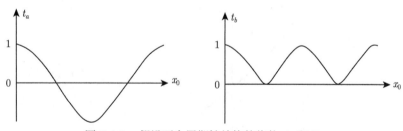

图 7.4.8　假设两个周期性结构的物体 A 和 B

如图 7.4.9 所示, 就圆形光瞳、非相干照明方式, 按瑞利判据, 若一点源产生的艾里斑中心与另一点源的艾里斑的第一个极小恰好重合, 则称为 "刚好能够分辨的"。而由圆孔衍射知, 第一个暗环的角半径 $x = d\dfrac{r_0}{\lambda z} = 1.22$, 故若把两点光源的中心沿 x 方向分别放在 $x = \pm 0.61$ 处, 则它们正好满足瑞利判据条件, 其光强分布为

$$I(x) = \left| \frac{2J_1[\pi(x - 0.61)]}{\pi(x - 0.61)} \right|^2 + \left| \frac{2J_1[\pi(x + 0.61)]}{\pi(x + 0.61)} \right|^2 \tag{7.4.41}$$

中心处的鞍峰比为 73.5% (圆孔) 或者 81.1% (单缝)。

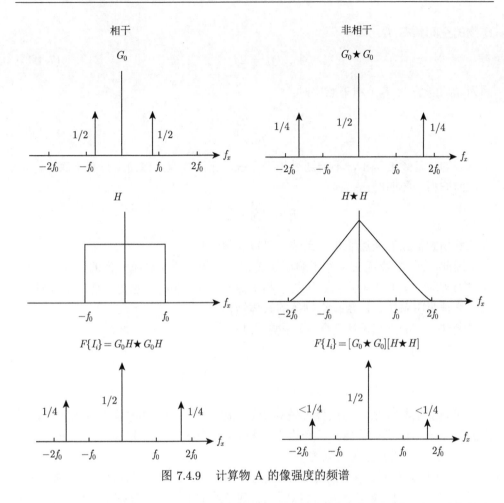

图 7.4.9 计算物 A 的像强度的频谱

对于相干照明方式，两个点源产生的艾里斑必须由复振幅叠加后，再求其合强度。此强度记为

$$I\left(x\right) = \left|\frac{2J_1\left[\pi\left(x - 0.61\right)\right]}{\pi\left(x - 0.61\right)} + \frac{2J_1\left[\pi\left(x + 0.61\right)\right]}{\pi\left(x + 0.61\right)}e^{i\phi}\right|^2 \tag{7.4.42}$$

这时 $I(x)$ 的值与 ϕ 有关。

对于 A 物而言，两种照明系统中，像强度频谱的零频分量是相等的，两个一级频率分量的值不相等，相干照明系统成像的反衬度高于非相干照明系统。而对 B 物作比较：

$$\text{B}: t_b\left(x_0, y_0\right) = \left|\cos 2\pi\tilde{f}x_0\right| \tag{7.4.43}$$

B 物的空间频率 f_b：

$$f_b = 2f \tag{7.4.44}$$

因为 $f_0/2 < f < f_0$，相干照明时：

$$f_b > f_0 \tag{7.4.45}$$

意味着物的基频被截止，不能通过相干系统，无法成像，像面上只有本底。

而非相干照明时：

$$f_b < 2f_0 < f_{\text{cut}} \tag{7.4.46}$$

意味着物的基频能通过非相干系统，可以成像。

因此，对 A 物而言，相干照明系统优于非相干照明系统，像的清晰度较高；而对 B 物而言，非相干照明系统优于相干照明系统，在相干照明系统中不能成像。具体哪种照明系统好，依赖于物体的具体结构[9]。

例 1　一个正弦振幅光栅，复振幅透过率为

$$t(x,y) = \frac{1}{2} + \frac{1}{2}\cos\left(2\pi f x_0\right)$$

当放在如图 7.4.10 所示的成像系统的物面上时，用一簇单色平面波倾斜照明，平面波在 $x_0 z$ 平面进行传播，孔径为 l，透镜焦距为 F，与 z 轴的夹角为 θ。

(1) 求物体透射光场的频谱；

(2) 出现条纹时，像平面的最大 θ 角等于多少？并求此时像面强度分布；

(3) 若 θ 采用上述极大值，使像面上出现条纹的最大光栅频率是多少？与 $\theta = 0$ 时截止频率比较，结论如何？

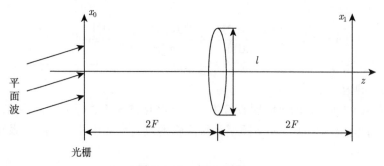

图 7.4.10　例 1 用图

解

(1) $G_0(f_{x_0}, f_{y_0}) = F\{U(x_0, y_0) \cdot t(x_0, y_0)\}$

$$= F\left\{A\exp(jkx_0\sin\theta)\cdot\left(\frac{1}{2}+\frac{1}{2}\cos(2\pi fx_0)\right)\right\}$$

$$= F\left\{\frac{A}{4}\exp\left(j2\pi x_0\frac{\sin\theta}{\lambda}\right)\right.$$

$$\left.\cdot(2+\exp(j2\pi fx_0)+\exp(-j2\pi fx_0))\right\}$$

$$\xlongequal{A=1}\frac{1}{2}\delta\left(f_{x_0}-\frac{\sin\theta}{\lambda}, f_{y_0}\right)+\frac{1}{4}\delta\left(f_{x_0}-\frac{\sin\theta}{\lambda}-f, f_{y_0}\right)$$

$$+\frac{1}{4}\delta\left(f_{x_0}-\frac{\sin\theta}{\lambda}+f, f_{y_0}\right)$$

(2) 相干成像系统的频率响应为

$$G_i(f_{x_1}, f_{y_1}) = H(f_{x_1}, f_{y_1})G_g(f_{x_1}, f_{y_1})$$

其中，振幅传递函数 $H(f_{x_1}, f_{y_1})=\mathrm{circ}\left(\sqrt{f_{x_1}^2+f_{y_1}^2}/f_0\right)$，截止频率 $f_0=l/(2\lambda d_i)=l/(4\lambda F)$。要使像平面出现条纹，则至少应使物场空间频谱中的两个频谱分量通过以发生相干，当然前提满足 $2f_0\geqslant f$，否则系统无论如何也接收不到物场的两个频谱分量。因对称性可将 $H(f_{x_1}, f_{y_1})$ 简化在 f_{x_1} 方向上考虑，如图 7.4.11 所示。

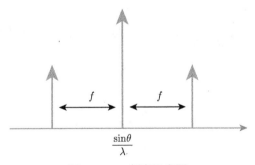

图 7.4.11　频率示意图

当 f_0 一定时，不能让 $f_{x_0}=\dfrac{\sin\theta}{\lambda}>0$ 的分量移出 $[-f_0, f_0]$ 的范围，故 $f_{x_0}=\dfrac{\sin\theta}{\lambda}\leqslant f_0\Rightarrow\theta_{\max}=\sin^{-1}\left(\dfrac{l}{4F}\right)$。

(3) 即求 θ 角 $(=\theta_{\max}$ 或 0) 一定时，像平面出现干涉条纹的光栅频率 f 的最大值。这一问题隐含了条件：系统的截止频率 f_0 一定。

要求的是: 此时该系统能对何种频率的光栅成干涉条纹的像?

$\theta = \theta_{\max} \neq 0$, 即物场 (输入) 的空间频谱发生了偏移。

于是要在像场 (输出) 取得干涉条纹的最低的要求为: 仍不失一般性地令 $\theta > 0$, 则物场空间频谱的两个较低分量应当能通过系统 (图 7.4.12), 则

$$\left. \begin{array}{l} \dfrac{\sin\theta}{\lambda} \leqslant f_0 \\[2mm] -f + \dfrac{\sin\theta}{\lambda} \geqslant -f_0 \end{array} \right\} \Rightarrow \left. \begin{array}{l} \dfrac{\sin\theta}{\lambda} \leqslant f_0 \\[2mm] f \leqslant \dfrac{\sin\theta}{\lambda} + f_0 \end{array} \right\} \Rightarrow \left. \begin{array}{l} \theta = \theta_{\max} = \sin^{-1}(\lambda f_0) \\[2mm] f \leqslant \dfrac{\sin\theta}{\lambda} + f_0 \end{array} \right\}$$

$$\Rightarrow f \leqslant 2f_0 \Rightarrow f_{\max} = l/2(\lambda F)$$

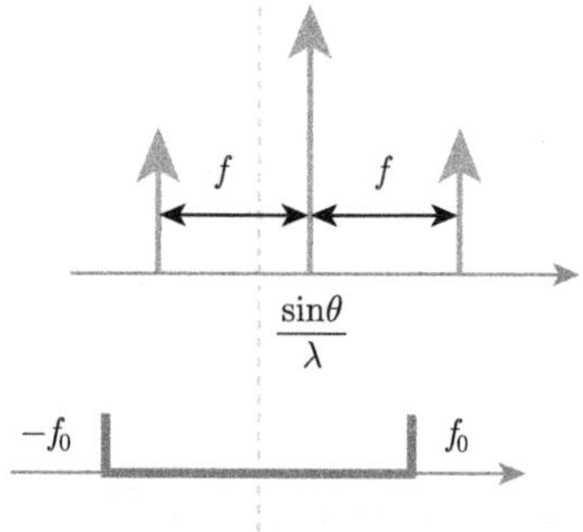

图 7.4.12　频率示意图

$\theta = 0$, 即物场 (输入) 的空间频谱未发生偏移, 则物场空间频谱的零频分量一定能通过系统, 而另外两个分量待遇一样 (图 7.4.13), 即

$$\left. \begin{array}{l} f \leqslant f_0 \\[2mm] -f \geqslant -f_0 \end{array} \right\} \Rightarrow f \leqslant f_0 \Rightarrow f_{\max} = l/(4\lambda F)$$

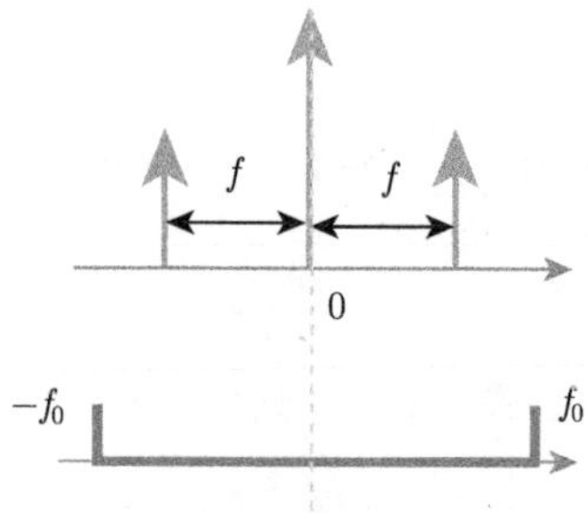

图 7.4.13　频率示意图

3. 衍射极限

按照瑞利判据, 存在两个强度相等的非相干点源, 当一个点源产生的艾里斑中心与另一个点源产生的艾里斑的第一个零点恰好重合时, 则认为该两个非相

干点源刚好能够被分辨。对于衍射受限的圆形光瞳，点光源在像面上产生艾里斑分布：

$$I = I(0) \left[\frac{2J_1(x)}{x} \right]^2, \quad x = \frac{\Delta r k a}{z} \tag{7.4.47}$$

故在瑞利判据下，非相干系统的分辨率为

$$d = 0.61 \frac{\lambda}{\mathrm{NA}} \tag{7.4.48}$$

当发生相干照明时，由于两点源产生的艾里斑按复振幅叠加，所以其叠加的结果非常依赖于两个点源之间的相位关系。若仍取瑞利间隔为两个像点的距离，因为是相干成像，所以两点源的像强度分布应满足其复振幅相加模的平方，即

$$\left| \frac{2J_1(x - 0.61)}{x - 0.61} + \frac{2J_1(x + 0.61)}{x + 0.61} \mathrm{e}^{\mathrm{j}\varphi} \right|^2 \tag{7.4.49}$$

可以看出：

(1) 当 $\varphi = 0$ 时，其图像完全不能分辨；

(2) 当 $\varphi = \pi/2$ 时，其图像刚好能够分辨；

(3) 当 $\varphi = \pi$ 时，其结果比非相干照明时得到更为清楚的分辨。

所以相干照明情况下分辨率与相位有关系，更为复杂。瑞利分辨判据适用的系统是非相干成像系统，并且不能完全应用于相干成像系统[10]，可以作为一个参考。同时，实际中成像还与合成 NA 大小 (物镜 NA+ 照明 NA)、像差 (OTF 形状)、数字探测器采样 (欠采样、过采样) 有关。经指出，相干成像还会受激光散斑影响，如图 7.4.14 和图 7.4.15 所示。

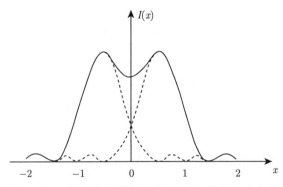

图 7.4.14 刚能分辨的两个非相干点源的像强度分布

讨论：

(1) 当 $\phi = 0$ 时，相干照明 $I(x)$ 不出现中心凹陷，两点完全不能分辨。

(2) 当 $\phi = 90°$ 时，相干照明与非相干照明强度分布相同，分辨率相同。

(3) 当 $\phi = 180°$ 时，强度中心取极小值，相干照明下的分辨率优于非相干照明的方式。

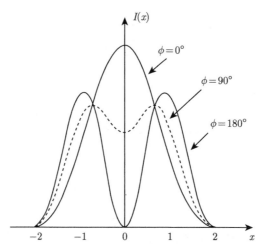

图 7.4.15　相距为瑞利间隔的两个相干点光源的像强度分布

因此在相干成像系统中，能否分辨两个点源首先要考虑的是它们相位的关系，而瑞利判据仅在非相干成像系统中更为适用 [11]。

4. 对锐边的响应截然不同

对于相干系统：

$$H_c\left(f_x, f_y\right) = P\left(\lambda d_i f_x, \lambda d_i f_y\right) = \begin{cases} 1, & \text{出瞳内} \\ 0, & \text{出瞳外} \end{cases} \tag{7.4.50}$$

特点：具有陡峭的不连续性，且在通带内不衰减。

对于非相干系统：

$$H_c\left(f_x, f_y\right) = \frac{H_c\left(f_x, f_y\right) \otimes H_c\left(f_x, f_y\right)}{\displaystyle\iint_{-\infty}^{\infty} H_c\left(\xi, n\right) \mathrm{d}\xi \mathrm{d}\eta} \tag{7.4.51}$$

特点：在通带内随空间频率增大其值渐减，从而降低了像的对比度。

7.5　扩展阅读：有像差成像系统的传递函数

在无像差的讨论中，都假设了光学系统是一个衍射受限系统，然而在实际问题中像差是普遍存在的，原则上有像差存在的光学系统一般不属于空间不变线性系统，因此不能对系统定义一个传递函数。如果像差不是非常严重，则仍采用原来的分析方法，但需要对传递函数进行适当的修正。

1. 有像差存在的光学系统中波面畸变的数学模拟——广义光瞳函数

光学系统产生像差的原因很多，如聚焦不良、理想球面透镜的固有性质造成的球面像差等。如果系统没有像差存在，则出射光瞳处就有一个向理想像点会聚的没有畸变的球面波存在，在图 7.5.1 中作出了相应的高斯参考球面。对于有像差的光学系统来说，出射光瞳处的波面与高斯参考球面之间有一个偏离，用函数 $W(x, y)$ 来表示，这就是波像差。$W(x, y)$ 的正、负表示了出射光瞳处实际波面在理想波面的右边或左边。

如图 7.5.1 所示，当存在像差时，可以将入射至出射光瞳上的光波理解为一理想的会聚球面波，并且将一块移相板放置在光瞳平面上，在 (x, y) 点处的相位偏差为 $kW(x, y)$，因此将有像差存在时的光学系统离开出射光瞳的光与入射光的复振幅之比 P 定义为广义光瞳函数，即

$$P(x, y) = P(x, y) \exp\left[\mathrm{j}kW(x, y)\right] \tag{7.5.1}$$

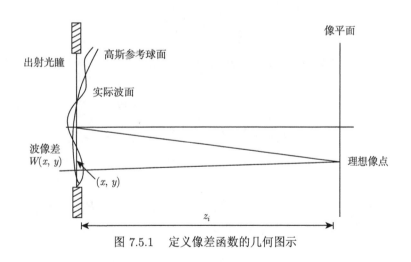

图 7.5.1 定义像差函数的几何图示

2. 有像差存在的相干光学系统中的振幅传递函数

在有像差存在时，如果限制光学系统的视场和孔径，则认为系统仍然是空间不变的。沿用在衍射受限光学系统中所用的方法，只不过现在用广义光瞳函数 P 来代替 P。这时，在相干光学系统中，振幅传递函数为

$$H\left(f_x, f_y\right) = P\left(\lambda z_i f_x, \lambda z_i f_y\right) = P\left(\lambda z_i f_y, \lambda z_i f_y\right) \exp\left[\mathrm{j}kW\left(\lambda z_i f_x, \lambda z_i f_y\right)\right] \tag{7.5.2}$$

　　像差的出现，并不会影响到振幅传递函数的截止频率，截止频率的大小仍由出射光瞳的有限大小决定。像差的影响是在通频带内引入了相位畸变，最后到达像面上各空间频率分量之间相位关系的改变，会对像的保真度产生影响。

　　有像差存在时非相干光学系统中的 OTF 如下所述。

　　为了求出有像差存在时的非相干光学系统的 OTF，仿照在衍射受限系统中求 OTF 所用的式子

$$H\left(f_x,f_y\right)=\dfrac{\displaystyle\iint_{-\infty}^{\infty} P\left(x+\dfrac{\lambda z_i f_x}{2},y+\dfrac{\lambda z_i f_y}{2}\right)P\left(x-\dfrac{\lambda z_i f_x}{2},y-\dfrac{\lambda z_i f_y}{2}\right)\mathrm{d}x\mathrm{d}y}{\displaystyle\iint_{-\infty}^{\infty}P(x,y)\mathrm{d}x\mathrm{d}y}$$

$$(7.5.3)$$

用广义光瞳函数 P 代替方程中无像差存在情况下的光瞳函数去求系统的 OTF。

　　首先，定义 $A(f_x,f_y)$ 表示两个在衍射受限系统中所使用的光瞳函数的重叠面积，这两个光瞳函数是

$$P\left(x-\dfrac{\lambda z_i f_x}{2},y-\dfrac{\lambda z_i f_y}{2}\right)\text{ 和 } P\left(x+\dfrac{\lambda z_i f_x}{2},y+\dfrac{\lambda z_i f_y}{2}\right)$$

因此，对于衍射受限系统来说，它的 OTF 为

$$H_{\text{无像差}}\left(f_x,f_y\right)=\dfrac{\displaystyle\iint_{A(f_x,f_y)}\mathrm{d}x\mathrm{d}y}{\displaystyle\iint_{A(0,0)}\mathrm{d}x\mathrm{d}y}$$

$$(7.5.4)$$

　　当有像差存在时，将上式中的光瞳函数 P 用 $P(x,y)=P(x,y)\exp[\mathrm{j}kW(x,y)]$ 所表示的广义光瞳函数 P 来代替，得到

$$H_{\text{有像差}}\left(f_x,f_y\right)=$$

$$\dfrac{\displaystyle\iint_{A(f_x,f_y)}\exp\left\{\mathrm{j}k\left[W\left(x+\dfrac{\lambda z_i f_x}{2},y+\dfrac{\lambda z_i f_y}{2}\right)-W\left(x-\dfrac{\lambda z_i f_x}{2},y-\dfrac{\lambda z_i f_y}{2}\right)\right]\right\}\mathrm{d}x\mathrm{d}y}{\displaystyle\iint_{A(0,0)}\mathrm{d}x\mathrm{d}y}$$

$$(7.5.5)$$

像差的存在虽然不影响系统的截止频率，但一般会降低像的强度中各个空间频率分量的可见度，这一点由下面对两种情况下调制传递函数模平方的比较可以看出来。

在 Schwartz 不等式 $|XY \mathrm{d}p \mathrm{d}q|^2 \leqslant |x|^2 \mathrm{d}p \mathrm{d}q |y|^2 \mathrm{d}p \mathrm{d}q$ 中，令

$$X(x,y) = \exp\left[\mathrm{j}kW\left(x + \frac{\lambda z_i f_x}{2}, y + \frac{\lambda z_i f_y}{2} \right) \right] \tag{7.5.6}$$

$$Y(x,y) = \exp\left[-\mathrm{j}kW\left(x - \frac{\lambda z_i f_x}{2}, y - \frac{\lambda z_i f_y}{2} \right) \right] \tag{7.5.7}$$

由以上两式知 $|X|^2 = |Y|^2 = 1$，直接得到

$$
\begin{aligned}
|H(f_x, f_y)|^2_{\text{有像差}} &= \left| \frac{\displaystyle\iint\limits_{A(f_x,f_y)} \exp\left\{ \mathrm{j}k\left[W\left(x + \frac{\lambda z_i f_x}{2}, y + \frac{\lambda z_i f_y}{2} \right) \right.\right.}{\displaystyle\iint\limits_{A(0,0)} \mathrm{d}x\mathrm{d}y} \right. \\[2em]
&\quad \left. \times \frac{\left. -W\left(x - \frac{\lambda z_i f_x}{2}, y - \frac{\lambda z_i f_y}{2} \right) \right] \right\} \mathrm{d}x\mathrm{d}y}{\displaystyle\iint\limits_{A(0,0)} \mathrm{d}x\mathrm{d}y} \right|^2 \\[2em]
&\leqslant \left[\frac{\displaystyle\iint\limits_{A(f_x,f_y)} \mathrm{d}x\mathrm{d}y}{\displaystyle\iint\limits_{A(0,0)} \mathrm{d}x\mathrm{d}y} \right]^2 = |H(f_x, f_y)|^2_{\text{无像差}} \tag{7.5.8}
\end{aligned}
$$

附　　录

```
%%  阿贝成像
clear all;clc;
f=rgb2gray(imread('光网格.bmp'));
f=imresize(f,[512 512]);
figure(1),
subplot(2,2,1),imshow(f);title('原始图像');
PQ=paddedsize(size(f));   % 计算填充尺寸以供基于FFT的滤波器,计算
    尺寸并进行填充
```

```matlab
[U,V]=dftuv(PQ(1),PQ(2));%距离计算的网格数组

F=fft2(f,PQ(1),PQ(2));    %傅里叶变换
g=abs(fftshift(F));
subplot(2,2,2),imshow(0.00001*g);title('频谱图');
x=1:15:1000;y=1:15:1000;
subplot(2,2,3),mesh(x,y,g(x,y));colormap(jet);
D0=0.02*PQ(2);
H=lpfilter('gaussian',PQ(1),PQ(2),D0); %低通频域滤波器的传递函
    数
g1=dftfilt(f,H); %滤波处理函数
H=fftshift(H);
[X,Y]=size(H);
subplot(2,2,4),
mesh(H(1:10:X,1:10:Y));
axis([0 100 0 100 0 1]);title('低通滤波器空间图')
figure(2),
subplot(1,2,1),imshow(H,[]);title('低通滤波器');
subplot(1,2,2),imshow(g1,[]);title('低通滤波图像')


%% 其他滤波器形式的程序
% clear all;clc;
% linewidth=3;
% linespan=15;
% f=rgb2gray(imread('光网格.bmp'));
% f=imresize(f,[512 512]);
% % f=double(f);
% figure(1),
% subplot(2,2,1),imshow(f);title('原始图像');
% pq(1)=2^nextpow2(2*size(f,1)-1);   %设置扩充后的行数
% pq(2)=2^nextpow2(2*size(f,1)-1);   %设置扩充后的列数
% PQ=paddedsize(size(f));   % 计算填充尺寸以供基于FFT的滤波器,计
    算尺寸并进行填充
% [U,V]=dftuv(PQ(1),PQ(2));%距离计算的网格数组
% D0=0.1*PQ(2);
% F=fft2(f,PQ(1),PQ(2));    %傅里叶变换
% g=abs(fftshift(F));
% subplot(2,2,2),imshow(0.00001*g);title('点阵图');
% x=1:15:1000;y=1:15:1000;
```

```
% subplot(2,2,3),mesh(x,y,g(x,y));colormap(jet);
% %% 滤波器
% high=0.21;
% low=0.1;    %截止半径
% H=lowpass(pq,low);%圆低通滤波
% % imshow(H);
% % H=fftshift(H);
% % imshow(H);
% %% 中央条形滤波器
% % linewidth=100;
% % linespan=15;
% % pq(1)=2^nextpow2(2*size(f,1)-1);  %设置扩充后的行数
% % pq(2)=2^nextpow2(2*size(f,1)-1);  %设置扩充后的列数
% % H=ones(pq);
% % dw=floor((pq(1)-linewidth)/2);    %中央条形滤波器
% % H(:,dw:dw-1+linewidth)=0;
% % % H(dw:dw-1+linewidth,:)=1;
% % % H=fftshift(H);
% % % imshow(H);
% g1=dftfilt(f,H);%滤波处理函数
% % H=fftshift(H);
% [X,Y]=size(H);
% subplot(2,2,4),mesh(H(1:1:X,1:1:Y));
% axis([0 X 0 Y 0 1]);
% figure(2),
% subplot(1,2,1),imshow(H,[]);
% subplot(1,2,2),imshow(g1,[]);[12]
```

习　　题

1. 沿空间 k 方向传播的平面波可以表示为

$$E = (100\mathrm{V/m})\exp\{i[10x + 3y + 8z)\mathrm{m}^{-1} - (16 \times 10^{10}\mathrm{s}^{-1})t]\}$$

试求出 k 方向的单位矢量。

2. 有一矢量波其表达式如下:

$$E = \left(-\frac{i}{2} - \frac{j}{2} + k\right)\mathrm{e}^{2\pi\mathrm{j}\left[5(x+y+z)-6\times10^8 t\right]}$$

求:

(1) 该波的偏振方向；

(2) 该波的行进方向；

(3) 该波的波长；

(4) 该波的振幅。

3. 如图所示的 "一段余弦波"，该波列可表示为

$$E(z) = \begin{cases} a\cos k_0 z, & -L \leqslant z < L \\ 0, & |z| > L \end{cases}$$

求 $E(z)$ 的傅里叶变换，并画出它的频谱图。

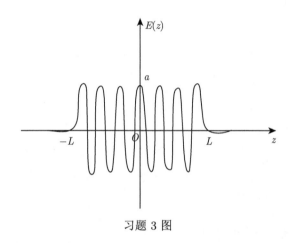

习题 3 图

4. 在照相机的记录介质上成一个来自距离很远的物体的稳定辐射图像时。当快门打开的时候，若物体发生变速运动，则记录在胶片上的像就会发生严重模糊的现象。这个记录胶片的透过率函数为

$$T(x,y) = \int A\left(x - x', y\right) \exp\left(\frac{-x'^2}{2}\right) \mathrm{d}x', \quad -2 \leqslant x' \leqslant 2$$

其中，$A(x,y)$ 是物体的无模糊的像。请尝试设计一个适当的逆空间滤波器和一个相关光学处理器，对这个图像进行消模糊处理。

5. 行射屏的振幅透过率函数为

$$t(r) = \frac{1}{7} \left\{ 6 + \mathrm{sgn}\left[\cos\left(\gamma r^2\right)\right] \right\} \mathrm{cir}\left(\frac{3r}{2R}\right)$$

γ 是空间频率。若用平面单色光进行垂直照射，请尝试解决回答下列问题。

(1) 试画出屏的形状；

(2) 证明无限个正透镜和负透镜组成该透镜；

(3) 给出这些焦距的值和焦点的相对光强；

(4) 该屏用作成像器件时，它的什么性质会严重影响屏的作用。

6. 用照相机拍摄某物体时, 不慎摄下两个重叠的影像, 沿横向错开距离 b。为改善此照片, 设计一个逆滤波器。绘出滤波函数图形。

7. 观察相位型物体的所谓暗场法, 是将一个不透明小方格放置在成像透镜后焦面上以阻挡直接透射光。若物体的相位延迟远小于 1rad, 试求出像面强度分布与物体相位延迟的关系式。

8. 一个正弦振幅光栅, 复振幅透过率为

$$t(x,t) = \frac{1}{2} + \frac{1}{2}\cos(2\pi f x_0)$$

放在如图所示的成像系统的物面上, 当使用单色平面波倾斜照明时, 平面波在 $x_0 z$ 平面进行传播, 与 z 轴夹角为 θ, 透镜焦距为 F, 孔径为 l。

(1) 试求出该物体透射光场的频谱;

(2) θ 角最大等于多少时像平面出现条纹? 并求此时像面强度分布;

(3) 若 θ 采用第 (2) 问中的极大值, 使像面上出现条纹的最大光栅频率是多少? 与 $\theta = 0$ 时的截止频率比较, 结论如何?

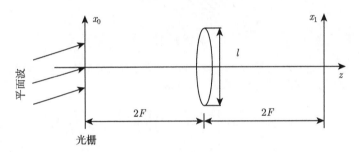

习题 8 图

9. 在如下图所示的相干成像系统中, 物体复振幅透过率为

$$t(r_0) = \frac{1}{2} + \frac{1}{2}\cos[2\pi(f_a x + f_b y)]$$

为了使像面能得到物体的像, 问:

(1) 当采用圆形光阑时, 光阑的直径应大于多少?

(2) 当采用矩形光阑时, 该矩阵光阑的各边边长应大于多少?

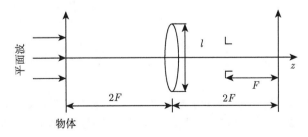

习题 9 图

10. 当泽尼克相衬显微镜的相移点还有部分吸收, 其强度透过率等于 $a(0 \leqslant a \leqslant 1)$ 时, 求观察到的像强度的表达式。

11. 一个非相干成像系统, 其出射光瞳是直径为 l 的圆。在出射光瞳内嵌入一个半平面光阑, 最后得到的光瞳如下图所示, 求沿 f_x 轴和 f_y 轴的光学传递函数的表达式。

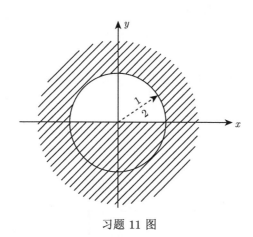

习题 11 图

12. 如图为一个边长为 l 的正方形出射光瞳的非相干光成像系统, 探测面离焦 Δ, 不考虑衍射的限制, 试证明此离焦系统的理想传递函数为

$$H(f_x, f_y) = \operatorname{sinc}\left[\frac{8W}{\lambda}\left(\frac{f_x}{2f_0}\right)\right] \operatorname{sinc}\left[\frac{8W}{\lambda}\left(\frac{f_y}{2f_0}\right)\right]$$

其中, W 是沿 x (或 y) 方向的最大波像差, f_0 是相干截止频率。

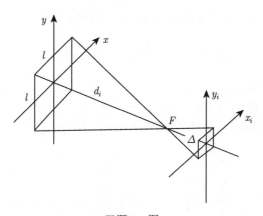

习题 12 图

13. 如下图所示, 有一投影式非相干光卷积装置, 当光源 S 和散射板 D 组合产生均匀的非相干光照射到 $m(x,y)$ 和 $O(x,y)$ 两张透明片上时, 在平面 P 上可以探测到 $m(x,y)$ 和 $O(x,y)$ 的卷积。

(1) 试求出该装置的系统点扩散函数;

(2) 试求出 P 平面上的光强分布表达式;

(3) 当 $m(x,y)$ 和 $O(x,y)$ 的空间宽度分别取到 l_1, l_2 时, 试求出卷积的空间宽度。

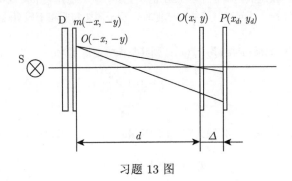

习题 13 图

14. 当点扩散函数 $h_l(x_i, y_i)$ 满足点对称条件时，试证明 OTF 为实函数，即等于调制传递函数。

15. 如下图所示，在一个非相干成像系统中，出瞳由两个正方形孔构成，正方形孔的边长 $a = 1\mathrm{cm}$，两孔中心距 $b = 3\mathrm{cm}$，若光波长 $\lambda = 0.5\mu\mathrm{m}$，出瞳与像面距离 $d_i = 10\mathrm{cm}$，求系统的 OTF，画出沿 f_x 和 f_y 轴的截面图。

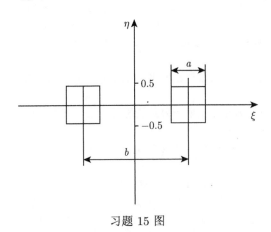

习题 15 图

16. 一个物体的复振幅透过率可以使用矩形波的形式来进行表示, 它的基频是 $50\mathrm{mm}^{-1}$。若使用圆形光瞳的透镜成像，透镜焦距为 10cm，物距为 20cm，照明波长为 0.6μm。若想要使像面出现条纹，则分别在相干照明和非相干照明的条件下，试求出透镜的最小直径应为多少?

17. 若余弦振幅光栅的透过率为

$$t(x, y) = a + b\cos 2\pi \tilde{f} x$$

式中, $a > b > 0$。当使用相干成像系统对它成像时。设光栅频率 $\tilde{f}$ 足够低，可以通过系统。试求像面的强度分布，同时证明在无穷多个离焦的像平面上也有同样的强度分布。(忽略放大和系统总体衰减, 并不考虑像差。)

18. 物体的复振幅透过率为

$$t_1\left(x\right)=\left|\cos2\pi\frac{x}{b}\right|$$

通过光学系统成像。系统的出瞳是半径为 a 的圆孔径，且 $\lambda d_i/b < a < 2\lambda d_i/b$。$d_i$ 为出瞳到像面的距离，λ 为波长。请问在对该物体成像时，相干照明和非相干照明这两种照明方式哪一种更具优越性？

19. 在题 18. 中，如果物体换为 $t_2\left(x\right)$，则其复振幅透过率为

$$t_a\left(x\right)=\cos2\pi\frac{x}{b}$$

结论如何？

20. 一个非相干成像系统，出瞳为宽 $2a$ 的狭缝，它到像面的距离为 d_i。物体的强度分布为

$$g\left(x\right)=a+\beta\cos2\pi\tilde{f}^2x$$

条纹的方向与狭缝平行。在忽略总体衰减的前提下，若物体可以通过系统成像，试求出像面的光强分布 (照明光波长为 λ)。

参 考 文 献

[1] Gustafsson M G L. Surpassing the lateral resolution limit by a factor of two using structured illumination microscopy[J]. Journal of Microscopy, 2000, 198(2): 82-87.

[2] 何钰. 阿贝成像原理和空间滤波实验及计算机模拟实验 [J]. 物理与工程, 2006, 16(2): 19-23.

[3] 袁霞, 王晶晶, 金华阳. 阿贝成像原理和空间滤波实验的改进 [J]. 物理实验, 2010, 30(3): 4-6.

[4] 赵小侠. 相干传递函数用于衍射受限系统的研究 [J]. 西安文理学院学报 (自然科学版), 2019, 22(1): 63-66.

[5] 毛峥乐, 王琛, 程亚. 超分辨远场生物荧光成像——突破光学衍射极限 [J]. 中国激光, 2008, 35(9): 1283-1307.

[6] 郁道银, 谈恒英. 工程光学 [M]. 4 版. 北京: 机械工业出版社, 2015.

[7] 操琼. 激光照射测量中空间滤波与图像处理方法的研究 [D]. 武汉: 华中科技大学, 2005.

[8] 潘安. 相干成像和非相干成像有什么区别?[EB/OL]. [2022-04-26]. https://www.zhihu.com/question/55095418/answer/1174641465.

[9] 潘柏根. 信息光学仿真实验软件的研究 [D]. 合肥: 合肥工业大学, 2010.

[10] 知乎. 如何通俗地理解光学衍射极限? [EB/OL]. [2022-04-26]. https://www.zhihu.com/question/470209903/answer/2000653397.

[11] 知乎. 相位成像技术的原理是什么?[EB/OL]. [2022-04-26]. https://www.zhihu.com/question/56077838/answer/250361824.

[12] 赵盾. 光学实验计算机仿真平台的构建 [D]. 武汉: 武汉理工大学, 2010.

第 8 章　4f 系统

8.1　光学信息处理的问题来源：以泽尼克相衬显微镜为例

一般情况下，显微镜中观察的许多物体 (如透明生物体) 的透明度很高，对光吸收少或基本不吸收。光通过这样的物体时，主要的效应就是光线穿过物体时因厚度的不同而产生一个随空间位置变化的相位改变，而通常的显微镜和接收器只对光强响应，反映不出相位的改变，所以无法直接观测这类物体的厚度和结构。为此，科学界现如今已发展了一些方法 (如纹影法) 观测此类物体，但它们的缺点是所观测到的强度变化与相位改变不呈线性关系，所以不能用来测量物体的厚度变化，如图 8.1.1 所示。

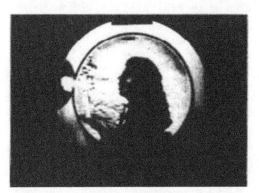

图 8.1.1　纹影法 [1]

1953 年，泽尼克根据空间滤波原理提出了一个新的相衬方法，使这个问题得到很好的解决，其特点是观察到的光的强度与物体引起的相位改变呈线性变化，从而可以测量物体的厚度，如图 8.1.2 所示。设透明物体的振幅透过率函数为

$$t(x,y) = \exp[\mathrm{j}\phi(x,y)] \tag{8.1.1}$$

透明物体对光没有吸收，只使光的相位发生一个移动。在成像系统中用相干光照射，为讨论简单，设放大率为 1，不计系统出射光瞳和入射光瞳有限大小的效应。为使强度与相位的改变呈线性关系，要求物体厚度不同引起的相位的改变 $\Delta\varphi(x,y)$ 远小于 2π，此时透过物体的光的振幅分布可表示为

$$u(x,y) \propto \mathrm{e}^{\mathrm{j}\phi(x,y)} = \mathrm{e}^{\mathrm{j}[\phi_0 + \Delta\phi(x,y)]} = \mathrm{e}^{\mathrm{j}\phi_0} \cdot \mathrm{e}^{\mathrm{j}\Delta\phi(x,y)} \approx \mathrm{e}^{\mathrm{j}\phi_0}\left[1 + \mathrm{j}\Delta\phi(x,y)\right]$$

$$= \mathrm{e}^{\mathrm{j}\phi_0} + \mathrm{j}\Delta\phi(x,y)\mathrm{e}^{\mathrm{j}\phi_0} \tag{8.1.2}$$

式中，ϕ_0 代表光通过物体产生的平均相移，因此 $\Delta\phi(x,y)$ 已去除了零频分量。可以这样看式 (8.1.2) 两项的物理意义，第一项代表通过样品经历均匀相移 ϕ_0 (相当于光束向前传播一定距离) 的强的分量波 (或直透波)，第二项是较弱的偏离光轴的衍射光。两项经透镜在像平面干涉成像。

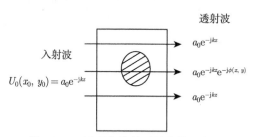

图 8.1.2   透明物体的透过率的示意图

对于通常的显微镜，上述物体所成的像可以表示为

$$I_i \approx |1 + \mathrm{j}\Delta\phi(x,y)|^2 \approx 1 \tag{8.1.3}$$

泽尼克认识到，由相位 $\Delta\phi(x,y)$ 结构产生的衍射光之所以在像面上观察不到，是由于它与很强的本底之间相位差 $\pi/2$，如果能够改变这个相位正交关系，使它们直接干涉，就产生观察到的像强度变化，如图 8.1.3 所示。

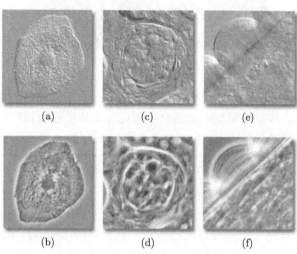

图 8.1.3   相衬显微镜和微分干涉显微镜下的透明样品 [2]

利用上面介绍的空间滤波技术，采用相位滤波器可以改变透射光两项之间的相位差，将相位的变化转换成光的强弱的变化，这种变换又称为幅相变换。泽尼克认识到光在焦面上将会会聚成轴上的一个焦点，而第二项的衍射光为空间频率较高的成分，它们偏离焦点散射。因此，他提出在焦平面上放一块变相板 (即空间频率滤波器)，调制焦点附近本底光与衍射光的相位，从而改变两者之间的相位差。变相板可以通过在一块玻璃基片上涂上一小滴透明的电解质构成，电解质小滴位于焦面中心，其厚度及折射率使得焦点附近的光通过它后，直透光相位对于衍射光的相位延迟 $\pi/2\mathrm{rad}$ 或 $3\pi/2\mathrm{rad}$，若延迟 $\pi/2\mathrm{rad}$，则像平面上的强度为

$$I_i = \left| \mathrm{e}^{\mathrm{j}\frac{\pi}{2}} + \mathrm{j}\Delta\phi(x,y) \right|^2 = |\mathrm{j} + \mathrm{j}\Delta\phi(x,y)| \approx 1 + 2\Delta\phi(x,y) \tag{8.1.4}$$

若延迟 $3\pi/2\mathrm{rad}$，像平面上的强度为

$$I_i = \left| \mathrm{e}^{\mathrm{j}\frac{3\pi}{2}} + \mathrm{j}\Delta\phi(x,y) \right|^2 = |-\mathrm{j} + \mathrm{j}\Delta\phi(x,y)| \approx 1 - 2\Delta\phi(x,y) \tag{8.1.5}$$

可见，两种情况中，像的强度分布与相位的改变 $\Delta\phi(x,y)$ 呈线性关系。式 (8.1.4) 的情形称为正相衬，式 (8.1.5) 的情形称为负相衬。在泽尼克方法中，通过电解质小滴有部分吸收作用，使直透光部分衰减，还可以改善像的强度变化的相衬度，便于观察。

对于不染色的生物样品，泽尼克相衬的原理如图 8.1.4 所示。光的强弱变化可以利用相位滤波器观察物体的相位变化而观察到。

相位对比光路

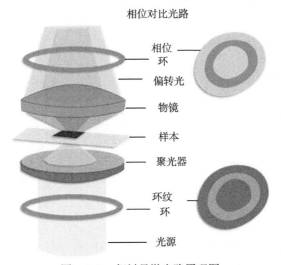

相位环

偏转光

物镜

样本

聚光器

环纹环

光源

图 8.1.4 相衬显微光路原理图

对于一生物样品薄片，设相位物体的复振幅透过率为

$$t\left(x_1, y_1\right) = \exp\left[\mathrm{j}\varphi\left(x_1, y_1\right)\right] = 1 + \mathrm{j}\varphi\left(x_1, y_1\right) - \frac{1}{2}\varphi^2\left(x_1, y_1\right) - \cdots \qquad (8.1.6)$$

$$f\left(x_1, y_1\right) = t\left(x_1, y_1\right) \approx 1 + \mathrm{j}\varphi\left(x_1, y_1\right) \qquad (8.1.7)$$

可以看到取强度为 1 之后，没有衬度。

通过在频域零级中插入相位片：

$$F\left(f_x, f_y\right) = \delta\left(f_x, f_y\right) + \mathrm{j}\Phi\left(f_x, f_y\right) \qquad (8.1.8)$$

用单位振幅的单色平面光波照明，透过的光场复振幅分布：

$$g\left(x_3, y_3\right) = 1 + \mathrm{j}\varphi\left(x_3, y_3\right) \qquad (8.1.9)$$

一个普通的显微镜对上述物体所成的像，其强度可以写成

$$I\left(x_3, y_3\right) = \left|1 + \mathrm{j}\varphi\left(x_3, y_3\right)\right|^2 = 1 + \varphi\left(x_3, y_3\right)^2 \approx 1 \qquad (8.1.10)$$

变相板：

$$H\left(f_x, f_y\right) = \begin{cases} \pm\mathrm{j}, & f_x = f_y = 0 \text{ 附近} \\ 1, & \text{其他} \end{cases} \qquad (8.1.11)$$

滤波后：

$$H\left(f_x, f_y\right) F\left(f_x, f_y\right) = \pm\mathrm{j}\delta\left(f_x, f_y\right) + \mathrm{j}\Phi\left(f_x, f_y\right) \qquad (8.1.12)$$

像面复振幅分布：

$$g\left(x_3, y_3\right) = \pm\mathrm{j} + \mathrm{j}\varphi\left(x_3, y_3\right) \qquad (8.1.13)$$

取强度后：

$$I\left(x_3, y_3\right) \approx 1 \pm 2\varphi\left(x_3, y_3\right) \qquad (8.1.14)$$

可见相位信息以强度信息表示出来，衬度提升，因此可用于观察抛光表面质量以及透明材料不均匀性检测等，如图 8.1.5 所示。

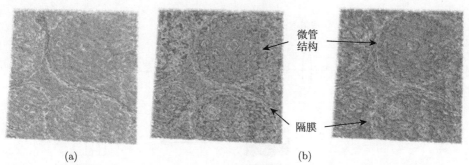

(a)　　　　　　　　　　　　　　　　(b)

图 8.1.5　(a) 微分干涉显微镜下的神经元突出图像；(b) 相衬显微镜下的衬度增强图像[3]

8.2　光学图像处理与数字处理：以 4f 系统为例

8.2.1　空间频率滤波技术

　　空间频率滤波技术是光学信息处理技术的一种。光信息处理是基于傅里叶变换和光学频谱分析综合技术，通过在空域对图像的调制或在频域对傅里叶频谱的调制，使用空间频谱滤波的技术对得到的图像 (光学信息) 进行处理，完成对二维图像的变换、识别、增强、频谱分析、传输、恢复等。

　　根据第 7 章介绍的阿贝 (Abbe) 二次衍射成像理论可知，阿贝二次衍射成像示意图如图 8.2.1 所示，物函数看作不同空间频率的信息组成，通过透镜的夫琅禾费衍射在其后焦平面形成第一次衍射像 (傅里叶频谱)，该衍射像作为新的波源发出的次波在像面上干涉形成第二次衍射像[4]。夫琅禾费衍射过程即为傅里叶变换过程，成像透镜可完成傅里叶变换的功能，如图 8.2.2 所示。

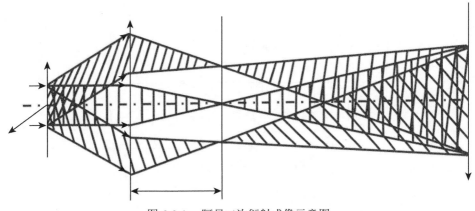

图 8.2.1　阿贝二次衍射成像示意图

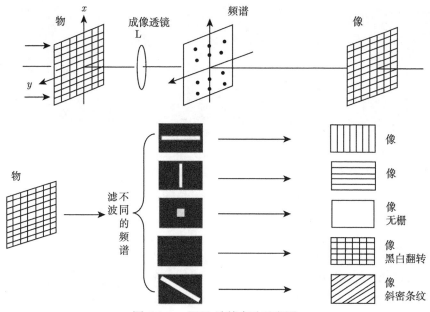

图 8.2.2　阿贝-波特实验示意图

8.2.2　三透镜系统——4f 系统

图 8.2.3 所示是一个典型的光信息处理系统, 一个单色点光源 S 发出的光经透镜 L_0 准直以后照明输入平面 P_1。设 P_1 上有一振幅透过率函数为 $g_1(\xi, \eta)$ 的图像, P_1 位于傅里叶变换透镜 L_1 的前焦面上, 不计指数因子, 由

$$U_i(x, y) = \frac{j}{\lambda f} F\{U_0(\xi, \eta)\}_{f_x = \frac{x}{\lambda f}, f_y = \frac{y}{\lambda f}} \tag{8.2.1}$$

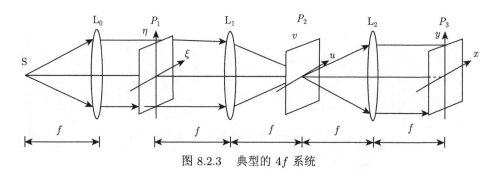

图 8.2.3　典型的 4f 系统

得到频谱面 P_2 上场分布的复振幅为

$$g_2(u, v) = \frac{1}{\lambda f} F\{g_1(\xi, \eta)\} = \frac{1}{\lambda f} G_1\left(\frac{u}{\lambda f}, \frac{v}{\lambda f}\right)$$

$$= \frac{1}{\lambda f} \iint\limits_{-\infty}^{\infty} g_1\left(\xi, \eta\right) \exp[-\mathrm{j}2\pi\left(f_u\xi + f_v\eta\right)]\mathrm{d}\xi\mathrm{d}\eta \tag{8.2.2}$$

式中，$f_u = u/\left(\lambda f\right), f_v = v/\left(\lambda f\right)$。$G_1\left[u/\left(\lambda f\right), v/\left(\lambda f\right)\right]$ 是物函数 $g_1\left(\xi, \eta\right)$ 的频谱。将 $g_2\left(u, v\right)$ 视为新的物，再一次使用式 (8.2.1)，$G_1\left[u/\left(\lambda f\right), v/\left(\lambda f\right)\right]$ 不计指数因子，得到平面 P_3 上场分布的复振幅为

$$g_3(x, y) = \frac{1}{\lambda f} F\left\{g_2\left(u, v\right)\right\} \tag{8.2.3}$$

将式 (8.2.2) 代入式 (8.2.3)，经运算后得到

$$g_3(x, y) = g_1\left(-x, -y\right) \tag{8.2.4}$$

也就是说不计透镜的衍射效应，两次进行傅里叶变换以后在 P_3 面上得到一个坐标反演的像，这正是傅里叶变换公式 $FF\left\{f(x, y)\right\} = f\left(-x, -y\right)$ 所预示的结果。

式 (8.2.4) 说明，像平面 P_3 上的分布 $g_3(x, y)$ 与物函数 $g_1\left(\xi, \eta\right)$ 中 ξ 取 $-x$，η 取 $-y$ 的结果一样。若采用反射坐标系就得到与物分布相同的像。由于在图 8.2.3 所示的光信息处理系统中 P_1 至 P_3 之间的长度为 $4f$，所以通常称之为 $4f$ 系统。其特点为：① 物像放大率为 1；② 和阿贝原理等价；③ 在频谱面可以进行调制；④ 光信息处理原型系统。

$4f$ 系统可以用来进行光信息处理。例如，在平面 P_2 上插入一个滤波器，设滤波器的复透过率函数为 $H\left[u/\left(\lambda f\right), v/\left(\lambda f\right)\right]$，它与脉冲响应函数 $h\left(\xi, \eta\right)$ 的关系为 [5]

$$H\left(\frac{u}{\lambda f}, \frac{v}{\lambda f}\right) = F\left\{h\left(\xi, \eta\right)\right\} \tag{8.2.5}$$

这时透镜 L_2 前焦面上的输入函数变成

$$g_2\left(u, v\right) H\left(\frac{u}{\lambda f}, \frac{v}{\lambda f}\right) = \frac{1}{\lambda f} G_1\left(\frac{u}{\lambda f}, \frac{v}{\lambda f}\right) H\left(\frac{u}{\lambda f}, \frac{v}{\lambda f}\right) \tag{8.2.6}$$

不计相位因子，在 P_3 面上得到的复振幅分布为

$$g_3(x, y) = \frac{1}{\lambda f} F\left\{g_2\left(u, v\right) H\left(\frac{u}{\lambda f}, \frac{v}{\lambda f}\right)\right\} \tag{8.2.7}$$

将式 (8.2.1) 代入式 (8.2.7)，整理后得到

$$g_3(x, y) = \iint\limits_{-\infty}^{\infty} g_1\left(\xi, \eta\right) \mathrm{d}\xi\mathrm{d}\eta \cdot \iint\limits_{-\infty}^{\infty} H\left(\frac{u}{\lambda f}, \frac{v}{\lambda f}\right)$$

$$\cdot \exp\left\{-\mathrm{j}2\pi\left[(\xi+x)\frac{u}{\lambda f}+(\eta+y)\frac{v}{\lambda f}\right]\right\}\mathrm{d}\left(\frac{u}{\lambda f}\right)\mathrm{d}\left(\frac{v}{\lambda f}\right)$$

$$=\iint\limits_{-\infty}^{\infty}g_1\left(\xi,\eta\right)h\left(-x-\xi,-y-\eta\right)\mathrm{d}\xi\mathrm{d}\eta$$

$$=g_1\left(-x,-y\right)*h\left(-x,-y\right) \tag{8.2.8}$$

若采用反射坐标系, 则式 (8.2.8) 的结果就是

$$g_3(x,y)=g_1(x,y)\cdot h(x,y) \tag{8.2.9}$$

在这个例子中, $4f$ 系统执行的是函数 $g_1(x,y)$ 与 $h(x,y)$ 的卷积运算, 在输出平面上的光强分布为

$$I(x,y)=|g_3(x,y)|^2=\left|\iint\limits_{-\infty}^{\infty}g_1\left(\xi,\eta\right)h\left(x-\xi,y-\eta\right)\mathrm{d}\xi\mathrm{d}\eta\right|^2 \tag{8.2.10}$$

如果在频谱面 P_2 上插入的滤波器的滤波函数为

$$H^*\left(\frac{u}{\lambda f},\frac{v}{\lambda f}\right)=F\left\{h^*\left(-\xi,-\eta\right)\right\} \tag{8.2.11}$$

则用同样的推导方法引入反射坐标系, 得到输出平面上的复振幅分布为

$$g_3(x,y)=g_1(x,y)\star h(x,y) \tag{8.2.12}$$

这时的 $4f$ 系统完成的是函数 $g_1(x,y)$ 与函数 $h(x,y)$ 的相关运算。

从上面的两个例子看出, $4f$ 系统可以用来做光信息处理, 从空域来看由式 (8.2.9) 和式 (8.2.12) 知, 系统的输出信息就是输入信号与滤波器脉冲响应的卷积, 从频域来看, 若改变滤波器透过率函数, 就能改变物面上图像的空间频谱结构, 得到一个经过空间滤波或频域综合的像。

上面介绍的是相干照明的情况, $4f$ 系统也可用于非相干照明的光信息处理系统。下面以一维为例讨论 $4f$ 系统中所用的傅里叶变换透镜的空间带宽积 SW 及其对透镜功能的限制。$4f$ 系统中 L 表示傅里叶变换透镜, 直径为 $2h$, 物面上图形的范围为 Δx, 能通过透镜的光在频谱面上分布的尺寸为

$$\Delta u\approx 2f\theta=2h-\Delta x \tag{8.2.13}$$

其通带宽度为

$$\Delta f_x=\frac{\Delta u}{\lambda f}=\frac{2h-\Delta x}{\lambda f} \tag{8.2.14}$$

由式 (8.2.13) 得到信号在空域和频域中分布的范围满足下述关系：

$$\Delta x + \Delta u = \Delta x + \lambda f \Delta f_x = 2h \tag{8.2.15}$$

如图 8.2.4 所示，傅里叶变换透镜的空间带宽积

$$\text{SW} = \Delta x \Delta f_x = \frac{\Delta x \Delta u}{\lambda f} \tag{8.2.16}$$

由以上两式得到 SW 取极值的条件为

$$\Delta x = \Delta u = h \tag{8.2.17}$$

因此

$$\text{SW} = \frac{h^2}{\lambda f_{\max}} \tag{8.2.18}$$

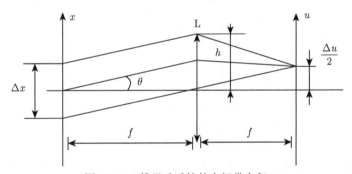

图 8.2.4　傅里叶透镜的空间带宽积

例如，一个 $f = 588\text{mm}$，$2h = 135\text{mm}$ 的傅里叶变换透镜的空间带宽积 $\text{SW} = 1.4 \times 10^4$，为了提高 4f 系统传递信息的容量，应尽量加大透镜的孔径。但大孔径的傅里叶透镜十分昂贵，而且随着孔径的加大，各种像差也迅速变大，使有效空间带宽积反而下降。

8.2.3　二透镜系统

如果用点光源照明，可以只用两个透镜。如图 8.2.5 所示，输入面位于 L_1 的前焦面，频谱面与照明光源 S 是像物共轭面，输出面位于 L_2 的后焦面。这种系统的垂轴放大率 $M = f_2'/f_1$，有效光阑应放置在频谱面上。

图 8.2.6 是另一种用点源照明的系统，其特点是物平面紧靠第一个透镜 L_1，频谱面紧靠第二个透镜 L_2，频谱面与光源同样应为像物共轭面。在此情况，当两个

透镜之间的距离为两个透镜的焦距之和时，系统的垂轴放大率 $M = f_2'/f_1$。如果两个透镜的焦距相同，则有 $p_2 = q_1 = 2f$，这时垂轴放大率 $M = -1$。

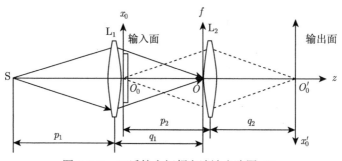

图 8.2.5   双透镜空间频率滤波光路图 (1)

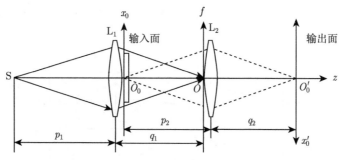

图 8.2.6   双透镜空间频率滤波光路图 (2)

应当指出：用点源照明的系统还可以有其他的光路布置，这可以根据需要来选择。另外，系统中每一个透镜为了消像差，实际是一个透镜组。

8.3   4f 系统的应用：驾驭空间频率的若干实例

8.3.1   常见滤波器

1. 二元振幅滤波器

常用的二元振幅滤波器有低通、高通、带通和方向滤波器等几种，如图 8.3.1 所示。这种滤波器的 $\phi(\xi, \eta) = 0$ 或常数；$A(\xi, \eta)$ 只有 0 和 1 两种取值。根据所作用的频率区间的不同，二元滤波又可细分为：

(1) 只允许低频分量通过的滤波器被称为低通滤波器，具有滤掉高频噪声的作用；

（2）阻挡低频分量而允许高频通过的滤波器被称为高通滤波器，具有实现图像的衬度反转或边缘增强的作用。

（3）只允许特定区间的空间频谱通过的滤波器被称为带通滤波器，具有可以去除随机噪声的作用；

（4）阻挡（或允许）特定方向上的频谱分量通过的滤波器称为方向滤波器，具有可以突出某些方向性特征的作用。

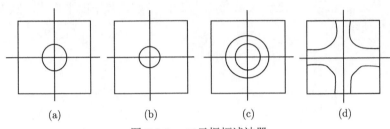

图 8.3.1　　二元振幅滤波器

(a) 低通；(b) 高通；(c) 带通；(d) 方向滤波器

2. 振幅滤波器

振幅滤波器具有只改变相对振幅分布的作用，但是这种滤波器并不改变其各频率成分的相位分布。其工作原理一般是使感光胶片上的透过率的变化正比于 $A(\xi, \eta)$，因此必须按一定的函数分布来控制底片的曝光量分布，从而使透过光场的振幅得到改变。

3. 相位滤波器

它只对空间频谱的相位产生作用，而不改变空间频谱的振幅分布。由于出射光场的能量并不会衰弱，因此具有该滤波器的系统具有很高的光学效率[2,3]。这种滤波器通常使用真空镀膜来制作，但受限于现代的工艺水平，想要获得复杂的相位变化还是非常困难的。

4. 复数滤波器

复数滤波器具有对各种频率成分的振幅和相位都同时起调制的作用，滤波函数是复函数。复数滤波器具有非常广泛的应用，但是其制造十分艰难。1965 年，利用计算全息技术制作成的复数滤波器问世，其发明者布劳恩和罗曼为制作空间滤波器的发展提供了有力的支持。

5. 针孔滤波器

高斯光束的 FT 谱：

$$I(\xi, \eta) = I_0 \exp\left(-2\frac{\xi^2 + \eta^2}{\omega_0^2}\right) \tag{8.3.1}$$

ω_0 为焦点的束腰尺寸

$$\omega_0 = \frac{\lambda f}{\pi \omega} \tag{8.3.2}$$

而噪声的 FT 谱高频分量较多，中心位于 r_N

$$r_N = \lambda f \cdot f_N \tag{8.3.3}$$

其中，f 是透镜焦距；ω 是输入光束光斑尺寸；f_N 是频率的平均值，它大于 ω_0，如图 8.3.2 所示。

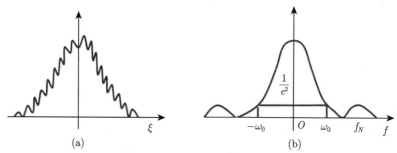

(a)   (b)

图 8.3.2   激光束的高斯谱和噪声谱示意图

(a) 空域；(b) 频域

选择适当的滤波器，其小孔直径为 D，可滤掉噪声：

$$D = \pi \omega_0 \tag{8.3.4}$$

$$f_c = \frac{D}{2\lambda f} = \frac{\pi \omega_0}{2\lambda f} = \frac{1}{2\omega} \tag{8.3.5}$$

$$\eta = \frac{\displaystyle\int_0^D I\left(r\right) r \mathrm{d}r}{\displaystyle\int_0^\infty I\left(r\right) r \mathrm{d}r} = 1 - \exp\left[-2\left(\frac{D}{2\omega_0}\right)^2\right] \tag{8.3.6}$$

$$r = \sqrt{\xi^2 + \eta^2} \tag{8.3.7}$$

空间滤波器制作的常用方法如下。

(1) 镀膜法。

简单的振幅滤波器和相位滤波器的制作，都可以用这种方法。在透明玻璃片基上按照要求蒸镀金属膜层或多层介质膜。蒸镀时，控制膜层形状和厚度，就可以制得不同调制要求的振幅和相位滤波器。

（2）胶片曝光法。

这种方法是按照一定的函数要求在照相底片的某些区域曝光和控制曝光量进行制作，某些简单的二元振幅滤波器就常用此法制作。此法制作时操作简便。

（3）摄制全息图法。

有些空间滤波器其滤波函数要求有连续变化的振幅和相位调制作用，这时使用上述方法制作非常困难。利用光学方法摄制全息图或计算机控制制作全息图，其复振幅透过率可具有按实际要求的振幅和相位因子，可用做空间滤波。用这种方法制得的空间滤波器，分别称为全息滤波器和计算全息滤波器。某些比较复杂或要符合特殊需要的滤波器多是全息滤波器或计算全息滤波器。

8.3.2　空间滤波的傅里叶分析

根据之前所讲，夫琅禾费衍射过程即为傅里叶变换过程，成像透镜可完成傅里叶变换的运算。如图 8.3.3～ 图 8.3.7 所示，分别为仅让零级和正负一级通过系统、仅让零频通过系统、仅让正负二级通过系统、去掉零频后光栅物体经滤波后像的傅里叶分析。

（1）光栅物体经滤波的像：仅让零级和正负一级通过系统。

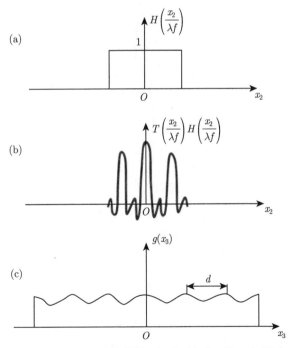

图 8.3.3　光栅物体经滤波的像：仅让零级和正负一级通过系统

(a) 滤波函数；(b) 滤波后的谱；(c) 输出像

(2) 光栅物体经滤波的像: 仅让零频通过系统。

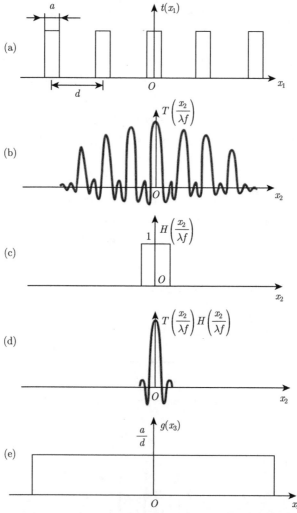

图 8.3.4　光栅物体经滤波的像: 仅让零频通过系统

(a) 物体; (b) 物体频谱; (c) 滤波函数; (d) 滤波后的谱; (e) 输出像

(3) 光栅物体经滤波的像: 仅让正、负二级通过系统。

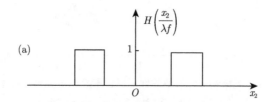

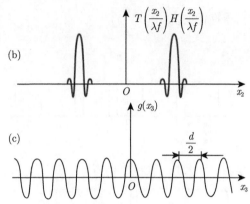

图 8.3.5 光栅物体经滤波的像：仅让正、负二级通过系统

(a) 滤波函数；(b) 滤波后的谱；(c) 输出像

(4) 去掉零频后光栅物体的像 $\left(a = \dfrac{d}{2}\right)$。

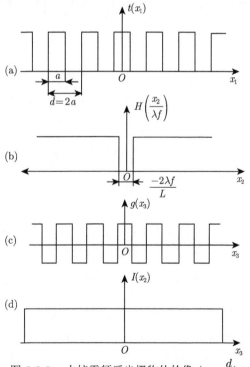

图 8.3.6 去掉零频后光栅物体的像 $\left(a = \dfrac{d}{2}\right)$

(a) 物体；(b) 滤波函数；(c) 像的复振幅分布；(d) 像的频谱分布

(5) 去掉零频后光栅物体的像 $\left(a > \dfrac{d}{2}\right)$。

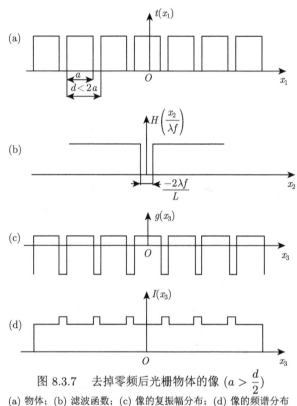

图 8.3.7　去掉零频后光栅物体的像 $\left(a > \dfrac{d}{2}\right)$
(a) 物体；(b) 滤波函数；(c) 像的复振幅分布；(d) 像的频谱分布

以下是一些常见典型滤波器的傅里叶分析。

1. 泽尼克相衬法

如图 8.3.8 所示，泽尼克相衬法称为弱相位条件下的波前传感，泽尼克将 $\exp[\mathrm{i}\varphi(x,\,y)] \approx 1 + \mathrm{i}\varphi(x,y)$ 称为弱相位近似条件，它在 $\varphi(x,y)$ 很小时成立。在中心区域引入 $\dfrac{1}{2}\pi$ 得到的光强分布称为正相衬，又叫亮相衬 [6]。在中心区域引入 $-\dfrac{1}{2}\pi$（或 $\dfrac{3}{2}\pi$）得到的光强分布称为负相衬，又叫暗相衬。像面上的光强分布中包含了入射光场经过相位型物体后引起的相位变化信息，在弱相位近似条件下，光强分布与相位变化近似呈线性关系，极大简化了波前传感技术。对于非弱相位近似下，虽然光强与相位变化不再呈线性关系，但波前传感技术仍然可行。

一般相位条件下得到的像面光强分布仍然较复杂。如果泽尼克掩模板能够精确确定移相区域 B 的大小和位置，使其刚好只对“本底光”引入附加相移，而对

"衍射光" 不产生任何影响，且忽略透镜及掩模板的孔径衍射效应。在此理想相移条件下 (掩模板移相区域只对本底光引入附加相移，对衍射光没有影响，忽略透镜及掩模板孔径的衍射效应)，便能得到形式上更为简洁的表达式。

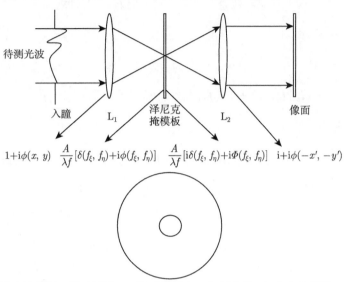

图 8.3.8 泽尼克掩模板：置于透镜 L_1 的后焦面上，完全透明，仅在中心圆域 B_0 镀膜，以对本底光引入 90° 相位差 (移相区域)

2. Vander Lugt 相关器

在空间滤波的基础上，Vander Lugt 相关器可以对图像进行识别，其过程是首先将一个匹配滤波器放在 $4f$ 系统的频率平面上，然后输入信号可以在频率域中进行相位补偿，最后在输出平面上会聚成相关光斑，如图 8.3.9 所示。

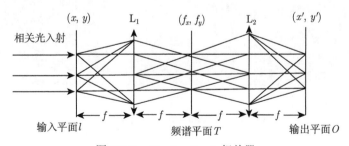

图 8.3.9 Vander Lugt 相关器

$4f$ 系统物面：

$$U_i\left(x_i, y_i\right) = g_i\left(x_i, y_i\right) \tag{8.3.8}$$

$4f$ 系统频谱面：

$$t\left(f_x, f_y\right) = \left|H\left(f_x, f_y\right) + Ae^{i2\pi a f_y}\right|^2 = A^2 + \left|H\left(f_x, f_y\right)\right|^2$$
$$+ H^*\left(f_x, f_y\right) \cdot Ae^{i2\pi a f_y} + H\left(f_x, f_y\right) \cdot Ae^{-i2\pi a f_y} \tag{8.3.9}$$

$4f$ 系统接受面频谱：

$$G_o\left(f_x, f_y\right) = A^2 \cdot G_i\left(f_x, f_y\right) + \left|H\left(f_x, f_y\right)\right|^2 \cdot G_i\left(f_x, f_y\right) + H^*\left(f_x, f_y\right) \cdot Ae^{i2\pi a f_y}$$
$$\times G_i\left(f_x, f_y\right) + H\left(f_x, f_y\right) \cdot Ae^{-i2\pi a f_y} \cdot G_i\left(f_x, f_y\right) \tag{8.3.10}$$

接受面光场分布：

$$g_o\left(x_o, y_o\right) = A^2 \cdot g_i\left(x_o, y_o\right) + \left[h\left(x_o, y_o\right) * h\left(x_o, y_o\right)\right] * g_i\left(x_o, y_o\right) + Ag_i\left(x_o, y_o\right)$$
$$* h\left(x_o, y_o\right) * \delta\left(x_o, y_o + a\right) + Ag_i\left(x_o, y_o\right) * h\left(x_o, y_o\right) * \delta\left(x_o, y_o - a\right) \tag{8.3.11}$$

在实际的光学识别中，利用全息方法制作 Vander Lugt 相关器进行图像识别的匹配滤波器一般情况下比较麻烦，但利用 Matlab 实现匹配滤波器还是相对来说很容易的。例如，当在一幅图像中识别是否存在字符 "a" 时，首先我们在矩阵 A 中存储一幅 256×256 的目标图像，该目标图像为只含有一个 "a" 字符的二值图像，然后对 A 进行傅里叶变换，将其变换结果存储在矩阵 F_1 中，然后计算 F_1 的复共轭矩阵并将其存储在矩阵 mfilter 中，于是，我们就得到了一个专门用于识别字符 "a" 的匹配滤波器[7]，如图 8.3.10 所示。

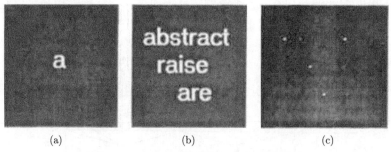

$$\text{(a)} \qquad\qquad\qquad \text{(b)} \qquad\qquad\qquad \text{(c)}$$

图 8.3.10   Vander Lugt 相关器-仿真结果

(a) 目标图像；(b) 待识别图像；(c) 相关输出分布

在进行相关识别的过程中，将待识别的同等大小的 256×256 的二值图像读入矩阵 I 中，对 I 进行傅里叶变换得到频谱矩阵 F_2，然后用 F_2 点乘 mfilter 即进行空间滤波，得到频谱矩阵 F_3，将 F_3 进行逆傅里叶变换，就可以得到矩阵 G。

如图 8.3.10(c) 所示是得到的仿真结果。其结果有明显的表示，所预测的实际匹配滤波识别的结果和仿真的结果是一致的：明显的亮斑出现在了含有特征信号的位置，并且模糊的光斑会出现在特征信号相似的位置，而特征信号不相似的位置就不会出现相关的光斑。

3. 联合变换相关器 (joint transform correlator)

如图 8.3.11 所示，我们可以在 Matlab 中用一个 512×512 的全零矩阵来模拟联合变换相关器形成联合输入的一个平面。矩阵的元可以被两幅 256×256 的二值图像编写的程序操作，然后将它们对称地在输入平面上 "放置"，进而得到联合图像的矩阵 P_i。接着将 P_i 进行傅里叶变换后，就能求出它们的联合傅里叶谱的矩阵 F_1，然后再求出联合功率谱。首先取 F_1 的复共轭，得到矩阵 F_2，然后将 F_1 和 F_2 点乘，就可以得到联合功率谱矩阵 F。最后将得到的 F 进行逆傅里叶变换，从而得到与之相关的输出矩阵 P_o。

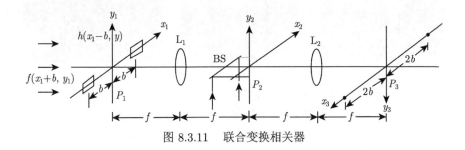

图 8.3.11 联合变换相关器

$4f$ 系统物面：

$$f_物 = 1$$

是振幅为 1 的单色平面波。

$4f$ 系统频谱面：

$$U_i(x_i, y_i) = h(x_i - a, y_i) + g(x_i + a, y_i) \tag{8.3.12}$$

$$H(f_x, f_y) = G_i(f_x, f_y)^2 \tag{8.3.13}$$

两物体和 h 对称放置，透过率函数正比于两物体频谱的模平方。

$4f$ 系统接受面频谱：

$$G_o(f_x, f_y) = |G|^2 + |H|^2 + G^* \cdot H \cdot A e^{-i4\pi \frac{a}{\lambda f} f_x} + G \cdot H^* \cdot A e^{i4\pi \frac{a}{\lambda f} f_x} \tag{8.3.14}$$

接受面光场分布：

$$g_o\left(x_o, y_o\right) = g * g + h * h + g * h * \delta\left(x_o - 2a, y_o\right) + h * g * \delta\left(x_o + 2a, y_o\right) \quad (8.3.15)$$

如图 8.3.12 所示，是将两幅图像在 Vander Lugt 相关器图像识别后进行的仿真。从结果中可以发现，在互相关的 ±1 级中，相关亮斑会出现在含有特征信号的位置，但与之相关亮斑的强度很弱，这时，我们不需要的零级就成为了很强的干扰信号，符合实际实验的效果。因此，必须除去或削弱零级从而达到更有效的实现识别的效果。滤去了零级后，我们可以得到较为清晰的相干亮斑。

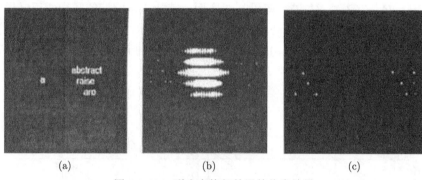

(a)　　　　　　　　　　(b)　　　　　　　　　　(c)

图 8.3.12　联合变换相关器的仿真结果

(a) 联合图像输入；(b) 相关输出；(c) 滤去零级的相关输出

4. 匹配滤波器

$4f$ 系统物面，如图 8.3.13 是匹配滤波器的仿真结果：

$$U_i\left(x_i, y_i\right) = s\left(x_i, y_i\right) + g\left(x_i, y_i\right) \quad (8.3.16)$$

为信号与噪声相加。

$4f$ 系统频谱面：

$$H\left(f_x, f_y\right) = S^*\left(f_x, f_y\right) \quad (8.3.17)$$

为信号频谱的共轭。

$4f$ 系统接受面频谱：

$$G_o\left(f_x, f_y\right) = G_i\left(f_x, f_y\right) \cdot H\left(f_x, f_y\right) = S \cdot S^* + N \cdot S^* \quad (8.3.18)$$

接受面光场分布：

$$g_o\left(x_o, y_o\right) = s * s + n * s \quad (8.3.19)$$

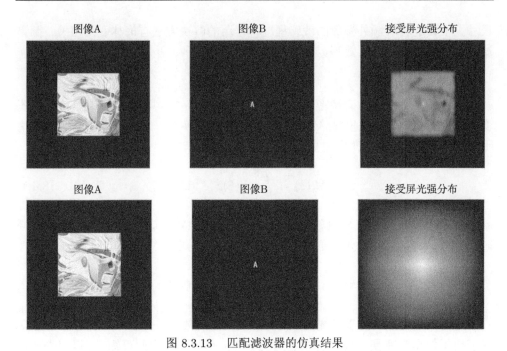

图 8.3.13   匹配滤波器的仿真结果

8.4   4f 系统的孪生兄弟：空间相关器

光学图像的相关识别有两类基本方法：一类是运用复数滤波器的 Vander Lugt 相关识别 (vander lugt correlator，VLC)；另一类是联合变换相关识别 (joint transform correlator，JTC)。它们都具有并行性、速度快和容量大等优点。用前一类方法 (VLC) 进行相关识别时需要将参考图像制作成复数匹配滤波器，制作较为复杂，并且在匹配识别时需要精确地复位。同时，经典的匹配滤波方法对平移并不敏感，也就是说无论物体在输入场的什么地方，总会有一个亮斑出现在输出面内的相应位置，亮斑的强度不受物体平移的影响。要处理对不同尺寸大小和旋转角度的图样识别 [8]，必须合成出用于具有固定大小和旋转角度的物体的匹配滤波器，并通过旋转、放大或缩小系统输入的机械方法进行搜索，这种方法不方便，并且费时。

相比之下，后一类方法 (JTC) 具有原理简单、操作容易、不需要制作复数匹配滤波器等优点，更适合实时处理。但是，联合变换相关器对输入目标特征的微小的尺度和旋转变化会引起相关峰的较大改变，给识别结果的判读带来了较大的困难。然而在实际应用的过程中，这种事情是经常存在的，因此，当前在模式识别领域中的一个重要研究课题就是寻找不变的相关方法来识别这些变化目标。为了使光学相关识别系统具有这样的"不变应万变"的鲁棒性，降低或消除对诸如尺寸大小和旋转等额外参数的敏感程度，常用的解决方法有梅林变换相关、圆谐波相关和合成判别式函数等。本节将简单介绍前两种方法。

1. 梅林相关器

梅林变换与傅里叶变换密切相关而又有所不同，它对物体放大率具有某种不变性。为简单起见，这里只讨论一维形式的梅林变换 [8]，它很容易推广到二维情形。函数 $g(\xi)$ 的梅林变换定义为

$$M(s) = \int_0^\infty g(\xi)\,\xi^{s-1}\mathrm{d}\xi \tag{8.4.1}$$

式中 s 一般情况下是复变量。如果这个复变量 s 限定在虚轴上，即 $s = \mathrm{j}2\pi f$，同时令 $\xi = \exp(-x)$，得到 g 的梅林变换的如下表达式

$$M(\mathrm{j}2\pi f) = \int_{-\infty}^\infty g(\exp(-x))\exp(-\mathrm{j}2\pi f x)\,\mathrm{d}x \tag{8.4.2}$$

这是一个典型的傅里叶变换。梅林变换正是函数 $g(\exp(-x))$ 的傅里叶变换，这表明了傅里叶变换与梅林变换之间的一个简单关系。由此可知，可以用光学傅里叶变换系统来实现梅林变换，只要把输入送到一个 "缩放" 坐标系中，在这个坐标系中对空间变量做对数式的缩放 $(x = -\ln\xi)$。例如，可以通过用一个对数放大器驱动阴极射线管的偏转电压，并将得到的缩放信号写入空间光调制器 (SLM) 来实现这种缩放。

梅林变换的模值与输入的尺度大小变化无关。为了证明这一点，令 M_1 表示 $g(\xi)$ 的梅林变换，令 M_a 表示 $g(a\xi)$ 的梅林变换，这里 $0 < a < \infty$。大于 1 的 a 值意味着 g 的尺寸缩小，而介于 0 与 1 之间的 a 值意味着 g 的尺寸放大，$g(a\xi)$ 的梅林变换可表示为

$$M_a(\mathrm{j}2\pi f) = \int_0^\infty g(a\xi)\xi^{\mathrm{i}2\pi f-1}\mathrm{d}\xi = \int_0^\infty g(\xi')\left(\frac{\xi}{a}\right)^{\mathrm{j}2\pi f-1}\frac{\mathrm{d}\xi}{a}$$

$$= a^{-\mathrm{j}2\pi f}\int_0^\infty g(\xi')\,\xi^{\mathrm{j}2\pi f-1}\mathrm{d}\xi \tag{8.4.3}$$

其中，$\xi' = a\xi$，取 M_a 的模，并且注意到 $\left|a^{-\mathrm{j}2\pi f}\right| = 1$，这就证明了 $|M_a|$ 与尺度大小 a 无关。结合梅林变换可以作为缩放输入的傅里叶变换来实现这一计算，梅林变换模值与物体尺寸大小无关性，这给我们提供了一种与尺寸大小无关的相关识别方法。

接下来我们来考虑如何消除物体旋转的影响，物体旋转一定角度相当于该物体在极坐标系内的一维平移，只要使极坐标系中心与物体旋转中心重合即可。在

0 到 2π 弧度内，物体转动 θ 角的结果可能是部分物体移动 θ 而物体的其他部分则"卷绕"角坐标一圈，出现在 $2\pi - \theta$ 的位置上。如果允许角坐标覆盖两个或更多 2π 周期，则这个问题可以得到解决，这时"卷绕"问题可以减小到最低程度或被消除掉。

Casasent 和 Psaltis 提出了同时获得尺度不变性和旋转不变性的方法。假设一个二维物体 $g(\xi, \eta)$ 被送入一个具有变形极坐标系的光学系统，这种变形是由径向坐标按对数变换缩放而成。随后的光学系统是一个匹配滤波系统，制作匹配滤波器时，它的输入也经过了相同的坐标变换。该方法的输出强度将随着输入物体的旋转而平移，但其大小不因输入的尺寸大小变化或旋转而减小。用上述方法实现尺寸大小和旋转不变性，会影响传统的匹配滤波器的平移不变性。为了同时得到对所有三个参数的不变性，可以用原来输入函数 g 的傅里叶变换模 $|G|$ 作为输入函数，它对 g 的平移是不变的。该模函数经过与上述相同的坐标变换，而滤波器经过同样的坐标变换后与感兴趣图样的傅里叶变换相匹配。此时，由于没有考虑输入的傅里叶变换和匹配滤波器的传递函数二者的相位，相关器性能会有所下降。

图 8.4.1 表示了梅林变换器实现平移、比例、旋转不变光学图像识别的整个过程，这里的滤波器要按同样的变换条件制作，在第 II 步的变换中，一般会采用电子数字处理方法实现，当然那会丢失纯光学方法并行处理所固有的快速的优点[9]。

图 8.4.1 梅林变换器实现平移、比例、旋转不变光学图像识别的过程

2. 圆谐波相关器

圆谐波相关器很好地解决物体的旋转不变性问题[10]。考虑一个用极坐标表示的一般二维函数 $g(r, \theta)$，它是变量 θ 的周期函数，周期为 2π。因此，可将函数 $g(r, \theta)$ 按 θ 角变量展成傅里叶级数

$$g(r, \theta) = \sum_{m=-\infty}^{\infty} g_m(r) \exp(\mathrm{j}m\theta) \tag{8.4.4}$$

式中傅里叶系数是向径的函数

$$g_m(r) = \frac{1}{2\pi} \int_0^{2\pi} g(r, \theta) \exp(-\mathrm{j}m\theta) \,\mathrm{d}\theta \tag{8.4.5}$$

式 (8.4.4) 中的每一项称为函数 g 的"圆谐波分量"。若函数 $g(r, \theta)$ 转动一个角度 α 后成为 $g(r, \theta - \alpha)$，则相应的圆谐波展开式变为

$$g\left(r,\theta-\alpha\right)=\sum_{m=-\infty}^{\infty}g_m\left(r\right)\exp\left(-\mathrm{j}m\alpha\right)\exp\left(\mathrm{j}m\theta\right) \tag{8.4.6}$$

于是，第 m 个圆谐波分量发生了一个 $-m\alpha$ 弧度的相位变化。

现在考察两个函数 g 和 h 的互相关, 在直角坐标系中它可写成

$$R(x,y)=\iint\limits_{-\infty}^{\infty}g\left(\xi,\eta\right)h^*\left(\xi-x,\eta-y\right)\mathrm{d}\xi\mathrm{d}\eta \tag{8.4.7}$$

这个互相关在原点的值有特殊意义, 在直角坐标系和极坐标系内它可写成

$$R_0=R\left(0,0\right)=\iint\limits_{-\infty}^{\infty}g\left(\xi,\eta\right)h^*\left(\xi,\eta\right)\mathrm{d}\xi\mathrm{d}\eta=\int_0^{\infty}r\mathrm{d}r\int_0^{2\pi}g\left(r,\theta\right)h^*\left(r,\theta\right)\mathrm{d}\theta \tag{8.4.8}$$

函数 $g\left(r,\theta\right)$ 与转过某一角度的同一函数 $g\left(r,\theta-\alpha\right)$ 的互相关是

$$R_\alpha=\int_0^{\infty}r\mathrm{d}r\int_0^{2\pi}g^*\left(r,\theta\right)g\left(r,\theta-\alpha\right)\mathrm{d}\theta \tag{8.4.9}$$

将函数 $g^*\left(r,\theta\right)$ 做圆谐波展开, 则上式可等价地表示为

$$R_a=\int_0^{\infty}r\left[\sum_{m=-\infty}^{\infty}g_m^*\left(r\right)\int_0^{2\pi}g\left(r,\theta-\alpha\right)\exp\left(-\mathrm{j}m\theta\right)\mathrm{d}\theta\right]\mathrm{d}r \tag{8.4.10}$$

其中

$$\frac{1}{2\pi}\int_0^{2\pi}g\left(r,\theta-\alpha\right)\exp\left(-\mathrm{j}m\theta\right)\mathrm{d}\theta=g_m\left(r\right)\exp\left(-\mathrm{j}m\alpha\right) \tag{8.4.11}$$

从而

$$R_a=2\pi\sum_{m=-\infty}^{\infty}\exp\left(-\mathrm{j}m\alpha\right)\int_0^{\infty}r\left|g_m\left(r\right)\right|^2\mathrm{d}r \tag{8.4.12}$$

由这个结果我们看到互相关的每个圆谐波分量都有一个不同的相移 $-m\alpha$。

如果用数字方法求出了 R_a 的一个特定圆谐波分量，例如第 M 个，那么根据与这一分量相对应的相位，就能够确定物的一种形态所经历的角度变化。构建一个与特定物体的第 M 个圆谐波分量匹配的光学滤波器，并将它放在一个光学相关系统内，那么同一物体转过任一角度后，再作为系统的输入，就将产生一个强度正比于 $\int_0^{\infty}r\left|g_m\left(r\right)\right|^2\mathrm{d}r$ 的相关峰值，而与转动无关。这样构成的光学相关器，能识别该物体的同时又与转动无关。

实现转动不变性是以牺牲了相关峰值的强度为代价的，转动不变性的相关峰值强度要小于与未转动物体的互相关得到的峰值，未转动情况下的相关峰强度同时用到了所有的圆谐波分量。容易证明，只用第 M 个圆谐波分量所导致的峰值相关强度减小，可以由下式给出

$$K_M = \frac{\int_0^\infty r \left| g_m(r) \right|^2 \mathrm{d}r}{\sum_{m=-\infty}^{\infty} \int_0^\infty r \left| g_m(r) \right|^2 \mathrm{d}r} \tag{8.4.13}$$

8.5 扩展阅读：光信息处理系统的"智能性"及代表性实验

1. 图像的加减

有很多方法可以实现图像加减的功能，有用散斑照相方法进行调制的，还有用一维光栅进行调制的。下面以一维正弦型光栅进行调制为例。

如图 8.5.1 所示为正弦光栅滤波器相减。

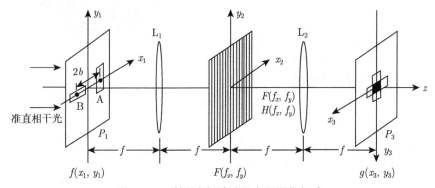

图 8.5.1 利用光栅滤波器实现图像相减

将两个图像 A、B 对称地置于输入面上，它们的中心分别在 $x_0 = \pm b$ 处；将正弦型振幅光栅设置在频谱面上，其线密度 v_0 应满足：$v_0 = \dfrac{l}{\lambda f}$，其中 f 为透镜焦距，λ 为光源的波长。在满足一定的条件下，A、B 图像相减的结果会在输出面的原点处得到。

正弦型光栅的频谱包括：零级、正一级和负一级这三项。经光栅在频域调制后，一个中心在 $x_0 = b$ 的图像可在输出面上得到三个像。零级像位于 $x_0 = b$ 处，正、负一级对称分布于两侧，由于 v_0 受 $\dfrac{b}{\lambda f}$ 的限制，因而必有一级像处在输出面的原点

处，另一级中心在 $x'_0 = 2b$ 处；同理，对位于 $x'_0 = -b$ 的图像，它在输出面的三个像分别分布于 $x'_0 = -2b$、$-b$、0 位置。因此，A 的正一级像与 B 的负一级像在像面原点处重叠。由于照明是相干的，该处光振幅应是两者光振幅的代数和。

由叠加原理可知，当两者相位相反或者相位相同时，分别得到相减结果和相加的结果。我们可以通过改变频谱面的调制光栅的横向位置，从而达到控制两者的相位关系的效果[11]。根据实验及数学分析可得，当调制光栅的零点位置和 1/4 周期处于原点位置时，可分别在像平面得到相减和相加两种完全不同的结果。

图像相减的应用如下所述。

例如，通过卫星对敌方军事设施的监测，可利用图像相减发现敌方军事部署的变更[12]，如图 8.5.2 所示。

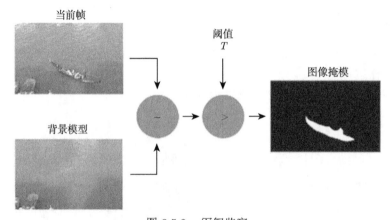

图 8.5.2   军舰监察

例如，可通过不同时期的 X 线片进行相减处理，达到扫描人体内部结构的效果，及时发现病变所在，如图 8.5.3 所示。

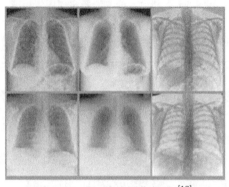

图 8.5.3   X 线片图像相减[13]

2. 多重像产生的原理

输入一个图形 $g(x_0, y_0)$，在频谱面上置一正交光栅 $H(u, v)$，在谱面后得到的应是物的频谱和正交光栅的乘积 $G(u, v) \cdot H(u, v)$，输出面上应得到它们的原函数的卷积运算 $g(x_0', y_0') * h(x_0', y_0')$，其中 h 是 H 的傅里叶逆变换[14,15]。卷积的结果，使像平面得到了物的多重像。如在频谱面上放置不同的调制片，可在输出面上得到不同排列形式的多重像，如图 8.5.4 所示。

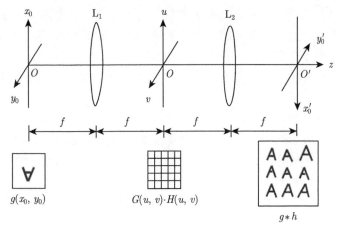

图 8.5.4 多重像产生的原理

3. 光学微分——像边缘增强

人眼对于物的轮廓十分敏感，一个物只要能区分出轮廓线，人眼便可分辨出是何种物体。如果将模糊图片进行光学微分处理，使其物的轮廓显现出来，人们便可一目了然，如图 8.5.5 所示。

图 8.5.5 边缘增强

(1) 装置。

光路系统采用 4f 系统,在输入面的原点位置放置待微分的图像,然后在频谱面上放置微分滤波器 (复合光栅),调整适当的位置从而在输出面得到微分图形。

(2) 原理。

置于原点的物的频谱受一个一维正弦型光栅调制后,零级像在输出面原点,正、负一级像对称分布于两侧的三个衍射像,其间距 l 由光栅的空间频率 ν 而定:$l = \nu\lambda f$,其中 f 为透镜焦距。

当把正弦型光栅换成复合光栅调制后,另一套空间频率为 $\nu + \Delta\nu$ 的光栅也将调制出除了上述的三个像外的三个衍射像。除零级与前面的零级重合外,正、负一级也对称分布于两侧,它们的间距 l' 由这一套光栅的空间频率 $\nu + \Delta\nu$ 决定:$l'' = (\nu + \Delta\nu)\lambda f$。由于 $\Delta\nu$ 很小,所以 l' 与 l 相差也很小,使两个同级衍射像只错开很小的距离。

当调节复合光栅位置使两个同级衍射像正好相差 π 相位时,会出现相干相消的现象,只余下错开的部分,会在转换成强度时形成亮线,从而构成了微分图形。

例 1　在目标探测与识别领域中,试回答:和光电匹配滤波相关技术相比,光电联合变换相关技术的优势在哪?

解　(1) 在光电联合变换相关中不需要匹配滤波器,所以不用考虑制作匹配滤波器和精确复位问题。

(2) 在傅里叶变换平面上不需要高分辨率的空间光调制器,只需分辨傅里叶变换的频谱。

(3) 参考图像可以人机实时输入,实现目标图像的识别和跟踪。

(4) 输入图像的电寻址液晶可不位于傅里叶变换透镜的前焦平面,而是靠近傅里叶变换透镜,可实现光电联合变换相关器的小型化 (miniaturization)。

例 2　摄影时若操作失误,在横向抖动了 $2a$,导致照片重影,请尝试设计一个逆滤波器用来改良此照片。

解　在此情况下造成成像缺陷的点扩散函数为

$$h(x,y) = \delta(x + a) + \delta(x - a)$$

它的傅里叶变换 (即有成像缺陷的系统) 的传递函数 H_c 为

$$H_c(\xi, \eta) = \exp(j2\pi\xi a) + \exp(-j2\pi\xi a)$$

$$= 2\cos(2\pi\xi a)$$

逆滤波器的透过率函数:

$$H(\xi, \eta) = \frac{1}{H} = \frac{1}{2\cos(2\pi a\xi)}$$

例 3　图 8.5.6 是非相干多通道二维相关器原理示意图，图中掩模板由子掩模 $h_{mn}(x, y)$ 的二维阵列组成，S 是由许多小透镜组成的 "蝇眼" 透镜组，输入函数 $f(x, y)$ 经透镜 L_1 和蝇眼透镜组，在每个子掩模上产生一个 $f(x, y)$ 的像，然后再经 L_2 成像在二维探测器阵列上。试说明这种系统为什么可用于多种不同类型目标的识别。

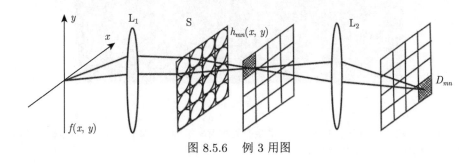

图 8.5.6　例 3 用图

解　输入函数 $f(x, y)$ 经透镜 L_1 和蝇眼透镜组，在每个子掩模上产生一个 $f(x, y)$ 的像，故在 (m, n) 那个探测器 D_{mn} 处得到的光强输出为

$$I_{mn} = \iint f(x, y) h_{mn}(x, y) \mathrm{d}x\mathrm{d}y$$

式中，$m = 1, 2, 3, \cdots, M, n = 1, 2, 3, \cdots, N$。

这种相关器由于能使不同掩模同时与输入 $f(x, y)$ 相关，因此大大增强了相关器的处理能力。若用做识别装置，它能识别各种不同类型的目标，故得到了广泛应用[16]。

习　　题

1. 当泽尼克相衬显微镜的相移点还有部分吸收，其强度透过率等于 $\alpha(0 < \alpha < 1)$ 时，求观察到的像强度表示式。

2. 已知一相关峰图像，其分辨率为 800×600，坐标原点位于该图像第二象限左上角，如下图所示，若右侧相关点中心坐标为 $(460, 120)$，图像零级衍射亮斑中心坐标为 $(400, 300)$。

(1) 试求位于第三象限的相关点坐标。

(2) 在观察屏 (分辨率也为 800×600) 上，被识别目标与参考模板的距离约为多少像素？

(3) 若已知参考模板中心在屏幕上的坐标为 $(60, 540)$，试求待识别目标在屏幕上的坐标。

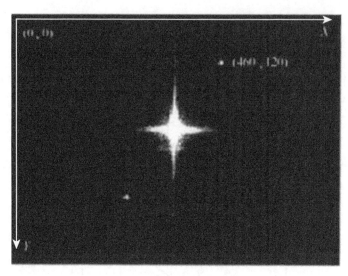

习题 2 图

3. 已知一相关点相对于零级衍射光斑中心的相对坐标为 $(30, 40)$，假定原点坐标为 $(0, 0)$，若拍摄待识别目标所用的摄远物镜焦距为 300mm，像元大小为 $10\mu m \times 10\mu m$，试求待识别目标的方位角和俯仰角。

4. 在 $4f$ 系统中，输入物面的透过率为 $t = t_0 + t_1 \cos 2\pi f_0 x$，以单色平行光垂直照明

$$\lambda = 0.63\mu m, f' = 100mm, f_0 = 2001p/mm, t_\sigma = 0.7, t_1 = 0.3$$

请问频谱面上衍射图案有多少个衍射斑？得到的衍射斑沿什么方向分布？各级衍射斑对应的衍射角 $\sin\theta$ 等于多少？

(1) 若不加滤波器，试求输出图像的光强分布；

(2) 若把黑纸当作空间滤波器使其挡住零级斑，试求输出图像的光强分布；

(3) 若使用黑纸挡掉 +1 级斑，试求输出图像的光强分布。

5. 用相衬法观察一相位物体，若人眼可分辨的最小对比度 $V = 0.03$，所用光波波长 $\lambda = 600nm$，试问：

(1) 当相位板上零级谱的振幅透过率 $t = 1$ 时，可观察到的最小相位变化是多少？

(2) 当 $t = 0.01$ 时，可观察到的最小相位变化又是多少？

(3) 若检测透明玻璃的不平度，在 (1) 的情况下，可检测的玻璃的不平度为多少？(设玻璃的折射率 $n_G = 1.52$)

6. 在 $4f$ 相干光信息处理系统中，P_1 平面上放置中心相距为 b 的两个物体 $f_A(x, y)$ 和 $f_B(x, y)$。在 P_2 上放置一个正弦振幅光栅 $t(\xi, \eta) = \dfrac{1}{2} + \dfrac{1}{2}(2\pi f_0 \xi)$。若在 P_3 平面上要得到物体 A 和 B 的相减图像，试问：

(1) 正弦光栅的频率 f_0 应满足什么条件；

(2) 正弦光栅需要如何安放，移动多少距离才能获得两个图像相减？

7. 物体复振幅透过率为

$$t\left(x\right) = \left(1 + \frac{1}{2}\cos 2\pi f_0 x\right) \cdot \frac{1}{\Delta}\mathrm{comb}\left(\frac{x}{\Delta}\right)$$

式中，$\Delta \ll \dfrac{1}{f_0}$。设计一个相干滤波系统，使输出像中不再有细光栅线，单纯是余弦分布，给出滤波器结构尺寸，用图解法说明系统原理。

8. 一输入图像 g 在 x 方向的宽度为 l，利用复合光栅滤波器在 $4f$ 系统中实现图像的一维微分 $\dfrac{\partial g}{\partial x}$，试问光栅应该选取什么样的频率？

9. 用照相机拍摄某物体时，不慎摄下两个重叠的影像，沿横向错开距离 b。为改善此照片，设计一个逆滤波器。绘出滤波函数图形。

10. 联合变换相关器中若要使输出平面上各输出项分离，联合功率谱的两个函数 f 和 h 在输入平面 x 方向的距离 $2b$ 应满足什么要求？(设两函数在 x 方向宽度分别为 W_f 和 W_h。)

11. 拍照时，相机沿直线运动，速度为 v，曝光时间为 T 秒，因而记录的图像产生运动模糊。试：

(1) 给出产生模糊的点扩散函数和光学传递函数。

(2) 给出消模糊逆滤波器的滤波函数 (幅值)，画出曲线。

12. 采用 $4f$ 相干滤波系统，制作一个滤波器，它可使系统的输入字符 A 转变为输出字符 B，说明滤波函数、滤波器制作方法以及滤波后字符 B 在输出平面的位置。

13. 观察相位型物体的中心暗场法，是在透镜后焦面上放一个细小的不透明光阑以阻挡不衍射的光。假定通过物体的相位延迟远小于 1rad，求所观察到的像强度 (用物体的相位延迟表示出来)。

14. 用低反衬强度分布

$$I(x, y) = I_0 + \Delta I(x, y)$$

$$|\Delta I| \ll I_0$$

的光场使一张照相底片曝光，由此制出一张负透明片。假定把底片 I_0 偏置于 H-D 曲线的线性区段内，证明当反差 $\Delta I/I_0$ 足够低时，透明片所透射的反衬度分布与曝光的反衬度分布呈线性关系。

15. 在相衬显微镜中，如果相移滤波器除了能使相位物体的零频成分相移 $\pm\dfrac{\pi}{2}$ 外，还有部分吸收。设相移点的强度透过率为 $\alpha\,(0 < \alpha < 1)$，分别求出正相衬和负相衬情况下观察到的像强度分布及像的反衬度，并与纯相移滤波器的输出进行比较。

16. 用匹配滤波器作单个图形的特征识别，输入图形在 (x, y) 平面内的平移和转动对相关输出有何影响？如何实现不受图形转动影响的单特征识别？

17. 对一个目标多次曝光，每两次曝光之间物体在 x 方向有一微小位移 δx，最后得到一张部分重叠的模糊图像。如欲用逆滤波技术消除模糊，试写出 N 次重叠时模糊过程的点扩散函数和逆滤波器函数，并说明如何用全息的方法来综合这样一个逆滤波器。

18. 如下图所示的滤波器函数可表示为

$$H(f_x, f_y) = \begin{cases} 1, & f_x > 0 \\ 0, & f_x = 0 \\ -1, & f_x < 0 \end{cases}$$

把满足此函数的滤波器称为希尔伯特滤波器。请尝试证明希尔伯特滤波器具有将弱相位物体的相位变化转化为光强的变化的功能。

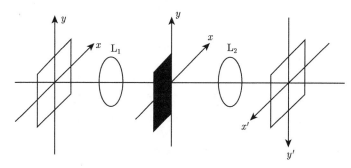

习题 18 图

参 考 文 献

[1] Davies T P. Schlieren photography—short bibliography and review[J]. Optics & Laser Technology, 1981, 13(1): 37-42.

[2] 中国科学院高能物理研究所. 看见病毒: 显微镜的百年历程 [EB/OL]. [2022-04-26]. https://baijiahao.baidu.com/s?id=1682217112213923902&wfr=spider&for=pc.

[3] Guo H, Yuan X, Jie L, et al. Interference microscopy volume illustration for biomedical data[C]. 2012 IEEE Pacific Visualization Symposium, 2012：177-184.

[4] 苏显渝, 李继陶, 曹益平, 等. 信息光学 [M]. 2 版. 北京: 科学出版社, 2011.

[5] 吕乃光. 傅里叶光学 [M]. 2 版. 北京: 机械工业出版社, 2006.

[6] 刘辛味. 泽尼克的相衬法与相衬显微镜 [C]. 北京: 北京科技大学, 2015: 151-159.

[7] 林睿, 常鸿森, 保宗悌, 等. 光学图像识别技术的 MATLAB 仿真 [J]. 云南师范大学学报(自然科学版), 2004, 24(6): 36-40.

[8] 谢嘉宁, 陈伟成, 赵建林, 等. 光学联合变换相关识别的计算机模拟 [C]. 大珩先生九十华诞文集暨中国光学学会 2004 年学术大会论文集, 2004: 100-103.

[9] 邹昕. 旋转、比例不变性在光学相关目标探测与识别中的研究 [D]. 长春: 长春理工大学, 2009.

[10] Yang J, Sarkar T K, Antonik P. Applying the Fourier-modified mellin transform (FMMT) to Doppler distorted waveforms[J]. Digital Signal Processing, 2007, 17(6): 1030-1039.

[11] 纪宪明, 高文琦. 一种复合型图像加减滤波器 [J]. 中国激光, 1996, 23(10): 951-954.

[12] 宋珊珊. 日盲紫外告警光学系统设计 [D]. 长春: 长春理工大学, 2014.

[13] 郭佑民, 陈起航, 王玮. 呼吸系统影像学 [M]. 上海: 上海科学技术出版社, 2011.

[14] 谈苏庆, 韩良恺, 周进, 等. 用二元组合光学元件产生多重像 [J]. 中国激光, 1996, 23(8): 761-764.

[15] 廖军, 王海东, 丁剑平, 等. 利用微透镜阵列产生多重像 [J]. 中国激光, 2001, 28(1): 52-54.

[16] 鲍赟. 液体可变焦折衍混合光学系统的研究 [D]. 西安: 中国科学院研究生院 (西安光学精密机械研究所), 2007.

第 9 章　衍射的逆问题

9.1　衍射光学元件的设计

9.1.1　衍射光学元件

　　菲涅耳在 1820 年提出菲涅耳透镜的设想，并在两年后研制成功。19 世纪 30 年代，在菲涅耳衍射的研究中，泰伯发现了泰伯效应，目前已经成为设计和制造电子光学阵列发生器和照明器件最主要的技术基础之一 [1]。1971 年，达曼提出并设计了达曼光栅，在光电子和图像处理等领域中用作光分束器件 [2]。20 世纪 80 年代中期，美国麻省理工学院林肯实验室首次提出了"二元光学"的概念 [3]。二元光学元件如图 9.1.1 所示，这是根据光传播的衍射原理，在传统光学元件上，刻蚀出类似于台阶的深浅浮雕单元，以实现纯相位、同轴复现、具有极高衍射效率的衍射光学元件。1988 年，由 Swanson 和 Veldkamp 等通过应用衍射光学元件的色散特点校正单镜片的轴上色差与球差，并研制出了多阶相位透镜 [4]。此后，人们开始了衍射光器件在光学图像方面的应用工作。1990 年后，出现了一种既包括传统光学器件，如透镜、棱镜、反射镜等，也含有衍射光学器件的新型光学成像系统。因它基于在光传递过程中的衍射、折射等特性，有效增加了光学设计自由度，突破了很多传统光学系统的局限，从而可以提高系统成像的质量，同时实现价格的降低以及体积的缩小 [5]。

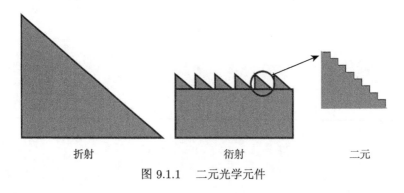

折射　　　　　　　　　衍射　　　　　　　二元

图 9.1.1　二元光学元件

　　基于传播光的衍射以及计算机程序调控设计的衍射光学元件 (diffractive optical elements, DOE)，是通过在传统的光学工作件或者是集成电路基片的表面刻蚀而成的连续浮雕结构或是台阶结构的元器件，如图 9.1.2 所示。

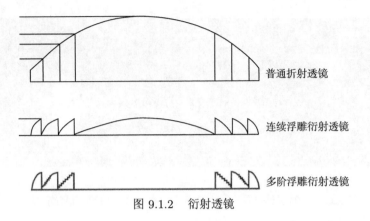

图 9.1.2　衍射透镜

通过对入射光场进行调制 (一般是相位调制)，在远场成像面上能得到任意强度分布的光场，如图 9.1.3 所示。它们的用途非常广，小到我们小时候顶个 "帽子" 激光一照就出各种图案的玩具激光笔 (那个 "帽子" 就是个衍射光学元件)，大到光刻机里面用来做光束整形的高精度衍射光学元件，还有我们平时街头看见的一些激光投影的标志、游乐场里的满天星灯效等，可以说衍射光学元件已经蔓延到我们生活的方方面面 [6]，如图 9.1.4 所示。

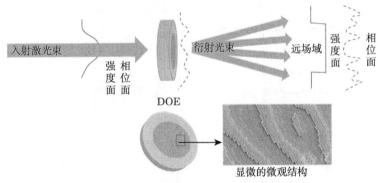

图 9.1.3　衍射光学元件原理 [8]

衍射光学元件通常利用微纳的过程，来形成衍射单元的二维分布。激光可以通过各种衍射单元衍射，然后在特定位置 (通常是透镜的无限或聚焦平面) 上进行干涉，从而产生光的准确分配。

衍射光学元件的设计方法有很多。在二元光学发展初期，生产方法主要是根据所用掩模板和加工表面浮雕构造的特性，而分为了三类。第一种类型是生产衍射元件的原始标准方式，它由含有几个图形齿轮的二进制图形所构成，被覆盖以形成阶梯状浮雕表面，包括多层网格涂层、旋转网格涂层等，都要求衍射面基底的表面是平整的，如图 9.1.5 所示。第二种类型是直写法，它不需要使用掩模板，

(a)　　　　　　　　　　　　　　　　　(b)

图 9.1.4　激光投影球场 (a)、满天星灯效 (b)[7] (彩图见封底二维码)

而是通过改变曝光强度，包括激光束和电子束直接在元件表面自动创建表面浮雕结构。这种方法可以创建具有连续曲率的结构化元素光学元件。第三种是灰度的掩模图案转印法，它的掩模板透过率分布是分层的，并且在样品转印后形成连续或阶梯状的表面结构。后来，因为金刚石芯片超精密设备的发展，光学材料可以直接用于超精密加工技术，用于制造高精度衍射元件。此外，大量的衍射光学元件可以用预制的高精度模具压制。

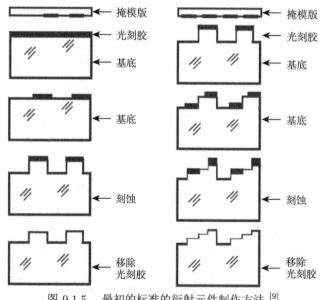

图 9.1.5　最初的标准的衍射元件制作方法 [9]

　　随着技术的发展，精密电子产品对光刻质量、小型化和绘图光学成像系统等提出了越来越高的需求，再加上国家对超精密制造技术的大力支持，进一步促进了光学元件衍射与混合成像系统的研发与实际运用。

1. 菲涅耳透镜

菲涅耳透镜，又名螺纹透镜。通常是由一个与中心相同的双菱形凹槽所组成，而每个圆心环都是一个独立的折射平面。这种棱形槽除了以同心圆的方式排列之外，也能够沿着平行直线排列。当想要用于太阳能聚光器上时，也可利用平行直线排列棱形槽上的菲涅耳透镜，如图 9.1.6 所示。

(a)   (b)

图 9.1.6　菲涅耳透镜 (a) 和太阳能菲涅耳聚光器 (b)[10,11]

菲涅耳镜片主要包括折射式和反射性两类，哈特拉斯角灯塔的内部结构如图 9.1.7 所示。

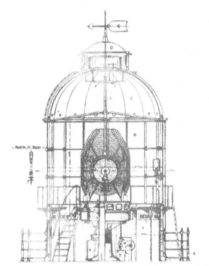

图 9.1.7　哈特拉斯角灯塔的内部结构 [12]

菲涅耳透镜的设计基础是关于确定所有关节之间的齿形，相对于某个厚透镜的部分。虽然各种环带所形成的透镜焦段是不相同的，但它能够确定焦点在某个点上,即实现了消除球差的目标。其效果等于一台厚透镜,但相比于厚透镜极大地缩小了。其环带齿形一般确定于各平面的面形角 α,只找出了不同作业面的法线倾角 S 值而已,从图 9.1.8 中可知,α 与 S 值相同,其给出了一台菲涅耳透镜的齿形截面,假设透镜的表面材料折射率变化量为 n,外界折光率为 n',α 称为工作侧角,β 称为干扰侧角。

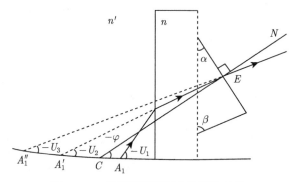

图 9.1.8 菲涅耳透镜环节的锯齿结构

采用等光程条件推导,可以得到

$$\tan\alpha = \tan\phi = \frac{n'\sin U_3 - n\sin U_2}{n'\cos U_3 - n\cos U_2} \tag{9.1.1}$$

由式 (9.1.1) 可求得 α,α 为工作侧面角,通过环带个数便可以计算出面形角的个数,显然各环带的面形角个数不同。当齿高大于环带螺距时,很容易改变尖端的形状。光线穿过变形部分并产生干扰光线,这无助于提高图像的质量。为了防止这种情况,它通常由 $\beta < 90°$ 的齿形构成。作为聚光镜,菲涅耳透镜的相对孔径越大,其包角越大,光能的利用就越多。但是,如果单单过度地扩大孔径大小或者是减小焦距,会影响到透镜边缘的部分光线,使其发生全反射。因此,菲涅耳透镜可以采取的最大倾角 G 受到材料全反射临界角的限制[13]。

2. 达曼光栅

达曼光栅是一类带有二值的特定宽度函数的相位光栅,入射光的最远场衍射是特定点阵数量的等比例光强斑,避免了因不同的包络而导致的一般振幅光谱的光谱点发光强度上分布不一致。将达曼光栅放在傅里叶变换透镜前,如图 9.1.9 所示。

通过这种光滑结构的周期性重复可实现一个相位特定的结构,根据优化设计创建输出面,这需要具有相同光强度角的光谱范围,在振幅为单位值的平面波光照下,在透镜的后焦面上能够获得一个均匀间距的光电阵列分布。假设是二值相位光栅，其值为 0 或是 T，将其周期归一化。利用空间周期光栅进行空间坐标的调节，即可获得光束 $2M+1$ 的等光强分布。周期性地重复微细结构，就能够设计实现一种相位光栅系统，其拥有独特的构造，可以利用系统的特殊设计得到与角谱区域的发光强度相等的输出面。首先对它的唯一结构进行设计，之后将其进行正交展开，可以较为简单地获得二维达曼光栅。

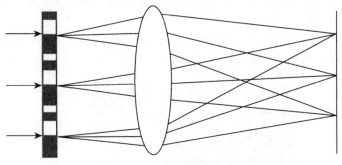

图 9.1.9　达曼光栅分束原理

光栅结构上突变的点就确定了光栅及其谱图曲线。在进行光栅的结构设计过程中，实际要选择一组突变相位点的组合。光栅的形状就确定了其不同衍射级的频率谱，不受实际的时间 T 影响，可以将其归一化。为得到每一个周期内的相位分布，在掩模图的设计中，T 值与光栅结构长度相乘。达曼光栅的分束器型为傅里叶转换型，相对于其他绕射型的分束器，入射光波的分布不影响其效果，并且，由于其输出光点阵列的发光强度阵列与光强大小也相同，所产生的点阵字型能够随机排序。达曼光栅的设计案例如图 9.1.10 所示。现在我国已经实现并实物产出了圆环形和 64×64 分束方形的达曼光栅。

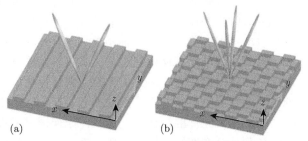

(a) (b)

图 9.1.10　达曼光栅设计案例 [14]

衍射光学元件可以完成许多功能的光学运算，但这在标准折射光学元件中是不可能的。激光应用主要包括在激光雷达、显微成像、激光显示、结构光照明、高功率激光、激光医疗、激光制造等多领域，并且在微型光通信、光学互联、激光波面校准、光束阵列发生器、平行光计算、光束剖面整型等均有所应用，如图 9.1.11 所示，具有以下优点：

(1) 工作效率高。衍射结构单元在精确的设计下能够使得图样获得几乎全部的激光能量，相比于掩模等手段，其效率大大提高。

(2) 加工灵活性大。对应于不同的激光器及目标对象的相位或光强，DOE 能够针对性制造；且 DOE 的组织光路结构复杂度低，通过改变使用的透镜，可获得不同大小的光斑。

(3) 使用便捷。衍射光学元件的质量轻、体积小，在使用时只需要插入光路中，搭配标准的显微物镜、场镜与透镜等。

图 9.1.11   DOE 用于激光加工 [15]

9.1.2 衍射相位元件的设计原理

通常，衍射光学元件基于标量和矢量两类衍射理论设计。标量衍射理论适用条件有限，要求元件中精细结构的尺寸远大于光波长。若要进行比较，则衍射元件的设计必须采用麦克斯韦方程和边界条件的严格计算方式，此时光波衍射结果与其偏振性质以及偏振光的相互作用有关。相关理论方法虽然已经被提出，但十分复杂，计算机计算时间消耗大，无法解决具体光学元件设计问题。对于结构尺寸大于波长的情况，偏振造成的影响便减弱了，此时可以应用标量衍射理论进行衍射元件的设计。在具体应用设计中已应用了各相位恢复算法。

相位恢复问题，即通过测量获得的强度恢复振幅，在物理学中是一个涵盖许多领域的经典问题。衍射相位元件的设计与之类似：如何通过成像系统确定的常数值振幅的输入光波和预计分布图样的输出光场，设计基于衍射的相位元件表层刻蚀图样 (取等分量化值的刻蚀深度)，对输入的光波，实现相位调制，使得经过光学变换系统后，在输出平面上高精度地产生预定的图样。

1972 年，Gerchberg 和 Saxton 提出了 G-S 算法，通过两个强度数据来分析获取输入、输出平面的相位分布情况，其原理如图 9.1.12 所示。

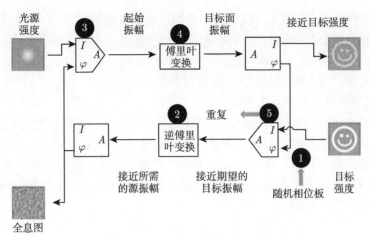

图 9.1.12 G-S 算法原理图

图 9.1.13 为 G-S 算法的流程图，其基本流程如图所示。

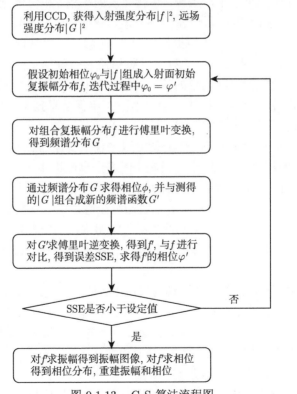

图 9.1.13 G-S 算法流程图

SSE：和方差 (the sum of squares due to error)

(1) 对于目标场强输入，赋予其一个初始的随机相位；

(2) 进行一次傅里叶变换，获取相位面的光场分布，包含相位 φ 和强度 I 两方面信息；

(3) 将 (2) 中所得相位信息 φ 与光源强度分布组合；

(4) 再傅里叶变换回 "成像面"；

(5) 将 (4) 中所得相位信息 φ 与目标场强分布组合，迭代上述过程。

该算法在物面和频谱面之间通过傅里叶变换进行迭代，当迭代超过一定次数时，即满足约束条件时，就可以重建出物体的相位分布。我们在每一次迭代时分别对物面施以空域上的约束，对频谱面施以频域的约束，正是因为这些约束，算法才得以收敛到正确的解。

9.2 全 息 术

全息术 (holography) 通过光的干涉，引入相干参考光波将其和物光波干涉，同时使用记忆介质记下了干涉条纹，将物光波的振幅、相位信号也记到了干涉图像中。恢复时利用衍射效应再现原始物光波，获取物体三维像。最开始，为提高显微镜的分辨能力，全息术才被提出。早在 1948 年，"波前重现"的学说就被 Dennis Gabor 指出，从而开启了对全息照相技术的研究，彻底改变了传统感光记录介质中仅仅记载光波的振幅的状况。但在当时，由于光源相干性的限制，最初同轴全息摄影照片质量还很低。20 世纪 60 年代全息技术开始使用激光光源。1963 年，离轴全息系统由美国物理学家 E. N. Leith 和 J. Uptnieks 提出。离轴全息中的参考光束有一个偏角，使全息再现过程中实像与虚像之间产生偏差，从而解决了同轴全息实像虚像同轴的问题，促进全息的进步。1967 年，D. P. Paris 发现在傅里叶变换的计算全息中使用快速傅里叶变换，可以更快地完成全息图的计算。1969 年，S. A. Benton 发明的二阶彩虹全息，其优点是噪声低、记录简单、不受透镜的限制。人眼是通过物光波的振幅、相位、波长等对视觉的效果来识别物体的三维图像。光强体现物体的明暗程度，频率体现物体色彩，相位体现立体视觉。

照相是一种广泛应用的技术，通常情况下，照相机通过透镜组进行物像变换，物光波经会聚后在底片上成像并记录。特点：①物像呈一一对应的关系，如图 9.2.1 所示，光强分布也呈比例关系；②只记录了物光波的振幅 (或强度)，而未能记录其相位。通常通过感光胶片或 CCD，获取成像光强，但会丢失相位信息，即物体的方位、深度、距离等信息，没有立体感。

在同时拥有物光波振幅、相位参数的情况下，可以通过一定条件复现获得物体三维像。在移除物体的情况下，原物体依然可以被看到。

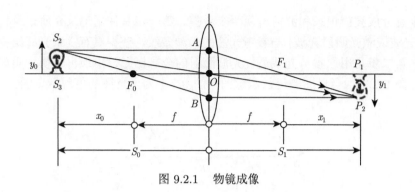

图 9.2.1 物镜成像

与一般的摄影技术不同，全息照相通过拍摄和再现获取了物体光波的振幅和相位数据。记录是为了能够同时记录物体光波的振幅和相位，以获取物光波与参考光波之间的相互干扰条纹 (或复杂的光栅)。再现后，对入射在全息图 (即记载有天体光波数据的复杂的光栅) 上的照明光波进行了衍射，而该衍射光波便是物光波的实际重现，它既再现了物光波的振幅 (光强)，也再现了物光波的相位。现以点光源发射的球面波的描述与再现为例，加以阐述。如图 9.2.2 所述，P_0' 为点光源 (物光波) 向右发射的球面波，参考光波为平行光，两者在全息底片上叠加形成内疏外密的干涉环，即波带片。此全息底片经显影定影后用照明光波 (平行光波) 再现，若此平行光波仍垂直入射，则通过底片后将形成三束衍射光波：零级衍级光 (沿入射光方向，形成背景光)，+1 级衍射光 (沿原物光波方向，形成再现的原物光波，此处为虚像 P_0')，−1 级衍射光 (原物光波的共轭波，此处为实像 P_0)。

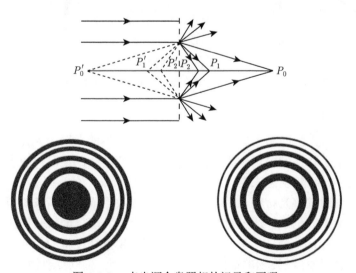

图 9.2.2 点光源全息照相的记录和再现

　　全息分成波前记录和波前再现两个步骤。第一步是使用记录介质记录物光波 (衍射光波或激光照射光波) 与参考光波的干涉条纹，获得具有复杂光栅结构的全息照。第二步是用原参考光或适宜光波照射的全息摄影，出现再现像，实现波前再现。图 9.2.3 为全息图的记录示意图，图 9.2.4 为全息图的再现示意图。

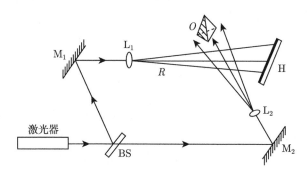

图 9.2.3　全息图的记录示意图

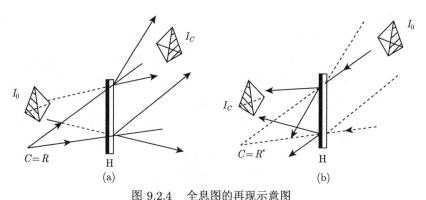

图 9.2.4　全息图的再现示意图

(a) 采用与原参考光源一致的光波照明方式再现；(b) 用与参考光波共轭的光波照明方式再现

9.2.1　光学全息

　　全息技术对光源的相干性要求高，1960 年激光器的发明大大促进了全息的发展。全息记录了物体的振幅和相位信息，可以获取其全部信息。现今全息主要包括光学、数字、计算全息三类。

　　光学全息通过感光材料记录物光波与参考光波形成的干涉条纹即全息图获取物体信息，即干涉记录。通过对全息图像进行重建处理，即可获得图像的再现图像。计算全息和光学全息，都是利用光学方法实现重建过程的。利用适当的光学处理后的全息图像，与发出的衍射光之间的相互干涉，可以重现物体的三维像，即衍射再现。

1. 波前记录

设物光波、参考光波在全息干板上的波前分别为

$$O(x,y) = |O(x,y)| \exp[-\mathrm{j}\phi(x,y)] \tag{9.2.1}$$

$$R(x,y) = |R(x,y)| \exp[-\mathrm{j}\psi(x,y)] \tag{9.2.2}$$

记录介质表面的总光场分布为

$$R(x,y) + O(x,y) \tag{9.2.3}$$

记录介质表面的光强分布

$$
\begin{aligned}
I(x,y) &= [O(x,y) + R(x,y)][O(x,y) + R(x,y)]^* \\
&= |R(x,y)|^2 + |O(x,y)|^2 + R^*(x,y)O(x,y) + R(x,y)O^*(x,y) \\
&= |R|^2 + |O|^2 + R^*O + RO^* \tag{9.2.4}
\end{aligned}
$$

或写成

$$I(x,y) = |R|^2 + |O|^2 + [2|R||O|\cos[\psi(x,y) - \phi(x,y)]] \tag{9.2.5}$$

式 (9.2.5) 中第一、二项分别是参考光与物光波的光强信息；第三项是干涉项，包含物光波的振幅和相位，分别受到参考光振幅和相位的调制。

全息图的记录介质有许多种类，常用的是银盐感光胶片 (或干板)，如图 9.2.5 所示，经曝光显影可以获得全息图。

图 9.2.5   银盐感光胶片 [17](彩图见封底二维码)

记录介质类似于线性变换器，可把入射光强线性转换为复振幅透过率。若曝光量在线性区内，且胶片分辨率满足物体记录的需要，则全息图的透过率为

$$t(x,y) = t_0 + \beta' I(x,y) \tag{9.2.6}$$

式中 t_0 和 β' 均为常数，β' 为 t-E 曲线在偏置点的斜率 β 和曝光时间的乘积。对于负片 $\beta' < 0$。把表示光强分布的式子代入式 (9.2.6)，并假定参考光强在 H 表面是均匀的，则

$$t(x,y) = t_b + \beta'|\boldsymbol{O}|^2 + \beta'\boldsymbol{OR}^* + \beta'\boldsymbol{O}^*\boldsymbol{R} \tag{9.2.7}$$

式中，$t_b = t_0 + \beta'|\boldsymbol{R}|^2$，表示均匀的偏置透过率。

2. 波前再现

当通过相干光照射全息图时，假设复振幅分布为 $\boldsymbol{C}(x,y)$，全息图的透射光场分布为

$$U_t(xy) = \boldsymbol{C}_{t_b} + \beta'\boldsymbol{C}|\boldsymbol{O}|^2 + \beta'\boldsymbol{COR}^* + \beta'\boldsymbol{CO}^*\boldsymbol{R} = U_1 + U_2 + U_3 + U_4 \tag{9.2.8}$$

如果使用与原参考光相同的光波照射全息图，即 $\boldsymbol{C}(x,y) = \boldsymbol{R}(x,y)$，此时第三项为

$$U_3(xy) = \beta'|\boldsymbol{R}|^2 \boldsymbol{O}(x,y) \tag{9.2.9}$$

式中，$|\boldsymbol{R}|^2$ 为参考光强，除了常数因子 β'，U_3 准确地复现了原始物光波 (图 9.2.7(a))。这个光波与原始物体发出的光波对于人眼等效，在移除物体后其虚像仍然存在。透射光波中的第四项为

$$U_4(xy) = \beta'\boldsymbol{R}^2 \boldsymbol{O}^*(x,y) \tag{9.2.10}$$

式中 $\boldsymbol{O}^*$ 为物光波的共轭光。对于发散物光波，其共轭光波为会聚光。因此 U_4 形成物体的实像，但式中 $\boldsymbol{R}^2$ 会使得实像存在一定变形。

如果使用参考光的共轭光对全息图进行照明，即 $\boldsymbol{C}(x,y) = \boldsymbol{R}^*(x,y)$，则第三、四项分别为

$$U_3(x,y) = \beta'\boldsymbol{R}^*\boldsymbol{R}^*\cdot\boldsymbol{O} \tag{9.2.11}$$

$$U_4(x,y) = \beta'|\boldsymbol{R}|^2 \boldsymbol{O}^* \tag{9.2.12}$$

U_3 和 U_4 分别正比于物光波的原始光波与共轭光波，对应产生虚像和实像，但此时实像不存在变形，虚像存在变形。(图 9.2.6(b))。

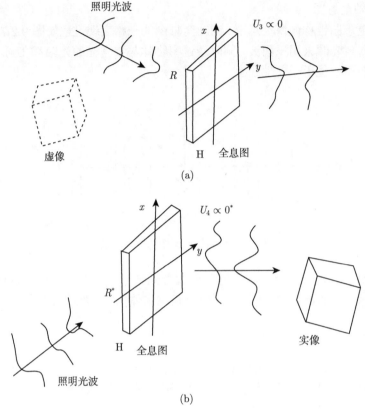

图 9.2.6 波前再现：(a) 用参考光照明；(b) 用共轭参考光照明

全息技术依靠两步成像，在波前再现的过程中产生物实像或虚像，不依靠透镜成像。当胶片曝光量的变化范围在线性区内时，将物光波作为系统输入，选择 U_3 或 U_4 作为系统输出，此时为线性系统，可以使用叠加原理进行分析。此时要求能够实现成像光波与其他光波的有效分离，互不干扰。经过线性处理的胶片，在再现过程中可以还原干涉的强度信号和目标物光波振幅、相位数据，类比于通信中的"编码"与"解码"。

全息系统还要求满足相干性要求：照明激光的波长为固定值；在曝光时，系统装置必须保持稳定 (光程差变化不大于 $\lambda/10$)；要获得对比度较好的稳定干涉图样，最大光程差必须远小于相干长度，对于多纵模激光器，两束光之间的最大光程差也必须小于相干长度的 1/4。由于再现波前过程中，子波相干叠加产生再现像，因此需要使用相干光照明全息图。

3. 同轴全息和离轴全息

全息图可以根据参考光波和物光波主光线是否同轴分为同轴和离轴全息图。

1) 同轴全息图

同轴全息图也称伽博全息图。同轴全息图的光路实现过程如图 9.2.7 所示，同轴全息中入射光源采用平面波，同时透过率物体与参考光的光轴都在同一直线上，都与全息图中心位于一条轴线上。

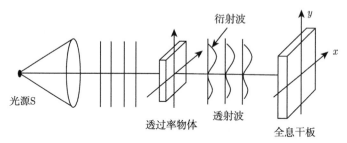

图 9.2.7   同轴全息图的波前记录

波前记录过程中，物光波衍射后与参考光波干涉在全息干板上形成全息图。假设利用相干平面波，则照明透明物体 (相位物体) 的振幅透过率为

$$t\left(x_0, y_0\right) = t_0 + \Delta t\left(x_0, y_0\right) \tag{9.2.13}$$

t_0 为高透过率均值；Δt 为透过率起伏，远小于 t_0。

设振幅为 A 的相干平面波垂直照明，则投射光场可表示为

$$At\left(x_0, y_0\right) = At_0 + A\Delta t\left(x_0, y_0\right) \tag{9.2.14}$$

第一项是直接透射的均匀背景光，为参考光，即 $R\left(x, y\right) = At_0$。第二项是衍射光以及强度较弱的散射光波，为物光波：

$$O\left(x, y\right) = A\Delta t\left(x_0, y_0\right) \tag{9.2.15}$$

全息干板上的光场分布为

$$\boldsymbol{R}\left(x, y\right) + \boldsymbol{O}\left(x, y\right) \tag{9.2.16}$$

光强分布为

$$I\left(x, y\right) = \left|R + O\left(x, y\right)\right|^2 = \left|\boldsymbol{R}\right|^2 + \left|\boldsymbol{O}\left(x, y\right)\right|^2 + R^*O\left(x, y\right) + RO^*\left(x, y\right) \tag{9.2.17}$$

在线性区域内，全息图的透过率正比于光强的分布，即

$$t(x, y) = t_b + \beta'\left(\left|O\right|^2 + R^*O + RO^*\right) \tag{9.2.18}$$

在再现过程中，若平面波垂直照明全息图，振幅为 C，则透射光为

$$U(x,y) = Ct_H(x,y) = Ct_b + \beta'C|O(x,y)|^2 + \beta'R^*CO(x,y) + \beta'RCO^*(x,y)$$
$$= U_1 + U_2 + U_3 + U_4$$

(9.2.19)

其中，U_1 为衰减后的平面波；U_2 正比于弱散射光，光强很弱；U_3 包含原始物光波，成虚像；U_4 包含物光波的共轭光波，成一个与物体关于全息图对称的实像。

同轴全息图的再现过程如图 9.2.8 所示，用参考光的相干光源照射透镜形成入射的平面光波，在全息图前后 z 处形成再现像。重现物体的实像位于 $+z$ 处，而重现物体的虚像位于 $-z$ 处，因此一般称这两个像为同轴全息图的孪生像。

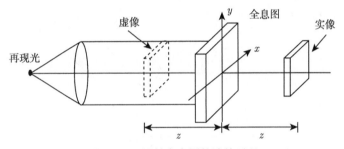

图 9.2.8　同轴全息图的波前再现

同轴全息图的光路结构简单，对光源相干性要求不高，记录介质的分辨率也不需要很高。但它的四项光沿同方向传播，会影响图像的对比度，并且两孪生像不可分离。虚像、实像都会给另一项的采集带来干扰，影响成像质量。且物体必须高度透明。由于这些限制，同轴全息图的应用相对不是很广泛。

2) 离轴全息图

1962 年，美国密执安大学的利思和乌帕特立克斯为了解决同轴全息的问题提出了离轴全息，使用倾斜参考光。

离轴全息与同轴全息图的基本原理相同，区别在于同轴全息图中的物光波与参考光的中心在一个光轴上，即两光波之间无夹角，而离轴全息中物光波与参考光波不共轴，即参考光波有夹角。如图 9.2.9 所示，单色平行光一部分直接透过物体照射到全息干板上，另一部分透过棱镜 P 之后，然后再以特定的偏折角照射到全息干板上，最后根据光与物体入射之间的特定夹角，得到干涉全息图。同轴全息图即角度为零的离轴全息图。

如图 9.2.10 所示，离轴全息图的再现与同轴全息图的再现相似，也是用参考光作为再现光来照射全息干板，但是再现光必须用一定的角度入射之后，才能将

与全息干板上的相位信息发生衍射之后的零级和 ±1 级给区分出来，从而得到不同位置的再现像。

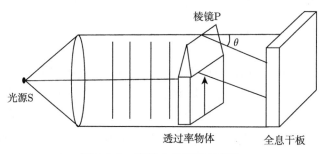

图 9.2.9　离轴全息图波前记录

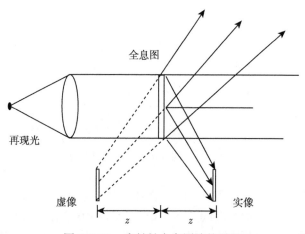

图 9.2.10　离轴轴全息图波前再现

假设平面参考光倾角为 θ：

$$R(x,y) = A \exp(-\mathrm{j}2\pi\alpha y) = A \exp\left(-\mathrm{j}2\pi\frac{\sin\theta}{\lambda}y\right) \tag{9.2.20}$$

则记录介质上的物光波复振幅为

$$O(x,y) = |O(x,y)| \exp[-\mathrm{j}\phi(x,y)] \tag{9.2.21}$$

记录介质上的合成光场分布为

$$U(x,y) = R(x,y) + O(x,y) = A\exp(-\mathrm{j}2\pi\alpha y) + O(x,y) \tag{9.2.22}$$

强度分布为

$$I(x,y) = U(x,y)\,U^*(x,y)$$

$$= A^2 + |O(x,y)|^2 + AO(x,y)\exp(\mathrm{j}2\pi\alpha y)\,AO^*(x,y)\exp[-\mathrm{j}2\pi\alpha y]$$

$$= A^2 + |O(x,y)|^2 + A|O(x,y)|\exp[-\mathrm{j}\phi(x,y)]\exp(\mathrm{j}2\pi\alpha y)$$

$$= A^2 + |O(x,y)|^2 + A|O(x,y)|\exp[-\mathrm{j}\phi(x,y)]\exp(\mathrm{j}2\pi\alpha y) \tag{9.2.23}$$

整理后可得

$$I(x,y) = A^2 + |O(x,y)|^2 + 2A|O(x,y)|\cos[2\pi\alpha y - \phi(x,y)] \tag{9.2.24}$$

物光波对高频参考光波进行调制，$|O(x,y)|$ 为调制幅度，$\phi(x,y)$ 为调制相位。

线性区，全息图的振幅透过率为

$$t_H(x,y) = t_b + \beta'\left[|O|^2 + AO\exp(\mathrm{j}2\pi\alpha y) + AO^*\exp(-\mathrm{j}2\pi\alpha y)\right] \tag{9.2.25}$$

由振幅为 C 的平面光波垂直入射，投射光场的分布为

$$U(x,y) = Ct_H(x,y)$$

$$= t_b C + \beta'C|O|^2 + \beta'CAO\exp(\mathrm{j}2\pi\alpha y) + \beta'CAO^*\exp(-\mathrm{j}2\pi\alpha y)$$

$$= U_1 + U_2 + U_3 + U_4 \tag{9.2.26}$$

式中，U_1 为照明光波衰减后的结果；U_2 为由物光波带宽决定的透射光锥；U_3 以向上倾斜平面波为载波的原始物波，成虚像；U_4 以向下倾斜平面波为载波的共轭物光波，在另一侧成实像。对于离轴全息图，其实像与虚像和直接透射部分不同轴，参考光倾角越大，分离程度越高。

离轴全息图中，再现像无干扰部分，因此成像质量高，成像正负片的衬度正反和原物相同。不需要高度透明物体，也可以使用任意方向平面波进行照明，而无须作严格规定。只有当乳胶厚度大到必须考虑全息图的体积效应时，才严格规定照射方向 [18]。

9.2.2 计算全息

最开始，计算全息 (CGH) 由 Kozma 和 Kelly 提出，目的是设计一个滤波器，实现对被噪声覆盖信号的检测。计算全息直接利用计算机进行全息图光传播的模拟，打印形成微缩母版，或利用激光直写系统计算机生成的全息图，或是液晶光阀与空间光调制器来显示计算全息图，光学照明重现。如图 9.2.11 所示计算全息的优势在于可以通过物体数学模型进行模拟、记录与再现，不需要物体实际存在。

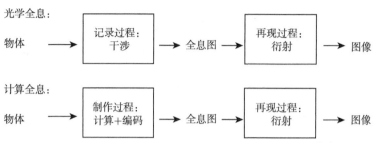

图 9.2.11　计算全息术与光学全息的主要关系和差别 [19]

光学全息图，需利用真实物体产生的物光与参考光干涉来实现。计算全息图则是数字计算机进行计算与绘图，最终打印出全息透明片。既可以记录真实物体，又可以模拟出不存在的物体。计算全息技术扩展了全息的适用范围，开辟了光学信息处理的负数滤波器新道路，如图 9.2.12 所示。

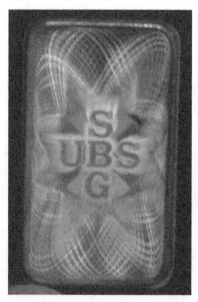

图 9.2.12　瑞银幻彩金条使用了全息图像 [20]

计算全息像和光学全息像中具有深度信息，可以展现物体的三维光场分布。相较于基于光学的全息技术，计算全息有以下优势：

(1) 光学全息技术中要求记录介质高感光性，且制作过程复杂，成像不可避免受其影响。而计算全息的记录过程是通过计算数学模拟全息过程，不存在噪声与像差。

(2) 可以对物光场的复振幅进行计算、分析、比较，提高数据精度与处理的灵活性。

(3) 可以对计算全息的结果图数字存储与数字传输，也可实现模拟再现。

(4) 光学全息中要求相干光源，光源质量对整个成像过程造成影响。但对于计算全息，不再受到光源的限制，可以模拟实现不同种类光源下的全息图记录与波前再现。

除了制作方法不同，计算全息图与光学全息图相比，还存在下列明显的差别：

(1) 计算全息既与光学全息一样可以记录真实物体与光波面，也可以适用于不存在的物体，通过数学描述进行计算全息图的制作，再现时使用光学过程产生再现像。计算全息具有很强的灵活性，应用范围被大大扩展，特别是对于复数空间滤波器、干涉计量中参考的特殊波面与波面变换元件尤其适用。

(2) 光学全息中的记录图相位、灰阶分布常为连续的；而计算全息则大多为二元甚至是多阶离散。

(3) 光学全息图是通过干涉条纹的对比度和位置对物光波振幅和相位编码，计算全息不仅可以模拟这种编码方式，而且采用了多种不同的编码方式。

如图 9.2.13 所示，计算全息图的制作过程包括以下五步。

图 9.2.13　计算全息流程图

(1) 抽样。

计算机处理的数据为离散数据，因此需要对连续的输入图像与全息图进行抽样与离散化。确保全息图抽样数不小于输入图像的抽样数，此时，总抽样点数 $N = (\Delta x \cdot \Delta v)^2$，其中输入图像面积为 $(\Delta x)^2$，频带面积为 $(\Delta v)^2$。为了获取图像带宽，近似地将图像看作带限图，用光学通道的截止频率近似表示其带宽，也可以定义物体光空间局部频率作为带宽，假设 B_x、B_y 分别对应两个方向上的物光带宽：

$$B_x = \frac{2}{\lambda}\left(\left|\frac{\partial W(x,y)}{\partial x}\right|\right)_{\max} \tag{9.2.27}$$

$$B_y = \frac{2}{\lambda}\left(\left|\frac{\partial W(x,y)}{\partial y}\right|\right)_{\max} \tag{9.2.28}$$

物光带宽等于两倍的最大空间局部频率值。这种定义为有效近似处理。通常，计算机中储存的图片格式为离散数据，可以利用图像尺寸与空间带宽积求得全息图与原图抽样间隔。但若是连续值存储的图片，则仍需要抽样步骤。

(2) 计算。

计算全息中的计算部分，通过模拟光路传播、光波的衍射与干涉等，利用菲涅耳衍射公式、傅里叶变换公式等，计算获取全息面上的光场复振幅分布。通常，将光波视作标量波进行衍射分析全息。在计算机分析过程中，需要将连续的理论公式转化为离散的计算公式，通常两者不完全等价。在计算过程中通常使用傅里叶计算公式，在计算机中常用快速傅里叶变换 (FFT) 进行计算。

(3) 编码。

通过计算获得复振幅分布后，需要将复振幅转换为正实数参数，即编码，编码有许多方式。结果主要包括振幅型和相位型，振幅型常见为透过率分布函数，而相位型包括折射率分布和厚度分布。事实上，光学全息中，全息干板记录光强也可以看作编码。

(4) 绘制和照相。

绘制过程中将编码后的全息图复制到胶片上，并使用微缩照相减小图像尺寸，提高分辨率。也可以直接通过空间光调制器高分辨率处理图像。

(5) 再现。

计算全息可以通过光学再现或数字再现。光学再现与光学全息中的部分类似。而数字全息通过计算机实现图像再现。如图 9.2.14 所示，全息像的再现可采用单色光或白光照射计算全息图，经由光波的衍射实现。

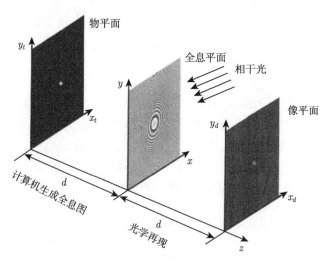

图 9.2.14　计算全息的再现

现有的三维计算全息算法大多是模拟物理模型的算法，即通过算法模拟三维物体到全息面上的衍射过程，从而得到全息面上的复振幅分布。根据将三维物体分解成便于衍射计算的点、面或层，基于物理模拟的算法可以分为点元法、面元法和层析法。

1. 点元法

点元法是将三维物体离散成多个物点的三维点阵，根据惠更斯-菲涅耳原理，对每个单独的点光源在全息平面上的波前分布分别进行计算，并将所有单独点光源的计算结果进行叠加，编码后即可得到三维物体的全息图。如果三维物体被抽样成 N 个点光源，全息图上的采样点为 M 个，计算全息图所有像素点上的复振幅分布，再加入参考光波干涉得到全息图时需要经过 $N \times M$ 次运算，如图 9.2.15 所示。

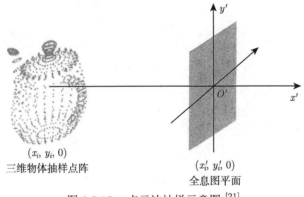

$(x_i, y_i, 0)$
三维物体抽样点阵

$(x_i', y_i', 0)$
全息图平面

图 9.2.15 点元法抽样示意图 [21]

2. 面元法

利用傅里叶变换得到倾斜多边形的频谱，通过三维坐标旋转关系得到相应平行多边形的频谱，运用角谱理论计算每个多边形在全息面上的频谱分布，叠加所有多边形在全息面上的频谱分布后，通过傅里叶逆变换获得全息面上整个三维物体的复振幅分布，如图 9.2.16 所示。该方法与点元法相比，运算量减小，但对于复杂的三维物体，要想得到精确的计算值，运算量也很大。

3. 层析法

层析法即是沿 z 方向将三维物体以相同间距分层，并且以层为单位计算每一层在全息面上的光场复振幅分布，将各层的复振幅分布进行叠加得到整个三维物体的复振幅信息，如图 9.2.17 所示。该方法相较于点元法和面元法来说，计算量较小。

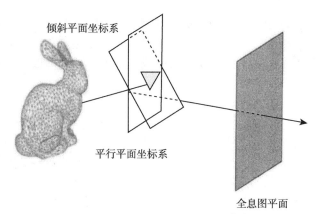

图 9.2.16   面元法抽样示意图[21]

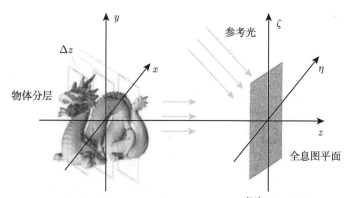

图 9.2.17   层析法原理示意图[21]

由于现有的记录介质通常只能利用光的振幅或强度感知信息,而计算全息图的光场复振幅分布为复数形式,因此复数形式的分布需要通过编码转化为振幅型或相位型全息图,才能利用现有的记录或显示介质加载计算全息图以实现全息显示。

(1) 振幅型编码。

在传统全息术中,记录的是参考光与物光波的干涉图样,而在计算全息中,振幅型编码全息图只需对含物光波分布的复振幅函数进行计算。由于结果中既包含了物光光场的信息,又包含了零级衍射和共轭像的信息,因此影响了振幅型编码全息图的显示质量。

(2) 相位型编码。

假设物光波的绝大部分信息由傅里叶系数的相位携带,且可以完全忽略振幅信息。假设所计算的三维物体是漫反射体,也就是所有物点呈相对独立、随机相位分布时,对相位型全息图的假设非常地精确。因为相位型全息图再现物光波时是通过改变入射光波的光程来调制相位的,衍射效率很高,其重构图像承载了原始物体的大部分信息，而且重构时只有一个像，没有共轭像。

随着计算机技术和数字图像处理技术的发展，已可以方便地利用计算机数值仿真各种光波，制作复杂物体的全息图。在制作上，既可以实现快速、高分辨和大幅面绘制，也可利用空间光调制器实时显示和直接光学读出。利用计算全息术制作的各种衍射光学元件逐渐得到广泛的应用。计算全息的主要应用范围有：

(1) 二维和三维物体像的显示；

(2) 全息干涉计量中产生的特定波面用于全息干涉计量；

(3) 空间滤波器的制作；

(4) 激光扫描器；

(5) 数据存储。

具体到 3D 显示，物体复现有许多方法，这里简单介绍两种。

(1) 空间光调制器 (SLM)。

如图 9.2.18 中反光区域即 SLM，微米量级像素点分布，且每个点既可以实现相位独立调制，也可以实现振幅调制。若在计算全息图中使用 SLM，并用参考光照射，则可以形成立体三维再现像，SLM 每个单元像素都可以实现独立调整，所以很适合进行动态显示，如图 9.2.19 所示。

图 9.2.18 空间光调制器

图 9.2.19 SLM 实现的立体图 (彩图见封底二维码)

(2) 超表面 (metasurface) 全息。

关于超表面现在有许多研究，其具有各式形貌。超表面全息中包含微纳结构，它们尺寸与转角不同，进行光场振幅、相位调制。计算编码控制微纳结构按要求排列，取代全息干板作为全息图。

9.2.3   数字全息

为了解决传统全息技术颜色失真、获取过程复杂、实时性差、面积小、视场随着图像的突出而减小等问题，以及全息图难以进一步市场化，产生了数字全息图。数字全息是指用 CCD/CMOS 取代干板作为感光器件，来记录干涉图样，然后将此图样导入计算机，用光学原理计算原始的三维图形。这种技术一般用于显微系统，可以得到物体的数字三维模型。1967 年，Goodman 提出了数字全息方法，记录时使用 CCD 等光电耦合器件，再现时通过计算机进行数字再现。之后随着 CCD 高分辨率器件的发明和计算机技术的进步，数字全息进入了高速发展阶段。

数字全息与光学全息相比，使用计算机减少了光学方法中必要的曝光和显影等一系列处理过程，这是全息技术发展过程中的一个飞跃进步。数字全息技术不仅扩大了光学全息在实际生活中的应用范围，而且促进了光学加密系统的发展。数字全息的流程图如图 9.2.20 所示，可分为以下三个步骤：

(1) 数字全息图的波前记录：物光波和参考光发生干涉，利用 CCD 记录干涉图样并传送到计算机中以数字形式保存。

(2) 数字全息图的波前再现：使用计算机数字再现物光波，不需要任何再现光路。

(3) 输出再现图像和显示相关结果：根据物光波和参考光波角度的不同，记录光路分为同轴和离轴两种光路系统，从而数字全息技术分为同轴数字全息技术和离轴数字全息技术，这将在后面进行详细研究。

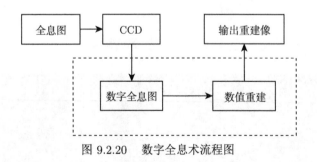

图 9.2.20   数字全息术流程图

1. 同轴数字全息

同轴数字全息原理与同轴全息相同，光路如图 9.2.21 所示，物光波和参考光的光轴重合，分光棱镜进行分光，获取相干的两束光，其中一束经过反射镜 1 作

为参考光,另一束经过反射镜 2 和物体作为记录的物光,这两束光在分光棱镜 2
处以同一方向进行合束,并在光电耦合器件 CCD 上进行采集,再在计算机上处
理采集的图像,即可得到物体 O 的再现图。因为这种全息是透射式的,所以要求
物体高度透明,如果透明度不高,往往会导致物光偏弱且效果不好,可以考虑在
物体后加上一个透镜,起到放大的作用。

　　另外需要注意的是,在实际操作中我们很难保证这两束光在合束时完全重合,
总是容易有些许偏差而离轴。当然,我们也可以采用一束平行光照射物体,经菲涅
耳衍射后直接成像在 CCD 上,因为此时的参考光和物光波也在同一光路上,因
此也可作为同轴全息。

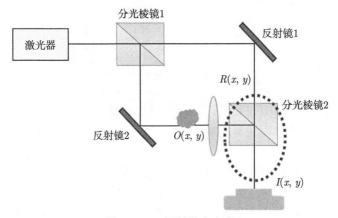

图 9.2.21　　同轴数字全息

2. 离轴数字全息

　　光路搭建与同轴数字全息类似,不一样的就是参考光与物光之间存在一定的
夹角,在实验光路中即在分光棱镜 2 处有一定夹角。在判断光路最终是否重合时,
我们可以先不加物体 O,因为离轴所以两路光在分光棱镜 2 处会产生光程差,从
而可以在光路重合处观察到干涉条纹,此时可以断定光路已基本搭好。加入物体
和必要的透镜,在 CCD 上采集全息图,如图 9.2.22 所示。

　　现如今,数字全息的应用领域涵盖了微小粒子、微小形变与缺陷探测、干涉
计量、器件形貌分析、显微成像等。数字全息既弥补了传统全息技术的不足,也
存在其他优势:

　　(1) 不需要光学全息中的复杂物理化学处理,不需要进行曝光、显影、定影
等。全数字化过程,缩短了记录全息图的用时,实现各瞬时过程的连续记录。重
现步骤易实现,且周期时间短,可以实现过程实时化的目标。

　　(2) 在处理数字全息的过程中,可以同时运用数字图像处理的方式和计算机

技术对图像进行处理，对图像进行降噪，消除干板特性曲线的非线性等造成的影响，增强成像质量。

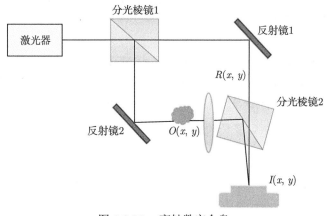

图 9.2.22　离轴数字全息

(3) 数字全息的输出可以经计算机处理数字重现，恢复物光场的复振幅分布，包含物光振幅与相位全部信息，而且在无法使用光学设备的领域也可以使用，看到记录物体的再现。

(4) 数字全息易对三维物体进行观测，便于数值重现与数字聚焦，如图 9.2.23 所示。

针对以上优点，数字全息缩短了完成时间，实用性和适用性都大大增加。

注意数字全息术和计算全息术的差别，数字全息中记录部分依靠光学过程，而重现使用计算重现。计算全息术则恰恰相反，全息图的记录是对干涉光场经由计算机数字计算、采样和编码，最后打印或成图在真实空间获得的[23]。

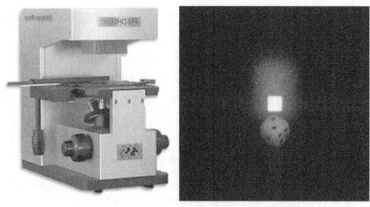

图 9.2.23　数字全息显微镜和数字全息图[22]

9.2.4 Matlab 仿真

伽博同轴全息的 Matlab 模拟如下 (代码见附录)。

下面用 Matlab 对采的全息图进行再现，模拟参考光照射记录介质后进行菲涅耳衍射的过程，并采用滤波的方式消除零级光和"孪生像"的影响。

主要的流程如下：

(1) 读取采集到的全息图；

(2) 经过傅里叶变换得到频移后的频谱图；

(3) 截取任一位于 ± 1 级的频谱作为新的频谱；

(4) 对新的频谱做傅里叶逆变换得到恢复的像。

仿真时为了便于衍射计算这里用的是 T-FFT (triple fast Fourier transform algorithm) 算法，利用 T-FFT 算法实现伽博同轴全息术的全息记录和再现过程的仿真模拟，伽博全息术的实验原理如图 9.2.24 所示。

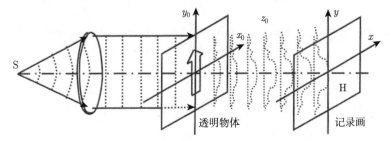

图 9.2.24   伽博同轴全息记录光路及坐标图

照射光源为波长 632.8nm 的平行光，垂直照射透明物体，在距离 z 处干涉形成全息图。再现时使用相干的同波长平行光照射，调制透过全息图后照明相干光振幅及相位，承载原光波的参数，且传播方向为参考光的共轭光方向，为"$+1$级衍射"，称原始像。"-1 级衍射像"是包含物光波的共轭光波的相干光，其传播方向与参考光波相同，此时再现光波与物光波共轭，为共轭像，原理如图 9.2.25 所示。

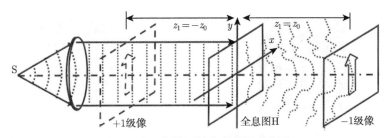

图 9.2.25   伽博同轴全息再现光路图

将汉字 "光" 作为全息的物，用 Matlab 实现的伽博同轴全息的模拟结果如图 9.2.26 所示。

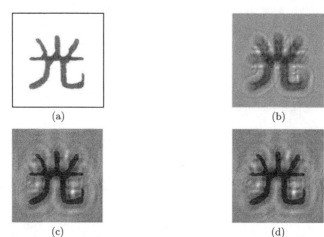

(a)   (b)

(c)   (d)

图 9.2.26   伽博全息：(a) 衍射屏的形状分布；(b) z_0 处的全息图；(c) 全息再现的 +1 级衍射像；(d) 全息再现的 −1 级衍射像

需要说明的是，在程序中，给物距和像距输入赋值，物距、像距不要求相等，且物距必须为正值，一般情况下，取正值的像距，即全息过程中光线从左向右传播，若像距小于零则是反向传播。

同时为了验证伽博全息对物体透过率的要求，将汉字 "光" 的透过率变成低透过率物体，其他条件不变的情况下再次对其做全息，得到的结果如图 9.2.27 所示。

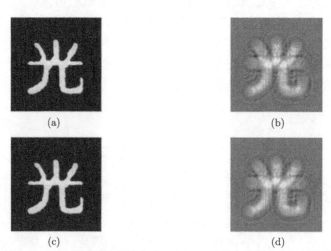

(a)   (b)

(c)   (d)

图 9.2.27   伽博全息：(a) 衍射屏的形状分布；(b) z_0 处的全息图；(c) 全息再现的 +1 级衍射像；(d) 全息再现的 −1 级衍射像

可以看出，不同透过率的物体得到的全息效果有一定的差别。全息可以实现"数字聚焦"，对于同一张全息图，只需选择不同的成像距离，应该可以看到再现像从不清晰到清晰，再从清晰到不清晰的变化过程 (不同距离再现程序位于源程序末尾)。

9.2.5 其他全息技术

1. 彩虹全息

首先用普通离轴全息术拍一张全息片称为母全息片，其上加水平狭缝。用拍摄时的共轭参考光再现，得到实全息像。然后在实全息像 B 附近 (之前或之后) 插入未曝过光的全息干板叫彩虹全息片。用一束从光源 R 分出的共轭会聚参考光 R_2 对彩虹全息片进行照射，就得到了彩虹全息片，如图 9.2.28 所示。

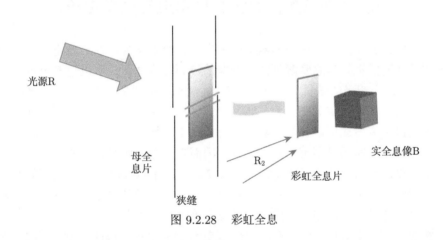

光源R

母全息片

狭缝

R_2

彩虹全息片

实全息像B

图 9.2.28 彩虹全息

我们知道白光是由不同颜色的光组成的，再现时，不同波长光对应的狭缝再现像位置也会连续变化。在观察再现像时狭缝不同，对应的物体像的颜色不同。

2. 彩色全息

不同于彩虹全息，彩色全息可以记录和再现彩色三维物体，可以用一束含有三原色的激光经过扩束后照射记录介质，透过记录介质的光照射到彩色三维物体上，经过漫反射照射到记录介质上，即为物光，参考光与物光的入射方向相反。当用白光再现该图像时，由于白光也包含了三原色，因此三原色的全息像同时得以显现，眼睛沿反射光方向观察的全息像为真彩色像，如图 9.2.29 所示。

彩色全息也可以使用彩虹全息。将三原色的三张彩虹全息图记录在同一全息记录材料上，使三原色对应狭缝像的空间位置重合，此时，人眼在重合狭缝位置可以观察到三原色复合形成的真彩色全息像[24]。

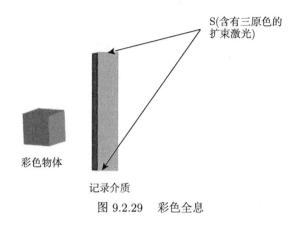

图 9.2.29　彩色全息

9.3　光学加密与计算机实现及光学实验

　　信息安全领域的研究深刻影响着国家安全、经济发展和社会稳定，已受到世界各国的普遍重视。信息隐藏是信息安全的核心技术之一，可以追溯至古代的隐写术，但它作为新兴的学科从 1996 年前后才逐渐获得迅速发展。信息隐藏的一般过程，都利用了载体信息的冗余，通过隐藏算法和密钥作用，将秘密信息嵌入原始载体，最终变换成用以传输的隐秘信息。由于原始载体信息和隐秘信息的统计特性基本一致，即满足不可感知性原则，因而隐蔽于原始载体中的秘密信息，传输时不为攻击者所注意，充分降低了被获取甚至破坏的风险，其安全性得以确保。信息隐藏应用非常广泛，在数字作品版权保护和个人隐私等方面均发挥着主要作用，同时在匿名选举、秘密广播、数字现金等研究中也有重要价值。

　　在现代信息隐藏体制中，原始载体、隐藏机制是多种多样的。光学、声学、电子学、化学和生物学等理论与技术的引入不仅显示出信息安全领域的独特魅力，而且还充分展示了各学科的自身优势。光学作为其中重要的一支，在二十多年前就运用彩虹全息、莫尔条纹、光可变器件等技术以防止对机密文档和认证信息的非法复制，并在防伪领域中得到应用。正如 Renesse 在 2002 年光学安全和防伪技术国际会议上指出的，这些不含密钥的隐藏技术在安全性方面已显露出弊端。近年来，光学在信息安全和图像加密领域取得的一系列研究进展，更加呈现出光学系统的高并行性、高处理速度与维度、便捷实现多种变换和特殊运算等优点，从而促使光学和信息隐藏的结合备受瞩目。自从 Rosen 和 Javidi 于 2001 年借助基本的光学变换实现了半色调图像的信息隐藏以来，光学信息隐藏的研究就在一个崭新的高度上得到发展。现代光学信息隐藏通常借助密钥作用，对秘密图像进行光学变换或处理，在空域内实施嵌入载体图像的操作完成隐藏。所运用的主要技术手段是随机相位编码和数字全息术。隐藏算法的密钥则常采用随机相位板 (RPM)，它能有效地白化相位以及振幅，既可以是传统的光学器件又可由计算机模拟生成。另外，基于实用目的，系统方案的设计普遍考虑了数字兼容性问题。同时值得注意的是，光学技术对提高信息的隐藏维度、多重隐藏的实时性等提供了较优的解决办法[25]。

9.3.1 基于 $4f$ 系统的加密方法

1. 基本原理

双随机相位编码技术于 1995 年由 P. Refregier 和 B. Javidi 首次提出，其基本原理是：在 $4f$ 系统的输入平面和傅里叶频谱面上各放置一个 RPM，要求它们互不相干，从而对输入的图像文件加密，在输出平面上得到加密图像；加密后的图像是统计特性随时间平移不变的广义平稳白噪声；若只用第一个 RPM 对输入的图像文件进行加密，则在输出面上得到的是统计特性随时间变化的非平稳白噪声；若仅用傅里叶平面上的 RPM 对输入平面上的图像进行加密，则加密图像很容易被破译。

基于 $4f$ 系统的双随机相位编码的加密过程如图 9.3.1 所示。透镜 1 和透镜 2 表示 $4f$ 系统里的一对傅里叶变换透镜；$f_0(x,y)$ 表示输入图像 (待加密图像)；$g(x,y)$ 表示输出图像 (加密图像)；POM1 和 POM2 是两个随机相位板，它们分别放在 $4f$ 系统的输入平面和傅里叶频谱面上。

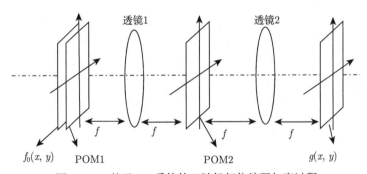

图 9.3.1 基于 $4f$ 系统的双随机相位编码加密过程

为了实现图像加密，即在输出面上得到具有均匀白噪声的信息 $g(x,y)$，输入图像 $f_0(x,y)$ 会依次被两个相位板进行空域信息和频域信息的随机扰乱。最终输入图像经过 $4f$ 系统之后会在输出平面上得到不随时间变换的均匀白噪声图像。两个随机相位板就作为加密系统的密钥。整个加密过程的数学表达式为

$$g(x,y) = F^{-1}\left\{F\left\{f_0(x,y)\exp\left[\mathrm{j}\varphi(x,y)\right]\exp\left[\mathrm{j}\psi(u,v)\right]\right\}\right\} \tag{9.3.1}$$

F 和 F^{-1} 分别表示傅里叶变换和傅里叶逆变换，$\exp[\mathrm{j}\varphi(x,y)]$ 表示的是 POM1，

$\exp[\mathrm{j}\psi\,(u,v)]$ 表示的是 POM2，$\varphi\,(x,y)$ 和 $\psi\,(u,v)$ 分别表示位于空域和频域的随机白噪声。这里的 POM1 和 POM2 作为整个加密系统的两个密钥。

　　解密过程如图 9.3.2 所示。解密过程是加密过程的逆运算，其解密光路结构与加密光路结构一样，只是把输入平面变成输出平面，输出平面变成输入平面，其中相位板 POM3 是 POM2 的复共轭，POM4 是 POM1 的复共轭，POM3 和 POM4 是解密系统中的密钥。将加密图像放在输入平面上，经过 $4f$ 系统之后会被系统内的两个随机相位板在空域和频域内进行调制，然后把加密图像的均匀白噪声解密到输出平面上。

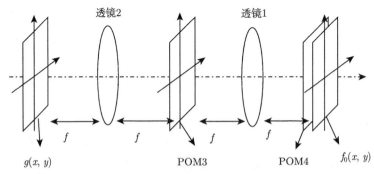

图 9.3.2　解密方法的光学实现

2. 解密过程

　　对于解码过程，如图 9.3.3 所示，解码时输入为复振幅 $\psi(x)$，相当于一个逆衍射的过程。理论上，在接收端，得到的应该是一个复振幅数据，但是 CCD 相机只能接受到光强数据 (振幅部分的模平方)，所以通过逆衍射可以直接接收到编码的图像。这个系统可以等价为一个相位型的滤波器。

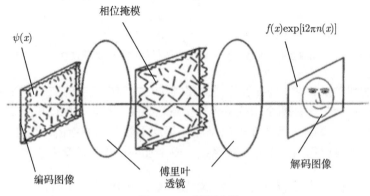

图 9.3.3　解码过程

3. 模拟仿真

为了更好地体现基于 $4f$ 系统的双随机相位加密的性能，使用 Matlab 对系统进行仿真分析。

通过图 9.3.4 的仿真结果可发现 $4f$ 系统的双随机相位加密的性能很高，加密后的密文是均匀分布的白噪声，证明加密效果很好。同时用正确的密钥对密文进行解密后发现解密图像与原图像一样，从而验证了基于 $4f$ 系统的双随机相位加密具有很好的实用性。

(a) (b) (c)

图 9.3.4　基于 $4f$ 系统的双随机相位加密模拟

(a) 待加密图像；(b) 加密后的空域密文；(c) 正确的密钥解密结果

9.3.2 基于菲涅耳域的图像隐藏方法

1. 在菲涅耳域的基于 G-S 相位恢复算法的图像隐藏原理

光学图像隐藏是光学安全技术的一个重要方面，基于 G-S 相位恢复的图像隐藏的基本原理是，通过菲涅耳域的双随机相位编码方法将秘密图像编码成水印图像，水印图像与秘密图像之间存在感知上的差异，但是两者之间也存在一定的联系，但与传统的嵌入式的水印隐藏不同，光学图像隐藏中宿主图像与秘密图像是完全分离的，没有嵌入过程，因此宿主图像和水印图像是完全相同的。如图 9.3.5 所示，秘密图像 $F(x, y)$ 通过两个指定的相位板 POM1 和 POM2 编码之后，在输出平面上得到宿主图像 $G(f_x, f_y)$，同时也是水印图像。

基于菲涅耳域的图像隐藏过程：该系统的主要目的是将秘密图像隐藏在想要得到的水印图像之中，但是传统的菲涅耳域双随机相位编码 (double random phase encoding，DRPE) 加密方法得到的秘密图像是均匀的白噪声图像，为了在传统的菲涅耳域 DRPE 加密系统的基础上得到想要的水印图像，就需要将双随机相位板 POM1 和 POM2 变成特定的相位板。因此基于这个目的，利用 G-S 相位恢复算法可以得到指定的相位板，从而实现对秘密图像的水印隐藏。水印图像的解密过程就是菲涅耳域 DRPE 加密的逆过程。

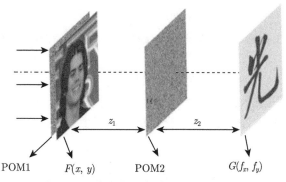

图 9.3.5　基于菲涅耳域的图像隐藏方法

为了得到水印隐藏的密钥，以及特定的相位板 POM1 和 POM2，将随机相位板 POM1 与输入图像紧贴在一起放在输入平面处，相位板 POM2 放在距离输入平面 z_1 处，宿主图像放在 POM2 平面 z_2 距离处，通过 G-S 相位恢复算法反复对系统进行迭代，通过设定指定的迭代次数或阈值条件结束迭代，并得到用于水印隐藏的密钥 POM1 和 POM2。

2. 模拟仿真

为了更好地验证基于相位恢复算法的菲涅耳域图像隐藏的有效性，使用 Matlab 对系统进行模拟仿真分析。

首先利用 G-S 相位恢复算法通过对秘密图像和宿主图像进行逆向迭代求解，通过迭代 2000 次得到 POM1 和 POM2，如图 9.3.6 所示。之后将迭代得到的 POM1 和 POM2 重新放入菲涅耳双随机相位加密系统，对输入图像进行加密之后得到水印图像如图 9.3.7(a) 所示。

图 9.3.7 是利用仿真软件对秘密图像和宿主图像进行 G-S 相位恢复算法迭代得到的两个相位板 POM1 和 POM2。然后将得到的 POM1 紧贴在秘密图像上，POM2 放置在位于距秘密图像 20cm 处，输出平面位于距 POM2 平面 30cm 处，整个系统长度为 50cm，使用的光波波长为 600nm。当平面光波照射秘密图像之后，经过菲涅耳域的双随机加密系统后在输出平面上显示水印图像 (图 9.3.7(a))。本文将加密之后得到的水印图像与宿主图像进行相关性对比，得到的相关系数为 0.9875。之后将水印图像进行解密，得到了与秘密图像一样的解密图像 (图 9.3.7(b))。

另外本文研究了迭代次数与相关系数之间的关系。图 9.3.8 是 G-S 相位恢复算法的迭代次数和加密之后的水印图像与宿主图像之间的相关系数的关系，本次迭代的输入参数为光波波长 600nm，z_1 距离为 20cm，z_2 距离为 30cm。从图中可以看出在迭代开始时相关系数的增长速度非常快，大概在 200 次迭代之后相关系数基本趋近于稳定值。因此，为了便于计算，本文将之后的迭代次数设置在 200 次。

图 9.3.6 利用 G-S 相位恢复算法的迭代结果

(a) 秘密图像；(b) 宿主图像；(c) 利用 G-S 恢复算法得到的相位板 POM1；(d) G-S 恢复算法得到的相位板 POM2

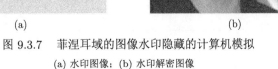

图 9.3.7 菲涅耳域的图像水印隐藏的计算机模拟

(a) 水印图像；(b) 水印解密图像

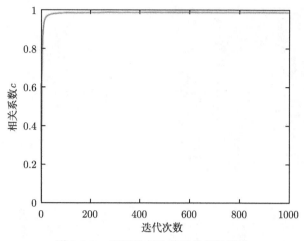

图 9.3.8　不同迭代次数下的相关系数

　　为了验证衍射距离 z_1 和 z_2 的变化对 G-S 相位恢复算法的相关系数的影响，本文设定系统总长度为 50cm，并始终保持 POM1 紧贴在秘密图像上，通过移动 POM2 在系统内的位置，来获取每次位置的 G-S 计算结果。如图 9.3.9 所示，从图中可以看出当衍射距离 z_1 接近于 0 时，即 POM2 靠近秘密图像使 G-S 计算出的相关系数最高，同时用 G-S 相位恢复算法得到的 POM1 和 POM2 在做图像水印隐藏时的加密质量很高。从图中可以看出衍射距离的变化和 G-S 计算出来的相关系数之间并没有明显的关系，因此忽略相位板的位置对 G-S 计算的相关系数的影响[26]。

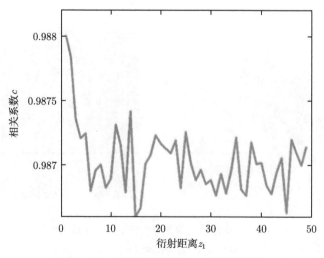

图 9.3.9　不同衍射距离 z_1 的相关系数

附 录

```
%%伽博同轴全息
%%用一个二值图像做参照物，通过伽博同轴全息实现全息记录和再现
clear all;clc;
U0 = rgb2gray(imread('光1.png'));
U0 = imresize(U0,[256,256]);   %对图像像素压缩成256*256的形式
U0 = double(U0(:,:,1));   %提取图像的第一层，并转化为双精度
% figure(1),subplot(221),imshow(U0,[]),title('第一层图'); %
[r,c] = size(U0);
% U0 = ones(r,c)*0.98-U0/255*0.5;   %将物转化为高透射率系数物体，
%效果类似于图像颜色反转
figure(1),subplot(221),imshow(U0,[]),title('(a)物');
lamda = 6328*10^(-10);   %赋值波长lamda和波数k
k = 2*pi/lamda;
L0 = 5*10^(-3);   %赋值衍射面（物）的尺寸
x0 = linspace(-L0/2,L0/2,r);
y0 = linspace(-L0/2,L0/2,c);
[x0,y0] = meshgrid(x0,y0); %生成衍射面（物）的坐标网络
z0 = 0.20; %全息记录面到衍射面的距离，（注：物距大于0），单位米
%% 用T-FFT算法完成物面到全息记录面的衍射计算
F0 = exp(1i*k*z0)/(1i*lamda*z0); %参考光波
F1 = exp(1i*k/2/z0.*(x0.^2+y0.^2));
fF1 = fft2(F1);
fa1 = fft2(U0);
Fuf1 = fa1.*fF1; %用角谱理论做的入射波经过物体之后在全息面的衍射结果
Uh = F0.*fftshift(ifft2(Fuf1));   %全息记录面上参考光波和物光波干涉后的结果
Ih = Uh.*conj(Uh);   %取光强
figure(1),subplot(222),imshow(Ih,[0,max(max(Ih))/1]),title('(b)全息图');


%% 用T-FFT算法完成全息面到观察面的衍射计算（重构再现像）
%%zi通常大于零，也可以小于零，大于零表示通过全息图的光是沿光轴从左到右传播，
%小于零表示沿光轴从右向左传播

zi1 = z0;   %赋值再现距离，（可调整）
F0i = exp(1i*k*zi1)/(1i*lamda*zi1);
F1i = exp(1i*k/2/zi1.*(x0.^2+y0.^2)); %T-FFT算法，物面，全息图和再现像尺寸相同
fF1i = fft2(F1i);
fIh = fft2(Ih);
FufIh = fIh.*fF1i;
Ui = F0i.*fftshift(ifft2(FufIh));
```

```
Ii = Ui.*conj(Ui);
figure(1),subplot(223),imshow(Ii,[0,max(max(Ii))/1]);title(['(c)',
%num2str(zi1),'m处再现像']);
zi2 = -z0;  %赋值再现距离,(可调整)
F0i = exp(1i*k*zi2)/(1i*lamda*zi2);
F1i = exp(1i*k/2/zi2.*(x0.^2+y0.^2)); %T-FFT算法,物面,全息图和再现像尺寸相同
fF1i = fft2(F1i);
fIh = fft2(Ih);
FufIh = fIh.*fF1i;
Ui = F0i.*fftshift(ifft2(FufIh));
Ii = Ui.*conj(Ui);
figure(1),subplot(224),imshow(Ii,[0,max(max(Ii))/1]);title(['(d)',
%num2str(zi2),'m处再现像']);

%% 利用for循环观察不同距离下的全息再现。

% for t = 1:40
%     zi3 = z0*0.5 + t.*0.005;  %用不同的值赋值再现距离
%     F0i = exp(1i*k*zi3)/(1i*lamda*zi3);
%     F1i = exp(1i*k/2/zi3.*(x0.^2+y0.^2)); %T-FFT算法,物面,全息图和
%再现像尺寸相同
%     fF1i = fft2(F1i);
%     fIh = fft2(Ih);
%     FufIh = fIh.*fF1i;
%     Ui = F0i.*fftshift(ifft2(FufIh));
%     Ii = Ui.*conj(Ui);
%     imshow(Ii,[0,max(max(Ii))/1]);
%     str = ['成像距离: ',num2str(zi3),'米'];  %设定显示内容
%     text(150,20,str,'HorizontalAlignment','center','VerticalAlignment',
%'middle','background','white'); %设定在图中显示字符的位置及格式
%     m(t) = getframe;  %获得并保存显示的图像
% end
% h = figure;
% movie(h,m,1,6,[150 150 0 0]);  %播放保存的图像
```

习   题

1. 若全息记录和再现采用相同波长的激光, 证明:

(1) 当 $z_c = z_r$ 时, 得到的虚像放大率为 1 。

(2) 当 $z_c = -z$ 时, 得到的实像放大率为 1 。

2. 如图所示为记录并再现产生一个平面透射物体实像的光路。记录波长为 632.8nm, 再现波长为 488 nm, 物体尺寸为 2 cm×2 cm, 像的尺寸为 4cm × 4cm, 从全息图到像的轴向距离是 1m, 再现光源到全息图的轴向距离为 0.5m。

(1) 求所有可能的物距 z_0 和参考距 z_r。

(2) 记录后在再现前全息图前后面反转 $180°$, 再作上述计算 (需重画)。

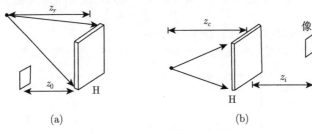

(a)　　　　　　　　　　　　　　(b)

习题 2 图

3. 如图所示为记录离轴全息透镜的光路, A、B 点都在 yz 平面内。求:

(1) 线性区内的透镜复振幅透过率。

(2) 全息透镜的焦距。

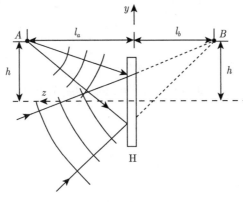

习题 3 图

4. 为什么全息透镜同样能成像? 在成像中, 与普通透镜和菲涅耳波带板的异同之处?

5. 狭缝在彩虹全息中起到了什么作用? 为什么色模糊主要在垂直狭缝方向?

6. 用短波长记录, 用长波再现, 这在原理上可以实现全息显微术。为什么实际上很难做到实用? 它受到哪些条件的限制? 举例说明。

7. 在全息过程中, 使用波长 488.0nm 氩离子激光器记录, 632.8nm He-Ne 激光器成像。

(1) 设 $z_p = \infty, z_r = \infty, z_o = 10$cm, 问像距 z_i 是多少?

(2) 设 $z_p = \infty, z_r = 2z_o, z_o = 10$cm, 问像距 z_i 是多少? 放大率 M 是多少?

8. 证明: 若 $\lambda_2 = \lambda_1$ 及 $z_p = z_r$, 成虚像, 放大率为 1; 若 $\lambda_2 = \lambda_1$, 及 $z_p = -z_r$, 成实像, 放大率为 1。

9. 对于散射菲涅耳全息图, 具有冗余性, 即再现不受局部脏污和划痕影响, 也可以通过全息图碎片完整再现像。

(1) 根据全息基本原理说明其冗余性。

(2) 像质受碎片影响体现在哪里?

10. 假设全息中使用 0.1nm 波长 X 射线进行记录, 600.0nm 进行再现。使用如下无透镜光路傅里叶变换。物宽 0.1mm, 参考光源距物体最小 0.1mm, 保证孪生像的分离, 全息底片距离物体 2cm。

(1) 求底片中的光强图最大频率 (单位: 周/mm)。

(2) 若底片分辨率满足入射光强变化, 为什么下图光路无法再现成像?

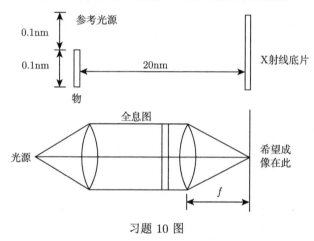

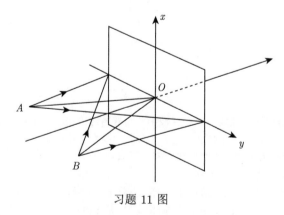

习题 10 图

11. 如图所示, 点源 $A(0, -40, -150)$ 和 $B(0, 30, -100)$ 发出的球面波在记录平面 (x, y) 上产生干涉:

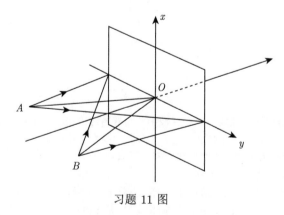

习题 11 图

(1) 求在记录平面。两个球面波的复振幅分布。

(2) 求干涉条纹的强度分布。

(3) 全息记录板 100mm×100mm, 波长 633μm, 求最高、最低空间频率。记录介质分辨率要求如何?

12. 请尝试写出 G-S 算法的伪代码。

13. 说出光学加密的基本原理。

14. 假设平面波参考光，证明如果平面物体的全息图记录介质平行于物体，那么再现结果在与之平行的平面。

15. 透明片紧靠变换透镜，记录介质放在透镜后焦面上记录全息滤波器，参考光波应如何选取才能使滤波器透过率不带有二次相位误差？

16. 记录全息图时，参考波为 $\exp\left[\mathrm{j}\dfrac{k}{2z_r}\left(x^2+y^2\right)\right]$，为了得到下述结果，照明全息图的光波应如何选取？

(1) 尽可能精确的虚像。

(2) 尽可能精确的实像。

17. 对于漫射物体的菲涅耳全息图，用细激光束照明全息图某一局部，仍可得到完整的再现像，分析原因。并指出照明光束孔径对再现像的影响。

18. 为什么记录三维物体的全息图其再现实像是赝视像，即看到的像与原物体凸凹相反？

19. 如图，透镜焦距分别为 f_1 和 f_2，参考光倾斜 θ。求该傅里叶变换全息图的再现位置和放大倍率。

用下图所示光路记录和再现傅里叶变换全息图。透镜 L_1 和 L_2 的焦距分别为 f_1 和 f_2，求再现像的位置和全息成像的放大倍率。

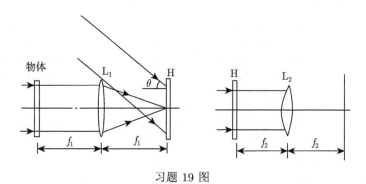

习题 19 图

参 考 文 献

[1] Talbot H F. Lxxvi. Facts relating to optical science. No. IV[J]. The London, Edinburgh, and Dublin Philosophical Magazine and Journal of Science, 1836, 9(56): 401-407.

[2] Dammann H, Görtler K. High-efficiency in-line multiple imaging by means of multiple phase holograms[J]. Optics Communications, 1971, 3(5): 312-315.

[3] Leger J R, Swanson G J, Veldkamp W B. Coherent laser addition using binary phase gratings[J]. Applied Optics, 1987, 26(20): 4391-4399.

[4] Swanson G J, Veldkamp W B. Infrared applications of diffractive optical elements[C]. Holographic optics: Design and Applications, SPIE, 1988, 883: 155-162.

[5] 知乎. 衍射光学元件 [EB/OL]. [2022-04-26]. https://zhuanlan.zhihu.com/p/44608851.

[6] Mumm R C. Photometrics Handbook[M]. New York: Broadway Press, 1997.

[7] bilibili. 激光投影球场, 随时随地享受运动的乐趣 [EB/OL]. [2022-8-1]. https://www. bilibili.com/video/BV14s411G7d7/.

[8] Holoeye. Diffractive optical elements (DOE)[EB/OL]. [2022-8-1]. https://holoeye.com/ diffractive-optics/.

[9] Swanson G J. Binary optics technology: the theory and design of multi-level diffractive optical elements[R]. Massachusetts Inst of Tech Lexington Lincoln Lab, 1989.

[10] 郭孝武. 菲涅尔透镜统一设计方法 [J]. 太阳能学报, 1991, 12(4): 423-426.

[11] 菲涅尔. 菲涅尔太阳能带焦聚光器 [EB/OL]. [2022-8-1]. http://www.bjfne.com/cptj_ news.asp?id=139.

[12] Lutfia. 哈特拉斯角灯塔艾尔兰灯塔奇缘兄弟菲涅尔透镜 [EB/OL]. [2022-8-1]. https:// www.pngsucai.com/png/1278149.html.

[13] Xie W T, Dai Y J, Wang R Z, et al. Concentrated solar energy applications using Fresnel lenses: a review[J]. Renewable and Sustainable Energy Reviews, 2011, 15(6): 2588-2606.

[14] Defrance F. Instrumentation of a 2.6 THz heterodyne receiver[D]. Paris: Université Pierre et Marie Curie-Paris VI, 2015.

[15] Holoeye. Diffractive optical elements(DOE)[EB/OL]. [2022-8-1]. https://holoeye.com/ diffractive-optics.

[16] Jenoptik. Diffraktive optische elemente für energieeffiziente und hochpräzise Laseran- wendungen[EB/OL]. [2022-8-1]. https://www.jenoptik.de/produkte/ optische-systeme/ optische-praezisionskomponenten/diffraktive-optische -elemente-doe-mikrooptik.

[17] 搜了网. 银盐全息胶片感氦氖红光 3D 立体标签材料 [EB/OL]. [2022-8-1]. https://m.51 sole.com/mall/2044102.html.

[18] 吕乃光. 傅里叶光学 [M]. 2 版. 北京: 机械工业出版社, 2006.

[19] 林铁生, 徐长远, 杨志敏, 等. 计算全息术的现状与展望 [J]. 中央民族大学学报 (自然科学 版), 1997(2): 90-97.

[20] 维基百科. 全息摄影 [EB/OL]. [2022-8-1]. https://zh.wikipedia.org/ wiki/%E5%85% A8%E6%81%AF%E6%91%84%E5%BD%B1.

[21] 周婷婷. 计算全息显示的关键技术问题研究 [D]. 芜湖: 安徽工程大学, 2019.

[22] Fan Y, Li J, Lu L, et al. Smart computational light microscopes (SCLMs) of smart computational imaging laboratory (SCILab)[J]. PhotoniX, 2021, 2(1): 1-64.

[23] 陈家壁, 苏显渝, 朱伟利, 等. 光学信息技术原理及应用 [M]. 北京: 高等教育出版社, 2002.

[24] 古德曼. 傅里叶光学导论 [M]. 3 版. 秦克诚, 刘培森, 陈家壁, 等译. 北京: 电子工业出版 社, 2006.

[25] 张静娟, 史祎诗, 司徒国海. 光学信息隐藏综述 [J]. 中国科学院研究生院学报, 2006, 23(3): 289-296.

[26] 史祎诗, 司徒国海, 张静娟. 多图像光学隐藏的菲涅耳变换方法 [J]. 光电子: 激光, 2007, 18(11): 1371-1373.

第 10 章 叠层成像

10.1 相干衍射成像概述

10.1.1 基本原理

目前，各种成像技术的出现，使得我们更加深入地认识到许多客观物体的本质，而光学成像技术以其非接触、无损伤、高灵敏度及高分辨率等优越特性在医学影像、材料科学等众多领域有着非常广泛的应用，其发展前景广阔。到目前为止，我们通常都是通过人眼或者其他探测器 (如 CCD、CMOS) 来观测物体的，大多数物体都具有其自身的相位信息，而人眼和探测器都只能探测或记录光束的强度信息，因此我们一般不能通过直接的观测来获取物体的相位分布。

对于一幅图像来说，它在频域中同时包含振幅和相位两部分信息，而其相位往往能够反映出更多有关物体的信息，物体的材料折射率以及形状特征等都会使其本身的相位分布发生变化，因此在研究一个物体时获取其相位信息是十分必要的。目前我们主要从记录到的物体强度图像中利用一些恢复算法来获得光在传播过程中丢失的相位信息部分，这就是所谓的相位恢复。目前采用的相位恢复方法主要包括两大类：一类是定性相位成像；另一类是定量相位成像 [2]。定性相位成像的主要目的是寻找更加简便的方法来清楚地观测相位，了解其分布。这类成像方法主要包括泽尼克相衬显微技术和强度微分显微技术 (图 10.1.1 和图 10.1.2)，这类技术显著提升了一些弱吸收样品在显微镜下的图像衬度，适用于定性对比成像。而定量相位成像以获得精确的量化相位为目的，其实现方法包括各种干涉测量方法、哈特曼传感法 [3]、强度传输方程 (transport of intensity equation，TIE)[4] 以及相干衍射成像 (coherent diffractive imaging，CDI)[5] 等方法如图 10.1.3 所示。

数字全息技术是用干涉测量方法来获取准确的相位分布的典型方法，在全息实验中需要两束相干的光来发生干涉，其中一束光作为参考光使用，而另一束作为待测光，利用 "干涉记录、衍射再现" 的方法来获取待测光束的振幅和相位信息，这种方法由于引入了参考光而使得实验光路比较复杂且对周围环境要求较高。哈特曼传感法属于非相干测量方法，虽然其光路简单但实验会受到系统中各种光学元件的影响，这些光学元件的精度不够高或者其物理尺寸不合适都会使实验结果出现较大的偏差，有可能会造成恢复结果的分辨率不高以及难以获得精确的光场高频分量等问题。TIE 法具有计算简便、相位无包裹、成像系统大大简化等

图 10.1.1   泽尼克与相衬显微镜 [1]

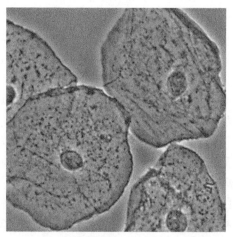

图 10.1.2   相衬显微镜下的细胞图样 [6] (彩图见封底二维码)

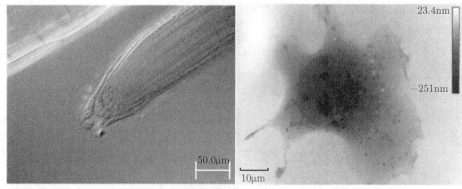

图 10.1.3   定量相位成像 [7] (彩图见封底二维码)

优点, 但是由于其成像时需要加入透镜, 因此不能将其应用到 X 射线等领域 (见图 10.1.4)。

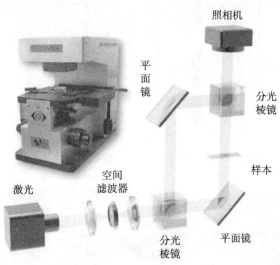

图 10.1.4 基于 TIE 的数字全息显微镜 [8]

CDI 技术是一种无透镜衍射成像, 它依据菲涅耳域 (近场) 或者夫琅禾费域 (远场) 的衍射定理以及二维卷积理论, 利用 CCD 在衍射平面上记录下待测样品的衍射图样, 衍射图样包含的是样品的衍射强度信息, 使用这些强度信息在物平面和衍射平面之间加入约束条件从而进行多次迭代计算, 最终可以重建出样品的相位信息。这种相位恢复方法在进行实验操作时不需要加入任何透镜, 因此其成像分辨率不受光学元件的限制, 理论上可以接近衍射极限。此外, 该实验系统也比较简单、易于搭建, 且其抗干扰能力较强, 在 X 射线等短波长领域的研究中应用较广泛。

CDI 最早由 Hoppe 等于 20 世纪 70 年代提出, 后经过 Fienup 和 Miao 等的研究逐渐发展起来。相干衍射成像是一种无透镜成像方法, 它直接根据测量的衍射图样对物体的振幅和相位使用相应的算法。CDI 技术主要可以划分为衍射图样的记录与相位恢复算法迭代重建。CDI 的基本原理可以描述为: 使用相干光或弱相干光照射被测样品, 记录物体的透射光强或反射光强, 因光束在与物体相互接触时会受到物体表面形貌或者透光率的调制, 从而其衍射图中含有物体的部分有效信息; 出射光场经过菲涅耳衍射或者夫琅禾费衍射后在 CCD 平面记录到物体的衍射强度; 随后使用相位恢复算法进行迭代重建, 即可得到猜测的物体复振幅分布。在本书中我们主要讨论菲涅耳域的相干衍射成像。CDI 的实验原理图如图 10.1.5 所示, 实验光路如图 10.1.6 所示。

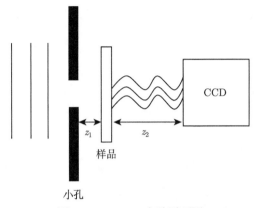

图 10.1.5　CDI 实验原理图

图 10.1.6　CDI 实验光路图 (彩图见封底二维码)

CDI 实验采用波长为 632.8nm 的氦氖激光器, 经过两个反射镜后入射到空间滤波器中, 空间滤波器由一个物镜和一个小孔组成, 通过调节二者的相对位置关系来得到一束均匀的光强最大的高斯光束, 之后光束通过一个透镜, 借助平行平晶来调节透镜的位置, 使光束经过透镜之后得到一束质量较好的平面波, 本实验采用孔径光阑作为光探针对光束进行约束, 待测样品采用了较常见的生物样品, CCD 的像元尺寸为 2.4μm。

然而, CCD 直接记录的是待测样品的衍射强度图像, 样品的相位信息是不能从 CCD 上提取到的, 需要借助相位恢复算法计算得到。Gerchberg 和 Saxton 提出的 G-S 算法奠定了迭代算法的基础, G-S 算法的原理如图 10.1.7 所示。

调整好各个元件的位置后, 通过 CCD 找到合适的样品观测区域, 保持实验环境处于暗场中, 采集实验衍射图。

图 10.1.8 为 G-S 算法重建的菲涅耳域相干衍射成像实验结果, 待测样品为苍蝇翅膀装片, 图 (a) 是 CCD 记录的衍射图, 图 (b) 是使用 G-S 算法恢复的结果, 此处我们使用了像面的强度约束和物面的纯振幅约束。从恢复的结果中可以

看出相干衍射成像技术可以从物体的衍射图中恢复得到原物体清晰的像。

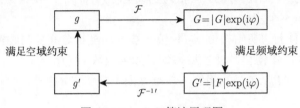

图 10.1.7 G-S 算法原理图

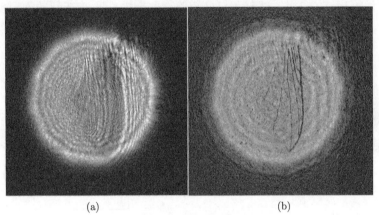

(a) (b)

图 10.1.8 G-S 算法的恢复结果

(a) 衍射图; (b) 恢复图

10.1.2 G-S 算法

在许多涉及成像的领域中, 一直存在着这样一个经典问题: 即如何从记录得到已有的强度分布来重新恢复既包含振幅又包括相位的复振幅图像, 这也称为相位恢复问题。现今解决相位恢复问题的算法中, 大多数都是由 G-S 算法为基础或演变修改而来的, 因此, 理解 G-S 算法对于我们理解相位恢复原理十分关键。

如图 10.1.9~图 10.1.11 为 G-S 算法的流程图, 由 Gerchberg 和 Saxton 于 1972 年提出的 "G-S 算法" 是最早解决这类相位重建问题的迭代算法 [9]。G-S 算法的关键要义是把光场函数在像面和物面之间循环迭代 (或频域与空域之间循环迭代), 并且在每次迭代时使用已知条件作为约束 (如采集到的已知衍射强度信息), 最终经过不断的迭代趋于收敛, 获得复振幅图像。

G-S 算法在物面和像面间通过傅里叶变换进行迭代, 当迭代超过一定次数时, 即满足约束条件时, 就可以重建出物体的相位分布。我们在每一次迭代时分别对物面施以空域上的约束, 对频谱面施以频域的约束, 正是因为这些约束, 算法才得以收敛到正确的解。流程图中 $f(x, y)$ 表示物波函数, $G(f_x, f_y)$ 表示频谱函数,

φ_0 表示初始相位分布，φ 表示经过一次傅里叶变换后的相位分布，φ' 表示经过一次傅里叶逆变换的相位分布，x, y 为空域坐标，f_x, f_y 为频域坐标。G-S 算法大致可以分为以下 4 个步骤：

(1) 给定物面上的初始相位 φ_0(相位一般采用随机分布)，与物波振幅 $|f(x, y)|$ 构成入射波函数，作傅里叶变换后得到其频谱函数 $G(f_x, f_y)$。

(2) 计算出 $G(f_x, f_y)$ 的相位，与频域面上探测到的振幅 $|G'|$ 构成新的复函数 G'。

(3) 对 G' 作逆傅里叶变换得到新的物体复振幅函数 f'。

(4) 计算出 f' 的相位部分，与已知的物面振幅 $|f'|$ 构成新的入射波复函数，之后进入下一次迭代运算。

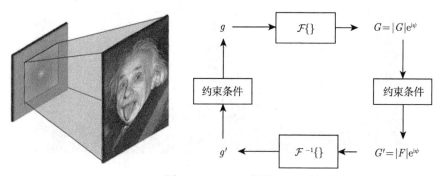

图 10.1.9　G-S 算法

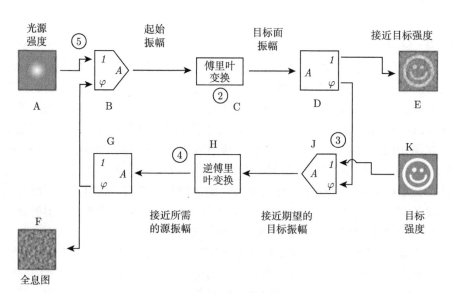

图 10.1.10　G-S 算法流程图

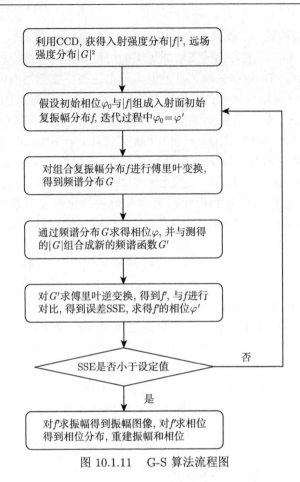

图 10.1.11 G-S 算法流程图

随着 G-S 算法的迭代，再现图像会渐渐收敛到已知振幅像，最终获得的 φ 即为所求的相位分布。依据设定的收敛准则，判断每次迭代的结果是否收敛，收敛准则通常选择均方和小于某一设定值。当空域与频域的均方和都满足收敛准则时，即可判定为满足了约束条件，迭代结束。

10.2 叠层衍射成像原理

10.2.1 基本原理

传统 CDI 由于光路简单、不受高质量光学元件的限制等优势在 X 射线成像、波前分布测量、光束整形以及光学加密等众多领域都得到了广泛的应用。但是 CDI 还面临着一系列问题，例如传统 CDI 只能对孤立的样品成像，也就是待测样品必须有明确的边界轮廓，当待测样品分布不明显时，很容易出现模糊解的问题。当系统存在误差时，G-S 算法常常会陷入局部最优解而进入停滞状态，另外 CDI 还有成像视场小、收敛速度慢或者不收敛、光探针混叠等问题。为了提高相位恢复的成功率，研究者们试图增加足够的可用信息，例如待测样品的尺寸或其定量的立体化学结构这些先验信息，但实际上这些往往都是不可知或不易得到的，因此研究者试图增加照明光束的约束信息，基于此人们对 CDI 图像采集系统及方式进行了改进，提出了另一种解决问题的方法——叠层成像 (ptychography)。ptychography 一词最早由 Hoppe 在 1969 年提出，ptycho 来自希腊语，意思是 "重叠"，国内中国科学院大学史祎诗课题组首先将 ptychography 译为叠层衍射成像术 [19]，叠层成像的特点就是相邻两次不同扫描位置的扫描区域有一定的重叠部分，叠层成像是利用卷积定理来解决相位恢复问题的方法。Hoppe 指出，只要使待测样品和探针之间发生相对移动，记录下相邻两个位置的衍射图样，发生于单一衍射图样的模糊就可以被消除。但限于当时探测器水平与计算机处理能力的不足，这个想法没有进行理论验证。直到 2004 年，Rodenburg 在追溯 Hoppe 工作的基础上，提出了一种基于横向扫描的数据记录和重建方法——叠层迭代引擎 (ptychographic iterative engine, PIE) 算法。PIE 的原理是：使用一束狭窄的相干或弱相干光束透过探针照明待测样品，移动探针或者待测样品，使探针和样品之间发生相对移动，产生大量衍射图样并用 CCD 记录，相邻两次扫描位置有一定比例的重叠照明面积，因此可以合成较大的成像视场范围。在移动扫描采集过程中，引入了较多重叠的冗余数据，可显著提高算法迭代的收敛性。相比于 G-S 算法，PIE 算法的收敛速度获得大幅度的提高，而且其抗干扰能力也显著增强，除此之外，叠层成像系统相对简单，恢复的相位具有高分辨、高对比度、不丢失低频相位分量等优点。到目前为止，此领域的学者在 PIE 的基础上已经研究出许多优化算法，如可同时重建照明光的 ePIE(extended PIE) 算法，位置误差修正 pcPIE(position correction PIE) 以及拓展到频率域的傅里叶叠层显微成像 (FPM) 术等。这些算法解决了叠层成像的许多关键问题，可应用于可见光、极紫外、X 射线、电子等不同频率波段下的定量相位成像和光学精密测量等问题。

　　叠层衍射成像的实验原理图如图 10.2.1 所示，入射到样品前的光波场为 $P(r)$，待测样品的光场分布为 $O(r)$，$r(x, y)$ 为物面坐标。将待测样品固定在三维位移平台上，按照设定的扫描路径移动待测样品，使样品相对于照明光束在垂直于光轴的平面上进行平移，每次平移都要保证相邻扫描位置有一定的重叠，利用 CCD 相机记录透射光在传播一定距离后 (本书只讨论菲涅耳域) 的光强分布。

　　ePIE 算法将采集到的 j 幅衍射图按照顺序代入进行迭代运算，当所有的衍射图都进行一次更新后视为一次完整的迭代过程，ePIE 的算法重建过程如下。

　　第一步：猜测样品的复振幅分布 $O_{n,j}(r)$，探针的复振幅分布 $P_{n,j}(r)$，n 表示迭代次数，j 表示第 j 个扫描位置，计算得到出射场为

$$\psi_{n,j}\left(r\right)=O_{n,j}\left(r\right)P_{n,j}\left(r\right) \tag{10.2.1}$$

第二步：出射场经过一定距离的菲涅耳衍射，得到相应的复振幅分布为

$$\Psi_{n,j}\left(u\right)=\mathrm{Fresnel}\left\{\psi_{n,j}\left(r\right)\right\}=\left|A_{n,j}\left(u\right)\right|\exp[\mathrm{i}\varphi_{n,j}\left(u\right)] \tag{10.2.2}$$

式中 Fresnel{·} 表示菲涅耳衍射，i 是虚数单位。

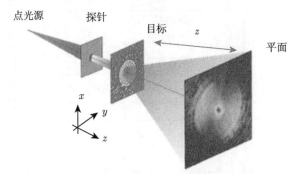

图 10.2.1　叠层衍射成像原理图

第三步：应用衍射平面上已知的强度信息 $I_j\left(u\right)$ 替换其振幅，得到新的光场分布：

$$\Psi'_{n,j}\left(u\right)=\sqrt{I_j\left(u\right)}\exp\left[\mathrm{i}\varphi_{n,j}\left(u\right)\right] \tag{10.2.3}$$

第四步：对第三步所得的光场进行菲涅耳逆变换得到新的物面出射场为

$$\psi'_{n,j}\left(r\right)=\mathrm{iFresnel}\left\{\Psi'_{n,j}\left(u\right)\right\} \tag{10.2.4}$$

式中 iFresnel{·} 表示菲涅耳逆衍射。

第五步：分别更新物体和探针的复振幅函数：

$$\mathrm{Object}_{n+1}\left(r\right)=\mathrm{Object}_n\left(r\right)+\alpha\left(\psi'_n\left(r\right)-\psi_n\left(r\right)\right)\frac{P_j^*\left(r\right)}{\left|P_j\left(r\right)\right|_{\max}^2} \tag{10.2.5}$$

$$\mathrm{Probe}_{n+1}\left(r\right)=\mathrm{Probe}_n\left(r\right)+\beta\left(\psi'_n\left(r\right)-\psi_n\left(r\right)\right)\frac{O_j^*\left(r\right)}{\left|O_j\left(r\right)\right|_{\max}^2} \tag{10.2.6}$$

式中，α,β 均为反馈系数，用于改变更新的步长，取值会影响算法收敛速度和稳定性。

第六步：重复前五步，直到记录下的衍射图样全部处理完成，则视为一次完整迭代。经过数次迭代后，当相应恢复图的衍射图样与 CCD 所记录的衍射图样的相关系数超过所设阈值时，迭代终止。PIE 的流程图如图 10.2.2 所示[10]。

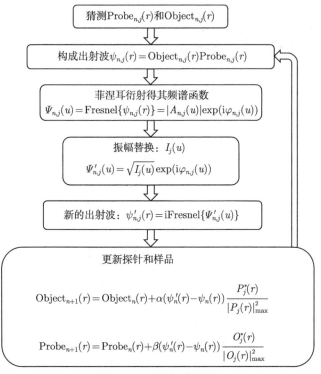

猜测$\text{Probe}_{n,j}(r)$和$\text{Object}_{n,j}(r)$

构成出射波$\psi_{n,j}(r)=\text{Object}_{n,j}(r)\text{Probe}_{n,j}(r)$

菲涅耳衍射得其频谱函数
$\Psi_{n,j}(u)=\text{Fresnel}\{\psi_{n,j}(r)\}=|A_{n,j}(u)|\exp(\text{i}\varphi_{n,j}(u))$

振幅替换：$I_j(u)$
$\Psi'_{n,j}(u)=\sqrt{I_j(u)}\exp(\text{i}\varphi_{n,j}(u))$

新的出射波：$\psi'_{n,j}(r)=\text{iFresnel}\{\Psi'_{n,j}(u)\}$

更新探针和样品

$$\text{Object}_{n+1}(r)=\text{Object}_n(r)+\alpha(\psi'_n(r)-\psi_n(r))\frac{P_j^*(r)}{|P_j(r)|^2_{\max}}$$

$$\text{Probe}_{n+1}(r)=\text{Probe}_n(r)+\beta(\psi'_n(r)-\psi_n(r))\frac{O_j^*(r)}{|O_j(r)|^2_{\max}}$$

图 10.2.2　　PIE 流程图

10.2.2　实验结果

　　叠层衍射成像实验光路图如图 10.2.3 所示，整套实验装置搭在笼式结构中，采用波长为 632.8nm 的氦氖激光器，激光光束入射到光纤耦合器上，耦合器的输出光束通过单模光纤传输到光纤的输出头上，在光纤输出面之后合适的距离处放

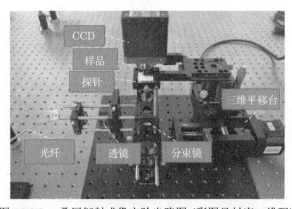

图 10.2.3　　叠层衍射成像实验光路图 (彩图见封底二维码)

置一个透镜，使得从透镜出射的是一束光斑大小不变的平面波，输出平面波经过分光棱镜 (BS) 使光束从下至上地照射光探针和待测样品，然后在 CCD 上采集到样品的衍射图样。实验中探针 (小孔) 大小可以根据需要选择，待测样品安装在三维位移平台上，光纤跳线的芯径为 4μm，NA 为 0.12，电动位移平台的单向精度为 1μm，实验采用 8 位的 CCD (IMPEX igv-b6620，阵面大小为 6600×4400，像素尺寸为 5.5μm) 记录衍射图样。

我们采集了多个样品的衍射数据，并用 ePIE 算法 (代码见附录) 重建样品的振幅和相位，实验结果如图 10.2.4～图 10.2.8。

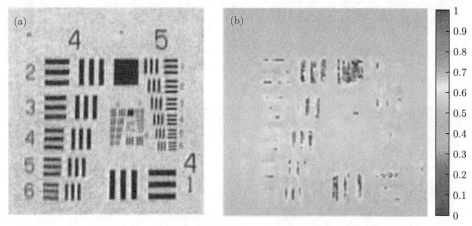

图 10.2.4　分辨率板的恢复结果 (彩图见封底二维码)

(a) 恢复的振幅；(b) 恢复的相位

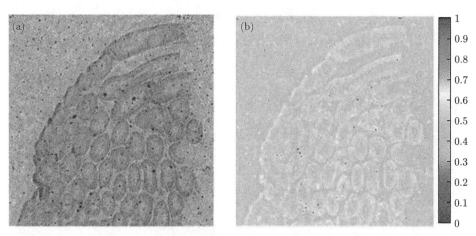

图 10.2.5　线粒体切片的恢复结果 (彩图见封底二维码)

(a) 恢复的振幅；(b) 恢复的相位

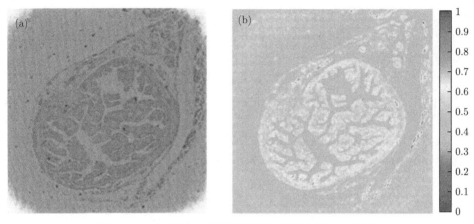

图 10.2.6　　输卵管切片的恢复结果 (彩图见封底二维码)

(a) 恢复的振幅；(b) 恢复的相位

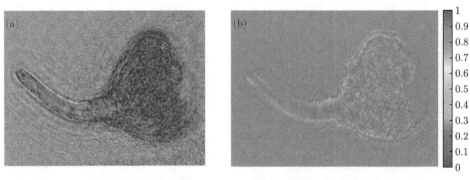

图 10.2.7　　荠菜花装片的恢复结果 (彩图见封底二维码)

(a) 恢复的振幅；(b) 恢复的相位

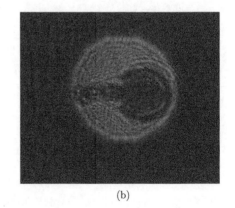

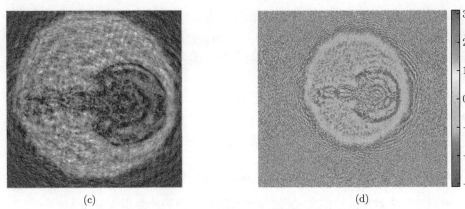

(c)   (d)

图 10.2.8   衍射成像实验结果 (彩图见封底二维码)

(a) 样品: 苍蝇口器; (b) 衍射图; (c) 振幅恢复图; (d) 相位恢复图

10.3   多波长叠层成像

10.3.1   基本原理

叠层衍射成像能够复原物体的复振幅信息, 同时做到无透镜成像, 一定程度上摆脱了数值孔径的限制和透镜像差的干扰。叠层衍射成像的基本做法是将透光小孔 (探针) 或者样品本身移动一定距离使入射光照射到样品的不同部位, 并且每次照射的部位有一定面积的交叠, 通过构建重构算法, 在交叠层衍射分布的约束下, 求出样品该区域的完整解。与传统叠层衍射成像不同的是, 多波长叠层衍射成像中进入孔径的光采用不同的波长, 由此样品上同一位置探针扫描的部分存在多个波长下的衍射图样, 迭代能够更快地收敛, 复原效果更接近真实解。图 10.3.1 为不同波长的照明光束进行叠层衍射成像的光路示意图。

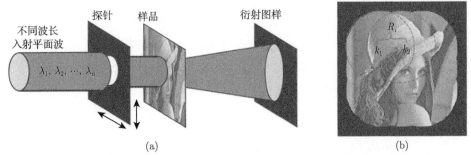

(a)   (b)

图 10.3.1   (a) 叠层衍射成像的基本原理; (b) 孔径排列方式及重叠情况

多波长叠层衍射成像实验中使用的重建恢复算法——ePIE 算法, 扫描孔径定义为 $k_1, k_2, \cdots, k_m$, 相邻小孔之间间隔为 R_i, 其排列方式如图 10.3.1 (b) 所示。

本实验采用近场衍射，m 个孔径经过距离 d 的菲涅耳衍射至物平面，其复振幅分布作为扫描探针，记为 $P(r_i), i = 1, 2, \cdots, m$。物面的透过率函数为 $O(r)$，扫描探针透过物面经过一段距离 D 的菲涅耳衍射，传到接收屏的光强分布记为 $I_i(k)$。重建过程如下：

步骤 1　首先设物体的透过率函数为 $q_{n,j}(r)$，其中参数 n 为迭代次数，j 对应迭代时所用的波长 λ_j，$j = 1, 2, 3, \cdots$，其中，$j = 1$ 时对应的 $q_{n,1}(r)$ 为猜测物体的透过率函数。所以，探针经过猜测物体后的出射场为

$$\psi_{n,i,j}(r, R_i) = q_{n,j}(r) P_n(r - R_i) \tag{10.3.1}$$

步骤 2　出射场经过距离 D 的菲涅耳衍射，得到的复振幅分布为

$$\psi'_{n,i,j}(k) = \text{ofrt}\left[\psi_{n,i,j}(r, R_i)\right] = A_{n,i} \exp\left[i\alpha_{n,i,j}(k)\right] \tag{10.3.2}$$

步骤 3　应用已知的强度信息 $I_{i,j}(k)$ 替换其振幅，得到强度分布为

$$\psi'_{n,i,j} = \sqrt{I_{i,j}(k)} \exp\left[i\alpha_{n,i,j}(k)\right] \tag{10.3.3}$$

步骤 4　对上面的场分布做逆菲涅耳变换，得到新的物面出射场：

$$\psi_{\text{new}}(k) = \text{iofrt}\left\{\sqrt{I_{i,j}(k)} \exp\left[i\alpha_{n,i,j}(k)\right]\right\} \tag{10.3.4}$$

步骤 5　更新猜测的物函数：

$$q_{n+1,j}(r) = q_{n,j}(r) + u(r)\left(\psi_{\text{new}}(r) - \psi_{n,i,j}(r)\right) \tag{10.3.5}$$

$$u(r) = \frac{|P_{n,j}(r_i)|}{\max\left(|P_{n,j}(r_i)|\right)} \times \frac{P^*_{n,j}(r_i)}{\left(|P_{n,j}(r_i)|^2 + \gamma\right)} \tag{10.3.6}$$

其中，参数 γ 用于防止分母为 0，且可在一定程度上抑制噪声。当 γ 太大时，算法收敛较慢；当 γ 较小时，可加快算法收敛，但会引入较大的误差。经过一系列的模拟实验证明，在实验中取 $\gamma = 0.01$ 较为合适。

步骤 6　更新探针：

$$P_{n+1}(r_i) = P_n(r_i) + \frac{q^*_{n+1,j}(r)}{\max\left(|q_{n+1,j}(r)|^2\right)} \times \left(\psi_{\text{new}}(r) - \psi_{n,i,j}(r)\right) \tag{10.3.7}$$

公式 (10.3.1)~(10.3.6) 中使用到的 ofrt 和 iofrt 分别定义为菲涅耳变换和逆菲涅耳变换。

实验中使用相关系数和均方误差评价复原的质量。相关系数值 C 在 [0, 1] 之间，当判定复振幅分布时，要分别将其实部和虚部与原物体对比；应用均方误差评价时，均方误差 (MSE) 的值越小，表示复原的质量越好。

振幅相关系数 C_a 为

$$C_a = \mathrm{cov}\{\mathrm{Re}[O(r)], \mathrm{Re}[q(r)]\} \tag{10.3.8}$$

相位相关系数 C_φ 为

$$C_\varphi = \mathrm{cov}\{\mathrm{Im}[O(r)], \mathrm{Im}[q(r)]\} \tag{10.3.9}$$

MSE 为

$$\mathrm{MSE} = \frac{\sum_{i=1}^{M}\sum_{j=1}^{N}(O(r)-q(r))^2}{\sum_{i=1}^{M}\sum_{j=1}^{N}O^2(r)} \tag{10.3.10}$$

其中，$q(r)$ 为重建后物体。

10.3.2　多波长同时照明的菲涅耳域非相干叠层衍射成像

1. 成像方案

多波长同时照明的菲涅耳域非相干叠层成像方案如图 10.3.2 所示，采用三束波长分别为 632.8nm 的红光、532nm 的绿光和 473nm 的蓝光。事实上，根据 NTSC(National Television System Committee) 制的彩色编码方式，只需三个波段的光谱信息便可恢复真彩色图像。三束激光经过双反射镜将光线调整至水平出射后，通过双宽带分光棱镜合束，再经过空间滤波器扩束，复消色差透镜准直后打到探针上，通过探针的光束透过物体后衍射至成像探测器上。出于方便的目的，实验中采用孔阑 (正十边形) 作为探针。通过精密机械平移台实现探针固定步长的扫描，实验中探针扫描 3×3 的阵列，如图 10.3.2 右下角所示。探针直径为 3.0 mm，每次移动距离为 0.5 mm，交叠率为 83.3%，探针距离样品 d= 28 mm，样品衍射至成像探测器的距离 D= 100 mm。实验中接收衍射图样所使用的成像探测器为面阵 CCD (Cool snap EZ 型)，单像素尺寸为 6.45 μm × 6.45 μm，像素数为 1392 pixels × 1040 pixels。

2. 算法原理

相位恢复通常采用空域和频域间来回迭代的方式进行。对于叠层衍射成像而言，空域的约束是在物体与照明光束近似相乘之后的出射光波生成过程中，物体

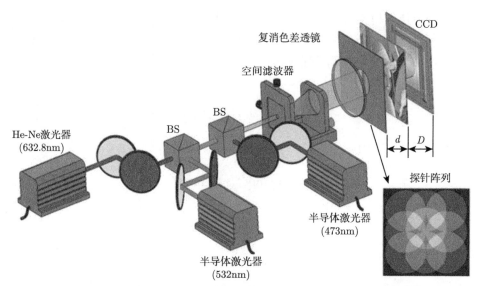

图 10.3.2　三波长同时照明的菲涅耳域非相干叠层衍射成像原理图 [11]

和照明光束保持不变，同时物体为一实值物体。而频域的约束为猜测出射波的光强应与成像探测器所接收的光强一致。将所有的衍射图样代入 ePIE 算法进行运算，从而恢复出复振幅物体和照明探针。不同的是，由于采用多波长光束同时照明，而不同波长光束的光谱权重是未知的，需要定义一个光谱比例来衡量同波段的光对照明探针和衍射图样的影响，并将之更新出来。当然，不同波长光束的能量也可以通过某些手段提前测得。另外，在保留猜测出射波相位，更新出射波振幅时，约束条件变为每一波段出射波的光强总和应与成像探测器所接收的光强一致。算法步骤如下：

步骤 1　设物体为 $O_m(r)$，探针为 $P_m(r)$，其中 $r(x,y)$ 为物平面笛卡儿坐标系。探针阵列扫描步长为 $R_c = (R_{x,c}, R_{y,c})$, $c = 1, 2, \cdots, n$，其中 c 为探针个数，m 为波长个数。光谱权重为 $S_{c,m}$，像平面笛卡儿坐标系为 $u(x,y)$。同时分别随机猜测不同波长下对应的物体、探针和光谱权重，一般都采用全 1 矩阵的猜测方式。

步骤 2　结合光谱权重计算多波长光束经过物体后分别对应的出射波：

$$E_{c,m}(r) = \frac{\sqrt{S_{c,m}}}{\sqrt{\sum_{x,y} |P_m(r)|^2}} \cdot P_m(r) \cdot O_m(r) \tag{10.3.11}$$

步骤 3　做出射波衍射至像面：

$$E_{c,m}(u) = \mathrm{ofrt}[E_{c,m}(r)] \tag{10.3.12}$$

步骤 4 保留出射波的相位, 更新出射波的振幅, 使猜测的衍射图样强度之和等于成像探测器所接收的强度值:

$$E'_{c,m}(u) = \frac{\sqrt{I_c(u)}E_{c,m}(u)}{\sqrt{\sum_m |E_{c,m}(u)|^2}} \tag{10.3.13}$$

步骤 5 做逆菲涅耳衍射至物面:

$$E_{c,m}(r') = \text{iofrt}[E'_{c,m}(u)] \tag{10.3.14}$$

其中, ofrt 和 iofrt 分别定义为菲涅耳衍射变换和逆菲涅耳衍射变换。

步骤 6 分别更新不同波长下对应的物体和探针, 这里仍然采用 ePIE 算法的更新式:

$$O_m(r) = O_m(r) + \alpha \frac{P_m^*(r)}{|P_m(r)|^2_{\max}} \tag{10.3.15}$$

$$P_m(r) = P_m(r) + \beta \frac{O_m^*(r)}{|O_m(r)|^2_{\max}} \tag{10.3.16}$$

式中, α, β 对应于算法的搜索步长, 一般令 α, β 均为 1, *代表复共轭计算, 且:

$$\Delta\varphi = E_{c,m}(r') - E_{c,m}(r) \tag{10.3.17}$$

步骤 7 根据计算得到的探针更新不同波长对应的光谱权重:

$$S_{c,m} = \sum_{x,y} |P_m(r)|^2 \tag{10.3.18}$$

重复步骤 2 ~ 7 直到所有记录的衍射图样都被使用完后, 视为完成了一次迭代。算法流程图如图 10.3.3 所示。经过一定次数的迭代后, 当相应的恢复的衍射图样与所记录的衍射图样的均方误差足够小时, 比方说达到 10^{-2} 数量级, 即认为该算法达到收敛。和方差的计算公式为

$$\text{SSE} = \frac{\sum_{c,u} \left| \sum_m |E_{c,m}(u)|^2 - I_c(u) \right|^2}{\sum_{c,u} I_c(u)} \tag{10.3.19}$$

提取所恢复的多波长光谱响应中的红、绿、蓝三波段信息, 进行彩色编码即

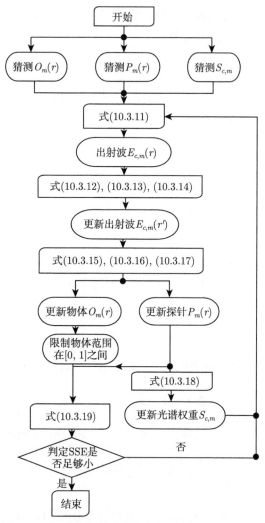

图 10.3.3 叠层衍射成像的多波长复用算法流程图

可实现物体的真彩色恢复，同时也可以提高成像质量。这里采用 NTSC 制的编码方式，相应的编码公式为

$$
\begin{bmatrix} Y \\ I \\ Q \end{bmatrix} = \begin{bmatrix} 0.299 & 0.587 & 0.114 \\ 0.596 & -0.274 & -0.322 \\ 0.211 & -0.523 & 0.312 \end{bmatrix} \begin{bmatrix} R \\ G \\ B \end{bmatrix} \tag{10.3.20}
$$

　　实验中，使用均方误差评价复原的质量。均方误差值越小，表示复原的质量越好。计算两张图片 $f(x, y)$ 和 $g(x, y)$ 的均方误差计算公式如下：

$$\text{MSE} = \frac{1}{M \times N} \sum_{x=1}^{N} \sum_{y=1}^{M} [f(x,y) - g(x,y)]^2 \tag{10.3.21}$$

其中, M, N 分别是 x, y 方向的像素个数 [11]。

10.4 傅里叶叠层成像

10.4.1 基本原理

在常见的光学成像系统中, 空间分辨率和视场往往是一对难以调和的矛盾。为解决这一问题, Zheng 等 [12] 提出了一种角度多样性照明方案。将原先传统叠层衍射成像横向平移的扫描方式改为多角度斜入射照明, 通过 LED(light emitting diode) 阵列就可以实现角度多样性照明。与传统叠层衍射成像相比, 多张图像主要在傅里叶域重叠, 因此被称为傅里叶叠层衍射成像 (FPM)。FPM 是能够利用多角度光照明和低数值孔径的物镜重建出具有高分辨率图像的相位恢复技术。与传统的叠层成像技术相似, FPM 利用在频域上形成光谱的叠层恢复出样本的复振幅分布, 因此也具有收敛速度快和消除解的二义性等优点。然而, FPM 并不是用扫描相干衍射的方法, 而是采用合成孔径的概念。与传统叠层成像相比, 傅里叶叠层成像的受限支撑不是受限的照明光束, 而是傅里叶域受限的光学传递函数。傅里叶叠层采用低倍显微物镜并用一组 LED 阵列进行照明, 不再需要移动样品或探针, 而是通过 LED 阵列的多角度照明来产生多幅衍射图, 其操作方便, 有效规避了机械扫描造成的迟滞效应或回程误差, 因此具有更高的稳定性。

傅里叶叠层成像的实验光路图如图 10.4.1 所示。相比于 (干涉) 合成孔径成像, FPM 不需要记录相位信息, 但是需要不同频谱位置相互交叠, 利用冗余信息恢复相位。值得一提的是, 物镜有一定的收集光的能力, 称之为数值孔径 (numerical aperture, NA)。当没有样品的时候, 物镜确实只能收集特定角度的光, 但是当有生物样品的时候, 光与物质 (细胞器) 作用, 会发生瑞利或者米散射, 从而有部分散射光也会被收集, 因此 FPM 技术就是利用这一现象获得携带高分辨信息的暗场图像。当光束斜入射时, 由于傅里叶的平移定理, 相当于将物体频谱进行平移。从而高频率信息能够移到低通道内, 以低频形式表达出来。重构的时候再将其平移回准确的高频位置, 即可正确提取出高频信息。

除此之外, 傅里叶叠层成像系统中由于引入了低数值孔径的透镜, 不仅可以扩大视场, 提高信噪比和分辨率, 而且能降低对光源相干性的要求。并且, 傅里叶叠层成像还可以突破物镜本身的限制, 在消除透镜带来的像差的同时增加景深。可以同时获得高分辨率、大视场、无像差的定量相位结果。同时像差还可以进一步用泽尼克多项式拟合, 从而定量分析光学系统的像差情况。总的来说, 傅里叶叠层显微成像具有价格低、结构简单、大视场、分辨率高、可结合传统显微镜等特点，在实际应用中具有极大的发展前景。

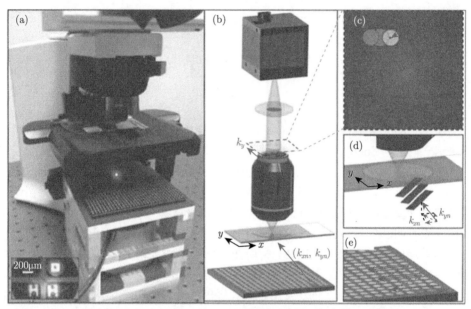

图 10.4.1   傅里叶叠层显微装置成像工作原理及系统实物图[13](彩图见封底二维码)

(a) 傅里叶叠层显微成像系统实物图；(b) 傅里叶叠层显微成像工作原理；(c) 傅里叶域约束；(d) LED 倾斜照明；(e) 采集过程中 LED 顺序点亮过程

图 10.4.2 所示为 FPM 相位恢复流程。

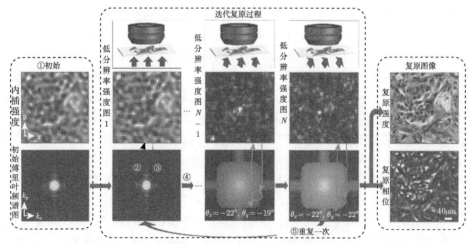

图 10.4.2   傅里叶叠层显微成像相位恢复流程图

10.4.2 基于傅里叶叠层成像的光学图像加密

傅里叶叠层成像是一种能够利用多角度光照明和低数值孔径的物镜重建出具有高分辨率图像的相位恢复技术，与传统的叠层成像技术相似，傅里叶叠层成像利用在频域上形成光谱的叠层恢复出样本的复振幅分布，因此也具有收敛速度快和消除解的二义性等优点。然而，傅里叶叠层成像并不是用扫描相干衍射的方法，而是采用合成孔径的概念。与传统叠层成像相比，傅里叶叠层成像的受限支撑不是受限的照明光束，而是傅里叶域受限的光学传递函数，除此之外，傅里叶叠层成像系统中由于引入了低数值孔径的透镜，不仅可以扩大视场，提高信噪比和分辨率，而且能降低对光源相干性的要求。并且，傅里叶叠层成像还可以突破物镜本身的限制，在消除透镜带来的像差的同时增加景深。

光学信息安全技术由于其具有高设计自由度、多加密维度、高鲁棒性、高速并行处理的能力和难以破解等诸多优势，而受到诸多研究学者的关注。自从 Refregier 和 Javidi 提出基于双随机相位的加密方法以来，光学图像加密便成为一个研究热点。众所周知，图像解密的过程和成像系统中图像恢复的过程相似，鉴于傅里叶叠层成像具有诸多优良性能，于是本文提出一种基于傅里叶叠层成像的光学图像加密技术。该技术是将探针放置在傅里叶频谱面上，采用 LED 阵列进行多角度的平行光源照明，在频域上形成频谱的叠层，"层"与"层"的交叠扩展了频域带宽。模拟仿真结果表明，该技术既保证了加密系统具有较高的安全性、鲁棒性和解密质量，又能简化装置，提高收敛速度。

傅里叶叠层成像的光学图像加密算法是基于传统 $4f$ 双随机相位编码系统来实现的，如图 10.4.3 所示。与基于叠层成像的双随机相位光学图像加密系统不同

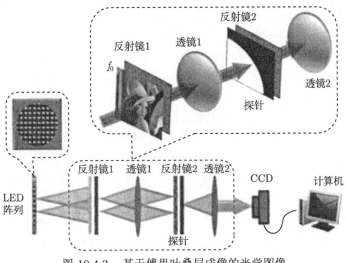

图 10.4.3 基于傅里叶叠层成像的光学图像

的是，探针紧贴着随机相位板被放在第 1 个透镜的傅里叶频谱面上，这样就避免
了照明光源的机械扫描装置。由于傅里叶叠层成像的关键也在于叠层，频谱的某
一 "层"，也就是频谱受探针限制通过的某一部分，需要与其他 "层" 发生交叠，因
此重构的每 "层" 频谱也同时满足其他 "层" 的频谱约束，最后重构的频谱是所有
层的共解，因而提高了迭代速度，增加了重构的准确性。

将傅里叶叠层成像用于双随机相位光学图像加密系统。一方面，置于傅里叶
频谱面上的滤波孔径可以作为新的密钥，显著增大了系统的密钥空间；另一方
面，该技术采用平行光多角度照明，降低了对光源相干性的要求，能够简化实
验装置。模拟结果表明，该技术的收敛速度快，并且具有较强的可行性和较高的
鲁棒性。此外，该技术还可以用来对三维图像进行加密和隐藏，具有广阔的应用
前景[14]。

10.5   相干调制成像

相干衍射成像 (CDI) 是一种概念简单、易于实现的无透镜成像技术。它收集
衍射的强度信息，然后通过求解相位问题，利用迭代反馈算法重建样品的出射波
场。CDI 自首次应用以来，得到了迅速的发展，在材料和生物科学领域得到了广
泛的应用。然而，目前的 CDI 技术在动态过程的研究中仍存在一些不足。传统
的 CDI 方法存在解的唯一性和算法的停滞性等问题。它的扫描版本，叠层成像
(ptychography)，可以真实地重建复杂物体，但由于数据采集耗时，不适合动态
样品。

相干调制成像 (CMI) 是一种新的 CDI 方法，可以从一次测量中重建复值场，
因此在成像动态过程方面有很大的潜力。该方法克服了传统 CDI 固有的模糊性，
减小了动态范围，增强了收敛性。CMI 已经用可见光和 X 射线证明，目前的研究
主要集中在成像系统和算法的优化，以及探索应用。为了减少 CMI 重建中的散
斑噪声，He 等引入了第二个相机来应用额外的强度约束。Wang 等提出了一种调
制器求精算法，以减少对调制器的精确要求。目前已经报道了传统 CMI 的多个
变种，例如多波长 CMI、连续相位调制 CMI、振幅调制 CMI 和级联调制 CMI，
CMI 还被应用于激光束的诊断和大型光学元件的测量。

散斑噪声是 CMI 重建中的主要问题。虽然可以通过引入第二个相机来改进，
但这无疑增加了 CMI 实验的复杂性。最近，一些 CDI 方法利用动态过程本身中
的冗余信息来提高性能。在动态过程的时间序列中，通常存在一个随时间变化的
动态区域和一个保持静止的静态区域。因此，这些方法将静态区域作为一个时不
变的约束来重构动态过程，实现了快速鲁棒的收敛。这种约束，也称为时空约束，
可用于其他单次成像方法，作为重建动态过程的一般框架。

图 10.5.1(a) 给出了 CMI 的典型光路图。在单次测量实验中，复振幅物体 O 被单色光 P 照明，出射光场 U_0 被一个小孔 S 限制并传播到调制器 M 平面上 U_1，调制器出射波 U_2 进一步传播并由相机采集到衍射强度 I。整个采集的物理过程可以被描述为

$$I(x,y) = \mathcal{P}_{z2}\{\mathcal{P}_{z1}\{U_0(x,y) \cdot S\} \cdot M(x,y)\} \tag{10.5.1}$$

其中，(x,y) 是空间坐标，$\mathcal{P}$ 是传播描述子，z_1 是小孔到调制器的距离，z_2 是调制器到相机的距离。

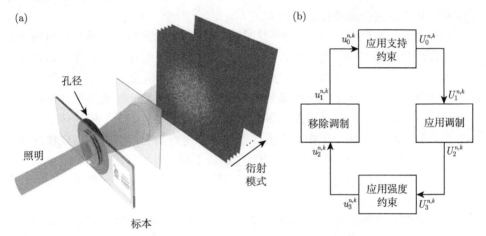

图 10.5.1　(a)CMI 实验设置; (b)CMI 算法流程图

在 CMI 的重建过程中，调制器函数 M 必须是已知的，其可以通过叠层成像的方法测得。在得到调制器函数 M 和衍射强度 I 的情况下，CMI 算法可以重建出样品的复值场。CMI 算法流程如图 10.5.1(b) 所示，它是以迭代的方式进行的：在支集平面和相机平面迭代地施加约束调制器，可以减少反向传播到支集平面的可能解 [15]。

10.6　三维叠层成像

10.6.1　基本原理

近年 Maiden 等提出一种将三维厚样品进行多层切片的思想，并提出了一种能够恢复三维厚样品信息的三维叠层迭代算法 (three-dimensional extended pty-chographic iterative engine, 3ePIE), 由于这一算法用到了逆向的多层法，因此这一方法又称为"逆向多层法叠层成像" (inv-MS ptychography)，或简称为三维叠层成像。3ePIE 算法是在使用原有的数据集的情况下，通过将每一层切片的复振

幅信息恢复出来后进行三维重建，从而恢复三维厚样品，这种方法能够有效解决共聚焦显微镜、电子断层扫描及数字全息术所不能处理的多层散射厚样品，从而具有更高的实用价值，但同时相比于二维叠层衍射成像，该方法的算法复杂度和实验难度也大大增加。

叠层衍射成像能够复原物体的复振幅信息，同时做到了无透镜成像，一定程度上摆脱了数值孔径的限制和透镜像差的干扰。对于厚度在微米级的二维物体而言，通过将其视作一层物体，用光束照明物体的不同部分，每次照明部分有一定的重叠，记录每次得到的衍射斑图像，通过 ePIE 算法对记录的多幅衍射图进行恢复，从而得到待测物体的物函数。

与传统的二维叠层衍射成像不同的是，三维叠层成像的基本思想是将待测的三维物体沿光传播方向分为多层，对每一层而言，均可看作二维物体，这样处理的好处是光通过每一层物体时，仍然可以满足乘法近似假设。需要特别指出的是，每一层的厚度包括光在空气中传播的部分。成像过程中，光波通过探针照射在物体的第一层，透过第一层衍射的出射光再作为探针，照射到第二层物体上；以此类推，直到光波从最后一层物面出射，再经过一定距离的菲涅耳衍射成像在探测器上。移动探针，用电荷耦合器件 (CCD) 记录不同探针位置的多幅衍射图。恢复过程与衍射成像过程相反，通过三维叠层成像的迭代算法，多次迭代实现每一层物函数的恢复。

研究发现传统的单波长三维叠层成像技术所采用的样品依旧是毫米量级，单波长并不能很好地恢复毫米量级的三维厚样品，因此引入了多波长照明的方法，多波长照明光束进行三维叠层衍射成像的光路图如图 10.6.1 所示。

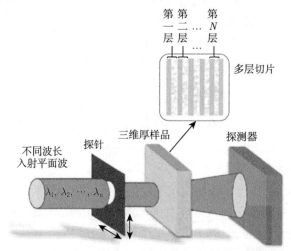

图 10.6.1　多波长三维叠层衍射成像光路图 [16] (彩图见封底二维码)

多波长三维叠层衍射成像在单波长的基础上引入了多波长，由此样品上被同一位置孔径扫描的部分都存在多个波长下的衍射图样，这些衍射图样进行迭代复原后具有更快的收敛速度，其成像质量也得到提高。

10.6.2 多波长三维叠层衍射成像算法

多波长三维叠层衍射成像实验中使用的重建恢复算法为 3ePIE，扫描孔径定义为 $k_1, k_2, \cdots, k_N$，相邻小孔之间间隔为 R_i，其孔径排列方式及重叠情况如图 10.6.2 所示。

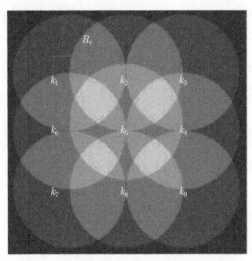

图 10.6.2　重叠照明示意图 (彩图见封底二维码)

本实验采用近场衍射，物面的透过率函数为 $O_i(r)$，$i = 1, 2, \cdots, N$，每一层物面与探针的距离为 z_i，N 个孔径经过距离 z_1 的菲涅耳衍射至第一层物平面，其复振幅分布作为第一层的扫描探针，记为 $P(r)$，其后每层依次类推。最后一层探针透过物面经过一定距离 D 的菲涅耳衍射，传到接收屏的光强分布记为 $I_c(u)$，$c = 1, 2, \cdots, N$。重建的具体过程如下：

步骤 1　将物体分层，猜测物体各层的透过率函数 $O_1(r), O_2(r), \cdots, O_N(r)$，其中 N 为物体所分层数。

步骤 2　入射光波通过探针 $P(r - R_c)$ 后，首先经过物体的第一层，其后的出射场为

$$\psi_{e,1}(r) = P(r - R_c) \cdot O_1(r) \tag{10.6.1}$$

步骤 3　光波经过物体第一层后传播 $\Delta z_1 = z_2 - z_1$ 距离到达物体第二层：

$$\psi_{i,2} = P\Delta z_1[\psi_{e,1}(r)] \tag{10.6.2}$$

其中 $P\Delta z_1$ 是距离 Δz_1 上的角谱传播。

步骤 4　第一层的出射波传播到第二层 $(\psi_{i,2})$ 后作为新的入射波入射物体的第二层，则第二层后的出射场为

$$\psi_{e,2}(r) = \psi_{i,2} \cdot O_2(r) \tag{10.6.3}$$

步骤 5　同理，物体经过第 n 层的出射场为

$$\psi_{e,n}(r) = \psi_{i,n} \cdot O_n(r) \tag{10.6.4}$$

其中，

$$\psi_{i,n} = P\Delta z_{n-1}\left[\psi_{e,n-1}(r)\right] \tag{10.6.5}$$

$$\Delta z_{n-1} = z_n - z_{n-1} \tag{10.6.6}$$

步骤 6　最后一层出射的光波经过一定距离 D 的衍射传播到接收面：

$$\varphi_c(u) = \text{ofrt}\left[\psi_{e,N}(r)\right] \tag{10.6.7}$$

步骤 7　用实验所得的强度信息 $I_c(u)$ 更新其振幅，得到新的强度分布：

$$\varphi_c'(u) = \sqrt{I_c(u)}\frac{\varphi_c(u)}{|\varphi_c(u)|} \tag{10.6.8}$$

步骤 8　对更新后的场分布进行逆菲涅耳变换，得到新的物面出射场：

$$\psi_{e,N}' = \text{iofrt}\left[\varphi_c'(u)\right] \tag{10.6.9}$$

步骤 9　利用

$$\psi_{i,N}'(r) = U\left[\psi_{i,N}(r), O_N(r), \Delta\psi(r)\right] \tag{10.6.10}$$

$$O_N'(r) = U\left[O_N(r), \psi_{i,N}(r), \Delta\psi(r)\right] \tag{10.6.11}$$

更新每一层的出射场和物函数，其中，

$$U\left[f(r), g(r), \Delta\psi(r)\right] = f(r) + \alpha\frac{g^*(r)}{|g(r)|_{\max}^2} \tag{10.6.12}$$

$$\Delta\psi(r) = \psi_{e,N}' - \psi_{e,N}(r) \tag{10.6.13}$$

α 是一个反馈参数，一般取值范围为 $[0.9, 1]$。

步骤 10　将更新后第 N 层的出射场作为入射场逆向传播，第 N 层到第 $N-1$

层可以看作距离为 $-\Delta z_{n-1}$ 的角谱传播：

$$\psi'_{e,N-1}(r) = P - \Delta z_{n-1}\left[\psi'_{i,N}(r)\right] \tag{10.6.14}$$

步骤 11 对到达每一层的光场进行更新并继续逆向传播直到第 1 层，更新第 1 层的物函数和探针有

$$O'_1(r) = U\left[O_1(r), P(r-R_c), \Delta\psi(r)\right] \tag{10.6.15}$$

$$P'(r-R_c) = U\left[P(r-R_c), O_1(r), \Delta\psi(r)\right] \tag{10.6.16}$$

则对应每一层，有 $O_n(r) = O'_n(r)$，$P(r) = P'(r)$。

步骤 12 循环以上步骤，直到实验所得的所有强度信息都更新到物函数中称作一次迭代，当相应恢复的衍射图像与所记录的衍射图像的和方差 (sum square error, SSE) 足够小时，我们认为该算法达到收敛。

公式 (10.6.1)~(10.6.16) 用到的 ofrt, iofrt 分别定义为菲涅耳变换和菲涅耳逆变换。算法流程图如图 10.6.3 所示。

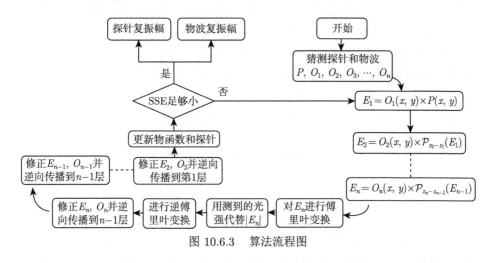

图 10.6.3 算法流程图

在实验中使用相关系数 (correlation coefficient，Co) 和峰值信噪比 (peak signal to noise ratio, PSNR) 从微观角度评价复原的质量，需要注意的是，当判定复振幅分布时，要将其复振幅和相位分布与原物体做对比。

相关系数 Co 为

$$\mathrm{Co}(f, f_o) = \mathrm{cov}(f, f_o)(\sigma_f \cdot \sigma_{f_o})^{-1} \tag{10.6.17}$$

其中，$\mathrm{cov}(f, f_o)$ 表示恢复图像信息 f 和原始图像信息 f_o 之间的协方差，σ 为标

准偏差。相关系数值 Co 为 [0,1] 之间，其越接近 1 表明图像的恢复质量越高。

PSNR 为

$$PSNR = 10 \log_{10} \frac{MN(2^k-1)^2}{\sum\limits_{m=1}^{M}\sum\limits_{n=1}^{N}[O_i(r)-q_i(r)]^2} \tag{10.6.18}$$

其中，M，N 分布分别为图像横纵向分辨率，$O_i(r)$ 为重建后物体，$q_i(r)$ 为原始物体。应用 PSNR 评价时，PSNR 的值越大，表示复原的质量越好[16]。

10.6.3 三维叠层衍射成像的优势

这一方法的优势在于：第一，这个方法基于叠层成像，因此这是一种超分辨的技术。第二，该方法能够有效应用于轻元素的成像，例如实现生物样品的三维成像。第三，此方法无须旋转样品就能实现三维成像，因此能够应用到特殊的样品杆上，如原位液体杆、气体杆和冷冻杆等。第四，由于无须旋转，因此其三维成像速度大为加快，且相对于其他成像方式，该方法无须精确聚焦，可大大降低样品的辐照损伤。这有利于易损伤样品的成像。例如，对软物质进行成像时，该方法可减少在低剂量模式下调整最佳聚焦状态的时间。而相比于共聚焦透射电子显微镜中的光学切片方法，三维叠层成像只需扫描样品一次就能获得全部信息，其扫描过程利用现有的扫描透射电子显微镜成像即可实现。如今快速发展起来的高速相机能够达到每秒 1000~10000 帧，将能极大地提高叠层成像数据的采集速度。结合高速相机，可更有效地利用四维数实现样品叠层成像，进一步降低了成像所需的电子剂量，对于一些极易损伤的材料而言，这一点至关重要[17]。

10.7 叠层成像与光学加密

10.7.1 基本原理

光学加密和隐藏是叠层衍射成像新的应用场景[18]。2013 年，中国科学院大学史祎诗教授等首先将叠层衍射成像应用到光学加密中，通过探针和双随机相位编码，实现对复振幅图像的分块加密[19]。经过这种编码加密后，原始图像成为类似随机白噪声的信号，光路系统如图 10.7.1 所示。

$4f$ 系统是该系统的主要部分。待加密图像 f_0 为复振幅图像 (图 10.7.2(a))，放置在 $4f$ 系统的输入面。探针 P_i 的颜色区域代表不透光区域，$i = 1, 2, 3, 4$，相邻探针照射区域存在交叠。随机相位板 M_1 和 M_2 分别放置在 $4f$ 系统的空域和频域，组成一个双随机相位编码系统，M_1 紧贴待加密图像。在 $4f$ 系统的输出面，用 CCD 记录密文 ID_k。

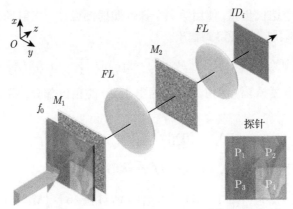

图 10.7.1   基于叠层衍射成像的光学加密系统 [20] (彩图见封底二维码)

在加密部分, 先后使用探针 P_1 到 P_4, 经过图 10.7.1 所示光路系统, 用 CCD 记录。探针位置每改变一次, CCD 记录一次, 最终得共 4 张密文图 (图 10.7.2(b))。整个加密过程可表示为

$$\mathrm{ID}_i = |\mathrm{FT}\{\mathrm{FT}\{P_i \cdot f_0 \cdot \exp[jM_1]\} \cdot \exp[jM_2]\}|^2 \qquad (10.7.1)$$

式中, $i = 1, 2, 3, 4, \mathrm{FT}\{\}$ 表示傅里叶变换。

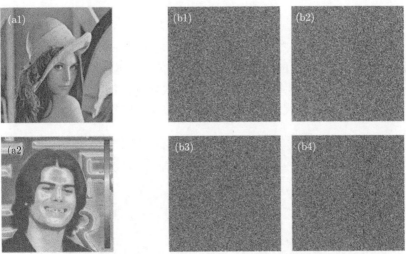

图 10.7.2   (a1) 加密图像振幅部分;(a2) 加密图像相位部分;(b) 四张密文 (彩图见封底二维码)

解密部分的具体步骤如下:

(1) 假设加密图像的复振幅为 f_g, 按照下述步骤进行迭代。

(2) 在第 k 个迭代步骤, 使用第 i 个探针照射图像 f_g, 出射场经 M_1 和 M_2 分别在空域和频域调制, 最终得到输出:

$$\mathrm{ID}_{ig}^k = \mathrm{FT}\left\{\mathrm{FT}\left\{P_i \cdot f_{ig}^k \cdot \exp\left[\mathrm{j}M_1\right]\right\} \cdot \exp\left[\mathrm{j}M_2\right]\right\} \tag{10.7.2}$$

(3) 更新输出复振幅, 保留上一步输出 ID_{ig}^k 的相位部分, 用对应第 i 幅密文 ID_i 替换振幅:

$$\mathrm{ID}_i^k = \left[\mathrm{ID}_i\right]^{1/2} \cdot \left[\mathrm{ID}_{ig}^k / \left|\mathrm{ID}_{ig}^k\right|\right] \tag{10.7.3}$$

(4) 将更新后的输出 ID_i^k 返回到 $4f$ 系统的输入面, 得到

$$f_{igN}^k = \mathrm{FT}^{-1}\left\{\mathrm{FT}^{-1}\mathrm{ID}_i^k \cdot \exp\left[-\mathrm{j}M_2\right]\right\} \cdot \exp\left[-\mathrm{j}M_1\right] \tag{10.7.4}$$

式中, $\mathrm{FT}^{-1}\{\}$ 表示逆傅里叶变换。

(5) 更新加密图像:

$$f_{(i+1)g}^k = f_{ig}^k + \beta P_i \left(f_{igN}^k + f_{ig}^k P_i\right) / (P_i + \alpha) \tag{10.7.5}$$

其中, α, β 是调节因子。α 保证分母不为零;β 是反馈系数, 用于迭代校正。

(6) 用 $f_{(i+1)g}^k$ 作为初始值, 用第 $i+1$ 个探针重复步骤 (2) 到步骤 (5) 的计算直到计算完毕 4 个探针位置的情形。至此, 完成一次迭代。

(7) 计算恢复图像与原加密图像的相关系数 Co:

$$\mathrm{Co}\,(f, f_0) = \mathrm{cov}\,(f, f_0)\,(\sigma_f \cdot \sigma_{f_0})^{-1} \tag{10.7.6}$$

其中, f 和 f_0 分别为恢复图像和原加密图像的复振幅, $\mathrm{cov}\,(f, f_0)$ 为 f 和 f_0 的互协方差, σ 为标准差。Co 的取值范围为 $[0,1]$, Co 值越接近 1, 恢复效果越好。

(8) 若 Co 值达到预期标准或迭代到设定次数, 则将恢复的复振幅作为解密图像。否则, 进行下一次迭代。图 10.7.3 是迭代 50 次恢复的振幅和相位。

图 10.7.3　(a) 恢复的振幅;(b) 恢复的相位 (彩图见封底二维码)

10.7.2 基于非机械移动式叠层成像的光学信息隐藏

由于叠层成像编码可以将秘密信息以光学的方式转换成一系列衍射图案，从而实现了信息隐藏的高安全性。然而，传统的叠层成像编码需要对照明探针或物体进行机械的移动，因此会积累大量的误差，从而降低了解码质量。采用单次曝光叠层成像的编码方法，虽然解决了移动误差但其可靠性和解码质量仍不理想。为了解决这些问题，我们提出了非机械移动的叠层成像隐藏技术。该方法的核心包括使用空间光调制器完成非机械移动的叠层编码 (NPE) 和纯相位二维码约束的解码算法 (PQR)。NPE 完全消除了由叠层扫描引起的误差，PQR 约束的解码算法能够从少量的嵌入衍射图中提取高质量的信息。

1. 光学编码系统及方案

图 10.7.4 显示了使用非机械移动式叠层编码的信息隐藏原理图，具体内容可分为两个部分。其中，第一步是光编码系统，第二步是将衍射图案嵌入宿主图像中。在第一部分中，此时的针孔和二维码都不需要机械移动也可以满足叠层的核心重叠要求。入射光通过衰减片和针孔来限制 SLM 的纯相位变化和照亮 SLM 的固定区域。如第一步所示，首先我们将信息编码为对应的二维码，其次将其上载到 SLM 的对应面阵区域内 (将同一个二维码，依时间次序加载在 SLM 液晶屏面的不同位置)，然后光束通过探针后照射在 SLM 上的一个固定区域内，最后从

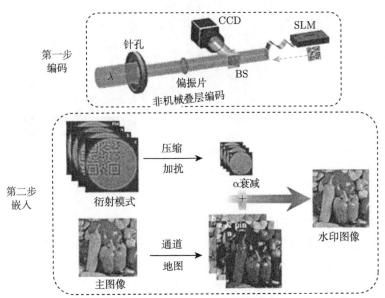

图 10.7.4 使用非机械移动式叠层编码的信息隐藏原理图[21]

第一部分为编码过程，第二部分为嵌入过程

SLM 上反射而出的携带衍射信息的光束再入射到 CCD 内，得到如 "Diffractive pattern" 所示的光学编码图案。在图像采集过程中，将信息编码成二维码并加载到 SLM 中，此编码方案只需要三个二维码的衍射图即可保证信息提取的鲁棒性。CCD 和 SLM 的帧速率均为 60 帧/s，因此我们可以将 20 个 QR 码转换成相应的衍射图。每个包含不同信息的二维码需要在 SLM 的不同位置加载 3 次，以便使用叠层算法提取信息。这样，NPE 每秒可以编码 6 个二维码。此外，我们只需要在开始时采集一次针孔的衍射图样，这显示了我们提出的隐藏系统的实时性。在第二部分中，首先我们将 "Host image" 分散为三个通道图，然后将第一步所得的 "Diffracctive pattern" 进行压缩编码和置乱编码。然后，对编码图像进行衰减因子为 α 的衰减处理。最后，将衰减后的图像分别嵌入到宿主图像的三个通道中。

图 10.7.5 显示了信息隐藏和提取的流程图。计算机将需要隐藏的信息编码到相应的二维码中，二维码的容错率为 7%。这里我们以只隐藏一个二维码为例。根据叠层成像中衍射图采集的顺序，一个二维码需要在 SLM 上连续三次加载。同时，需要保证每次加载的图像区域是探针照射的区域，并且图像在 SLM 上的位置有一定的重叠。此外，每次加载二维码时，探针照亮的区域内只有部分二维码。因此，避免了 QR 码因单一衍射图案完全出现在探针照射区域而造成信息泄漏。

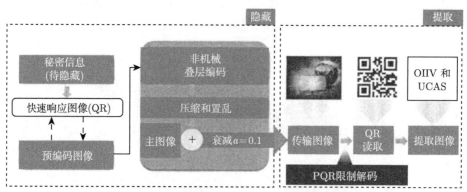

图 10.7.5　基于 NPE 的信息隐藏流程图[21]

左侧为隐藏的处理步骤，右侧为信息提取的处理步骤

2. 信息隐藏及提取算法

信息隐藏算法的主要内容包括：二维码编码、叠层编码、压缩、置乱、衰减和嵌入。信息隐藏后我们就可以得到含有待传输信息的宿主图像。为了使得算法更加简洁，此处衍射图样的嵌入使用的是一种空域不可见水印技术，同时，此处的压缩方法是对衍射图直接进行下采样处理。具体实现步骤如下：

(1) 准直扩束之后的平面波通过偏振片、针孔、BS 之后照射到 SLM 上，此连续光束可以被表示为 $P(x, y)$。

(2) 假定信息分布为 $o\,(\mathrm{Inf})$, 则 $\mathcal{G}[\cdot]$ 表示把对应的信息编码为 QR 码。我们即可得到加载到 SLM 上的 Q(QR 码) 为

$$Q(x,y) = \mathcal{G}[o\,(\mathrm{Inf})] \tag{10.7.7}$$

(3) 我们可以得到从 SLM 上反射回的波前函数为

$$U = P\,(x,y) \cdot Q\,(x,y) \tag{10.7.8}$$

(4) 将 QR 码加载到 SLM 上, 我们可以同时在 CCD 上采集到对应的衍射图 I_i:

$$I_i = |\mathcal{F}\{U\}|, \quad i = 1,2,3,\cdots,J \tag{10.7.9}$$

此处的 $\mathcal{F}\{\cdot\}$ 代表光束传播算符, I_i 和 J 分别表示在探测器平面测量到的强度信息和衍射图的数量。

(5) 编码图像 E 是衍射图 I_i 压缩编码和置乱编码后所得, 如图 10.7.7 中第二部分所示。

$$E = \mathrm{scr}\,(\mathrm{comp}\,(I_i)) \tag{10.7.10}$$

此处 $\mathrm{scr}\,(\cdot)$ 表示压缩编码, 我们使用直接下采样的方式对衍射图进行压缩即可。符号 $\mathrm{comp}\,(\cdot)$ 表示置乱编码, 即对采集衍射图的顺序进行置乱。

(6) 编码后的图像依次嵌入到宿主图像 H 的三个通道中, 使用的是空域的不可见水印技术:

$$T = E \cdot \alpha + H \tag{10.7.11}$$

此处 α 是衰减系数, T 是待传输的图像。

信息提取是信息编码和隐藏的逆过程。首先, 从传输图像中无误地提取出二维码的衍射图样。其次, 将衍射图样排列成正确的大小和顺序。然后, 用扩展的叠层重建算法 ePIE 重建 QR 码的纯相位分布。最后, 用智能手机扫描二维码获取隐藏信息。在下面的描述中, 符号 $\mathrm{comp}(\cdot)$ 和 $\mathrm{comp}^{-1}(\cdot)$ 分别表示压缩和解压缩, 符号 $\mathrm{scr}(\cdot)$ 和 $\mathrm{scr}^{-1}(\cdot)$ 分别表示置乱和恢复衍射图案的顺序。图像 T 可以传送到任何计算机进行解密。提取和重建隐藏信息的过程如下:

(1) 提取衍射图 E:

$$E = (T - H)\,/\alpha \tag{10.7.12}$$

(2) 恢复 E 的采集顺序并解压缩, 此处我们用到的解压缩方法是最邻近差值算法直接上采样得到如下衍射图:

$$I_i = \mathrm{comp}^{-1}\left(\mathrm{scr}^{-1}\,(E)\right) \tag{10.7.13}$$

(3) 猜测输入纯相位型的 QR 码 $Q(x, y)$，并且对衍射图 I_{pin} 进行反向菲涅耳传播：

$$P(x, y) = \left| \mathcal{F}^{-1} \{ I_{\text{pin}} \} \right| \tag{10.7.14}$$

然后，开始以下迭代步骤。

(4) 在第 t^{th} 迭代, 用第 $(t-1)^{\text{th}}$ 更新的探针照射 $Q(x, y)$, 在 NPE 系统的输出面得到强度 ψ_t^i:

$$U_t^i(x, y) = P_t^i(x, y) \cdot Q_t^i(x, y) \tag{10.7.15}$$

$$\psi_t^i = \mathcal{F} \{ U_t^i(X, Y) \} \tag{10.7.16}$$

此处，$U_t^i(x, y)$ 表示物平面在位置 i 和第 t 次迭代时的出射波函数。

(5) 用测量图像 I_i 替代振幅 ψ_t^i, 同时保留相位：

$$\psi'_t{}^i = \sqrt{I_i} \cdot (\psi_t^i / |\psi_t^i|) \tag{10.7.17}$$

(6) 将光场 $\psi'_t{}^i$ 反向传播到 SLM 平面：

$$U'_t{}^i(x, y) = \mathcal{F}^{-1} \{ \psi'_t{}^i \} \tag{10.7.18}$$

(7) 使用以下公式更新物函数和探针函数：

$$Q_{t+1}^i(x, y) = Q_t^i(x, y) + \beta_1 \cdot (P^{*i}_t(x, y) / |P_t^i(x, y)|^2_{\max}) \cdot (U'_t{}^i(x, y) U_t^i(x, y)) \tag{10.7.19}$$

$$P_{t+1}^i(x, y) = P_t^i(x, y) + \beta_2 \cdot (Q^{*i}_t(x, y) / |Q_t^i(x, y)|^2_{\max}) \cdot (U'_t{}^i(x, y) - U_t^i(x, y)) \tag{10.7.20}$$

此处的参数 β_1 和 β_2 均取值为 1。

(8) 在 $i+1$ 个位置重复以上 (4) 到 (7) 的步骤，直到在一次迭代里更新完所有扫描位置。

(9) 对 QR 码应用二值限制和纯相位限制来完成一次对物体的更新：

$$Q_t(x, y) = \begin{cases} \varepsilon \cdot \left(c \cdot \dfrac{Q_t(x, y)}{|Q_t(x, y)|} + (1-c) \cdot \chi \left\{ \dfrac{Q_t(x, y)}{|Q_t(x, y)|} \right\} \right), & \mod(t, T) = 0 \\ Q_t(x, y), & \text{其他} \end{cases} \tag{10.7.21}$$

$$\chi\{a\} = \begin{cases} 1, & a > \text{average}(a) \\ 0, & a < \text{average}(a) \end{cases} \tag{10.7.22}$$

此处的参数 ε 取 1 进行纯相位限制，$T = 3$, $c = 0.9$ 是为了避免迭代停滞。

(10) 计算峰值信噪比 (PSNR), 用来评价提取的 QR 码的质量。

$$\text{PSNR} = 10 \cdot \log_{10}\left(\text{Max}PV^2/\text{MSE}\right) \text{(dB)} \tag{10.7.23}$$

$$\text{MSE} = \left(\sum_{m=1}^{M}\sum_{n=1}^{N}\left(\left(\phi_{m,n} - \phi'_{m,n}\right)^2\right)\right)/(M \cdot N) \tag{10.7.24}$$

此处 MSE 是平均误差, $\phi_{m,n}$ 和 $\phi'_{m,n}$ 分别表示原始图像和提取图像。$\phi_{m,n}$ 和 $\phi'_{m,n}$ 的大小为 $M \cdot N$, 图像的最大像素值为 $\text{Max}PV$。

(11) 经过数据重建, 通过扫码可以得到被隐藏的信息。

10.7.3 实验结果

如图 10.7.6 所示为非机械移动叠层编码的光学信息隐藏实验系统图。光源产生的光束经过两个反射镜后被调整成平行光束, 并通过 CVF(圆形可调滤光片) 调节激光强度以满足 CCD 采集的要求, 同时通过空间滤波器和透镜对光束进行扩束。平行光经准直扩束后, 依次通过偏振器和光阑 2 调节探针尺寸, 再通过分束镜 (BS) 后照射到空间光调制器 (SLM) 上。经过 SLM 调制后, 信息光束将被反射回 BS, 然后通过 BS 反射照射到 CCD 上, 我们最终将在 CCD 上接收到衍射图样并将其传输到计算机 (PC) 上。在本实验中, 光源为波长 532nm 的半导体激光器; 偏振器为保证 SLM 纯相位调制的偏振器; 光阑 1 和光阑 2 为光阑, 光阑 2

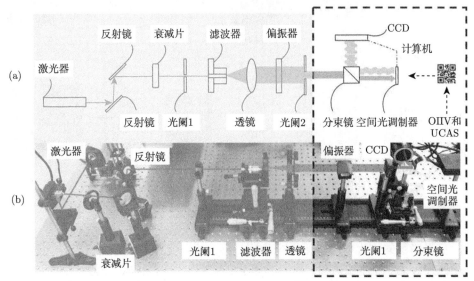

图 10.7.6 基于 NPE 的信息隐藏实验设置[21](彩图见封底二维码)

(a) 抽象的光路图；(b) 实验中搭建的光路图

为控制 SLM 上光斑大小的照明探头；SLM 是反射式纯相位空间光调制器 (型号：pluto-vis-0 16 SLM)；CCD(电荷耦合器件) 是 imperx 公司的面阵式产品 (型号：igv-b4020m-kf000)，像素尺寸为 9μm，阵列尺寸为 4032×2688 像素，实际使用的阵列尺寸为 888×888 像素，扫描方式为 2×2；衍射距离 $z = 185$mm，PC 是同时连接和控制 CCD 及 SLM 的计算机。实验和模拟的重叠率分别为 87% 和 64%。

图 10.7.6 右侧黑色虚线框中的部分是 NPE 的核心部件，其中包括 BS, SLM, CCD。PC 同时控制 SLM 和 CCD 完成加载 QR 码和采集衍射图。

非机械移动式的叠层成像信息隐藏系统如图 10.7.6 所示。我们先将要隐藏的信息预编码为二维码，这里的信息可以是文本、数字等，实验中隐藏的信息是 "OIIV 和 UCAS"，实验设置如图 10.7.6(b) 所示，实验流程图和提取结果如图 10.7.7 所示。

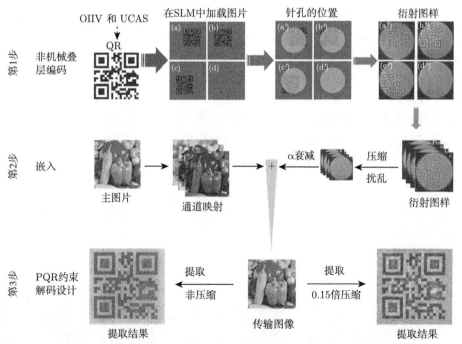

图 10.7.7　基于 NPE 的光学信息隐藏编码方案说明 [21]

第一步是非机械移动叠层编码；第二步是将信息嵌入到宿主图像中；第三步是在有、无压缩的情况下提取和重建信息

信息隐藏的过程包括以下五个步骤。第一步，信息被编码成二维码。第二步，光学系统编码。在本实验中，我们选择了 2×2 阵列扫描模式。调整光路后，CCD 接收到 4 个 888×888 像素的衍射图样。如图 10.7.7 所示，(a)~(d) 是二维码在 SLM 的 LCD(Liquid Crystal Display) 上的位置，(a')~(d') 是探头在 SLM 上的

相对位置, (a″)~(d″) 是对应于 (a′)~(d′) 的衍射图案。按采集顺序给衍射图编号。第三步, 将 4 幅衍射图压缩 0.15 倍, 随机置乱图像编号, 得到大小为 63×63 像素的置乱后的衍射图。第四步, 图像以衰减因子 α 衰减。第五步, 根据衍射图的编号将其嵌入到主图像的三个通道中。由于对衍射图样的有效空间压缩和隐藏在单个通道中的策略, 不再需要将每个衍射图像隐藏在多个宿主图像中, 大大节省了传输图像的空间占用, 提高了信息传输效率。

在提取过程中, 通过 PQR 算法迭代 20 次的提取结果如图 10.7.7 的第三步所示。在实验中, 我们只用了 3 个衍射图样作为隐藏信息的载体。这大大减少了由于大量衍射图样而造成的空间和时间消耗。因此, 在我们的隐藏方案中, 信息提取速度比传统的 ePIE 重建要快得多。信息提取可以在 3s 内完成 (使用 CUDA 并行计算, Matlab-2019b)。结合 PQR 约束, 隐藏信息的提取能够更迅速、更完整、更稳定, 这为 NPE 的实时和实际应用奠定了基础。同时使用更少的衍射图 (仅需 3 幅), 也成功达到了分散明文的目的, 不同压缩系数下的提取结果如图 10.7.8 所示。不同提取算法的结果如图 10.7.9 所示。

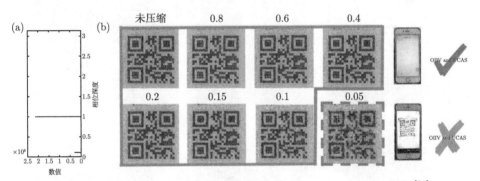

图 10.7.8 在不同压缩系数下的提取结果 (无压缩, 0.8, ⋯, 0.1, 0.05) [21]

(a) 图 10.7.7 中加载到 SLM 上的 (a)~(d) 的相位深度。(b) 当压缩系数变化时的提取结果, 从三个衍射图中提取并使用 PQR 算法迭代 100 次重建。隐藏信息 "OIIV 和 UCAS" 可以通过方框中的二维码获得, 但是不能从虚线框内的二维码获得。这里我们的压缩方法使用了简单的下采样算法完成。最优的压缩系数为 0.15, 最大的压缩系数为 0.1

在对信息进行有效的隐藏之后, 下一步就是对隐藏信息的提取和重建进行分析。NPE 的安全性由叠层成像编码的自然特性决定。每个衍射的位置信息、扫描数量、衰减系数和压缩比在不同程度上保证了此隐藏系统的安全性。此外, 光源对波长、CCD 参数和光学成像系统的衍射距离也增加了 NPE 系统的安全性。在提取和重建隐藏信息的过程中, 需要正确调整衍射图样的顺序和位置, 才能重构出有效的二维码。最后, 通过智能手机扫描, 获得 "OIIV 和 USAS" 的隐藏信息。在图 10.7.7 的步骤 2 中, 衍射图案的白色数字标号 {pin, a, b, c} 表示收集顺序。经过压缩和随机置乱后, 衍射图样的标号变为 {b, c&pin, a}, 衰减因子为

0.1。提取信息时，衍射图样位置的任何混乱都会导致数据重建失败，无法得到有效的二维码，也无法读取正确的隐藏信息。

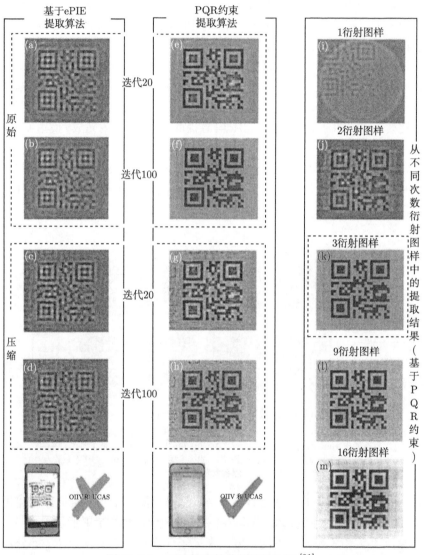

图 10.7.9   不同提取算法的结果比较 [21]

(a)~(d) 和 (e)~(h) 分别是由 ePIE 和 PQR 约束的算法迭代 20 次和 100 次的提取结果。(a)~(h) 全部是从 3 个衍射图中提取所得。(c) 和 (d)，(g) 和 (h) 是在编码过程中将衍射图样压缩 0.15 倍的提取结果；(a)，(b)，(e) 和 (f) 是无压缩的结果。(a)~(e)，(c) 和 (g) 是使用提取算法迭代 20 次的结果；(b)，(f)，(d) 和 (h) 是使用提取算法迭代 100 次的结果。(i)~(m) 分别是从非压缩的 1、2、3、9 和 16 个衍射图样中使用 PQR 约束算法迭代 100 次的提取结果。实验结果表明，使用 3 个衍射图刚好适用于 NPE 系统对 QR 码编码。1 个或 2 个衍射图都不足以对信息稳定可靠地提取，而 9 个或 16 个衍射图占用空间太大，无法进行适当的编码

10.8 单次曝光叠层成像与叠层编码

10.8.1 单次曝光叠层成像

叠层成像是一种特别强大的相干衍射成像技术。在叠层成像中，照明光束以循序渐进的方式扫描照亮物体的局部，得到物体上的探测部分重叠。每部分的衍射强度图被分别记录。然后，从测量的衍射图像集中计算并构造出一个复振幅图像。然而，通过扫描获得冗余图像，这导致了一些限制: 第一，时间分辨率相对较低 (总体采集时间通常大于 1 s)，妨碍了叠层成像在快速动力学成像中的应用。第二，扫描步骤中即使存在微小的误差也会降低叠层成像的分辨率。第三，空间带宽受到这样一个事实的限制，即可用的步进电机既不能表现出产生大视场的大动态范围，又不能同时表现出对高分辨率至关重要的非常短的步进。因此，针对上述叠层成像技术本身的不足，单次曝光叠层成像即不通过扫描获得冗余的衍射图像信息的技术应运而生。其过程为通过使用透射光栅产生数十或数百准局部的、部分重叠的光束同时照亮物体，在 CCD 上采集得到的单帧衍射图即可恢复图像的复振幅信息。

2016 年，P. Sidorenko 等提出如图 10.8.1 所示单次曝光叠层方案，其原理基于 $4f$ 系统，采用微孔阵列来进行分束，具有很好的效果 (图 10.8.2)。平行光通过微孔阵列后被分为多束光，而这些光会在频谱面的附近一定范围产生交叠，因此可将物体置于 $4f$ 系统傅里叶平面前的距离 d_0 处，透镜 1 和透镜 2 的焦距分别为 f_1 和 f_2。一盘 $N \times N$ 多孔方格阵列 $(N = 4)$ 位于输入 $4f$ 系统的平面圆的直径针孔是 D，连续针孔之间的距离是 b。首先，平面波经过多孔方格阵列衍射成 N_2 束照明光。其次，采用 n_2 部分重叠光束同时照射物体。之后，利用位于 $4f$ 系统输出平面的 CCD 采集衍射图形如图 10.8.3 所示。被采集到的衍射经过相位恢复算法即可恢复物体的复振幅信息。

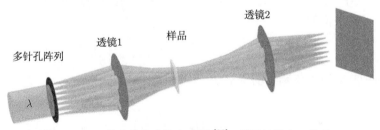

图 10.8.1 单次曝光成像光路图[22] (彩图见封底二维码)

为了使仿真更加真实，采用角谱传播理论对自由传播进行模拟，采用二次相位因子 $t = \exp\left[-\mathrm{j} \cdot \dfrac{k}{2f} \cdot \left(x^2 + y^2\right)\right]$ 对透镜的调制进行模拟。平面波被分成多个

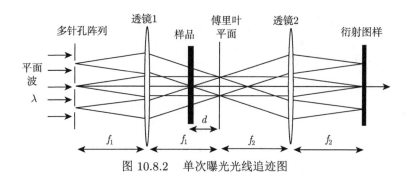

图 10.8.2　单次曝光光线追迹图

光束，这些连续的光束在透镜 1 和透镜 2 之间的一定区域内相互重叠。$N \times N$ 探针 U 照亮物体的同时，透过率为

$$U_n = \xi_{(f_1 - d)} \left[\xi_{f_1} \left[P\left(r - R_n \right) \right] \cdot t \right] \tag{10.8.1}$$

$$U = \sum U_n, \quad n = 1, 2, \cdots, N^2 \tag{10.8.2}$$

得到的 $4f$ 系统输出平面上的衍射图案 I 为

$$I_n = \left| \xi_{f_2} \left[\xi_{(f_2 + d)} \left[U_n \cdot f\left(x, y \right) \right] \cdot t \right] \right|^2 \tag{10.8.3}$$

$$I = \sum I_n \tag{10.8.4}$$

这里 $\xi_d \left[\cdot \right]$ 是距离为 d 角谱的传播函数。$\sum\limits_n P\left(r - R_n \right)$ 代表 $N \times N$ 探针。R_n 为第 n 个针孔 n_{th} 的中心。U_n 为光束经过第 n 个针孔 n_{th} 后照射在物体上的透过率函数。I_n 是光照射到第 n 个针孔 n_{th} 后在 CCD 上采集到的衍射图。$f\left(x, y \right)$ 是复振幅物体。

恢复算法：首先猜测输入物体 $f_g\left(x, y \right)$ 的复值，然后开始接下来的迭代过程。在 m 次迭代中，$f_{ng}^m\left(x, y \right)$ 是由第 n 个探针照亮的物体局部，强度 I_{ng}^m 是在 $4f$ 系统的输出平面获得的：

$$I_{ng}^m = \left| \xi_{f_2} \left[\xi_{(f_2 + d)} \left[U_n \cdot f_{ng}^m\left(x, y \right) \right] \cdot t \right] \right|^2 \tag{10.8.5}$$

将振幅项 I_{ng}^m 替换为检测到的图案 I_n，同时保持相位：

$$I_n^m = \sqrt{I_n} \cdot \left[\frac{I_{ng}^m}{\left| I_{ng}^m \right|} \right] \tag{10.8.6}$$

将 I_n^m 反变换到物平面：

$$f_{ng\text{New}}^m\left(x, y \right) = \xi_{(f_2 + d)}^{-1} \left[\xi_{f_2}^{-1} \left[I_n^m \right] \cdot t^* \right] \tag{10.8.7}$$

t^* 是 t 的复共轭。

更新 $f_{ng\text{New}}^m(x,y)$ 和 $f_{(n+1)g}^m(x,y)$ 根据：

$$f_{(n+1)g}^m(x,y) = f_{ng}^m(x,y) + \frac{U_n^*}{\max\left(|U_n|^2\right)} \cdot \left(f_{ng\text{New}}^m(x,y) - U_n \cdot f_{ng}^m(x,y)\right)$$

$$(10.8.8)$$

对 $N \times N$ 个单独的模式重复上述步骤，以完成整个迭代。

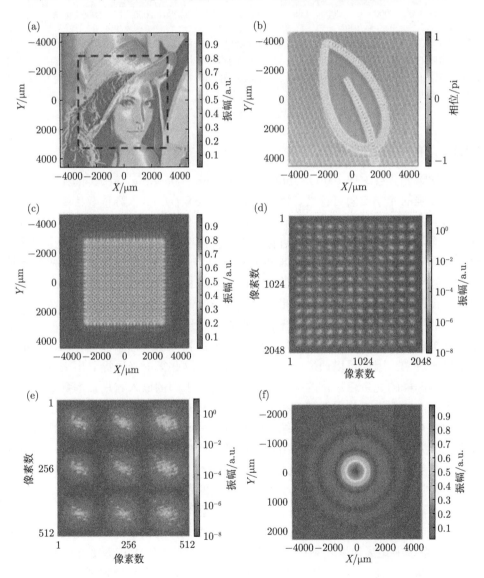

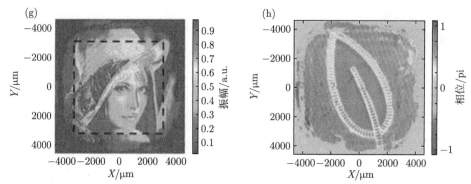

图 10.8.3   (a) 为物体的振幅, 黑色虚线方框标出了限制 144 个照明探测光束中心的区域; (b) 为物体的相位。(c) 入射场的振幅, 即 144 个探测光束对物体平面的干涉; (d) 测量出物体的衍射图案。144 个衍射条纹清晰可辨。(e) 放大图 (d), 显示 9 个衍射图。(h) 重建的探针束 (注意该地块相对于其他地块的规模不同); 重建幅值 (g) 和相位 (h)。在照明区域 (黑色方块) 内重建效果很好, 在照明区域以外就会减弱 (彩图见封底二维码)

10.8.2   单次曝光叠层编码

　　单次曝光叠层编码 (single-shot ptychography encoding, SPE) 的光学水印技术具有很强的光学实验可行性、不可感知性、安全性、嵌入容量及鲁棒性。相对于之前的基于叠层成像的光学编码方案, SPE 不仅不需要多次机械扫描, 还可以通过一次曝光采集对复振幅物体进行编码, 而且不需要使用双随机相位板。因此, SPE 编码技术具有很高的编码效率以及实验可行性。通过单次曝光叠层成像系统得到的强度衍射图样是由一系列的微小衍射光斑构成的, 并且这些光斑的尺寸还可以由调节系统结构参数而进一步缩小, 这意味着单次曝光叠层成像系统本身具有较强的压缩性, 并且被单次曝光叠层成像系统编码后的物体具有很高的不可感知性。根据傅里叶变换的性质可知, 绝大部分的物体衍射信息都包含在这一系列的衍射光斑中, 因此可以通过合适的分割尺寸将这些衍射光斑提取出来, 以此来去除衍射图样的冗余信息, 这样就可以大大提升水印的嵌入容量。本章所设计的水印系统, 即便没有使用双随机相位板, 仍然具有很高的安全性。除了很高的不可感知性对信息的保护之外, 压缩编码和置乱编码技术也能够极大地提高系统的安全性。并且置乱模式数量还能由增加孔径阵列中孔的个数而增加。此外, 系统中的结构参数 (l, f_1, f_2, d) 以及孔径阵列的多样性均能当作安全密钥。孔径阵列的多样性包括孔的分布、形状、大小以及孔之间的距离 b。SPE 所具有的高不可感知性、安全性和嵌入容量使得 SPE 十分适于光学水印的应用。

　　图 10.8.4 所示为光学水印系统原理图, 可以被分为两个部分。复值的水印被置于 $4f$ 系统中距离傅里叶频谱面 $d(d \neq 0)$ 位置处。透镜 1 和透镜 2 的焦距分别为 f_1 和 f_2。一块 $N \times N$ (原理图中 $N = 4$) 的方形分布孔径阵列放置在 $4f$ 系

统的输入面，圆形小孔的直径为 D，相邻两个小孔之间的距离为 b。图像探测器 CCD 置于 $4f$ 系统的输出面。第一步，一束平面光波被孔径阵列分为 N^2 束光束。然后，复振幅的水印被 N^2 束部分重叠的光束同时照明。在第二步，强度衍射图样由 CCD 记录。第四，通过压缩编码将该衍射图样进行压缩。最后，提取出的衍射光斑经过拼图的方式被置乱。压缩编码和置乱编码是由计算机简单操作而完成的。很明显，不能从最后的编码图像中看到水印的任何轮廓信息，只是一些肉眼几乎察觉不到的微小光斑。因此，SPE 极其适用于光学水印。编码图像被嵌入到宿主图像之中，也是由计算机完成。这种简单水印嵌入过程是一种空域的非盲检测水印技术。SPE 也可以应用到频域的盲检测水印技术之中，并且还能进一步提高不可感知性和安全性。

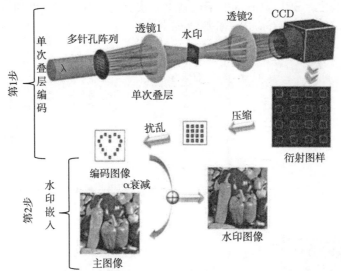

图 10.8.4　基于单次曝光叠层编码的光学水印技术原理图[23]

　　SPE 是本文所提水印技术的核心部分。相对于基于叠层成像的加密方法，物体由多束部分重叠的光束同时照射，无须多次机械扫描，因此仅仅产生一幅由衍射光斑构成的衍射图样，这可以提高编码的效率。并且，SPE 不是基于传统 DPRE 的编码方式。经验证，DRPE 中的两个随机相位板都对位置定位误差十分敏感，十分不利于光学实验的操作。而 SPE 却有很强的实验可操作性。通过调整系统结构参数 (孔径阵列中孔的尺寸，f_1 和 f_2)，微小衍射光斑的尺寸能缩小到小于 10mm，不可感知性的提高能进一步提高水印的不可感知性。由单次曝光叠层成像得到的强度衍射图样具有一定的可压缩性，压缩编码的引入可以提升水印的嵌入容量。不同于之前所提出的压缩方式，论文所提出的压缩方式就是根据一定的分割比例提取出微小衍射光斑。在单次曝光叠层成像中，每个小光斑在衍射图样中的位置都是严格固定的。当这些衍射图样中光斑的分布和顺序被打乱后,复振幅的水印就不能被恢复出来。因此,将这些衍射光斑以拼图的方式置乱,如图 10.8.5(b) 所示。文中所用的微孔阵列是一个 4×4 的方形阵列,衍射图样可以被压缩成 16 个光斑,如图 10.8.5(b) 所示。然后采用置乱编码将这 16 个光斑重新排列。如果只改变衍射光斑的分布顺序,不改变其分布形状,就像 S_2 这种置乱方式一样,那么就有 $16! \approx 2.1 \times 10^{13}$ 种置乱顺序。如果同时改变其分布性状,就更难还原原本衍射图样的分布。那么 N 越大,安全性就会越高。此外,很容易由图 10.8.5(a) 推断,所有的系统结构参数 (λ, f_1, f_2, d),以及微孔阵列的多样性都可以当作安全密钥。孔径阵列的多样性包括孔的分布性状、形状和大小,以及孔之间的距离 b。所有这些组成了一个很大的密钥空间,SPE 以及水印系统的安全性都能得到保证。总而言之,SPE 具有高的编码效率、实验可行性、安全性和可压缩性,这些意味着 SPE 非常适合应用于光学水印 [24]。

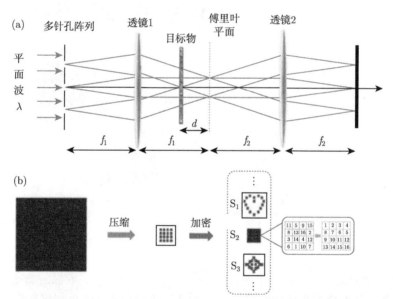

图 10.8.5   (a) 单次曝光叠层成像的光线追迹图;(b) 压缩编码和置乱编码原理图 (红色虚线框内为一些置乱图样,蓝色虚线框内是置乱图样 S_2 的光斑置乱顺序)[23] (彩图见封底二维码)

附   录

```
%% ePIE算法
function[object, probe] = ePIE( CCD, probe, object, lamda, pix, iter, deta, z)
[yp, xp] = size(probe);
for i = 1:iter
k=1;
```

```
for ii = 0:2
for jj = 0;2
reconBox = object(1+ii*deta : yp+ii*deta,1+jj*deta : xp+jj*deta);
exitWave = reconBox .*probe;
detectorWave = Propagate(exitWave, 'fresnel', pix, lamda, z);
correctedWave = CCD(:,:,k).*exp(1i.*angle(detectorWave));
exitWaveNew = Propagate(correctedWave, 'fresnel', pix, lamda, -z);
probe = probe + conj(reconBox)./(max(max(abs(reconBox).^2))).
%*(exitWaveNew - exitWave);
newReconBox = reconBox + conj(probe)./(max(max(abs(probe).^2))).
%*(exitWaveNew - exitWave);
object(1+ii*deta : yp+ii*deta,1+jj*deta : xp+jj*deta) = newReconBox;
k = k + 1;
end
end
end
end
```

习　　题

1. 简述叠层衍射成像的基本原理。
2. 简述光学加密的基本原理。
3. 画出叠层衍射成像算法的流程图及伪代码。
4. 在傅里叶叠层衍射成像中，为什么入射角度变了，光的空间频率就变了？
5. 使用 Matlab 仿真叠层衍射实验。

参 考 文 献

[1] UOL. Frits Zernike[EB/OL]. [2022-8-1]. https://brasilescola.uol. com.br/biografia/frits-zernike.html.

[2] Park Y K, Depeursinge C, Popescu G. Quantitative phase imaging in biomedicine[J]. Nature Photonics, 2018, 12(10): 578-589.

[3] Platt B C, Shack R. History and principles of Shack-Hartmann wavefront sensing[J]. Journal of Refractive Surgery, 2001, 17(5): 573-577.

[4] Zuo C, Li J, Sun J, et al. Transport of intensity equation: a tutorial[J]. Optics and Lasers in Engineering, 2020: 106187.

[5] Thibault P, Dierolf M, Bunk O, et al. Probe retrieval in ptychographic coherent diffractive imaging[J]. Ultramicroscopy, 2009, 109(4):338-343.

[6] Biology 12 Text Book. Human Cheek Cells[EB/OL]. [2022-8-1]. https://jennarever. weebly.com/unit-1-cell-structure.html.

[7] 上海光学仪器厂. 关于微分干涉相差显微镜 (DIC)[EB/OL]. [2022-8-1].https://www.swxwj.com/old/xianweifenxi/20110729153.html.

[8] Fan Y, Li J, Lu L, et al. Smart computational light microscopes (SCLMs) of smart computational imaging laboratory (SCILab)[J]. PhotoniX, 2021, 2(1): 1-64.

[9] Fienup J R. Reconstruction of an object from the modulus of its Fourier transform[J]. Optics Letters, 1978, 3(1): 27-29.

[10] 潘安, 张艳, 赵天宇, 等. 基于叠层衍射成像术的量化相位显微成像 [J]. 激光与光电子学进展, 2017, 54(4): 040001

[11] 潘安, 王东, 史祎诗, 等. 多波长同时照明的菲涅耳域非相干叠层衍射成像 [J]. 物理学报, 2016, 65(12): 12401.

[12] Zheng G, Horstmeyer R, Yang C. Wide-field, high-resolution Fourier ptychographic microscopy[J]. Nature Photonics, 2013, 7(9): 739-745.

[13] 孙佳嵩, 张玉珍, 陈钱, 等. 傅里叶叠层显微成像技术: 理论、发展和应用 [J]. 光学学报, 2016, 36(10): 87-105.

[14] 许文慧, 李拓, 史祎诗. 基于傅里叶叠层成像的光学图像加密 [J]. 中国科学院大学学报, 2016, 33(5): 612-617.

[15] Zhang J, Yang D, Tao Y, et al. Spatiotemporal coherent modulation imaging for dynamic quantitative phase and amplitude microscopy[J]. Optics Express, 2021, 29(23): 38451-38464.

[16] 王东, 马迎军, 刘泉, 等. 可见光域多波长叠层衍射成像的实验研究 [J]. 物理学报, 2015, 64(8): 146-156.

[17] 潘安, 张晓菲, 王彬, 等. 厚样品三维叠层衍射成像的实验研究 [J]. 物理学报, 2016, 65(1): 115-130.

[18] 张静娟, 史祎诗, 司徒国海. 光学信息隐藏综述 [J]. 中国科学院大学学报, 2006, 23(3): 289-296.

[19] 王雅丽, 史祎诗, 李拓, 等. 可见光域叠层成像中照明光束的关键参量研究 [J]. 物理学报, 2013, 62(6): 064206.

[20] Shi Y, Li T, Wang Y, et al. Optical image encryption via ptychography[J]. Optics Letters, 2013, 38(9): 1425-1427.

[21] Ma R, Li Y, Jia H, et al. Optical information hiding with non-mechanical ptychography encoding[J]. Optics and Lasers in Engineering, 2021, 141(7): 106569.

[22] Cohen O, Sidorenko P. Single-shot ptychography[J]. Optica, 2016, 3(1): 9-14.

[23] Xu W, Xu H, Luo Y, et al. Optical watermarking based on single-shot-ptychography encoding[J]. Optics Express, 2016, 24(24): 27922.

[24] 罗勇, 许文慧, 史祎诗. 基于针孔阵列型的单次曝光双波长叠层成像 [J]. 中国科学院大学学报, 2019, 36(1): 31-37.